Nocturnas
talla media
y pequeña.
Depredan
Datos-73-76
Otus scops
Datos:
1973-76
Abejaruco
♂
Abril. Junio. 1975
Merops Apiaster
pueden describir
se 4 fases de
comunicación:
1. Tranquilidad
2. atención
3. Alarma de
baja intensidad
4. Alarma de

Gareth Wood
UCL
June 2024

Félix

Un hombre en la tierra

Odile Rodríguez de la Fuente

Ilustraciones originales de
Christa Soriano

geoPlaneta

Félix - Un hombre en la tierra
1ª edición – marzo del 2020
2ª edición – mayo del 2020
3ª edición – julio del 2020
4ª edición – julio del 2020
5ª edición – octubre del 2020

geoPlaneta
Av. Diagonal 662-664. 08034 Barcelona
info@geoplaneta.es – www.geoplaneta.com

Diseño: Lookatcia.com

ISBN: 978-84-08-22489-1
Depósito legal: B. 27.780-2019
Impresión y encuadernación: Liberdúplex
Printed in Spain – Impreso en España

El editor quiere agradecer las autorizaciones recibidas para reproducir imágenes protegidas en este libro. Se han realizado todos los esfuerzos para contactar con los propietarios de los copyrights. Con todo, si en algún caso no se ha conseguido la autorización o el crédito correcto, el editor ruega que le sea comunicado.

El papel utilizado para la impresión de este libro está calificado como papel ecológico y procede de bosques gestionados de manera sostenible

Sumario

Dedicado a mi madre, Marcelle, y mis hijos, Claudio y Jaime.
Raíz y frutos del árbol de mi vida.

«La más bella y profunda emoción que podemos probar es el sentido del misterio. En él se encuentra la semilla de todo arte y de toda ciencia verdadera. El hombre para el cual no resulta familiar el sentimiento del misterio, que ha perdido la facultad de maravillarse y humillarse ante la creación, es como un hombre muerto, o al menos ciego [...]. Nadie puede sustraerse a un sentimiento de reverente conmoción contemplando los misterios de la eternidad y de la estupenda estructura de la realidad. Es suficiente que el hombre intente comprender solo un poco de estos misterios día a día, sin desistir jamás, sin perder nunca esta sagrada curiosidad.»

Albert EINSTEIN

«Los despiertos tienen un mundo único en común; cada uno de los que duermen, en cambio, se vuelve hacia su mundo particular.»

HERÁCLITO, fragmento 89

«Hay cierta sabiduría humana, que es común a los hombres más grandes y a los más pequeños, y que nuestra educación corriente labora con frecuencia para silenciar y obstaculizar.»

R. W. EMERSON

Cuando la editorial geoPlaneta se puso en contacto conmigo para ofrecerme la oportunidad de escribir un libro sobre mi padre, mi primera reacción fue rechazar la oferta. ¿Qué podía escribir yo que no se hubiera dicho ya sobre él? Sin embargo, no tardé en darme cuenta de que existía un vacío que yo misma había detectado cuando recurría a libros y biografías sobre Félix para uso propio. No existía un solo lugar que reuniera y ordenara su filosofía y reflexiones más profundas, dándoles absoluto protagonismo. Por otro lado, también he deducido, en los años que llevo dedicada a perpetuar y proyectar el legado de mi padre, que lo que la gente busca, a lo que acude, en realidad, no es tanto a interpretaciones o biografías sobre su persona, sino al propio Félix. En la Fundación que lleva su nombre, cada vez que sacábamos una cita, un corte audiovisual o radiofónico suyo, se producía la magia. La gente sigue buscando a Félix, su palabra, sus mensajes, su voz, su persona, sin interpretaciones ni intermediarios. Por ello, aunque me he concedido el gozo de redactar las introducciones a los capítulos de este libro, he querido que sea el propio Félix el que nos hable, una vez más, desde la distancia atemporal de su mensaje más puro y trascendental.

También existe otra razón, más personal, que llevo tiempo albergando: la necesidad de reivindicar y traslucir la esencia del mensaje de mi padre, así como su íntegra dimensión. Aun consciente del cariño implícito que existe en la denominación «el amigo de los animales» con que se le bautizó, hay algo reduccionista en esta acepción, que merma el verdadero alcance de Félix. Lo circunscribe a un personaje simpático, popular, aventurero y defensor de los animales, que alcanzó la fama, a través de la esfera del entretenimiento, gracias a lo incipiente de los medios de comunicación de su época. Lo cierto es que las personas que vivimos el «fenómeno Félix» sabemos que su trayectoria y mensaje fueron de mucho más profundo calado. Pero el tiempo pasa y los que sabemos, interiormente, quién fue Félix y lo que significó nos hacemos mayores y testigos de cómo se desdibuja y caricaturiza al maestro para las nuevas generaciones.

Precisamente hoy —aun contando con la renovada y fresca energía de los *millennials*, que irrumpen con una visión posmaterialista, globalizada y disruptiva—, cuando nos enfrentamos a la peor crisis sistémica y medioambiental de la historia de la humanidad, compele recuperar el referente y la brújula existencial que nos ha legado uno de nuestros pensadores más queridos.

Entonces, ¿quién fue Félix y por qué causó un impacto que aún perdura latente? Personalmente, creo que fue una especie de chamán. La palabra *shamán* procede de la lengua de los evenks de Siberia. En su origen contiene la raíz del verbo *scha*, que significa «saber», con lo que *chamán* significa «el que sabe», es decir, un sabio.[1] Según la filosofía perenne —aquella que subyace en todas las corrientes místicas—, el sabio es aquel que, comprometido consigo mismo, encarna un impulso de libertad que supera las inercias limitantes de las creencias de su cultura. El que encuentra el eje de su vida en su propio criterio, iluminando su camino con su corazón, intuición y raciocinio, en comunión con la luz de la realidad. La sabiduría emana de la visión del que la posee, quedando el razonamiento al servicio de expresar lo que este 've'. Mientras que el erudito, sin sabiduría, dice lo más simple del modo más complejo, el sabio tiene la habilidad de desvelar la realidad más inaccesible. Este tipo de conocimiento es liberador y el «mejor antídoto frente a toda forma de dogmatismo».[2]

El chamán —que tiene una universalidad de prácticas y creencias asombrosa entre los pueblos chamánicos, aunque los separe una impresionante distancia geográfica o temporal— tiene la capacidad de entrar en trance y viajar a dimensiones paralelas.[3] Sus conocimientos, que emanan de sus experiencias, contribuyen al beneficio y armonía de la comunidad. El instrumento musical utilizado con más frecuencia por los chamanes es el tambor; su ritmo representa el latido de la tierra, con el que el chamán se sintoniza para poder entrar en trance.[4]

De forma análoga, Félix nos convocó durante años, alrededor del fuego figurativo de la televisión o de la radio, al compás de los tambores que identificaban la música de inicio de todas sus series, para recibir su mensaje. Un mensaje que brotaba espontáneo, embebido de un entusiasmo contagioso, fruto de su curiosidad, experiencias y viajes a los confines del mundo. Su mensaje buscaba reconectarnos con la Tierra, con nuestros orígenes, con nuestra verdadera esencia. Concentraba nuestra atención —hoy en día tan disminuida por el bombardeo continuo de contenidos triviales—, para formarnos y hacernos mejores. Para alentarnos a escudriñar la vida con altura y criterio. Para agitar nuestra conciencia y empoderarnos frente a la manipulación. Para distinguir el grano de la paja. Félix irradiaba y encarnaba lo que nos contaba. Su voz, alineada con su mente, cuerpo y espíritu, utilizando la tecnología de la palabra, produjo la alquimia del cambio: transmutó nuestra conciencia. Fue un referente de integridad con un objetivo: el de religarnos a la Vida.

Su trayectoria y logros son una emanación de lo extraordinario de su existencia. Conviene recordar que, con más de 800 millones de espectadores a nivel internacional, *El hombre y la tierra* es el programa televisivo en castellano más exitoso de todos los tiempos. Lo mismo ocurrió con su *Enciclopedia Salvat de la Fauna*, la más vendida en castellano (con 18 millones de volúmenes solo en España) y su programa radiofónico *La aventura de la vida*, el más escuchado en España durante la década de 1970. Félix es el mayor comunicador en castellano (por alcance) de todos los tiempos.[5]

Pero no solo fue inusitada su capacidad de evocación, que lo convirtió en el único que ha logrado hacer de la divulgación ambiental un movimiento de masas, sino también su incansable capacidad de ejecución, que fructificó en hitos, relativos a la protección de espacios y especies, que no han encontrado parangón en la historia de la conservación. Muchas de las conquistas y creencias que hoy damos por hechas son legado del trabajo de aquel pionero en multitud de frentes; de su habilidad para iniciar una revolución ideológica —aun siendo el personaje que más confianza inspiraba— en el inestable clima sociopolítico de la transición. El trabajo ingente que abordó en apenas 20 años suponía, asombrosamente, una especie de juego para Félix; con sus sinsabores, luchas, disciplina, retos y derrotas, pero un juego envolvente que lo llevaba a reconocer que no trabajaba en lo que le gustaba, sino en lo que le apasionaba. Qué afortunado el que fluye y juega en su presente, el que aprovecha la vida y el momento como un vehículo para realizarse, descubriéndose a cada paso, e iluminar con ello a los que le rodean.

En este libro he querido redescubrir al Félix auténtico. He buceado en su obra y extraído lo que he considerado sus mejores narraciones, cuentos y reflexiones. Los he reunido en 10 capítulos que condensan los ejes de su visión y personalidad. Únicamente he recogido citas de su obra y no de entrevistas u otras fuentes, al no poder garantizar que estas no estén sujetas a interpretacio-

nes. También he decidido editar y corregir los textos que provienen de audios, para hacerlos más fácilmente accesibles al lector y porque el lenguaje hablado carece, en ocasiones, de las claves del escrito. Es importante contextualizar las citas de mi padre. La mayoría provienen de los años sesenta y setenta, por lo que algunos de los datos científicos o concernientes al estatus de espacios y especies pueden estar desfasados. Afortunadamente hoy la información actualizada es fácilmente accesible en internet.

He querido dejar esta biblia de reflexiones como guía, estímulo e inspiración para los que despertamos a la llamada del Maestro, pero que quizá la sintamos atenuada ante el desgaste de la cotidianidad del materialismo y la frivolidad imperantes. Me siento profundamente hermanada a esa generación de niños y jóvenes que supimos entender el mensaje profundo de mi padre y que hoy dedicamos nuestras vidas, como educadores, científicos, conservacionistas o divulgadores, a darle continuidad. Que no nos damos por vencidos y que creemos, como lo hacía mi padre, que una nueva conciencia es posible. Pretendo que este libro sea una brújula, un compás de vida, una inspiración imperecedera que nos ayude a sentirnos más vivos y a encontrar el camino hacia la plenitud, en comunión con el fenómeno vital de nuestro pequeño gran planeta. También para las nuevas generaciones que no lo conocieron pero que sienten la llamada de lo vivo. Porque a vosotros también os ayudará a encontrar vuestra fuerza y vuestra voz, que hoy necesitamos con urgencia inusitada, para ayudarnos en ese proceso de despertar colectivo.

No quiero cerrar esta introducción sin agradecer a mi familia su infinita paciencia a lo largo del intenso proceso de elaboración de este libro. A mi madre por su confianza y complicidad, por escucharme y aconsejarme tan sabiamente. También a Benigno Varillas por su apoyo, consejos y solícita disposición, y a Álvaro Jesús Lorite Villacañas por su inmensa ayuda desinteresada. Al equipo de geoPlaneta, y en especial a Dante Hermo, por su apoyo con las transcripciones en este reto quimérico que nos habíamos marcado de sacar el libro en pocos meses. A todos los que mantienen vivo el legado de mi padre y a todos los que lo recuerdan cuando evocan cómo los marcó para descubrir sus vocaciones profesionales. A todos aquellos niños y personas anónimas que han dedicado tiempo y esfuerzo para erigir monumentos, calles, plazas, colegios, parques, caminos, árboles, fuentes, aviones y centros en su nombre. Por último, mi infinito sentido de gratitud a mi padre. He decidido incluir un pequeño homenaje/testimonio que escribí en el 30.º aniversario de su desaparición, porque difícilmente podría expresar mejor lo que siento hacia su inconmensurable figura.

Blanco: el color de la eternidad[6]

Lo imposible se hizo real. Mi padre, un hombre que lo era todo para mí, desapareció para siempre un lluvioso día de marzo. Recuerdo perfectamente aquel día, aquella lúgubre mañana. La confusión, la sensación de pérdida inasumible. El significado profundo y esquivo de la muerte hacía acto de presencia en mi vida cuando solo tenía 7 años. Y el mundo entero resonaba con tristeza y vacío. No había distracciones, refugios o escapatoria de aquella sensación; mi padre era el padre simbólico de tantos niños, el amigo de tantos adultos, el guía de tantos adeptos. Todos lloraban su muerte y yo no encontraba consuelo ni explicación a aquella pérdida.

Hoy todavía trato de entender y procesar lo que sentí como niña. Procuro desdoblarme y aproximarme a mi padre con objetividad, aunque solo sea para aprender, de un modo saludable y maduro, todo lo bueno y lo malo de un hombre que fue mi padre y al que la muerte le arrancó la oportunidad de verme crecer y enseñarme el mundo que tanto le apasionaba. Siempre me cuestiono si mi fascinación por la vida de mi padre parte del vacío que dejó en mi vida, pero una y otra vez me cruzo con anécdotas, testimonios y revelaciones que me sacuden por dentro. Más allá de sus fallos o limitaciones, de su humanidad, domina la fuerza de su mensaje. De un mensaje captado y reverberado por miles de personas. De lo infinito, mágico y libre, de lo eterno. De lo que le hizo trascender la barrera del tiempo, de su tiempo, para conectarnos con lo mejor de nosotros mismos y de la Vida más allá de su propia vida. Porque lo extraordinario de Félix fue que elevó el nivel cultural, de sensibilidad, de empatía, de nobleza..., y que con ello logró ser querido y aclamado por miles de personas.

Ya desde antes de que falleciera, yo quería seguir sus pasos. Sintonizaba profundamente con aquel pálpito de vida que magnetizaba a todo el que lo escuchaba. No solo me sumergía, agarrada firmemente a su cuello, bajo las olas del cantábrico en Santander, sino que me sumergía, con el corazón y el alma abiertos, en el maravilloso mundo que él me dio a conocer. La confianza que tenía en mi padre era ciega. Sabía que su fortaleza me protegería como un escudo indestructible. De su mano podía aparcar el miedo o la duda y desplegar mis sentidos a un universo de sensaciones. Porque mi padre tenía la capacidad de hacer mágica la realidad. De sacar lo mejor de mí, de impregnarme de ilusión y anhelo por aprehender el misterio de la vida. De enseñarme a apreciar y descubrir mis dotes naturales. De sentirme parte de algo mucho mayor y poderoso que yo misma, que nunca me abandonaría y que siempre me daría la fuerza que él supo traducir y trasladar a tantas personas. Mi padre me descubrió un secreto, atávico y ancestral, de comunión y respeto hacia el misterio de la naturaleza. Y a medida que fui creciendo, también creció en mí ese anhelo por hacer de mi vida una aventura a través de la que descubrir la esencia de lo que mi padre me enseñó y de compartir esas sensaciones con el mundo.

Esos eran los sueños de una niña que hoy cobran, si cabe, más fuerza. En un mundo constreñido por la frivolidad, el reduccionismo y el relativismo, irrumpe, como un rayo de luz y esperanza, el mensaje que mi padre supo captar y traducir, y que afortunadamente me trasladó. Nunca terminaré de agradecerle la fuerza que me dio para asumir mi vida como la de un trozo de humanidad en toda su complejidad y potencial. Para cuestionarme las cosas y para defender mi criterio, la belleza y la armonía de la naturaleza. Para luchar a favor de la Vida y el sentido común. Para protegerme de perder la frescura, inocencia y humildad del que se sabe solo una pequeña parte de ese Todo. Debo confesar que la soledad y semiorfandad de mi infancia se han visto compensados con creces en mi vida adulta. El número de personas anónimas que se acercan a mí para trasladarme su sentimiento de profunda gratitud y cariño a mi padre es extraordinario. Es un recordatorio permanente de su presencia, en el corazón y recuerdo de tantos. Pero aún más sorprendente, al menos para mí, es constatar la cantidad de personas que hay despiertas a la vida y a las mismas sensaciones que he descrito. Durante muchos años pensé que nunca encontraría otro interlocutor como mi padre. Que solo él podía entender y explicarme aquello que me enseñó de niña. Sin embargo, cada vez conozco a más gente de culturas, profesiones, nacionalidades, creencias y edades diferentes que comulgan con esa sensibilidad y respeto a la vida y sobre todo con un profundo anhelo de llevar a la humanidad a buen puerto en esta vertiginosa carrera hacia ninguna parte en la que estamos inmersos. Existe una urdimbre oculta, pero real, que unifica el alma de todos los seres vivos en una especie de inconsciente colectivo al que acudimos los que buscamos inspiración. Allí está mi padre, una vez más reunido con la energía vital que le hizo y que siempre está presente. Como el blanco inmaculado de los paisajes que lo vieron morir, su alma reside ya más allá de la eternidad.

Odile Rodríguez de la Fuente
Marzo del 2020

¿Es posible sentir una voz y un cuerpo que nunca has conocido ni has tenido cerca como una parte más de la familia? Félix, en casa, en mi infancia, era eso. Uno más. Un vínculo que, con solo escuchar su voz, nos devolvía al sitio del que formábamos parte y que tanto echábamos de menos en la ciudad. «Amigo Félix», cantaba con mi hermano en el coche una y otra vez camino al pueblo, esas cintas de mis padres que no sé cómo no llegaron nunca a romperse —Enrique y Ana, *La Mandrágora*, Les Luthiers—. «Amigo Félix», cantaba, y quizás era demasiado pequeña, porque siempre la cantaba contenta. Yo no sabía que Félix ya no estaba, era algo que no contemplaba al escuchar la canción y verlo en la televisión. Cantaba y corría a la tele de pequeña sin saber siquiera que, cuando nací, casi ya había pasado una década de su muerte, pero en mi cabeza de niña, quizás, todavía era muy pequeña, él siempre estaba ahí, en el campo, rodeado de animales, de la mano del aullido de un lobo, mirándonos siempre con una sonrisa. Y así lo sigo recordando, en la voz de mis padres hablando de lo que significaron para ellos sus programas en televisión, cuando escucho a hombres y mujeres trabajando por nuestros medios rurales y su conservación, cuando camino por tantos espacios naturales que tenemos en este país y que tanto protegió y defendió. Y así sigue él, vivo en una manada de lobos que corre por un bosque, en el vuelo de un halcón, en los que defienden la naturaleza y no callan ante la emergencia climática. Así sigue vivo él, en esos olmos grandes —«las olmas», como él los llamaba y reivindicaba— que a pesar de los años, del tiempo y de la misma vida siguen ahí, dando refugio y sombra. Sigue vivo en nosotros, ramas de todo lo que él sembró con su clara conciencia ecológica, cuando en la época que le tocó vivir aquí nadie lo hacía, y nos traía el mismo campo a casa. Sigue aquí, con nosotros, y yo me aferro también, y siempre vuelvo a estas palabras suyas que tanto significan e importan: «Queremos en todos los momentos hacer cultura, acercar al hombre del campo o de la ciudad algunos retazos de lo que hace posible la existencia; o, en otras palabras, llevar a casa de todos un poco de naturaleza».

María SÁNCHEZ,
escritora y veterinaria de campo

«Nadie mejor que uno para presentarse»

El guion cumbre de Félix Rodríguez de la Fuente —del millar que grabó sin escribir ni leerlos— es el relato *Cuento de lobos*, emitido por Radio Nacional de España en 1976. Siete capítulos de una hora que sintetizan su cosmovisión: el ser humano, aliado del lobo, vivía en armonía con la Tierra. La ruptura de ese pacto, hace 9000 años, inició la crisis actual. Félix dedicó su vida a recuperarlo. Empieza diciendo que lo retransmitirá como se lo narra a su hija Odile de 3 años, «rabo de lagartija» que se le sube encima en cuanto lo ve, pidiéndole cuentos. Fiebre de sagas que él también tenía de niño y heredó su pequeña. La loba protagonista del cuento queda huérfana, acosada por los que rompen el pacto de la alianza y exterminan lo libre. La llama *Sibila* por sortear el peligro con su inteligencia y su encanto. Esperanza de que no se extinga la estirpe de los libres.

En 1956 conoció a Marcelle, su futura esposa. Ella le había dado una palmada en el hombro tras confundirlo de espaldas con otra persona y se disculpó con su acento francés: «Perdona, nunca nos han presentado como para estas confianzas». A lo que él, rápido de reflejos, replicó: «Nadie mejor que uno para presentarse». Así que, a continuación, resumo la sinopsis que Félix hizo en su día de sí mismo, ampliada con otros logros que omitió.

Escritor, director de cine, conferenciante, cetrero mayor de España, nació en Poza de la Sal, provincia de Burgos, el 14 de marzo de 1928. Pasó su infancia y la primera parte de su juventud en el campo, lo que despertó su gran amor por la naturaleza y una profunda vocación biológica. Desde su niñez explora incansablemente enamorado los diversos panoramas de la vida. Acompaña a legendarios cazadores furtivos y pastores del alto páramo, que le cuentan las primeras historias de lobos. Se pasma ante el espectáculo de las cerradas formaciones de las aves migratorias que surcan el cielo de la meseta. Antes de comenzar los estudios de medicina es ya biólogo autodidacta, como pudo serlo, hace 10 000 años, el cazador de la cueva de Altamira.

Cursó la carrera de Medicina en Valladolid. En 1957 se hizo doctor estomatólogo (Premio Landete Aragó) por la Universidad de Madrid, en la que en 1971-1972 impartiría clases de Etología en la Facultad de Veterinaria, como profesor invitado. Vicepresidente de la ONG conservacionista ADENA–WWF, impulsó el club juvenil Los Linces y el campamento de Montejo (Segovia), cantera de naturalistas que consagrarían su vida a proteger la naturaleza.

Fue consejero del Instituto Nacional para la Conservación de la Naturaleza, vocal de la Comisión Interministerial del Medio Ambiente y miembro de la Sociedad Española de Ornitología y otras entidades. Luchó para conservar espacios naturales como Montejo, Daimiel, la Albufera de Valencia, Cabrera, Muniellos, Doñana, Gallocanta, Añisclo, Monfragüe y otros.

En 1953 adiestró su primer halcón y, con tenacidad, recuperó ese complejo arte. Creó la Estación de Cetrería en 1954, que ubicó en Briviesca, y en 1956 en la Casa de Campo de Madrid.

Invitado por el rey Faisal, recorrió Arabia Saudí en 1962, compartiendo con los halconeros árabes sus secretos. En el Congreso Ornitológico Internacional de Caen (Francia), en 1964, presentó un informe que llevó a la protección de las aves de presa en España en 1966.

Evitó la extinción del lobo, al lograr que se le dejara de perseguir como alimaña en 1970. Investigó la psicosociología del gran depredador, estudiando desde la lactancia diferentes pautas de una manada con la técnica de troquelar del etólogo austríaco Konrad Lorenz, premio Nobel en 1973 por sus trabajos sobre el comportamiento animal.

En 1965 empezó a intervenir en el espacio de Televisión Española *Fin de semana*, dedicado a la caza y la pesca, en el que inició su cruzada personal para evitar la extinción de la fauna y fomentar el amor a la naturaleza. Filmó el documental *Señores del espacio*, que presentó en el festival de cine de San Sebastián y que en 1966 fue galardonado en el festival de cine de Gijón, ya como largometraje unido a otros dos cortos bajo el título *El maravilloso mundo de los pájaros*. Ese año publicó su libro más preciado, *El arte de cetrería*.

En el programa *Televisión Escolar* (1966-1969) los niños seguían con pasión a Félix, al que conocían como «el amigo de los animales». Finalmente en TVE le dieron programa propio, *Fauna* (1968-1969), que lo transformó en el personaje más popular de España.

Intervino también en los programas de TVE *Imágenes para el saber*, *Aventura* y *A toda plana*, entre 1968 y 1970. Continuó su labor con la serie *Planeta azul* (1970-1973) y alcanzó la excelencia filmando sus propias imágenes, sensacionales, en el programa *El hombre y la tierra* (1973-1980), del que llegó a hacer las series sobre la fauna ibérica, la venezolana y la canadiense, que se emitieron en medio mundo.

Su muerte en 1980, en un accidente aéreo, mientras rodaba un documental en Alaska, interrumpió su plan de filmar en América del Sur y África, donde ya había establecido los contactos necesarios, así como dos grandes largometrajes para la gran pantalla, uno sobre el hombre paleolítico y el elefante y otro sobre el lobo y su conflictiva relación con el hombre neolítico, convertido ya en pastor propietario de la carne.

El pensamiento más profundo lo plasmó entre 1974 y 1980 en su programa *La aventura de la vida*, en Radio Nacional de España. En ese medio fue donde llegó más lejos con su técnica de comunicar. Su capacidad de magnetizar y captar la atención de los públicos más variados se basaba en su extraordinaria facultad para grabar los audios sin haber escrito previamente texto alguno y, por tanto, sin leer guiones. Era capaz de «redactar» en su mente al tiempo que retransmitía información técnica, compleja y rigurosa, de divulgación zoológica, antropología o ciencias ambientales.

La fuerza de la palabra hablada, y de la información retenida y acumulada en la memoria, fueron cualidades que desarrolló, dijo, inspirándose en el humano paleolítico de hace 14 000 años, de cuya gran capacidad mental testifica el arte rupestre que decora la cueva de Altamira y otras cavernas de España y el sur de Francia.

Recibió 25 galardones, entre ellos la Gran Perla de Milán (1974), el Premio Príncipe Rainiero de Mónaco (1975), el Premio de Plata de Montecarlo (1976) y otros tres en Francia. En 1978 fue investido caballero de la Orden del Arca Dorada por el príncipe Bernardo de Holanda, en reconocimiento a su labor. El rey Juan Carlos I de España le concedió la gran Cruz de la Orden Civil del Mérito Agrícola por su servicio a la conservación de la naturaleza.

Publicó tres enciclopedias y numerosos libros sobre fauna de España, África y Venezuela. Impartió multitud de conferencias en toda España, algunas llenando hasta la bandera estadios como el Sánchez Pizjuán de Sevilla o el Palacio de Deportes de Madrid.

Su magia cambió la mentalidad de los españoles a favor de la vida salvaje. Su obra sigue agitando conciencias.

Benigno VARILLAS

Poza de la Sal, 14 de marzo de 2020

01

Sobre la piel de la Tierra

Las páginas que ilustran las portadillas de capítulo provienen de los cuadernos de campo del rodaje de El hombre y la tierra *(textos manuscritos de FRF; ilustraciones de autor desconocido).*

El eje sobre el que pivotó la existencia intrépida y arrolladora de mi padre fue, sin duda, su infancia. Un despertar a la Vida que liberó todo el potencial con el que nació aquel niño castellano, un 14 de marzo de 1928.

Cada ser humano que nace encarna una nueva oportunidad, que expresa todo lo que podríamos aspirar a ser como especie. Como Félix mismo decía, «un niño de hace 50 000 años, sacado de una caverna paleolítica y llevado a una universidad norteamericana, por ejemplo, habría podido transformarse en un Einstein». Y así es. Qué duda cabe de que somos producto de ambos, de nuestra herencia genética y del ambiente que nos nutre, pero lo único sobre lo que podemos influir, de momento, es lo segundo. Y aquí se centra uno de los mayores dilemas de la humanidad a lo largo de su historia: la educación, la crianza, el entorno y los valores con que modelamos ese potencial, para que las nuevas generaciones sean, al menos, un reflejo mejorado de lo que somos. Por ello, cuando ante nosotros se ofrece la oportunidad de escudriñar cuáles fueron las claves que dieron lugar a un fenómeno —totalmente fuera de su tiempo— que logró iluminar y despertar a una sociedad adusta, estimulando, además, el potencial de toda una generación de niños y jóvenes, debemos analizarlas con cierto detenimiento.

Desde la Revolución Industrial hemos sido testigos de una deriva que, afianzada por los postulados de pensadores como Descartes o Newton, ha llevado a una mecanización y reduccionismo de las ideas, percepciones y valores que han constituido el modo en que nuestra sociedad occidental se ha organizado. El paradigma imperante ha determinado e influido en cómo percibimos la realidad y cómo nos relacionamos con ella. La educación, como eje vertebrador de este paradigma, apenas ha cambiado desde que se forjó a mediados del siglo XIX. Su énfasis está enfocado en el intelecto y el razonamiento expresados en la capacidad académica, como medida exclusiva de éxito, de cara a rendir en una economía competitiva y mecanicista. Las escuelas, como explica sir Ken Robinson, aún están organizadas como si fueran fábricas, en las que los niños están separados por lotes, según su edad, con currículos y exámenes estandarizados, asignaturas compartimentadas en las que se incentiva el pensamiento lineal y convergente, así como la docilidad. La creatividad, el estudio de las humanidades y el pensamiento crítico y divergente van quedando cada vez más arrinconados.

> «Se enseña poco a pensar por uno mismo, a tener espíritu crítico, criterio propio, y a disentir inteligentemente cuando es preciso; es decir, se enseña poco a pensar. El empacho de erudición al que se somete al alumno termina intimidándolo y asfixia su capacidad para la visión directa, limpia y carente de prejuicios.»[1]

Afortunadamente, cada vez hay más voces que se alzan en autocrítica, no solo ante un modelo educativo a todas luces deficitario y como mínimo desfasado, sino ante el paradigma materialista y mecanicista imperante, principal responsable de la agonía de los soportes vitales del planeta, que amenazan la continuidad de la vida tal y como la conocemos. Pero no solo estamos enfrentados a la evidencia del deterioro ambiental, sino, lo que es más doloroso si cabe, también a los innumerables síntomas de una sociedad que, aun creyéndose desarrollada y ejemplo de bienestar, es cada día más neurótica y se encamina, con paso firme, hacia una profunda crisis sistémica.

En contraposición a la creencia generalizada sobre las claves del éxito en nuestra sociedad, la infancia y vida de Félix sobresalen como excepción a la regla o, quizá, como un destello virtuoso que puede ayudarnos a iluminar el camino hacia un futuro más pleno, a la altura de nuestro verdadero potencial.

Somos animales humanos, forjados por imperativos naturales durante millones de años. Incluso nuestro cerebro evolucionó «a expensas de los suaves estímulos generados en la naturaleza y en sus sencillas comunidades». ¿No tendría sentido que la clave para afianzar los cimientos de un equilibrado desarrollo de nuestras potencialidades intelectuales y anímicas residiera en que, durante nuestros primeros años, disfrutáramos de un contacto asiduo con la naturaleza? Esa fue la fortuna de aquel niño «despeinado, con el rostro quemado por el sol, con el cierzo en la cara, correteando por la paramera, siempre buscando algo en el regazo del viento, siempre preguntando algo a la línea del horizonte, con algo que aprender, con algún secreto que arrancar a la tierra, a las nubes, al sol, a las hierbas y a los animales...».

No solo disfrutó de un marco incomparable en aquella España, ajena al desarrollismo del resto de Europa, sino que lo hizo arropado por una familia en la que cosechó toda la atención y un amor incondicional, como hijo único hasta los 9 años, cuando nació su hermana. Pero también en un pueblo vivo y palpitante que, como una comunidad extendida, le otorgó esa red de seguridad con la que adentrarse en lo desconocido e indómito, en lo libre e infinito, con pie firme y alma pura, impelido por una curiosidad libérrima y un espíritu abierto y sediento.

Cabe destacar que no se escolarizara, más allá de un breve paréntesis, hasta los 10 años. Las razones se deben a dos factores: por un lado, su padre, notario de profesión, no creía en una escolarización temprana, por lo que se encargó personalmente de enseñar a su hijo lecciones básicas de lectoescritura y matemáticas; por otro lado, el estallido de la guerra civil cercenó aquel primer conato de educación reglada en la vida de Félix. Es sorprendente, dado el énfasis actual en escolarizar a los niños a edades más y más tempranas, que un hombre que destacó precisamente por un desarrollo intelectual y humano extraordinarios no lo hiciera hasta los 10 años.

Sus testimonios, deliciosamente costumbristas, sobre aquellos años venturosos dan fe de la felicidad que lo embargaba, así como de las profundas lecciones y valores que quedaron grabadas en él, no por lo reiterativo de una educación encorsetada, sino por el mágico poder de la experiencia vivida en plenitud. A Félix lo formó y forjó la propia naturaleza, protegiéndolo de manipulaciones precoces, tan propias de los centros educativos. Aquella educación, singular, produjo lo más maravilloso a lo que pueda aspirar esta disciplina: consolidar la sed y gozo de aprender guiado por una curiosidad imperecedera.

Pero quizá la lección más trascendental que extraemos de la infancia de mi padre es que somos criaturas pensantes, soñadoras, creativas, lógicas, únicas, pero no por ello ajenas a nuestra naturaleza maravillosa y atávicamente sensorial, profundamente ligada al fenómeno vital y depositaria de una sabiduría intuitiva de insondable potencial. Vivir los primeros años de nuestro desarrollo arrullados por la naturaleza, afianzados por el amor de una familia y una comunidad, puede darnos las herramientas para afrontar, con criterio, autoestima, libertad e ímpetu, los complejos retos de la edad adulta. Como decía mi padre, «el niño hace al hombre» y el hombre que no ha sido un niño feliz, vibrante y conectado, probablemente nunca llegue a ser un hombre en plenitud.

A los 10 años, fue enviado como interno a los Sagrados Corazonistas de Vitoria. A partir de ese momento, tan traumático como decisivo, su vida se encaminaría en la misma dirección de sus compatriotas: la de convertirse en una persona «de provecho» en la España de mediados del siglo XX. Y así lo hizo, destacándose por su rendimiento académico en sus estudios como médico estomatólogo. Con un futuro prometedor y seguro, sin embargo, se adentró, audaz y enérgico, en la luminosa aventura que sería su vida. Con la seguridad de un halcón, irrumpió en la sociedad española, fascinando a todos los que, embelesados, fuimos testigos y partícipes de su inspirador y majestuoso vuelo.

ORF

Muchas horas de sol implacable, lluvias torrenciales, estimulantes fatigas e interminables desplazamientos constituyen los cimientos de este pequeño libro. Pero estoy seguro de que su lectura despertará en mis queridos amigos, **los niños**, un sentimiento de curiosidad hacia los seres vivos y un ansia de protección de todo cuanto se integra en nuestro palpitante planeta.[2]

• • •

Muchos etólogos se preguntan si el cerebro humano, que ha evolucionado a expensas de los suaves estímulos generados en la naturaleza y en sus sencillas comunidades durante millones de años, no se estará saturando como consecuencia del monstruoso incremento de imágenes, sonidos, olores y emociones con que le bombardea la cultura tecnológica de nuestros días.

Quizá, quienes mejor podemos apreciar estos matices somos aquellos que hemos tenido la oportunidad de pasar de una infancia agreste y aldeana a una madurez en el seno de cualquier megápolis. Al profundizar en los matices que fueron construyendo mis fantasías en los días infantiles de la naturaleza, destacan algunos hitos que no podré olvidar nunca.

Para el niño de pueblo, libre de la infinidad de estímulos —auténtico lavado de cerebro— que llegan hoy a los muchachos a través de la televisión, de los anuncios, de las revistas y de la turbamulta urbana, **la naturaleza es la fuente inagotable que va nutriendo su curiosidad.** Y en ella, las formas más atractivas, tanto por su belleza como por su movimiento y su sonido, son, precisamente, las aves. Quizá por ello nos dijeran a los niños de pueblo, distraídos, que teníamos la cabeza llena de pájaros.

Pues bien, entre los pájaros que fueron llenando mi cabeza durante mis primeros años de vida, hay uno que permanece vivo, definido, rutilante, en el ya desbordado archivo de mi memoria: me refiero al roquero rojo.

La soleada ladera que trepa hacia los altos farallones rocosos que separan el Páramo de Poza de las feraces tierras de La Bureba; la suave brisa del mes de mayo; el pardo universo de los tomillares y aliagares; los ásperos bloques de berroqueña desprendidos del farallón; y de pronto, como una aparición, un ave compacta, roja, azul y blanca, un ave que se destaca sobre la arista de una caliza que alza la cabeza y emite un trino singular.

Y el niño montaraz y solitario se queda quieto, como transfigurado. Algo así debió de sentir el hombre de Altamira antes de reproducir las inmortales imágenes de sus bisontes en el techo cósmico de la caverna.[3]

Ordinariamente, uno se remonta a los años universitarios —cuando se adquieren en las aulas los conocimientos que después permitirán al escritor contar algo provechoso a sus semejantes— para justificar posturas intelectuales o inclinaciones didácticas. Yo tengo que dar una zancada mucho más larga, un salto atrás de 33 años, para situarme en los días de mi venturosa, agreste y peculiarísima infancia, a los que debo, sin ningún género de dudas, mi desmedido amor a los animales, mi profundo respeto a la vida y la dicha de estar ahora escribiendo estas líneas.

Claro está que mi infancia hubiera sido tan normal como la inmensa mayoría de las infancias rurales de no haberse concatenado tres circunstancias muy afortunadas para mí: la primera —por ser circunstancia geográfica—, que mi pueblo natal, Poza de la Sal, en la provincia de Burgos, estuviera enclavado en una región agreste, donde los animales salvajes eran todavía numerosos en aquel entonces; la segunda —por ser circunstancia histórica—, que entre los 8 y los 10 años disfrutara yo de la más absoluta libertad, por estar mis padres y maestros resolviendo problemas más arduos en los no demasiado lejanos frentes de combate de nuestra guerra civil; y la tercera y última —por ser modesta circunstancia hereditaria—, mi congénita e insaciable curiosidad, unida a una tenacidad férrea para trabajar en lo que me gusta. Y aprovecho la oportunidad para confesar que, prácticamente, nunca hago nada que no me entusiasme.

Libre, como digo, de las programadas, planificadas y ordenadas obligaciones de una enseñanza oficial, me veo inmerso en las vibrantes imágenes de un mundo primitivo, apasionante y directo. No descubro el lobo, como la mayoría de los niños, pintado en las páginas de un cuento, con un saco al hombro y cara de rufián, sino recortado en el horizonte de la paramera, como una criatura mítica, aureolada de misterio por los relatos de los viejos pastores. Y no veo el halcón envilecido y desplumado en la jaula de un zoo, sino cayendo desde las nubes, como un rayo de muerte, para segar ante mis ojos la vida de un pato salvaje. Y los buitres, mis añorados amigos los buitres, coronan con sus órbitas en el cielo purísimo de mis primaveras los sueños y fantasías de un niño de mentalidad anacrónica, quizá —y Dios lo quisiera— paleolítica, **de cuando los hombres y los animales vivían en la armonía de un todo.**

Su trabajo les costó a los buenos hermanos corazonistas de Vitoria arrancarme de mi universo zoomórfico cuaternario para meterme la gramática y el álgebra en la cabeza. Pero al modelar mi intelecto, al intentar transformarme en un ciudadano útil a la sociedad, con una paciencia y un método que nunca me cansaré de agradecer, los buenos frailes me enseñaron algo que, seguramente, no entraba en sus planes de bachillerato. Me enseñaron a sintetizar, a acrisolar mis recuerdos, a ordenar el tesoro de las imágenes arrancadas a mis peñas y parameras para vivir aferrado a su fulgor durante los interminables trimestres de mi internado. **Creo que aquello me troqueló.** Me marcó para siempre. El doble y temprano juego de alimentar mi fantasía en el ubérrimo seno de la naturaleza, durante las cortas vacaciones, para digerir y rumiar después, a lo largo de todo el curso, descubriendo nuevos e inesperados matices en las secuencias vividas, constituye hoy —después de 30 años de estudio y de observación ininterrumpida de los seres vivos— mi profesión y mi más adorada vocación.

El pequeño y apasionante escenario de mi pueblo, con sus halcones y sus lobos, con sus buitres, águilas, zorros y gatos monteses, es hoy el escenario del mundo, con sus leones, sus tigres, sus manadas de herbívoros, sus cetáceos gigantes, sus aves viajeras, sus peces multicolores y sus insectos laboriosos. Mis vacaciones, ahora mucho más largas y diversas, consisten en viajar, en apasionantes expediciones, por las selvas y por los desiertos, por los ríos y por las montañas de los cuatro continentes, para recibir —ahora con la cámara cinematográfica y el cuaderno de notas a punto— con tanto respeto y ansiedad como lo hacía en los días de mi infancia, el mensaje de la naturaleza y para captar la verdadera dimensión del animal en su medio. No como el lobo caricaturizado de la fábula o como el halcón envilecido del parque zoológico, **sino como una criatura que, a través de la aventura de la vida, comparte con el hombre el destino de la Tierra.** Una criatura cercana o remotamente emparentada con nosotros mismos, victoriosa en una larga y fascinante historia evolutiva, relacionada profundamente con el medio que la sustenta y con los seres que la rodean, sometida a unos impulsos que le permiten obtener el máximo rendimiento en su ambiente. Una criatura palpitante, gloriosa, como el halcón que cae desde las nubes o el lobo que se recorta en la paramera.

Si mis expediciones de observación y de estudio han prolongado, con toda su emoción y entusiasmo, mis infantiles vacaciones, hoy, los largos trimestres de introspección y de rumia consisten en ordenar mis notas, en consultar los libros de los más destacados zoólogos, en trabajar con mi equipo de colaboradores.[4]

• • •

Muchos de los ornitólogos y naturalistas, sobre todo los que tenemos más de 40 años, hemos sido niños pajareros. Nunca podré olvidar, y seguramente fueron decisivas en mi definitiva vocación, las jornadas infantiles de pajarero por los montes y páramos de mi pueblo. **Sabíamos los niños montaraces muchas cosas de las aves.** Cosas que, más tarde, con el estudio y la lectura, han ido adquiriendo morfología científica.

Sabíamos todos los niños pajareros de Poza de la Sal que los huevos de la tórtola, de la paloma bravía o de la torcaz no podían recibir el aliento, porque el ave propietaria los aborrecía indefectiblemente. Nos acercábamos en silencio, conteniendo la respiración, nerviosos y envarados hasta el rosal silvestre que había abandonado, como una centella, la grácil tórtola. Y en el nido sucinto, casi esquemático, apenas una docena de palitos entrecruzados, veíamos dos huevos blancos y trémulos.

Al día siguiente, normalmente, ya no estaban, pese a contener la respiración y asomarnos al nido sin pronunciar una sola palabra. La madre había abandonado la puesta, las urracas se habían comido los huevos y el desencanto infantil era mayúsculo.

Lo que nosotros no sabíamos es que tanto la facilidad para aborrecer los huevos como lo elemental de los nidos estaban en el fulcro de toda una estrategia de la biología reproductora de las colombiformes, que se basa en la extraordinaria facilidad de las puestas y las crianzas repetidas. A los pocos días de aborrecer un nido, nuevo celo, nueva construcción, nueva puesta, nueva crianza. Y así, la tórtola turca ha llegado en Inglaterra a realizar cinco crías consecutivas, sacando adelante una media de 10 polluelos en un solo año.[5]

• • •

El nombre puede influir mucho en un animal y creo que también en una persona. Ciertos apellidos cortos y sonoros han conseguido una fácil popularidad para sus usuarios. Son muchos los actores, cantantes y hasta escritores que adoptan seudónimos eufónicos y fáciles de recordar.

El búho era pájaro bien conocido por mis primeros profesores de zoología práctica, los pastores y cazadores furtivos de Poza de la Sal. Me decían que podía cazar en las tinieblas porque sus ojos le permitían ver en plena noche como nosotros vemos durante el día. Pero me lo pintaban como un ladrón peligroso y empedernido que devastaba de liebres y conejos los montes que rodeaban la alta roca donde tenía su nido, conocida por todos, precisamente, con el nombre de la Peña del Búho.

Al leer, con tanta curiosidad como entusiasmo, mis primeros libros de ciencias naturales, me enteré de que a nuestro búho, al famoso pájaro de canto lúgubre que anidaba año tras año en el agreste peñasco calizo, le daban el heráldico nombre de **Gran Duque.** Y he de confesar que, en mi imaginación infantil, ganó muchos puntos el cazador nocturno que, al decir de mis paisanos, constituía el terror de liebres y conejos. [6]

• • •

Hay imágenes que se graban en el cerebro de manera indeleble; recuerdos que permanecen intactos en la memoria, conservando con frescura todos sus matices. Me basta cerrar los ojos y evocar la llamada del búho para sentir la superficie rugosa y caliente de la roca bajo la presa de mis dedos. Y percibo también el olor intenso del enebro que me permite superar un saliente de la pared en mi ascensión hacia la misteriosa cueva de boca redonda. Seguramente, la calma de la tarde de julio intensifica mis sensaciones, entre las que destaca **el miedo.** Un miedo animal, atenazador, específico de la montaña. Un terror instintivo que solo dura unos segundos. Los justos para confiar todo el peso del cuerpo y de la vida a las raíces de un viejo enebro, no mucho más grueso que un bastón, soltar los asideros firmes, flexionar los brazos y extenderlos, como en un ejercicio gimnástico de barra fija, para terminar balanceando el tronco hacia adelante, hasta besar la fina arenilla de la cornisa ya superada. Debajo quedan 40 m de despeñadero y **la imprudencia de los 14 años;** tres metros más arriba, la entrada de la misteriosa cueva del búho.

No pocas veces, al acompañar a los cazadores por la falda de la sierra, habíamos encontrado en aquel paraje abrupto y solitario, al pie del risco, gruesas pellas de pelos grises que los hombres desmenuzaban ante mi curiosidad, mostrándome los cráneos y huesecillos de perdices que contenían, mientras me contaban invariablemente las hazañas cinegéticas del búho.

Porque aquellas concreciones de materias indigeribles eran las **egagrópilas** que el Gran Duque devolvía cada tarde antes de partir a la caza. Y el rey de la noche, el búho a secas para mis paisanos, era un personaje legendario. Por lo pronto, aunque por aquellos montes los búhos reales debían de abundar, se le citaba siempre en singular. Y no se reconocía más búho que el que anidaba en la «cueva del búho». Es comprensible, pues, mi curiosidad y hasta mi imprudencia por llegar a la cavernilla de boca redonda.

Al superar el resalte que hacía de natural alféizar en la ventana rocosa, estuve a punto de caerme de espaldas. Tres pares de ojos enormes, anaranjados y redondos, me miraban con extraña fijeza. Lo demás era una masa de plumas pardas que crecía rápidamente, hasta llenar el estrecho cubil. Y como mis asideros eran los bordes mismos de la cueva, tenía la **cara a menos de 50 cm** de los negros y corvos picos que castañeteaban de un modo atroz.

Habría resultado muy difícil averiguar quién estaba más asustado en aquella forzada y mutua observación. Pero los polluelos volantones del Gran Duque no retrocedieron ni un milímetro. El espanto provocaba en ellos una reacción específica: inmovilidad, erección de plumas y emisión de sonidos pavorosos. Ignorante yo entonces de que tan aterradoras manifestaciones fueran fruto del simple miedo, inicié una prudente retirada, enebro abajo, y no respiré tranquilo hasta que mis alpargatas se posaron en la hierba de la ladera.[7]

Entre los animales que formaban el universo zoomórfico de mi infancia, destacaba el lobo, que había alcanzado el rango de verdadera criatura mítica. Porque en el fondo de los más espeluznantes relatos con que me habían dormido mis niñeras desde que aprendí a escuchar cuentos, el lobo aparecía siempre como una potencia incontrolable y salvaje de la que solo se podían esperar ruinas y desgracias.

El soldado perdido en el páramo, en una noche de nevada, y del que no se encontraron, días más tarde, más que las botas, sin duda había sido devorado por los lobos. Y cuando una pareja de esos temibles carniceros, le salieron al paso en plenas tinieblas, a un pastor que cruzaba un monte para llevar unas medicinas a su mujer enferma, el terror que pasó el buen hombre hasta que sus mastines, atraídos por sus silbidos, salieron a defenderle, fue tan grande que perdió el habla y se le encaneció el cabello.

Pero la gran hazaña de los lobos del páramo fue su ataque combinado al corral donde se guardaba, a varios kilómetros del pueblo, un gran rebaño de carneros. Las fieras habían comenzado a cavar, una noche de invierno, bajo la pared de la amplia corraliza para penetrar en su interior y dar muerte al ganado. El rebaño, aterrorizado, se fue apelotonando contra el tabique de enfrente, donde justamente se abría la doble puerta de madera. Los lobos trabajaban implacablemente en el silencio de la noche. Y la presión de los carneros se hizo tan grande que la puerta, arrancada de sus goznes, se vino abajo, saliendo al exterior en plena estampida la manada de los enloquecidos animales.

Como un torrente, se precipitaron ladera abajo hacia el lejano pueblo. Los lobos, ebrios de sangre, fueron matando a los carneros sin detenerse a comer. Cuando la avanzada de la dramática tropa llegó a las calles de la aldea, despertando a los vecinos, estos pudieron seguir en la oscuridad, por los blancos cuerpos de 60 reses degolladas, el camino que había trazado el rebaño desde el corral.

Estas y otras historias me fueron proporcionando una idea del lobo que estaba en consonancia con la fama de que disfrutaba en toda la región. Era la encarnación del mal, desafiaba al hombre, le robaba sus bienes, atemorizaba sus rebaños y **era la única criatura capaz de desafiarlo de todas cuantas vivían en latitudes civilizadas.** Además, según me decían, el lobo era feo, de mirada aviesa y cruel, espumantes belfos y furtiva pisada; era el enemigo al que ni siquiera se le podía atribuir la posesión de la belleza.

Cuando cumplí 12 años, mi padre me regaló unos prismáticos de campaña. Y en unas vacaciones de Navidad se me ofreció la venturosa y ansiada oportunidad de formar parte de una batida de lobos. Se habían movilizado pueblos enteros. Se había organizado una vasta maniobra de estrategia militar para cercar a los lobos y hacerlos pasar por los puestos donde los esperaban escondidos los mejores cazadores de la región.

Al amparo de un espeso arbusto de boj, bien consciente de mi obligación de reconducir a los lobos hacia sus presuntos matadores, esperé durante todo un día, aguantando el aguanieve y el fino vientecillo del norte. Al caer la tarde, cuando ya ansiaba la orden de retirada que debía dar un viejo cazador apostado en lo alto de una peña, una silueta parda e irreal apareció en el horizonte de la redonda loma de enfrente. ¡El lobo! Finalmente, el fantasma aparecía ante nosotros. Por unos instantes me pareció vislumbrar en aquel bulto grisáceo la fealdad y la peligrosa apariencia que tantas veces me habían descrito. Con toda la emoción tomé los prismáticos. Lo que vi jamás se borrará de mi memoria: la faz del lobo era de una belleza indescriptible; la amplia bóveda de su cráneo, coronada por dos pequeñas y triangulares orejas, reflejaba gran inteligencia; sus claros, serenos y profundos ojos, con el iris del color del ámbar, **miraban hacia mí con aire interrogante;** su firme y vigoroso aplomo, su pelaje entre pardo y plateado y toda la armonía de sus formas superaban a cuanto yo había visto en el mundo animal.

Aquella faz no podía ser mala. La nobleza, la serenidad y la gallardía emanaban de la manera más conquistadora deI rostro del perseguido carnicero. Aquella tarde fría del mes de diciembre **decidí que todo cuanto me habían contado del lobo era falso.** Este no podía ser un traidor, no podía ser cruel por puro capricho. Si mataba, sería porque necesitaba carne para sobrevivir. Y, al fin y al cabo, el hombre no tenía derecho a erigirse en dueño supremo de la carne, de la vida y de la muerte.

Veinticinco años más tarde he llegado a conocer perfectamente al lobo. He sido aceptado como jefe de una manada de siete soberbios ejemplares. He leído, muy de cerca, en las pupilas de mis lobos, toda la fidelidad monolítica que reside en su complejo comportamiento. He descubierto que los lobos son cooperativos, comunitarios, que adoptan a los cachorros huérfanos, que comparten el alimento, que jamás abandonan a los heridos o a los débiles. Mis lobos han dado la vuelta al mundo a través de los canales de la televisión, de los libros y de las revistas ilustradas. Pero el mensaje de su misteriosa y desconocida historia ya lo había recibido a los 12 años de edad, cuando, a través de mis primeros prismáticos de campaña, pude ver de cerca la luminosa faz del lobo.[8]

• • •

Era un animal hermosísimo, de mirada noble, profunda. Era, quizá, **la más acabada representación de la fuerza, de la libertad, de la nobleza, del pal-**

pitar del corazón de la Madre Tierra. Y, entonces, en un segundo, decidí que aquel animal no podía ser malo y que yo no podía permitir que el cazador lo matara; dando un salto, corrí hacia el lobo gritando: «¡Márchate, vete, no entres en nuestro puesto que te van a matar!».

Creo que se quedó flotando en la tarde del páramo el grito del niño que corría hacia el lobo para salvarle la vida, y creo que se quedaron también flotando los denuestos y las palabrotas del viejo cazador que cogía al loco arrapiezo por el chaquetón, y le decía: «Niño, ¿te has vuelto loco? ¡Se lo voy a contar a tu padre, y te va a matar!». Afortunadamente, mi padre comprendió aquel impulso infantil, noble y benévolo hacia el lobo, aunque el animal hubiera causado bastantes daños en nuestras economías. Sin embargo, aquel día cambiaron para siempre mi vida y el concepto que tenía del lobo.[9]

• • •

En el norte de la provincia de Burgos, en el límite de la Meseta, antes de que la severa orografía de Castilla se desplome hacia el mar por el fragoso escalón de la cordillera Cantábrica, existe un anchuroso páramo, una tierra rigurosa de pastores y de lobos, alta ruta de pájaros viajeros, que fue la más fascinante escuela en los días de mi infancia.

Deambular por la llanura, acechar, descubrir nuevas formas y manifestaciones de la vida, era para mí un **placer atávico, viejo y vital como la misma humanidad.** En otoño, me pasaba los días tratando de sorprender a los patos salvajes. Y no para cazarlos, pues por aquel entonces no conocía el manejo de las armas. Era algo mucho más imperioso: quería verlos de cerca, saludarlos con mi **mirada atónita;** quizá, descubrir el secreto de su misteriosa atracción. Porque los patos salvajes siempre me han emocionado. Sus formaciones geométricas en el cielo de otoño, su tenso vuelo hacia las tierras de invernada, despertaban en mi espíritu indescriptibles nostalgias y ansias de nomadeo.

Ciertamente, mi situación no podía considerarse como normal, ni siquiera segura para un niño de 11 años: calado hasta los huesos por la fina lluvia, temblando de frío y ansiedad, entre los carrizos de una charca perdida en el páramo, a muchos kilómetros de mi casa, me sentía, sin embargo, el más **feliz y triunfante de los mortales.** Porque ellos estaban allí, a pocos metros de mi escondite, tan cerca que podía distinguir el verde metálico de sus cuellos y los anaranjados picos. Al fin, lo había conseguido. Tras media hora de arrastrarme por el suelo pedregoso, veía de cerca a mis admirados viajeros.

Lleno de júbilo, salté hacia delante; grité. Y toda la bandada se puso en vuelo, con un extraño clamor, salpicando mi rostro con las gotas de agua proyectadas por sus alas. Entonces, un silbido creciente lo dominó todo. Una masa grisácea cayó como un proyectil hacia el centro de la bandada y chocó contra uno de los patos, derribándolo en tierra, envuelto en una nubecilla de plumas.

Con **asombro**, me percaté de que aquel bólido mortífero era realmente un ave, que ascendía tan rauda e inesperadamente como había bajado.

Corrí hacia el abatido pato y tomé su cuerpo entre mis manos; era macizo, fuerte, pesado..., estaba muerto. Miré hacia el cielo, y allí, en lo alto, vi volar en círculos al poderoso cazador, ya solo un punto entre las nubes.

Absorto, apretando fuertemente su presa entre mis brazos, comprendí que había un ser superior a cuantos yo había imaginado: veloz, para herir como el rayo; fuerte, para quebrar de un golpe el vuelo del pato salvaje.

Solo, inmóvil, **acepté con humildad** el regalo que la naturaleza acababa de ofrecerme; ignorando que, miles de años antes, un cazador del lejano neolítico recibiría en parecidas circunstancias la inspiración que le hizo concebir **el más noble e increíble arte de caza: la cetrería.**[10]

• • •

En las soleadas mañanas de primavera me pasaba horas y horas tendido sobre la hierba, prendida la mirada en las amplias órbitas descritas por los buitres en el cielo. Me asombraba su capacidad para flotar en el espacio sin mover las alas, suspendidos, como por arte de magia, **en el azul.**[11]

• • •

Dichosa infancia campestre, maravillada cada día ante los secretos de la vida. Dichosa curiosidad antigua, telúrica, que colma su sed directamente en las fuentes de la tierra y **va ligando al hombre**, mediante raíces fuertes y profundas, a la naturaleza, de la que es síntesis y espejo.[12]

• • •

Los ornitólogos son admirables hombres de ciencia que consagran su vida al estudio de los pájaros. Pero en la ornitología, quizá más que en cualquier otra rama del saber humano —y, seguramente, por lo que tiene de deporte—, existe el *amateur:* el farmacéutico, el ingeniero o el sastre que dedican los fines de semana a la observación de las aves y realizan largos y costosos viajes durante sus vacaciones para darse el gusto de fotografiar a tal o cual especie rara. Hay, luego, un curioso tipo humano que, si bien carece del riguroso método del ornitólogo, comparte sus inclinaciones naturales. Suele desenvolverse en el medio rural y procede, también, de los más diversos oficios; pero su obsesión, el tema constante de sus conversaciones, la meta de sus pensamientos, son los pájaros.

Desde pequeño se distinguió el pajarero —que así le llaman en el pueblo— por su agudeza para localizar los nidos de cuantas aves criaban en el contorno. Se pasaba el día entre peñascos y matorrales. Y, contemplando los polluelos de un mirlo, el nido en forma de bolsa de un chochín o los huevos, semejantes a guijarros, del alcaraván, el pajarero se quedaba absorto, sentía dentro de su pecho una emoción indescriptible. Pero como nadie le había enseñado que con los pájaros se pudiera hacer otra cosa que comérselos fritos o meterlos en una jaula, acabó transformándose en un verdadero azote para la gentecilla alada de la región. De niños, el pajarero y el ornitólogo estaban hechos de la misma madera, del mismo temblor ante las intimidades de la naturaleza, de la misma **curiosidad dolorosa, epitelial, hacia los secretos de la vida.** Ambos eligieron las criaturas más frágiles y bellas del planeta como objeto de su pasión. Pero el medio cultural y la educación hicieron del primero un científico, un protector de la fauna; el segundo no pasó de ser un paradójico personaje que perseguía sin descanso aquello que amaba por encima de todas las cosas.

Un hombre así fue **mi primer maestro de ornitología.** En su taller de zapatero recibí las primeras lecciones teóricas. Y de su mano —en el sentido literal de la palabra, pues por aquel venturoso entonces tendría yo 8 o 9 años— fui identificando las especies más comunes de nuestra avifauna. Las técnicas cinegéticas de mi buen 'maestro-zapatero', furtivas en su mayor parte, le habían ido obligando a transformar su soleado cuchitril en un extraño laboratorio. De las renegridas paredes colgaba una docena de jaulas, ocupadas por perdices, jilgueros, pardillos, un par de calandrias y un zorzal malvís. Debajo estaban alineados los cajoncitos de los gusanos de harina, las hormigas de ala, los búcaros de los grillos, los botes de cañamones, alpiste y semillas silvestres poseedoras de secretas virtudes para despertar el celo, la muda y otros procesos de las aves. En la alacena se apilaban redes, ballestas, cimbeleras, cordeles, botes de liga y todo un cuantioso y ordenado equipo.

Mientras mi profesor claveteaba tacones y medias suelas entre el incesante y variado gorjeo de sus pupilos, nunca faltaba algún desocupado con quien charlar de pájaros. Y como el hombre tenía gracejo y era un saco de anécdotas, el boticario, el telegrafista y otros personajes del pueblo le honraban muy a menudo con su visita.

Entonces se atacaban temas de altura, en los que el zapatero hacía gala de sus profundos conocimientos naturales, mientras sus interlocutores, más instruidos, trataban de pillarle en algún renuncio. Aquellas polémicas, orquestadas por los grillos, las calandrias y el malvís, eran **para mí música celestial.** ¿Por qué entran los machos del campo en el puesto cuando canta la perdiz de la jaula, si también es macho? ¿Qué tienen las hormigas de ala para gustar a todos los pájaros, incluidos los granívoros, como los gorriones y las perdices, constituyendo por ello el mejor cebo para las ballestas? ¿Por qué los cimbeles, que atraen grandes bandadas de congéneres en otoño y en invierno, son absolutamente inútiles en primavera y en verano? Cuestiones tan importantes como la misión del canto entre las aves, las inclinaciones hacia la dieta insectívora o las tendencias a la socialización en ciertas épocas del año se explicaban en nuestro **laboratorio-zapatería** mediante ingenuas y empíricas teorías que, muchas veces, no carecían de fundamento.

Después de recoger en todos nuestros paseos ornitológicos extraños hierbajos para *Perico,* el macho de perdiz del zapatero, que, por lo visto, tenían la propiedad de acrecentar sus ansias amorosas y vitales; después de vigilarlo durante horas mientras tomaba el sol en las tardes de febrero, soñaba cada noche con aquel amanecer que nos llevaría, vereda arriba, hacia una retirada solana de la sierra, donde iba a cazar, por primera vez, perdices con reclamo. Y en esto, mi maestro no tenía rival en toda la provincia de Burgos.

En las alforjas del borriquillo iban el taco, la bota, la vieja escopeta del furtivo, convenientemente envuelta y desarmada, y la jaula de *Perico,* enfundada en una tela negra. Nosotros, a buen paso, caminábamos detrás de la caballería, confiando en sus finos sentidos para **no perder la senda.**

Cuando llegamos a la agreste vallejada que separa la sierra del páramo, el sol se asomaba ya entre los bojes y la parda caliza. Esconder el burro, camuflar el puesto, colocar el macho sobre la piedra, quitar la funda y montar la escopeta de un cañón fueron operaciones que realizamos en unos minutos. Porque todo lo que tenía mi maestro de parsimonioso y lento con los zapatos era presteza y febril actividad en el campo. Nos sentamos sobre dos piedras dentro del tollo, que estaba hecho con unas losas, apoyadas en la visera natural de la roca y llevaba muchos años de servicio. A través de las grietas y de la tronera nos llegaban las diversas voces del campo, destacando sobre la música de fondo de las alondras que, colgadas del cielo, cantaban sin cesar a lo largo y a lo ancho del inmenso páramo.

Perico comenzó a rechistar, después de estirarse y sacudirse, para romper de pronto, con voz potente, en una gama acústica que tenía toda la fuerza y riqueza de la primavera. En una de sus pausas, oímos una perdiz en la ladera de enfrente. *Perico* pareció darse cuenta, entonces, de que cantaba para alguien. Y, ora retador, ora amistoso, se entregó a un **duelo melódico** con su congénere. A medida que la perdiz del campo iba acercándose, la cara del zapatero comenzó a adquirir matices insospechados. Ni en el reclamo de codornices con pito, ni en la caza con red y cimbeles en otoño, ni siquiera en las expediciones nocturnas tras las alondras, con esquilas y cencerros sujetos a las pantorrillas, había descubierto, a la luz del farol, tan vivas expresiones en la faz de mi maestro.

El esfuerzo auditivo, la concentración que parecía permitirle descifrar el lenguaje de las perdices, se reflejaban en el color de su epitelio de un modo alarmante. Cuando *Perico* cantaba, *in crescendo,* viril y retador, el zapatero enrojecía; se le ponía el pestorejo hinchado y apoplético, como si toda la virtud de las hierbas vitamínicas y afrodisíacas que había dado a su macho durante el invierno se le transmitiera de pronto. Al contestar la perdiz de la ladera, **jadeaba y se tornaba lívido.** Así permanecimos unos interminables minutos, yendo mis ojos atónitos de *Perico* a mi maestro, que competían en actitudes gallardas y expectantes, mientras me llegaba la voz del pájaro del campo que, por cierto, se había detenido a unos 100 m y cantaba cada vez con menos convicción.

—Este cochino no entra porque tiene miedo —susurró el zapatero—. Es mucho pájaro *Perico.* En cuanto se calle del todo el cobarde, el nuestro le quitará la hembra.

El que un macho de perdiz se achique desde lejos, escuchando las bravatas de otro, como el conductor dominguero de un pequeño utilitario ante el fornido chófer de un camión; el que una perdiz ingrata abandone al novio, conquistada por la voz de un tenor, como en nuestras zarzuelas y operetas, es algo que puede parecer una fantasía, aunque mi zapatero lo aceptara como la cosa más natural del mundo, lo mismo que cualquier mediano conocedor de la caza con reclamo y, lo que es más sorprendente, igual que los hombres de ciencia.

Perico, como si hubiera adivinado los pensamientos de su dueño, cambió diametralmente el tono y el estilo de su canto; de retador se hizo zalamero, persuasivo. La dureza y el brío de torrentera serrana de su desafío dieron paso a un susurro de brisa, a un chasqueo como de besos. Con menudos pasitos, picoteando fingidos granos, deteniéndose y estirando el cuello con coquetería, **se iba**

acercando la hembra casquivana. El silencio era tan absoluto y tan intensa la emoción, que podíamos oír, bajo la roca, el latido de nuestros corazones. Pero, de pronto, la perdiz del campo se precipitó hacia una mata de boj, *Perico* se aplastó sobre la tabla de la jaula y el zapatero, derribando de un empujón la losa del tollo, saltó al exterior, escopeta en mano, gritando como un poseso: «¡El águila!, ¡el águila!». Oí un zumbido, como el que produce una bandada de torcaces al entrar en un encinar; vi una silueta parda cayendo, valle abajo; escuché la seca detonación de la escopeta de mi amigo, y allí se terminó nuestra prometedora cacería. El águila real había asustado de tal modo a *Perico* que este no volvería a abrir el pico en todo el día. Mientras cubría la jaula amorosamente con el capillo, metiéndose con todos los heráldicos antepasados de las águilas, el zapatero me contó que allí mismo le habían matado al *Pelao,* su mejor perdigón. Y a un macho que le dejó el barbero se lo llevaron con jaula y todo.

Esto nos permitiría pensar que los pájaros más maduros y vigorosos son capaces de cantar de modo más atractivo para las hembras a la vez que más amenazador para sus rivales. Existiría entonces una selección natural basada en las capacidades fónicas; los mejores cantores conquistarían los territorios más adecuados y tendrían siempre hembras para perpetuar su estirpe. Los afónicos estarían condenados a la soltería. Y de este modo, en una línea de ascendente perfección, se habría llegado a laringes tan maravillosas como la del ruiseñor o el zorzal.

La alondra que canta en el azul, lejos de su natural defensa ante el ataque del alcotán, es un **señuelo viviente** para atraer a la rapaz, que así no caerá sobre la recatada alondra hembra cuando abandone el nido unos momentos para beber o alimentarse. El ruiseñor que trina toda la noche en el matorral polariza la marcha de la comadreja o el turón, que escuchan hambrientos para localizar una presa, llevándoles lejos del nido donde empolla su pareja.

Ciertamente, los pájaros no cantan solo para alegrar la primavera con sus trinos. Pero no deben entristecerse por ello los poetas al conocer el profundo significado del gorjeo de un ave. En su voz se encierra el secreto más bello, más poético y más importante de la creación: la perpetuación de las especies.

Hace tres años vi por última vez al maestro de mi infantil ornitología. En su taller de zapatero, en otro tiempo alegre Arca de Noé, solo quedaban una vieja calandria y un jilguero. Ya no merecía la pena mantener una docena de vigorosos cimbeles para cazar en el paso, ni lombrices, gusanos de harina u hormigas aladas. Pues **cada vez quedan menos pájaros**, según el zapatero.

Por cierto, aproveché la oportunidad para explicarle que, en septiembre, cuando las horas-luz disminuyen, algo muy importante ocurre dentro de las cabecitas de los pájaros: una glandulilla, llamada hipófisis, cuando el fotoperíodo —así llaman los científicos a la duración del día-luz— alcanza un nivel crítico, desencadena una serie de funciones glandulares que ponen en marcha, entre otros muchos mecanismos fisiológicos, el instinto gregario de ciertas aves migratorias. Por eso, cuando el zapatero sacaba sus jilgueros y pardillos a las riberas del río Omino y los ponía en movimiento mediante sus ingeniosas y particulares cimbeleras, las bandadas de fringílidos viajeros descendían y se posaban entre sus congéneres cautivos. Porque en otoño una bandada de aves es como un superorganismo, como un cuerpo multiforme, como una esponja o un gran imán que va atrayendo a todas las partículas descarriadas.

Los cazadores, las aves de presa, los accidentes, podrán arrancar algunos miembros del fabuloso ser alado, **como se arrancan las hojas de un árbol sin que este muera.** Pero cuando la luz de la primavera impulse a la bandada hacia las tierras natales, cuando las glándulas de cada pajarito, nuevamente activadas, lo transformen en un ser individualista, que defiende su territorio y llama a su hembra, se recuperarán los miembros perdidos. Y, otra vez, el pueblo de los pájaros recobrará su lozanía y su densidad habitual.

—Eso sería antes —me dijo mi anciano maestro—, porque lo que es ahora, desde que echan los polvos para combatir las plagas, no se oye cantar a un pájaro. Una sola fumigación desde una avioneta mata más insectívoros que todos los pajareros de antaño en la temporada.

No dije una palabra más, porque mi amigo el zapatero tenía toda la razón.[13]

• • •

Era este pastor hombre de pelo de plata, tez apergaminada y mirada penetrante. Tenía, seguramente, lo que solo se puede conquistar cuando desde los 10 años hasta pasados los 60 se ha estado de cara al cierzo, bajo el sol y encima de la piel de la tierra. Y él, siempre que me veía ir por aquellos atajos de las laderas que conducían al páramo—muchas veces era yo quien le sorprendía—, tendido cerca de una fuente de agua dulce y cristalina que brotaba en un barranco, dibujadas las siluetas de sus cabras en las altas cárcavas como figuras míticas, me decía: «Hijo, voy a contarte eso que tanto te gusta del águila». Y entonces, iluminándosele la cara, empezaba a contarme sus aventuras con las águilas. Me hablaba del risco, de una peña calentada y enrojecida por el sol, de una peña caliza que caía del páramo hasta un pueblo pequeño que lleva nombre de origen romano, Castil de Lences. Allí colgaba el águila en una risca a la que nadie que no hubiera sido aquel pastor magro, hecho de nervios de acero, ligero de peso, pequeño de estatura, se habría atrevido a colgarse.

Hincaba el garrote, como llamaba a una especie de arma paleolítica de madera que sabía proyectar con la certeza y la fuerza de un proyectil teledirigido contra la pata de una oveja o la faz de un perro desobediente, clavaba la garrota, desliaba una cuerda de esparto e iba bajando en la soledad de la mañana, sin público que le aplaudiera, ni premios o cotas que coronar, descolgándose por la roca hasta llegar al nido del águila.

Me decía el buen pastor que, a modo de casco, y por temor a que las águilas adultas se lanzaran contra el profanador de su nido, se colocaba en la cabeza una caldera de hacer morcillas de cobre. ¡Qué espectáculo! En los albores de esta España de ahora, al pie del páramo, un hombre del paleolítico sin más seguro en el abismo de 180 m que una garrota de boj, una cuerda de esparto y una caldera de brillante cobre sobre su cabeza, bajándose al nido del águila.

Había que tener indudablemente alma de ornitólogo y corazón de león para jugarse así la vida cada tres días en primavera. Sí, porque mi amigo el pastor bajaba a visitar a los aguiluchos cada tres días. Extraña sistemática, propia también del programado trabajo del mejor de los ornitólogos. ¿Saben ustedes por qué? Porque mi amigo, que en el fondo adoraba a las águilas, que me hablaba de ellas cada vez que me veía junto al susurrante manantial cristalino, a la sombra de la higuera que crece en la roca, en la cárcava sobre la que se recorta la silueta de la cabra mítica, decía que, para él, durante toda la primavera y el verano, no había nada como comer la carne que le traían las águilas.

El buen pastor llevaba en su talego, que formaba también parte de su bagaje, además de la cuerda de esparto, del garrote y de la caldera en la cabeza, un palito sujeto con una especie de brida que colocaba en el pico de los aguiluchos, a los que tenía embridados dos días. Las águilas aportaban al nido perdices, conejos y liebres, y naturalmente los polluelos no podían comer; bajaba entonces el pastor, jugándose la vida para ganar la proteína tan cara y tan difícil en la España de la cabra y del pan, y se llenaba el talego de perdices, liebres y conejos. Quitaba la brida a sus amigos los aguiluchos para que comieran un día cada dos. De esta manera, su crecimiento se hacía más lento y él obtenía una buena parte del trabajo de las águilas.

Es fácil imaginar, queridos amigos, como a un servidor **le podían ilusionar estos relatos,** sentado allí viendo en aquella cara transfigurada, las historias que me contaba de sus águilas. «Y cada año cambia el nido —me decía— pero nunca se sale de la risca. Y cuando llegan otras águilas, ¡ay, el macho de esta qué bravo es!, se sube en el cielo y entonces grita. ¿No les has oído?» Claro que había oído yo gritar a las águilas, muchas veces, **y tenía ese grito clavado también, como el viejo pastor, en la mente y en el corazón.** Y quizá lo tuvo también clavado el que inventó aquello de que el águila estuviera en los escudos de los imperios y de los reinos. Y entonces, mi amigo el pastor, el ornitólogo especializado en rapaces de mi infancia, el ladrón de las presas de las águilas, me decía: «¡Ay, el macho de estas águilas de la risca de Castil de Lences! Ese echa a todas las águilas del contorno, hijo, ese es un buen macho de águila al que le quito yo todos los años las liebres, los conejos y las perdices».

Aquel buen amigo mío, el pastor, cuando bajaba a expoliar el nido del águila, cuando bajaba a hacer algo tan vituperable, respetaba la vida de los aguiluchos, que luego podían abandonar el nido, quizá un poco raquíticos por esta dieta tan extraña a la que les sometía, quizá un mes más tarde; él les veía asentados en la roca y podía deleitarse en su contemplación y en su presencia. Estoy convencido de que el pastor, más que la carne de las perdices, más que la magra de las liebres, lo que quería arrebatar a la naturaleza, lo que se llevaba celosamente a su casa en el zurrón, lo que seguramente saboreaba después sacándolo de la tartera a la sombra de la higuera, era **la esencia misma de la reina de la naturaleza,** la fuerza misma del ave, antes de que los cielos limpios castellanos fueran tatuados por la cinta blanca y profanadora de los gases de los aviones a reacción. Lo que él traía y llevaba, lo que amaba, lo que ingería, y de lo que vivía durante la primavera y el verano, era la esencia misma de la más heráldica, la más fuerte y la más bonita de las águilas.

El águila de mi amigo el pastor, que ya estará como un águila allá arriba, el águila de mi infancia, aquella del grito rebotando de peña en peña y calando en el pecho del águila invasora de su territorio, era el águila conocida como perdicera.

Desde hace más de 10 años ya no hay águilas en la risca de Castil de Lences. Tampoco vive ya mi viejo amigo. ¿Qué pasó? Cuando murió el pastor que robaba su carne, las águilas ya no quisieron vivir en la risca, o quizá, más probablemente, ahora que todo el mundo tiene coche y escopeta, llegó allí un hombre lejano, tal vez de Bilbao, de esa ciudad industriosa que inyecta cazadores a todo el norte de Castilla La Vieja. Y es posible que este hombre, a quien nada le iba ni le venía, ni tenía que ver con las águilas, aquellas águilas quizá tan viejas como mi pastor, que murió con más de 80 años, hizo retumbar la roca, hizo sonar la cárcava y la risca con la profana voz, con el hostil ladrido rabioso de su rifle, y la bala se metió en el corazón del águila.[14]

De niño, me volvía loco cuando empezaba a nevar. Al despertarme por la mañana en mi pueblo burgalés de muchas nieves, me decían: «¡Felisín, ha nevado!», y miraba el tejado de la casa de enfrente cargado de nieve. ¡Qué bonita es la nieve! Blanca, prometedora. Y aquellos chuzos de hielo que pendían del alero del tejado. Yo me prometía todas las venturas y todas las felicidades con la nieve. Bajaba corriendo a la calle a tirar bolas, hacer expediciones, ir al campo a leer las huellas de los animales sobre la impoluta, virginal y blanca capa de la nieve. Y entonces mi abuelo, que era un hombre de campo burgalés, de esas tierras pobres, siempre me decía: «Hijo mío, la nieve es muy blanca, pero es muy negra». Seguramente con aquellas palabras quería indicarme que la nieve alarga los inviernos, que no permitía salir a comer a los ganados, que no permitía salir a los hombres a hacer leña, que les había llevado el hambre, la enfermedad y la muerte. También evocaban aquellas parturientas de los pueblos aislados por la nieve en el páramo de Burgos, de León o de Zamora, a las que había que llevar en improvisados trineos hasta el médico. O aquellos viejos catarrosos que venían a ponerse malos en una nevada de 15 días. Qué negra era la nieve para los ancianos, para las parturientas y para la gente que no podía recibirla de manera deportiva. Pero para un niño, al margen de los consejos y las palabras de su abuelo, la nieve era blanca, hermosa y rutilante. Porque seguramente hay algo ancestral en nuestra mente que nos hace, **sobre todo cuando somos niños y aún no hay un deterioro de nuestra conducta, adorar y amar la nieve.**[15]

• • •

En aquella época, los niños, mientras recitábamos la tabla de multiplicar —de la cual aprendíamos mucho antes la música que la letra—, con el rabillo del ojo podíamos ver a través de los balcones cómo los buitres caían en cascada desde el cielo para alimentarse con los cadáveres y brindarnos así un gratuito, extraordinario y formativo espectáculo; tan formativo como pudiera ser la lista de los ríos de España o la tabla de multiplicar que nos enseñaban nuestros maestros.

Por consiguiente, el hecho de que yo me aficionara a la naturaleza y a los buitres no tiene nada de particular, **pues podía distraer mis ocios docentes infantiles observando algo tan vivo y tan ilustrativo como los buitres, que caían desde el cielo sobre el cadáver de una oveja,** depositada en el torcón, que así se llamaba, de la ladera de enfrente.

Pude comprobar perfectamente, sin que me lo enseñara ningún ornitólogo ni leerlo en libro alguno, que allá por las vacaciones de Semana Santa, poco antes

o poco después, siempre aparecía un buitre nuevo, diferente a los demás, a los pardos, grandes, masivos, rojizos o negruzcos buitres leonados y negros. Este buitre llamaba mucho la atención porque era blanco y negro y tenía la cara amarilla. Y desde el balconcito de mi vieja escuela, yo sabía que había llegado la primavera porque ya estaba entre nosotros aquel curioso pájaro, que recibe muchos nombres en España y que **en mi pueblo es conocido como la baribañuela.**

«Baribañuela» es un nombre rocambolesco, que recuerda un poco a aquel de *Rikki-tikki-tavi,* la mangosta de Rudyard Kipling; es un nombre largo que implica inteligencia, exploración y exotismo. Cuando la baribañuela estaba en Poza, yo estaba feliz porque ya venían la primavera, el verano y después las vacaciones. Y cuando desde la balconada de la escuela veía venir a los buitres sin la baribañuela, sabía que nos habíamos metido en el mes de octubre. **Así es como mejor se aprenden los misterios del mundo animal.**

Evidentemente, yo no me contentaba con ver a la baribañuela y a los buitres desde el balcón de la escuela; resultaba mucho más práctico, y sobre todo más emocionante, convencer a cuatro o cinco muchachetes para que hiciéramos novillos cuando nos enterábamos de que una pieza mayor, como un caballo, un asno o un mulo, había muerto en una cuadra del pueblo y la iban a depositar en el torcón.

Allí, apostados, generalmente sobre una piedra dulce, caliente, suave y biótica —es decir, propicia para la vida—, **nos dedicábamos a tomar una clase en la naturaleza, en lugar de asistir a una clase en la escuela**, aunque luego hubiera sus reprimendas escolares y paternas. Esas piedras calizas, calcáreas, en las que nos apoyábamos y que quizá fueron también apoyo para la espalda del cazador paleolítico, constituyen casi todo el basamento geológico de gran parte de Castilla, hasta que la gran masa de las pizarras silúricas y de los granitos de Gredos y la Cordillera Central la sustituyen.

Y nos maravillábamos al contemplar lo que veíamos: habían dejado, por ejemplo, un borriquillo, que evidentemente conocíamos porque los niños de las pequeñas comunidades rurales no solo conocen a todos los habitantes del pueblo, viejos o jóvenes, recién nacidos casi, puesto que los bautizos, las bodas y las muertes se celebraban con gran aparato social al que asiste todo el mundo, sino que conocen también a todos los animales domésticos. **Allí no había perro, gato, burro, caballo o asno al que no conociéramos perfectamente**. No solo a su propietario, sino hasta su carácter y manera de ser. Y cuando el borriquillo viejo, delgado, cansado de bajar sal de las salinas o de traer mieses de los campos, daba con sus huesos en el torcón, siempre había un pensamiento, instintivamente caritativo y nostálgico, en nuestro grupo de mozalbetes de 8 o 9 años. Estábamos viendo al borriquillo aquel, conocido por todos nosotros, quizás comentando los paseos que nos habíamos dado sobre sus costillares magros, casi preagónicos una semana antes, cuando, si era primavera, verano o los primeros días del otoño, aparecía el alimoche. Y este buitre sabio que llamaba nuestra atención y al que llamábamos baribañuela se ponía a andar en torno a aquella res depositada en el torcón con el pellejo sobre el cuerpo. Porque, no siendo animales muy notables y llamativos, como caballos o bueyes, a los borriquillos generalmente no se los desollaba.

Venía el alimoche y con su pico débil comía lo que podía: parte del hocico del borriquillo, quizá intentaba hurgar en las órbitas, cosa harto difícil si los párpados estaban cerrados. Y, a continuación, el bueno del alimoche, o los alimoches, se dedicaba a hacer una extraña danza: daba saltitos por encima del cadáver del animal, cortos vuelos como si se asustara de algo. Una danza que, contando con aquella cara desnuda y amarillenta, con aquellos ojos de sabio distraído, con aquella melena a lo Einstein, nos llenaba de admiración y de alegría. Reíamos mucho al ver a **nuestra amiga la baribañuela** dando sus saltos en torno al burro muerto.

Tenía un amigo muy simpático, muy directo en sus comentarios, que decía: «La baribañuela le está cantando el Miserere al burro del tío Perico». Ese Miserere era lo que cantaban los curas de nuestro pueblo a los muertos que llevábamos al cementerio. Y es cierto que alguna semejanza había, aunque en este caso era una especie de comunicación, si no verbal, sí heliográfica, óptica, que estaba enviando el buitre sabio a otros buitres menos sabios, a los buitres leonados, con más pico, afincados en sus lejanas colonias en la mesa de Oña y en los montes Obarenes.

Aquellos buitres, tanto los exploradores que estaban en las órbitas celestiales contemplando y vigilando todo el terreno en búsqueda de cadáveres como los que con menos hambre se soleaban en los farallones de la alta mesa de Oña, aquella pequeña cordillera que va desde ese pueblo hasta Pancorbo, podían ver desde muy lejos aquel pequeño semáforo en el que parpadeaba como una persiana el blanco y el negro del batir de las alas. **El Miserere, el canto mortuorio, la danza de los muertos, del buitre sabio, no tenía más misión que atraer a los buitres para que vinieran a comer.**

Pero el radioescucha, objetivo y racional, fácilmente se pregunta: «¿Y qué interés puede tener para un alimoche, por muy sabio que sea, que coman los otros buitres, si él comería más estando solo, sin llamar la atención y la apetencia de invitados a la mesa?». La respuesta es sencilla, pues el pico del alimoche es débil, apropiado para hurgar en pequeñas piltrafillas, que constituyen la base de su dieta, para cazar aquí un pajarillo enfermo o herido, comer allí un huevo, sacar de aquí quizá un invertebrado, pero no es útil para romper la dura piel de un ungulado, como es un asno, un caballo, una vaca, una oveja o un carnero.

Cuando los primeros buitres empezaban a caer del cielo en catarata, haciendo gran ruido con las extremidades inferiores desplegadas, con las alas en forma de paracaídas, la locura y la excitación de los alimoches no tenía límite. Daban saltos, cortos vuelos, con un diámetro de 25 a 50 m en torno al cadáver del pobre borriquillo al que nosotros conocíamos. Al llegar, los buitres poderosos, con sus picos de piedra, tan fuertes y cortantes que parecen armas de sílex de primitivos cortadores de pellejos, abrían la piel del borriquillo penetrando por las partes más blandas; en torno a los orificios naturales, en torno a la zona de los omóplatos, iban abriendo profundos túneles sangrientos por donde la masa de buitres, que se incrementaba hasta reunir a 50 o 100 ejemplares, según el tamaño y la importancia de la res, desbarataban, destruían, ponían al aire vísceras, músculos y articulaciones, y en aquella lucha feroz, acongojante, de los buitres leonados sobre la pieza que iban destruyendo y transformando en un verdadero mar de piltrafas, siempre ante nuestro asombro, saltaban por el aire, caían por el suelo, mil pequeños pedazos que los grandes buitres despreciaban por no ser dignos de su voracidad.

Y eso es lo que se iba comiendo el buitre sabio, saltando entonces no ya para llamar la atención sino para cazar aquel pedazo de hígado que ha caído aquí, aquella tripa suelta que ha quedado allá, aquel pingajo de músculo que, pendiente de un hueso, ha despreciado otro buitre. Y las dos o tres parejas de alimoches que anidaban en toda el área de mi pueblo, blancos y negros, se movían dando saltos con alegría, como un guardia de tráfico en medio de la madrileña Gran Vía o de la Castellana en plena hora punta.

Emocionaba ver aquellos animalillos que habían tenido la virtud de atraer hasta aquel lugar a sus remotos parientes, los buitres leonados y algunos negros, en una estratagema para poder comer con toda la comunidad. Los buitres leonados, esos grandes prospectores, se marchaban después con el buche lleno; pesadamente, ganaban terreno, ladera arriba, para encontrar un punto desde el cual, dejándose caer como grandes planeadores, se pusieran en órbita. Iba quedando limpia la verde ladera de la Cueva de la Verana de mi pueblo.

Pero allí seguían los alimoches, hasta media hora después de haberse marchado los buitres, limpiando ya con sus piquillos hábiles como una pinza de cirujano, capaces de penetrar donde no penetraba el amplio y masivo pico de los buitres leonados, entre las articulaciones, en la cavidad torácica, sobre todo entre las anfractuosidades del cráneo, buscando seguramente lo que para un alimoche deben ser bocados exquisitos. **Y la fiesta de los buitres y de los alimoches, y también nuestra fiesta, la de los escolares evadidos de la escuela, empezaba con la danza de los buitres sabios y terminaba con el festín de estos mismos buitres sabios.**[16]

• • •

Recuerdo, cuando era niño, que cuando me iba a los páramos de Poza de la Sal y volvía, vencida ya la tarde, con las primeras estrellas a mi casa, el pueblo olía de una manera especial. Era el fuego de las chimeneas que olían entonces a carbón vegetal, a bojes, a aulagas, a leña, mezclado quizá con el aroma de pan cocido y con el olor, un poco ácido y cálido, del ganado doméstico. **Llevo clavado en lo más profundo de mi ser el olor que tenía mi pueblo**, cuando yo volvía por las tardes. Qué sentido el del olor. El olor de mi novia, de mi primera novia, que olía a muchacha lavada, tampoco podré olvidarlo. Ni el olor de mis hijas ahora; las huelo detenidamente debajo de las orejas, el olor del cuello, el olor a leche, a azúcar, a vida fresca.[17]

España ha sido la gran patria europea de los buitres. Aquí hace 50 años había un número de ejemplares que superaba al de cualquier otro país de Europa. Y creo que llegaba a igualar en niveles de población incluso algunas zonas de África, donde los buitres son más abundantes. Hace unos 35 años, con 8, 10 o 12 años de edad, conocí a los buitres en mi pequeño pueblo de Poza de la Sal, situado en un contrafuerte del páramo de Masa y de Poza, en el norte de la provincia de Burgos, dominado por una altiplanicie mítica, con una altura media de 1300 m, barrida por todos los vientos.

En esta altiplanicie se apacentaban grandes rebaños de **carneros, cuya carne, tan importante, dio lugar al refrán que dice: «Del mar el mero y de la tierra el carnero».** Además, esos enormes rebaños servían de nutrimento a los buitres y también a los grises nómadas, dramáticos lobos del páramo. Por desgracia, hoy ya no hay carneros en el altiplano.

En aquel ambiente, en aquel medio rural, en aquel pueblo del norte de la provincia de Burgos, que huele todavía al percal y a las pieles curtidas que debía de llevar el Cid Campeador, que huele todavía al idioma acrisolado español donde nació el castellano y que huele a tomillo y que huele a moho, se escucha, en las cárcavas aviejadas que bajan del páramo, la música de los vientos que están ahora echando de menos al aullido invernal del lobo. **Allí me pasaba yo las mañanas, cuando, por los años de la guerra, no teníamos escuela.** Vivíamos la aventura de no tener que acudir a una programada y establecida enseñanza. Entonces, ¡oh días maravillosos!, **cada mañana en primavera, cuando reía el sol**, cuando empezaba a calentar aquellas hierbas todavía entumecidas de las altas cárcavas que bajaban de los páramos, me echaba al campo con algún amigo. Podía ser un hijo de un pastor, quizá hijo de un ganadero, todos formaban parte del medio en que nos movíamos. Y generalmente íbamos a ver los buitres.

A los animales que iban a morir irremediablemente no resultaba cómodo llevarlos hasta el torcón, que estaba a 1,5 km de las últimas casas del pueblo. Era mucho mejor, y se ahorraba mucha energía, si el moribundo iba por su pie. Entonces, muchos de los labradores, como expertísimos veterinarios que eran, sabían diagnosticar la agonía del viejo macho, de la mula, del caballo o del burro, y decían: «Hay que llevarlo ya al torcón de los buitres». Y entonces se iniciaba siempre, al amanecer, aquella triste procesión del albardero, que era el que remataba a los animales, tirando del cordel. El viejo animal, en el caso de nuestro caballejo, con las orejas gachas, intuyendo quizá que iban a terminar sus días, lideraba una extraña procesión de niños, no sé si cinco o siete rapaces, entre ellos yo, con **alpargatas de esparto, de las de la época de la guerra, mocos fríos cerca del labio**

superior, una gran pena y una gran curiosidad. Íbamos a ver cómo mataban a nuestro caballo antes de que se muriera.

Cayó redondo. Recuerdo perfectamente que después de atarle las patas con una vieja cuerda, que tenía color de chocolate por la sangre de otros caballos, de una sola cuchillada en el pecho el caballo se desplomó. Y después estuvimos viendo cómo le quitaban la piel. **Seguramente no había lágrimas en nuestras mejillas porque el viento era tan frío y tan fuerte que las secaba antes de que salieran de nuestros ojos.** Y también se iba secando el cuerpo del caballejo, cuerpo acetrinado, más que rojo, de negra cecina; había muy poco músculo sobre aquel esqueleto, músculos que nos habían llevado por los prados, que nos habían bajado al río y a la vega, y cuando el albardero terminó de quitarle la piel, una piel que ya no era más que un despojo ensangrentado, la metió en un saco.

Aquel hombre mataba a los animales a cambio de la piel con la que luego cubría las albardas, los collerones, en una especie de simbiosis establecida con los labradores del pueblo que resultaba muy positiva para ambas partes. El albardero era cojo, lo recuerdo perfectamente. Y al irse se bamboleaba marchando ladera abajo como un viejo bergantín con mar picada, e iba silbando —silbaba bien— una cancioncilla de las que se cantaban por la época en aquellas regiones rurales, que no tenían nada que ver con las de ahora, y el albardero se iba perdiendo y perdiendo. En su saco, la piel del caballo, y al lado, en una funda mugrienta, el cuchillo que habría matado a centenares de caballos, de burros y de mulas. Creo que era un bien para aquellos animales el que los sacrificara el albardero, porque abreviaba su agonía.

A medida que los buitres van ocupando las altas capas de la atmósfera, a entre 1000 y 750 m de altitud, se van distribuyendo como si ocuparan los puntos de un inmenso tablero de ajedrez. Cada buitre ve perfectamente al buitre que tiene delante, al que tiene detrás, al que tiene a la izquierda y al que tiene a la derecha. Pero el buitre que tiene delante puede estar a 500 m, a 1 km, a 2 km..., y pasa exactamente igual con los buitres de los otros puntos cardinales. Cada buitre leonado no solo ve el suelo que tiene debajo de él, sino que ve a los otros buitres que se van extendiendo sobre la llanura, como un ejército explorador, como un despliegue de aviones espía, como si estuviera fotografiando con las maravillosas cámaras de sus poderosos ojos todo lo que hay en el suelo. ¿Y saben qué ve? Ve unos cuervos, ve unas urracas, ve un alimoche que vuela hacia un punto determinado, y de esa manera descubre el cadáver del animal que se va a comer.

Cuando el buitre descubre a la víctima, inicia un característico vuelo en picado. Pone las alas en ángulo, extiende las patas y parece como si se lanzara en paracaídas. Este vuelo alerta a los buitres que están en su radio de acción, al que tiene detrás, al de delante, al de la izquierda y al de la derecha. Y de esta manera el mensaje llega hasta la buitrera y a los buitres que se habían quedado descansando en ella, quizá porque no tenían mucho apetito. A continuación, toda la horda de buitres, en tromba, empujados por el viento, volando ya a baja altura, se dirige a su lugar de destino.

De esta manera, el pueblo viejo, asombroso y fascinante de los buitres descubría los cadáveres de los animales domésticos. A la postre, los buitres leonados eran la mejor policía sanitaria de nuestros campos; los buitres y los labradores formaban un todo que se ayudaba a modo de: «yo te doy proteínas y tú limpias mis campos de podredumbres». Pero los mulos, los burros, las mulas y todo el ganado de labor han sido sustituidos por los tractores. La ganadería lanar ha disminuido enormemente y se estabula porque nadie quiere ser pastor. **Los niños ya no tienen como amigos a viejos caballos píos, de piel tachonada de manchas, que un día morían y eran comidos por los buitres.**

Es otro el idioma, es otra la poesía, es otra la música del campo. El poderoso pueblo de los buitres se extingue porque ya no encuentran comida. Su tragedia está perfectamente representada en la última docena de parejas que queda de un familiar de los buitres, los quebrantahuesos. Unos animales que seguían desde el cielo al cazador paleolítico, hasta el día en que apareció un monstruo maloliente, cuyos tejidos no se podían comer porque eran de hierro, cuya respiración envenenada, porque era de monóxido de carbono, sustituyó en el campo al viejo caballejo que llevaba sobre sus costillares a los niños inquietos y curiosos que, sin saberlo, eran como una síntesis de los propios campos que pisaban.[18]

• • •

Un niño de hace 50 000 años, sacado de una caverna paleolítica y traído a una universidad norteamericana, por ejemplo, hubiera podido transformarse en un Einstein, porque su cerebro era el mismo. Los primeros días y las primeras semanas de nuestra infancia somos paleolíticos, las impresiones que recibimos, si pudiéramos recordarlas, serían toda una aventura pero no podemos porque en esa época la memoria todavía no funciona. Serían las impresiones de la cálida piel materna, del olor a leche, de la caricia instintiva, animal, de la madre, de las noches largas, de dormir 18 o 20 horas cerca del regazo de la madre. **Muchos seres humanos no realizados, que se retrotraen a las fases primarias de la vida, que se abandonan a la indisciplina, a la falta de esfuerzo y a la droga, en el**

fondo es posible que carecieran de ese paraíso de la primera etapa de la vida, algo que necesitan todos los niños.

Pero el niño, cuando empieza a ser un rapaz, un mozalbete, cuando alcanza los 6 o 7 años y quizá hasta los 14, ya no está todo el día bajo el ala materna y se los deja ir a los campos. El niño feliz de los campos —aunque no sé a qué campos irán los niños de las megalópolis modernas— vive la etapa neolítica del hombre, aquella en que era ya portador del fuego y disfrutaba observándolo, conocía instrumentos rudimentarios y cuchillos sencillos —como esa primera navaja que nos regalan—, se afanaba en trabajar la madera, vivía en clanes cerrados —no hay clan más cerrado y maravilloso que una cuadrilla de amigos de 10 o 12 años— y, sobre todo, se extasiaba con la fantasía mítica a la que muchas veces se titula de brujería, de superstición, y con el fuego.

Quizá por esta razón, a nosotros la Cueva de la Verana nos entusiasmaba. Íbamos en las tardes de invierno, aquellos años recién terminada la guerra, años duros, cuando todavía había muchos lobos en los páramos de Masa y de Poza, en mi pueblo. También disfrutábamos contemplando rebaños de ovejas y carneros que bajaban como hordas invasoras indisciplinadas de los altos páramos. **Nos llegaba el olor de los ganados a lana mojada, a historia antigua; contemplábamos el perfil recio y violento de los pastores, semidioses de mi infancia, olorosos a tomillo, portadores de historias fabulosas, nobles, bravos, hijos del Cid Campeador sin cota de malla.** En aquella época todavía no se habían envilecido en la vida de las grandes urbes, con el trabajo duro y seriado del hombre moderno.

Cuando el pastor ya había difuminado su presencia mítica en la niebla de la tarde, cuando ya no se escuchaban los cencerros de los rebaños, que algunos de ellos tenían más de 300 cabezas y estaban encerrados en los corrales, nosotros, los niños, cinco, seis, cuatro, ocho, dependía de la fortuna de aquella tarde, nos quedábamos en la Cueva de la Verana y encendíamos un fuego; previamente habíamos acarreado matas de boj, de aulagas, de tomillo, olorosas matas que luego hacíamos arder en la cueva. ¡Qué bonito ver saltar las llamas, crepitar aquellos palos y aquellas hojas perennes! ¡Qué tiros daban las hojas del boj! Y cuando ya todo era un puro rescoldo, cuando nuestra pequeña caverna estaba iluminada por la luz vieja del fuego semiapagado, cuando a las siete de la tarde había ya caído la noche invernal y las siluetas de los últimos buitres se habían recortado en el pequeño horizonte de la boca de nuestra cueva, metíamos patatas para asarlas en las cenizas, y como éramos hombres neolíticos, por nuestra edad y porque no manejábamos ninguna de las cosas que ha manejado después el hombre tecnólogo, como el automóvil, la lavadora, la televisión o la radio, poníamos en marcha los sistemas y los procedimientos ancestrales para así dar trabajo a nuestras neuronas de la imaginación neolítica, activando **esa fuerza que el hombre está perdiendo y que seguramente radica y permanece en el fuego.**[19]

• • •

Recuerdo que, en los atardeceres agrestes de mi infancia burgalesa, estaba loco por los murciélagos. Decían los hombres de mi pueblo que, si se le tiraba una gorra, el murciélago, no sé por qué razones, se lanzaba contra la gorra, se estrellaba o se envolvía con ella y caía al suelo. Me he pasado **atardeceres infinitos** lanzando gorras al aire para ver si caía el murciélago. Y no porque haya tenido instintos depredadores, ni siquiera en mi infancia, sino porque quería ver aquello de cerca, tener en mis manos aquella criatura que alguna vez había adivinado con cuerpo de ratón, con alas implumes de extraño pájaro embrionario, y capaz, sin embargo, de girar y de moverse en el aire con tanta agilidad.

Había una calle en mi pueblo, empinada como todas las calles de ese arriscado pueblo de ladera, por donde nos afanábamos en tirar nuestras gorras. Y, efectivamente, los murciélagos, muy comunes en España y buenos cazadores de insectos, venían aparentemente al encuentro de la gorra, pero, como por arte de magia, en el último momento la esquivaban y no caían, impidiendo que pudiéramos tenerles en nuestras manos. **Cómo iba yo a imaginarme** en aquel entonces, **en aquella hora vespertina, tan vibrante, tan adecuada para el juego del niño frente a la naturaleza,** tan adecuada para que el niño aprenda de labios del que tiene más experiencia todos los mitos, los ritos y las tradiciones, que un murciélago veía la gorra, en aquella tarde en que caía la luna, mucho mejor de lo que yo mismo podía verla. No solo veía su forma, sino que podía palpar la calidad de su tejido, la estructura de los hilos con que había sido hecha, la velocidad, el movimiento, la onda que describía esa gorra no demasiado limpia que nos había prestado un mozalbete para atrapar con ella murciélagos. Porque a los murciélagos no les importaba nada que fuera cayendo la noche, que nosotros, los niños, afanados, **apasionados en su caza,** a gorrazos, no nos fuéramos dando cuenta de que aquellas lucecillas del pueblo, parpadeantes, tenues, de poca intensidad lumínica para los lectores pero de enorme encanto misterioso para los paseantes, nos estaban anunciando que caía la noche.

Porque, amigos míos, **los murciélagos ven por las orejas, ven con el oído.** Y esta sí que es una historia para contársela a un niño al atardecer, sentado en el regazo. ¿Quién ha descubierto que los murciélagos ven por los oídos? ¿Cómo es posible que se pueda ver por los oídos? ¿Pero qué me cuenta usted, doctor? ¿Es que acaso con estas nostalgias y estos recuerdos infantiles ha perdido el hilo de su charla? No, no, amigo mío. Los murciélagos, a través de los oídos, recogen una información del medio en el que se desenvuelven que es tan adecuada, tan exacta, tan fina y tan palpable como pueda ser la que usted y yo obtenemos mediante la vista, a plena luz del día.[20]

• • •

Qué mejor singladura, por mi parte, que la de retrotraerme, una vez más, a años infantiles y juveniles, a lo que he llamado muchas veces mi agreste infancia. Infancia de niño de pueblo de los páramos de Burgos, **infancia de niño despeinado con el rostro quemado por el sol, con el cierzo en la cara correteando por la paramera, siempre buscando algo en el regazo del viento, siempre preguntando algo a la línea del horizonte, siempre con algo que aprender, con algún secreto que arrancar a la tierra y a las nubes y al sol y a las hierbas y a los animales...**[21]

• • •

Muchas noches me dormía escuchando aullidos de lobos en mi pueblo burgalés de Poza de la Sal, al pie del alto páramo de Poza y de Masa. [22]

• • •

Aquellos arrieros que yo conocí ya en su ocaso, que atravesaban todo el páramo de Masa, que venían desde los puertos del Cantábrico, desde el mismo Santander, Castro Urdiales, Santoña, Laredo o los puertos de Castilla, bajaban con sus productos de la mar a las sedientas tierras de pescado de la tierra de campos, y volvían luego con productos como granos. Fueron los últimos arrieros, que trataban de una manera romántica, sin ningún viso de éxito, de hacerles la competencia al ferrocarril y al motor de explosión.

Yo conocí a aquellos arrieros de las recuas de mulas, de los perros grandes, que llevaban unos blusones azules, que llevaban la palabra adecuada, muchas veces no excesivamente protocolaria, para animar a las mulas en la subida de las cuestas. Cuando estos hombres recalaban en mi pueblo traían de todo en sus carros, y nosotros los niños, que éramos pura curiosidad y no teníamos demasiadas maneras, aparte de la escuela rural, de conocer lo que había en el mundo exterior, curioseábamos en los carros grandes, misteriosos, olorosos a mil salitres y pescados y a pieles curtidas.

Una vez llegó al pueblo un viejo arriero que llevaba sobre su piel seguramente la esencia de la última aventura de los arrieros, un arriero de los que podían dormir en el carro porque la mula puntera se conocía el camino, de los que se orientaban en el páramo por las estrellas, de los que tenían que lanzar los mastines en las noches cuando les cerraba el paso el lobo, y le pregunté: «¿De qué son estas pieles?». «De jineta, hijo», me contestó. «Jineta», extraño nombre para mí en aquel entonces. Me sonaba más a artes ecuestres y a cabalgadas que a animal viviente. [23]

Estoy convencido de que la infancia es una etapa primordial en la vida de los seres humanos. **Y creo que el marco en el que transcurre la niñez, las cosas que a uno le enseñan cuando es niño, la manera de reaccionar ante la vida y las estructuras de las que se rodea la vida de un niño son esenciales para el resto de su existencia, para su futura personalidad.** Pero lo importante no es que a mí me parezca que la infancia es decisiva para los seres humanos, sino el hecho de que los psicólogos, los psiquiatras, los antropólogos y los etólogos, es decir, todos los científicos que de una o de otra manera se interesan por la conducta humana y también por la conducta de los animales, han llegado a la conclusión de que **el niño hace al hombre**, de que las relaciones que uno tenga con su madre, con su familia, y pienso yo que con la naturaleza, son decisivas para la evolución de la personalidad cuando este ser humano se convierta en adulto.

Precisamente por esta razón, quiero rememorar mi infancia, a la que en alguna ocasión he calificado de agreste, porque transcurrió en una región verdaderamente salvaje, en una zona donde los accidentes geográficos, las plantas y los animales constituían un medio apasionante para un niño enamorado de la naturaleza. En aquel pueblo no demasiado grande, cuando yo tenía 8, 9 y 10 años, es decir, antes de que el internado me desarraigara de manera violenta de mis vivencias agrestes e infantiles, mis pasatiempos favoritos consistían en estar en el campo y observar con todo el detenimiento y toda la pasión los movimientos de los animales. **¡Cuánto he mirado a los buitres y a las águilas, cuánta envidia me daban sus alas poderosas, cuántas sugestiones y sugerencias de viajar, de ser libre, de enfrentarme algún día al mundo con la libertad absoluta con que lo hacían aquellos buitres y aquellas águilas de mi infancia!**

Era maravilloso, tendido en las praderas de aquel calvero, con el pueblo a mis espaldas, contemplar y escuchar los cantos de los gorriones en los tejados, las pasadas chirriantes de los vencejos, los movimientos de las golondrinas... También oía el silbido del mirlo que cantaba en un viejo nogal de la huerta, y veía a los reyes de los pájaros, a los señores del espacio, los buitres, las águilas, los halcones. Los seguía con la mirada infantil, sin ninguna preocupación, sintiendo debajo de mi espalda el palpitar de la Tierra en la naciente primavera, sintiendo la frescura de la hierba en las palmas de mis manos y con **mis ojos colgados del cielo; eran unos ojos adheridos con todo el amor a la naturaleza**, siguiendo el vuelo de los buitres y el vuelo de las águilas.

Quizá por esta razón, cuando se acercaba la noche de Reyes (creo que por aquel entonces tenía 7 u 8 años) pedí a mis Reyes un regalo muy especial, un regalo que, creo, no tenía nada que ver con lo que normalmente piden los niños.

En Poza de la Sal, pueblo de grandes nevadas, generalmente el 6 de enero estaba cubierto por al menos 1 m de nieve, y nos contaban que por la noche había que salir a esperar a los Reyes Magos con grandes escaleras para que pudieran bajar de sus camellos. En un pueblo de estructura medieval, que tiene tres ermitas, la del Cristo, la de San Blas y la de Pedrajas, cada rey venía por una ermita. A mí, recuerdo que me tocaba el rey negro, que venía por la ermita de San Blas, la más cercana a mi barrio. Y me imaginaba al rey negro exótico, oriental, pasando frío en aquellas noches terribles del páramo de Burgos, caminando en la joroba de su camello, para llegar hasta mi pueblo y traernos regalos a los niños.

Pues bien, a mi rey, al rey etiópico, le pedí en mi carta un regalo especial. Le pedí un pájaro. Y recuerdo que, durante las semanas que precedieron a la fiesta de los Reyes, preguntaba siempre en mi casa que si me había portado bien y si el rey me traería el pájaro. Y entonces mi madre me decía, con una sonrisa de complicidad en la que yo sospechaba un cierto conocimiento del asunto, unas relaciones suyas secretas con el rey oriental, que ya le había dado su sí, que seguramente me iban a traer el pájaro.

De esta manera, llegó la noche gélida anterior al 6 de enero. Me metieron en la cama como se mete a los niños en la víspera de los grandes regalos, antes de salir corriendo a ver lo que hay en los zapatos, y me dijeron que tenía que dormir muy bien, porque a los niños despiertos los Reyes no les dejaban regalos.

Qué maravillosa la infancia en las aldeas, en los pueblos. **Qué libre de esos impulsos y estímulos que hoy reciben los niños, de casi todas partes, excepto de la naturaleza.** Creo recordar que aquella noche soñé con mi rey negro. Y creo que le vi con un gran pájaro que traía para mí. ¿Cómo sería el pájaro? Yo me acordaba de mis buitres, de mis águilas, de aquellas aves poderosas que veía colgadas en el cielo y que estaban absolutamente fuera de mi alcance. Por eso había pedido un pájaro a mi rey, porque era algo que creía que nunca en la vida podría tener.

Amaneció la mañana, me desperté muy pronto, como todos los niños de los pueblos castellanos. Vinieron alborozados mis padres a mi cuarto para decirme que los Reyes habían dejado ya su regalo. Salté yo, pies descalzos sobre la fría tarima, respiración que se iba transformando en esas nubecillas que el frío de las casas castellanas dan al aliento de la gente en las mañanas de invierno, y me fui corriendo hacia el balcón. Y allí había una caja cerrada con preciosos lazos de colores, envuelta en un bonito papel, en el que estaban escritos los anuncios, seguramente, de alguna tienda o fábrica de juguetes. Una caja en la que yo no acertaba a ver nada que me recordara a uno de mis pájaros. Y me dijo mi madre: «Anda, Félix, abre la caja, que a lo mejor ahí está tu pájaro», a lo que le contesté:

«Madre, a los pájaros no se les puede meter en cajas. Los pájaros son libres, y si se les mete en una caja, mueren».

Abrimos la caja, muy a mi pesar, porque ya me figuraba que dentro no podría estar lo que yo esperaba. Y ¿qué dirán ustedes que había dentro de la caja? Un pájaro. Claro que había un pájaro, un pájaro precioso, de colores... pero era un pájaro metálico. Había que darle cuerda para que se moviera, para que, con unos pasitos medidos, estereotipados y ridículos, caminara sobre una mesa. Me puse muy triste, y **creo que en aquel momento empecé a odiar a las máquinas, a las que he seguido odiando siempre.** En aquel momento consideré que mi rey negro no me quería lo suficiente, que seguramente yo hacía algo que a él no le gustaba para que no me hubiera traído un pájaro, sino la triste caricatura de un triste pájaro de hoja de lata.

Ahí me quedé marcado con apenas 7 años, a esa edad en que los traumas psíquicos pueden marcar al hombre del futuro, con la idea de un pájaro que quería viviente, inmenso, poderoso, surcando los cielos en todas las direcciones, muy cerca de mi corazón palpitante y sensible, pero con un pájaro de hojalata al que había que dar cuerda para que se moviera.

Pasaron los años y el niño de Poza de la Sal, ese niño que sacó de una caja de cartón un pájaro de hojalata, siguió tozudamente con su pasión y con esa tenacidad que debió de caracterizar a los antiguos castellanos, que bajaron desde los páramos de Burgos hasta la huerta valenciana. Seguía enamorado de mis pájaros, pero nunca más en mi vida volví a pedir un pájaro a los Reyes Magos, ni a nadie. Pensé que, si quería pájaros, tendría que cogerlos con mis propias manos. Y, efectivamente, cogí muchos pájaros. De hecho, llegaron a interesarme tanto que, sin darme cuenta, antes de que me llevaran al internado, era ya un pequeño ornitólogo. Los pájaros llegaron a interesarme tanto que cuando estuve en Vitoria, en el colegio de los buenos hermanos corazonistas, en lugar de pensar en el álgebra, en las matemáticas y en la preceptiva literaria, que ellos trataban de meter en mi cabeza, pensaba en los pájaros, en mis pájaros, en aquel pájaro que nunca llegué a poseer, tan hermoso, tan palpitante y tan bello como yo lo deseaba.

Quizá por esta pasión mía ornitológica, fui aprendiendo, sin darme cuenta, a hacer lo que ahora hago. Porque durante las vacaciones de mi infancia, cuando de nuevo en Poza de la Sal volvía a ver aves, y volvía a ver mamíferos, como lobos o zorros, cosechaba multitud de sensaciones. **Las metía en mi cabeza con auténtica saciedad, con verdadera hambre, porque quería, luego, durante el invierno rígido y disciplinado del internado, tener imágenes con las que especular,** imágenes para que cuando estuviera sentado en mi pequeño pupitre y el fraile hablara de no sé qué cosas, seguramente muy interesantes, pudiera pensar yo en mis pájaros. **En mis llanuras soleadas, en mi libertad, en mi vida de niño prehistórico, creo que tuve la época más feliz de mi vida.**

A trancas y barrancas, pues, fui cursando mi bachiller; por cierto, con notas brillantes, porque, quizá como me entrenaba mucho pensando en los pájaros, mi mente estaba bien engrasada y a la hora de contar cosas las explicaba con el suficiente brillo como para que el fraile me diera una buena nota. Después, en las aulas de medicina de la Facultad de Valladolid, seguí siendo el estudiante enamorado de los pájaros. Nadie sabía que, una vez, el rey negro me había negado un pájaro que yo le había pedido y lo había sustituido por un chisme mecánico. Pero yo era el muchacho, el joven que sabía de pájaros más que nadie, y al que todo el mundo preguntaba: «¿Por qué tú tienes tanto interés por los pájaros?», y yo les contestaba: «Porque son bellos, porque son hermosos, porque forman parte de la naturaleza».

Desde el niño marcado por la impronta del pájaro que no quisieron traerle los reyes, desde el niño ilusionado por los pájaros durante todo su bachiller en el internado de Vitoria, incluso desde el estudiante que era famoso en Valladolid porque sabía mucho de pájaros, me voy a trasladar a un lugar lejano en el tiempo y en el espacio. Vamos a parar aquí, por un instante, el tempo de mi relato; vamos a recoger velas, y, como si de pronto no supiéramos nada de lo que antes estábamos contando, con ese procedimiento que se emplea en las películas y en la televisión, que se llama un encadenado, nos vamos hasta la lejana Arabia Saudí.

Este fue un viaje programado, a bordo de un avión y formando parte de una misión española que iba a Arabia Saudí, como consecuencia de que el entonces legendario rey Saud, un hombre que me impresionó profundísimamente, invitaba a un grupo de españoles, que representaba a nuestro Gobierno y llevaba unos regalos para el rey saudí. Yo formaba parte de aquella misión, precisamente como portador de estos regalos. Pero en nuestra estancia en Arabia Saudí, en una Arabia que todavía no había sido profanada por la presencia de lo occidental, del hombre occidental que fue allí, sobre todo, movido por los intereses del petróleo; en una Arabia que dormía aún en plena Edad Media; en una Arabia de prodigiosos palacios de adobe que existían desde el siglo XI, de beduinos, de poderosos jinetes, de árabes vestidos a la usanza tradicional, **de campamentos donde a uno lo recibían con los pebeteros, que enviaban al cuerpo cansado del camino los sahumerios, perfumados con el incienso y con los olores del desierto.** En aquella Arabia, yo conocí algo que hacía mucho tiempo que esperaba conocer: la cetrería árabe. Porque, precisamente, le llevaba al rey Saud dos halcones adiestrados en nombre del Gobierno español. Tras su labor, la misión diplomática se fue, pero yo me quedé en Arabia como invitado especial del monarca saudita.

Mi estancia allí, solo, como único español en la ciudad de Riad, en la capital de Arabia Saudí, en una época en que los árabes no estaban todavía 'de moda', fue apasionante. Vivía prácticamente con el halconero real, un hombre que se llamaba Abdalá Hababi. Él me llevaba de caza en sus caballos y en sus coches; estábamos siempre sobre el desierto inmenso, cazando con halcones. Y, en una ocasión, tuve el gran honor y la inmensa alegría de acompañar en una cacería a uno de los más representativos, misteriosos y, al mismo tiempo, imponentes emires del desierto, el emir Abdalá bin Abdulaziz.

Fuimos en avión para encontrar al emir halconero, que se encontraba en un oasis cazando con 40 halcones. Nuestra llegada a aquel campamento hecho con tiendas y la aparición del príncipe árabe, el hermano del rey, es algo que no olvidaré en mi vida.

El príncipe era un hombre de casi dos metros. Iba cubierto con sus negros y blancos velos; estaba adornado por una negrísima perilla; sus ojos eran penetrantes, como los de los propios halcones; **su aspecto era tan imponente como debió de ser el de aquellos árabes que llegaron a España durante la conquista.** En su personalidad, en el ambiente que le rodeaba, en el desierto, estaban todos los misterios de las mil y una noches. El príncipe era hospitalario y noble, como todos los árabes del desierto. Me acogió en su poblado y me tuvo como invitado durante algunos días. Y cuando terminó la caza, sentados en lo alto de un pequeño trono que se elevaba en el centro del poblado, cubierto por gruesos tapices de búcaro, perfumado con las plantas aromáticas que constantemente se quemaban, reclinados sobre los cojines de los más preciosos paños y tejidos, los halconeros iban pasando delante del emir los pájaros que habían cazado durante el día, 80 hermosos halcones: halcones sacres, peregrinos (que los árabes llaman *shain*), y, entre ellos, los poderosos *sultán shain,* los más preciados de los peregrinos. Pero los halcones más nobles, los halcones de los que más me hablaba el príncipe, los más ardientes y más veloces para cazar, los halcones que verdaderamente me habían hecho recordar los pájaros de mi infancia, aquellas águilas colgadas en el cielo, aquellos buitres de alas poderosas, eran unos halcones sacres que los árabes llaman *sacre aljor,* el sacre noble.

Me dijo el emir Abdala: «Estos son los más bravos, los más veloces y los más preciados de los halcones. Dicen nuestros padres que vienen desde el norte y que por eso traen en sus alas y en su corazón toda la fuerza y la reciedumbre de los fríos vientos norteños».

Pues bien, aquella tarde inolvidable, cuando ya todo el grupo de halconeros y el propio príncipe y sus invitados habían celebrado la oración postrándose de cara a La Meca, cuando el sol, en una puesta maravillosa que únicamente podía darse en el corazón del desierto de Arabia, había teñido de rojo todo el cielo y todo el horizonte, el emir se dirigió a mí a través de su intérprete, un estudiante sirio de medicina que hablaba perfectamente el francés, y me preguntó: «¿Cuál de mis halcones es el que más ha gustado al halconero español?». Yo recordé mentalmente el aspecto maravilloso, el sedoso plumaje, los músculos recios, la belleza, la fuerza y la rapidez en las persecuciones de un sacre, un sacre que nunca había podido olvidar desde que lo vi matar una avutarda hubara a más de 100 m sobre el suelo, y con toda naturalidad le dije al príncipe: «Alteza, el que más me ha gustado de todos vuestros halcones es *Chamal*, ese halcón de blanco pecho y doradas espaldas que es tan rápido como las centellas en el cielo del desierto». Entonces, mi anfitrión me miró largamente. Los humos de los pebeteros flotaban en torno suyo, la leve brisa del desierto venía cargada de aromas cósmicos y, mirándome profundamente a los ojos, con sus ojos de acero, me dijo: **«Amigo, el sacre es tuyo».**

Entonces, queridos amigos, me quedé profundamente turbado, pues sabía lo que significaba que aquel hombre tuviera que privarse del halcón que más quería, de su halcón precioso, del halcón que había visto tantas veces sobre su puño adornado con rojas pihuelas, con caperuzas confeccionadas por los más diestros beduinos del desierto. No supe qué hacer, cómo dar marcha atrás, y dije a mi intérprete: «No, por favor, diga a su alteza que este pájaro para mí no serviría, que en España no hay avutardas como las árabes, que allí el paisaje es distinto, que el halcón se perdería, que no le convendría el clima húmedo de España». Y el emir, mi amigo y mi anfitrión, me siguió mirando, y a través de su intérprete simplemente me dijo: **«Si no hubieras elegido este halcón, no serías un buen halconero. Si no fueras un buen halconero, no estarías aquí conmigo. Y como tú estás aquí y eres un buen halconero, y has compartido la cacería en el desierto, debes llevarte a España el halcón como recuerdo de tu amigo el cetrero árabe».**

Entonces, comprendí que había perdido la partida. Los árabes, los nobles árabes del desierto, dan siempre lo que más quieren, porque piensan que, al arrancarse algo que llevan en el corazón, dan verdaderamente algo. Qué distinto concepto del regalo del que se tiene en Occidente, donde se pretende comprar una chuchería que parezca mucho y que no cueste tanto, y se envía por correo a un amigo, o sobre todo a alguien del que se esperan mercedes.

El árabe puso el halcón sobre mi puño; parece que lo estoy viendo ahora. Yo llevaba un guante que precipitadamente me había traído un halconero beduino, en cuyos ojos brillaba la alegría al ver que un joven, que amaba tanto a los halcones como él, se llevaba el mejor de los halcones de su emir para España; el árabe me decía palabras que yo no comprendía, pero debían significar que yo en aquel momento debía sentirme como el más dichoso de los hombres. Y en aquel momento, se me ocurrió algo verdaderamente audaz, algo verdaderamente apasionante, algo que constituye verdaderamente el fulcro de la historia que les estoy contando.

Miré entonces al emir Abdalá bin Abdulaziz, casi con tanto orgullo como él me miraba a mí, y le dije: «Alteza, acepto vuestro regalo, acepto el halcón, pero con una condición». Aquellas palabras traducidas al árabe por el intérprete debieron de sonar en los 80 beduinos que nos rodeaban como un auténtico trueno, porque todos levantaron los ojos asombrados; pensarían: «¿Cómo es posible que un hombre que acaba de recibir un regalo de esta categoría ponga condiciones al príncipe?». El emir, siempre noble, siempre acogedor y hospitalario, volvió a mirarme profundamente y me dijo: «Sea, poned vuestra condición». Y, entonces, le dije: «Alteza, acepto el halcón con la condición de que me permitáis cambiarle el nombre». El príncipe me contestó de corrido: «Su nombre es bueno, se llama *Chamal*. El chamal es el viento del norte, y nuestros padres y los padres de nuestros padres siempre nos han dicho que esta raza de halcones, el *sacre aljor,* viene del norte, luego su nombre es adecuado, y, además, sonoro». Insistí yo en cambiarle el nombre, y el árabe me concedió la merced, y, entonces, le dije: «Señor, desde ahora en adelante el sacre se llamará *Emir,* para que el título de vuestra alteza, en los cielos de España, suba más alto que las nubes cuando vuestro halcón vuele».

Recuerdo que dos lágrimas redondas se asomaron a los ojos del árabe, recuerdo que a mí se me puso la carne de gallina, y recuerdo que, cuando el cuerpo poderoso del halcón palpitaba sobre mi puño, le dije entonces para terminar: «Esto ocurrió ya una vez en el tiempo, cuando un rey de Castilla, que se llamaba Juan I, regaló un halcón a uno de sus vasallos por ser el mejor de los halconeros; aquel vasallo le exigió al rey cambiarle el nombre para recibir al halcón, y cuando el rey, enojado, estaba a punto de condenar al vasallo, este le dijo que a aquel halcón le iba a llamar *Don Juan,* para que el nombre de su majestad subiera más alto que las nubes, y el rey le concedió un título de nobleza. Rememorando aquella historia, le pido al príncipe árabe la misma merced», y el príncipe, noble como aquel castellano, también de estepas abiertas, también halconero, verdaderamente apasionado por la caza con halcones, me había concedido la misma merced.

Me traje el halcón a España, queridos amigos. Viajó sobre mi puño por merced de los árabes en los distintos aviones de línea en los que volé hasta llegar a Madrid, y cuando yo estaba colgado mucho más alto que las nubes, como yo quería que volara mi halcón para que llevara el título del emir en mis cielos, hasta lo más alto, iluminado, iba pensando que finalmente mi Rey Mago me había dado mi regalo. Ya tenía mi pájaro. Me lo había regalado un rey de Oriente a la sombra de las palmeras, sobre el desierto, en el mismo lugar de donde venían los Reyes, y me lo había dado con la misma bondad, la misma nobleza y la misma calidad de gran premio a una vida dedicada a la naturaleza que si lo hubiera hecho mi rey cuando yo era niño en Poza de la Sal.

Se había deshecho el hechizo del pájaro de hojalata. Yo ya tenía mi pájaro, un pájaro viviente y palpitante, un pájaro que me había dado mi rey, un pájaro que me había dado un Rey Mago. Un rey que todavía vive, que es príncipe árabe, que se llama Abdalá bin Abdulaziz, jefe de la Guardia Nacional en Arabia Saudí,[24] y a quien, desde aquí, en mi historia, en la historia que les cuento a ustedes, en la historia que os cuento a vosotros, niños de España, quiero enviar mi agradecimiento en alas de otro halcón. El halcón que sale del corazón de un halconero para viajar hasta el corazón de otro.[25]

• • •

Seguramente, mi profesión de viajero, de aventurero, nació un poco acariciando con los ojos un bellísimo mapa que había en un colegio de Vitoria, donde estudié los primeros años de bachiller. Hablo de esos mapas en relieve que hay debajo de las vitrinas de los estudiantes y que tanto me gustaban durante mi infancia: por aquel entonces ya trepaba yo por las escarpas del Himalaya, me deslizaba por las sabanas de África y me sumergía en las selvas de Sudamérica, perfectamente pintadas en el mapa en relieve.[26]

• • •

En aquellas casas medievales, preciosas, maravillosas —que no entiendo cómo se permite que se deterioren en la villa de Poza de la Sal—, en aquellas viejas tejas, en aquellas viejas fachadas llenas de oquedades, de resquicios, de rinconeras, se metían los vencejos de una manera llamativa cuando, en mi infancia, **mis ojos, atónitos, los contemplaban.** Pasaban las bandadas de los rapidísimos y oscuros pájaros lamiendo las paredes de yeso con las vigas al aire.

Entonces, los niños decíamos que **había boda entre los vencejos** porque aquellos grupos numerosos, chirriantes, **ebrios de luz, de vida y de libertad**, levantando su vocerío incalculable, nos recordaban a las bodas de mi pueblo, que tampoco eran mancas, con otra turbamulta, no precisamente ornítica, que atravesaba las calles y las plazuelas siguiendo los acordes de la banda de música o de los grupos musicales de aquellas tierras, que siempre han sido bastante prolíficos y virtuosos a la hora de tocar los distintos instrumentos.

Las bodas de los vencejos... Cuántos ratos, amigos míos, cuando aún no se manejaba la palabra contaminación, cuando aún no se había puesto en circulación el vocablo ecología, cuando aún no se sabía lo que era degradación, **cuántas horas tendido con el vientre al sol, como un viejo cínico griego**, en las eras de mi pueblo, coronadas por las viejas tejas en las que se metían los vencejos.

¡Cuántas cosas debieron de decirnos los vencejos a los niños de los pueblos con sus voces africanas! Siempre ocurría así: una buena mañana, casi sin darnos cuenta, cuando ya empezábamos a hacer los primeros paseos por los campos, atónitos ante la edificación de las aves, cuando la algarabía de los gorriones llenaba los patios y los corrales del pueblo, nos dábamos cuenta de que habían venido los vencejos. Había venido el verano, el calor, las vacaciones, las excursiones al río, la vida nueva, otra etapa más en la **fascinante vida del niño rural español.**

Yo me olía que los vencejos se traían algo entre alas. Me parecía que aquellos pájaros chirriantes, velocísimos, que se perseguían en el aire y a los que resultaba muy fácil ver, por ejemplo, desde la claraboya de mi casa que dominaba muchos tejados, debían de ser distintos a aquellos otros pájaros de villorrio, de menos alcurnia, como los gorriones, incluso los pinzones y las bonitas lavanderas. Los gorriones con su familiar y peculiar monótono canto o cantinela, las lavanderas con sus bonitas colas a las que llamábamos «rabicandil» (rabo de candil) por aquellas colas que tenían los candiles, incluso los pinzones o pimpines, voz onomatopéyica que viene del ruido «pic-pic» que emiten estos pájaros para comunicarse, se posaban con frecuencia, movían con relativa torpeza sus cortas alas y no tenían nada que ver con el rápido, raudo, fascinante, velocísimo vuelo de los vencejos que no se posaban jamás, que se limitaban a entrar como trombas, a veces a repetir el intento de colarse bajo las tejas viejas, cubiertas de líquenes y de gloria en los resquicios de las casas medievales, en las grietas de la propia muralla de Poza de la Sal.

Aquellas aves oscuras, aquellas aves que de alguna parte venían, pensaba yo, puesto que se ausentaban a mediados del mes de agosto y no volvían hasta finales de abril o principios de mayo, me fascinaban enteramente. ¿De qué se alimentaban, criaturas a las que nunca se las veía comisquear, como a los pardos gorriones en las calles, a las que nunca se veía buscar la presa, fuera esta frutal o viva entre las ramas de los árboles, entre las grietas de las paredes? ¿Se alimentaban acaso de aire? **¿Se alimentaban acaso con la fuerza, con el calor del sol, con la alegría de sus voces?** ¿O eran, quizá, aves que no comían?

Ya de muy pequeño aprendí que en algún sitio los vencejos cazaban moscas y mosquitos, y también pequeños coleópteros voladores, porque en ocasiones, llevados por una tendencia depredadora casi inevitable en el niño rural español, tendencia que seguramente era un eslabón más en una vieja cadena cuyo origen se pierde en la noche de los tiempos, nos subíamos a algún tejado, nos colábamos por los recovecos del campanario y llegábamos a poner la mano rapaz sobre un nido de vencejos. Con qué fuerza y con qué penetración se clavaban las cortas y aceradas uñas de los jóvenes vencejos en nuestras manos, en nuestra piel. Está mal que lo diga, pero yo también fui un cazador furtivo en mi infancia. Y los pajarillos que los niños de pueblo cogíamos en nuestras andanzas —por Dios, que no nos imite ningún niño moderno, aunque sea rural— estaban destinados a sazonadas fritangas que solían componer nuestra merienda. Y como nosotros mismos, exactamente igual que un cazador paleolítico, limpiábamos y preparábamos nuestros guisos, llegamos a ver en muchas ocasiones que en el buche de aquellos grasientos y gordos pajarillos había cantidades de moscas y de mosquitos. Esta particularidad, en un pueblo tan rico en moscas como casi todos los de la España rural, en un pueblo donde los niños de la clase media, escasa, **merendábamos pan con mantequilla, azúcar y moscas**, esta particularidad de que los vencejos se alimentaran de moscas, hizo cobrar una entidad todavía más importante y sofisticada a aquellas aves ante mis ojos infantiles. Aquellas aves, de alguna manera, trataban de librarnos de las moscas, cosa que ya es decir en un pueblo de Castilla.

Mucho más tarde, **libre de esa fascinante ignorancia que va permitiendo al niño, llevado únicamente por su curiosidad, descubrir las cosas,** a un niño que no aprendió a conocer a los animales, afortunadamente, a través de las fábulas clásicas ni de las películas de Walt Disney, sino que iba descubriendo la fauna en su propia, auténtica y verdadera dimensión, he aprendido en los libros, en las investigaciones, en los trabajos y en las publicaciones cosas asombrosas de los vencejos. Cosas que me gustaría contarles porque habrá niños rurales y también padres que fueron niños rurales que hoy, en las inhóspitas urbes a las que han sido arrastrados por la corriente de la vida, les gustará recordar y saber lo que son los vencejos. [27]

• • •

Si uno era tan curioso como yo lo era en mi infancia, y si uno estaba dotado de tan buena vista como la que tenía en los años de mi niñez, podía contemplar una masa de vencejos girando en redondo, en el centro del cielo, mientras el horizonte se teñía de rojo al atardecer. Y les aseguro que aquellas masas de vencejos que subían y subían **me robaban el alma**, me robaban el corazón, porque me preguntaba: ¿adónde van estas criaturas, si dentro de 10 minutos va a ser de noche y entonces no podrán encontrar su teja ni su resquicio y no podrán dormir? Lo que no sospechaba entonces, amigos míos, es que los vencejos se iban a dormir en el aire a 1500 m de altura y que, como han podido comprobar los hombres de ciencia desde aviones y desde globos, duermen volando. Sí, volando. Los vencejos no tienen más remedio que mover sus alas, al menos pausadamente, para no caer al suelo. **Pero duermen durante el vuelo.** Es asombroso, pero no es nada nuevo en la vida. Los vencejos tienen un ritmo de vuelo ralentizado que les permite mantenerse en el aire en pleno sueño.

Ahora bien, ¿cómo no chocan los vencejos unos con otros durmiendo de noche a 1500 m de altura? Porque los vencejos, también durmiendo, pueden seguir las instrucciones de su radar. Dentro del grupo de los apodiformes y, concretamente, dentro de la familia de los vencejos, hay un grupo del sureste asiático, las famosas salanganas, cuyos nidos se comen los chinos, que viven en el interior de negras cavernas en las cuales se ha podido comprobar que se orientan por ecolocación. Es decir, emiten chirridos más o menos audibles y esos chirridos, al chocar con un cuerpo, reflejados, vuelven al cerebro del vencejo salangana y le informan perfectamente de la posición de los obstáculos, de los congéneres o del nido.

Aquí se descifra mi misterio. Los vencejos de mi pueblo, cuando describían círculos y se elevaban, iban todos chillando, como en las bodas, con aquel grito agudo casi metálico que emiten cuando pasan enfrente de nuestras ventanas en los pueblos, en las ciudades, en los villorrios españoles, y ese sonido es el que, reflejado, les informará mientras duerman de dónde está su compañero o por dónde viene el avión que se los podría llevar de calle. De calle aérea, evidentemente. ¡Qué asombrosos son los vencejos!

Cuando nace el nuevo día, los vencejos se dejan caer hacia el mundo, hacia el triste mundo que pisamos usted y yo, los mamíferos terrestres, y comienzan a cazar moscas y mosquitos sobre los pueblos, porque sobre los pueblos abundan mucho más las moscas y los mosquitos. Y con el buche lleno de moscas y mosquitos, van a cebar a sus crías en el nido. Y si no tienen crías, se pasan el resto del día volando felices. Y si tienen sed vuelan sobre un río, sobre una balsa y, modernamente, sobre una piscina, y se llevan la gotita de agua en el pico. Y cuando, en plena primavera, llegan los primeros días de su estancia en la península Ibérica, si uno es observador y curioso, puede ver como en las bellas persecuciones entre los machos y las hembras en el aire, levemente, yo diría que en la más casta de las cópulas, macho y hembra tocan momentáneamente sus partes ventrales y pasa el germen del portador masculino al receptor femenino. Se aman, se fecundan también en vuelo. **Prodigiosos animales son los vencejos.**

Pero los vencejos no habían contado con una cosa: con que **usted y yo y nuestros primos y paisanos y no paisanos estamos llenando el mundo de porquería y de veneno.**

Estuve este verano en mi pueblo, y en muchas de las casas por las que pasaban las bodas de los vencejos ya no había bodas. En muchas grietas de la vieja muralla, levantada ya en el siglo XI y antes muro de un castro romano donde seguramente no dejaron de meterse los vencejos desde que pusieron la primera piedra, ya no había prácticamente vencejos. Unos pocos en la torre de la iglesia, en algunas viejas fachadas con las vigas al aire bien orientadas. ¿Qué podrán ver nuestros niños cuando ya no haya en el aire bodas de vencejos? ¿Qué podrán ver cuando ya no haya pájaros insectívoros? ¿Qué clase de mundo estamos fabricando para nuestros hijos? ¿Es que las discotecas, el deporte convencional **y el horrísono mundo con el que pretendemos sustituir a la naturaleza van a avizorar su pupila, a afinar su oído y a engrandecer su alma?** Mucho me temo que no. Por eso les confieso que no me importaría nada marcharme dentro de unos años con el último vencejo, a dormir también volando allá arriba, a 1500 m de altura, adonde es posible que no lleguen los ruidos, ni la contaminación, ni las preocupaciones, ni las injusticias de los hombres.[28]

Con los niños se puede hacer un trabajo de sensibilización, de mentalización, cosa que con las personas ya adultas es mucho más difícil, salvo en raras excepciones, como la de aquel sabio que me decía que se estaba haciendo viejo porque no tenía curiosidad.[29]

• • •

Un tío mío militar me regaló, cuando yo tenía 8 o 9 años, un zorro que habían capturado en unas maniobras de la caballería. Y él pensó que, para un sobrino enamorado de los animales, lleno de curiosidad y de imaginación, un zorrito sería un buen compañero de juegos. Ahora, cuando recibo tantas cartas de niños hablándome de zorros que les han regalado, rememoro las aventuras con aquel raposillo a quien puse, no sé por qué razón, el nombre de *Tití*.

Lo llevamos a casa, a mi casa del pueblo de Poza de la Sal, y a los ocho días de tenerlo, alimentándolo amorosamente con un biberón, mirando en sus ojos, que seguramente encerraban toda la sabiduría de los siglos de la naturaleza, de la lucha por la vida, atusando aquel pelaje que hubiera recibido seguramente antes los lametones y las caricias de la madre raposa, **me parecía que me sumergía en el misterio de la naturaleza.** En el libro de la naturaleza salvaje. En el principio de los tiempos y los contactos entre los hombres y los animales. Pero lo cierto es que, por encima de todas esas consideraciones de orden sentimental propias de un niño imaginativo, había un hecho permanente y muy difícil de eludir: toda la casa olía a raposo de una manera insoportable. Desde el despacho de notario de mi pobre padre hasta la cocina brillante y siempre pulcra de mi madre, pasando por todos los departamentos donde yo, niño único y consentido, jugaba con mi raposillo, la casa apestaba a raposo. Mis padres me decían que aquello no era bueno, que olía mal, pero yo, con mi tremendo amor a los animales e impregnado ya tan profundamente del olor a zorro hasta el punto de considerarlo una cosa natural de mi hábitat, de mi propio habitáculo familiar, cada vez que recibía amonestaciones porque la casa olía a raposo, me enfadaba porque seguramente no habría perfume francés en aquella edad de mi vida que me hubiera podido hacer más feliz que el aroma de mi raposo.

Lo cierto es que, a pesar de todo, no hubo más remedio que tomar una determinación drástica con el raposillo, que se perdía por las estancias de lo alto de la casa, fabricándose camas y camitas con ropas que robaba. Una noche de verano inolvidable saqué a aquel raposo al campo para soltarlo y para que recobrara la libertad. Bien ajeno estaba yo, por aquel entonces, de saber que un zorro que ha vivido un par de meses entre los humanos, que tiene ya una talla media y que aparentemente puede ser tan cazador, astuto y espabilado como los zorros del campo, está condenado a morir si se le suelta en plena naturaleza, porque todo cazador precisa un aprendizaje. Entonces pensaba, y seguramente también mis familiares, que a aquel zorro le íbamos a hacer el mejor regalo de su existencia al llevarlo a las laderas que bajan del páramo y soltarlo allí para que recuperara la libertad.

No olvidaré jamás aquella noche trágica, cuando llevábamos a *Tití* atado con una cadena de la que tiraba para un lado y para otro; en un momento que fue un glorioso canto a la naturaleza para todos y para mí de tremenda despedida, soltamos aquel collar rojo, colorado, que me había hecho un guarnicionero para mi raposo, y a aquel animal se le regaló lo que siempre había tenido: la libertad. Podía irse al bosque, podía irse al páramo, tenía delante de sí las aventuras de toda una vida de raposo.

Volvíamos a casa una noche del mes de junio o de julio, acompañados con los cantos de los grillos y con todos esos ruidos que se escuchaban todavía en la España de hace unos 35 años, cuando de pronto una sombra humilde, huidiza, se cruzó delante de nosotros bajo la primera luz de la entrada al pueblo, y gimiendo se tendió en plena carretera. **Era mi amigo, el raposo, *Tití*. ¡Había rechazado la libertad, quería vivir conmigo!** Ante aquella manifestación de cariño, ante aquel hecho singular en la historia de los raposos en mi pueblo —todos los que habían sido devueltos a la libertad habían aprovechado la ocasión—, hubo un clamor familiar en favor de que el bueno de *Tití* se quedara a vivir en el seno de la familia.

A partir de entonces, sus efluvios se soportaron como mejor se pudo, se llevó al animal a una huerta donde pasaba la mayor parte del día, y así aquella criatura llegó al otoño. Era un raposo verdaderamente hermoso. Después de que, en plena noche, el animal rechazara la libertad y volviera con nosotros, se tendió en la carretera y se dejó poner el collar ante los ditirámbicos comentarios de la intelectualidad de mi pueblo que comentaban: «¡El raposo, lo soltaron y se volvió!

Fíjense en ese niño, ¿qué tendrá con los animales? Pero ¡qué barbaridad! Nunca se había conocido un caso como este, que hayan soltado a un raposo y este haya vuelto».

Desde entonces yo tuve patente de corso para pasearme por el pueblo con el raposo y para hacer lo que me diera la gana con mi amigo *Tití*. Y como, por otra parte, mi amigo no precisaba ir encadenado para estar conmigo, nos dábamos grandes paseos juntos.

Fue uno de los veranos más inolvidables de mi vida, rodeado de mis amigos de campo, aquellos niños criados y nacidos en la meseta castellana, impenitentes buscadores de nidos, impenitentes pescadores en el río, donde cogíamos truchas en las aguas tibias del verano... Nadábamos todo el día, corríamos por la montaña, íbamos a ver las comilonas y los festines de los buitres, siempre seguidos por un raposo con su copiosa cola en alto.

¿Cómo podría yo retratar a aquel grupo de niños que podían pasearse por los campos de Castilla, en una época en que en ellos no se veía ni una basura de plástico y la naturaleza era todavía fuerte y hermosa? **¿Cómo retratar a un grupo de arrapiezos de 8 o 9 años que iban por el campo seguidos siempre por un raposo?** Por un raposo feliz, radiante, con las orejas puntiagudas, los ojos brillantes, el hocico charolado; por un raposo que había encontrado su propio hogar en el hogar de los humanos.

Más adelante, contemplando a nuestro amigo, bañándonos en el río mientras él, muy poco amigo del agua, nos miraba desde la orilla, observándolo cuando cavaba en el suelo para cazar sus primeros ratones, contemplando su pelaje cada vez más hermoso a medida que se acercaba el mes de octubre, tuvimos una idea infantil verdaderamente diabólica. Habíamos visto que *Tití* era capaz de hacer casi todas las cosas que puede hacer un animal. Aquel raposo corría lo mismo por las rocas que por el llano; saltaba por encima de los arroyuelos; había matado delante de nosotros culebras y víboras con gran presteza; hacía huir a los perros y no se asustaba de nada. Y cuando pretendíamos burlarle metiéndonos en los bosques más impenetrables, nos encontraba siempre. Pero aún no habíamos visto al raposo matar gallinas, que es lo que se cuenta siempre en las historias de los raposos. Y un amigo mío, que después estuvo en Alemania trabajando y que ahora me parece que está por ahí ganándose la vida con el copioso sudor de su frente y sus poderosas manos de castellano viejo, tuvo una idea. Él tenía gallinas, como casi todo el mundo en el pueblo, y uno de esos atardeceres de verano en el que, recibiendo la caricia del viejo sol de la provincia de Burgos, estábamos elucubrando sobre la aventura que íbamos a realizar, nos sugirió:

«¿Por qué no llevamos al raposo a mi gallinero hoy que no hay nadie en mi casa, pues están todos trabajando? Están cosechando el trigo y la casa está sola».

Inmediatamente en nuestras mentes brilló la idea de contemplar cómo se las podría arreglar un zorro para cazar a las gallinas. Ahí estaba el pequeño carpetovetónico. Ahí estaba la mente admirada siempre de la agresividad, admirada siempre del depredador, del animal que puede vencer a otro, cogerlo y engullirlo. Y, ni cortos ni perezosos, nos fuimos con nuestro buen raposo al gallinero de mi amigo.

He de confesar que quedamos profundamente defraudados. El raposo hizo muy mal papel en el gallinero. Pretendió abalanzarse sobre una gallina, pero esta pesada, tranquila y sabia gallina desarrolló una serie de estrategias volando de un palo a otro del gallinero que hicieron absolutamente inservibles los saltos, las cabriolas y la astucia de nuestro pobre *Tití*. Pensemos que estoy hablando de una vieja gallina de los pueblos de Castilla, de aquellas que no vivían en baterías, ni se alimentaban de piensos compuestos, ni estaban pesadas y medidas, ni estaba programado su número de huevos; eran **gallinas felices que comían hierbas del campo, que merodeaban por todos los rincones, que se recogían al atardecer con sus polluelos, casi como si fueran gallinas salvajes.**

Quedamos profundamente decepcionados. Nuestro raposo, del que esperábamos las más grandes hazañas venatorias, había sido incapaz de cazar una vieja y gorda gallina. Íbamos todos muy callados, seguidos por el zorro, seguramente con la cola baja, en aquel atardecer, volviendo hacia nuestras casas. Había muerto un ídolo para el grupo. Nuestro raposo no había cazado a la gallina. Y, como siempre, lo llevé a la huerta, a una casita de la huerta donde él vivía que se cerraba con una gruesa y pesada llave, de esas viejas llaves de los pueblos, y me fui a casa.

Al día siguiente nos disponíamos a salir a los campos eternos de las vacaciones y del verano, **cuando la madre de mi amigo, mujer obesa, gritadora, castellana, apareció por la calle moviendo los cimientos de las viejas casas con una voz que salía, no diría yo que de sus entrañas, sino de las entrañas de la historia, de la historia económica de España.** Venía diciendo que el raposo había matado a todas sus gallinas: 16 gallinas y el gallo, y los ocho pequeños pollos que acurrucaba la gallina que nos había servido como conejillo de indias para nuestro experimento.

Queridos amigos, aquel fue seguramente mi primer choque con la naturaleza. Mi buen amigo *Tití* el zorro, a quien nosotros, en una aventura infantil verdaderamente diabólica, habíamos llevado a establecer contacto con su presa natural, había escarbado durante la noche debajo de la pesada puerta que cerrábamos con aquella gorda llave, se había salido de la huerta, había llegado hasta el gallinero de mi amigo, había penetrado por debajo de una tela metálica, había matado todas las gallinas y, por si fuera poco, lo sorprendieron al amanecer, cuando se levantan los labriegos castellanos para el acarreo, llevándose la última de las gallinas que escondía en una alcantarilla bajo la carretera.

Hubo una gran consternación. Los comentarios de la gente del pueblo no pudieron llegar más lejos ni adquirir un tono más crítico. El famoso raposo, aquel que había vuelto, aquel que tenía patente de corso para pasearse por el pueblo y que todo el mundo creía milagrosamente domesticado, finalmente había tirado al monte. «Pero ¿cómo un raposo va a dejar de ser un raposo, don Gregorio? Lógicamente tenía que hacerlo», recuerdo que dije a modo de disculpa. Y así fue. El raposo mató a todas las gallinas. Mi padre tuvo que pagar una indemnización a la gritadora castellana y, lo que es más triste, nunca más volvimos a ver a mi querido *Tití.*

Me doy cuenta de la astucia del raposo. El animal pareció percibir que había hecho algo malo. Que, de pronto, se había transformado en un fuera de la ley. Que había roto algún tabú que hasta entonces le había permitido pasearse entre los humanos. El zorro era consciente de que, desde aquel momento, se había transformado en un bandido, de que su cabeza tenía precio.

Y así fue. Por más que lo busqué por los campos, por más que recorrí La Vega y el páramo y las laderas emitiendo un penetrante silbido que me habían enseñado los pastores y del que yo estaba tan orgulloso, *Tití* no venía. Lo sorprendieron atacando otro gallinero. Y allí, de una manera brutal, bajo el peso de las piedras lanzadas por las certeras y poderosas manos de los labriegos castellanos, acabó la vida de mi pequeño raposo.

Había nacido para raposo. Había nacido para depredador. Había nacido para imperar en los campos y para alimentarse con la carne palpitante de sus presas. Y un capítulo inesperado, totalmente accidental, en su vida de raposo lo había llevado a vivir junto a los hombres. Y estos mismos hombres, sin darse cuenta, lo habían puesto a las puertas de la tragedia. Siempre he recordado a mi pobre raposo con pena. Recuerdos muy lejanos, porque fue en el borde de mi primera infancia, entre los 8 y los 9 años, cuando yo tuve aquel zorro. Pero lo que sucedió no fue algo anormal porque después conocí la historia de animales más grandes que un zorro, como el famoso rinoceronte blanco *Obongui* o el rinoceronte negro *Rufus,* otros animales que terminaron muy mal su existencia por haberse hecho amigos de los hombres.

¿Qué frontera habrá entre los hombres y los animales? ¿Qué terrible tabú habrá entre la especie bípeda y pensante y los humildes animales? ¿Por qué casi todos los que buscan nuestra compañía, a pesar de los cuidados y del cariño que se les tenga, acaban mal sus días?

Precisamente por esta razón querría animar a aquellas personas a las que les ofrecen raposos, tejones o animales salvajes o que tienen ganas de capturarlos, apartándolos así de sus madres, que los dejen en la naturaleza. Es muy difícil que un animal salvaje que ha perdido la inocencia de la criatura del campo, que ha penetrado en el mundo de los humanos, acabe sus días felizmente.

Los animales deben estar en el campo. **Y antes de quitarles su libertad y arrancarles de sus campos, es preciso pensárselo muy bien.** Y si no, que recuerden mis amigos la historia de *Tití,* la historia de aquel mi primer amigo, mi raposo, que llenó mis noches de infante agreste de lágrimas y de suspiros, y que murió bajo el peso dramático y certero de las piedras lanzadas por las manos de quien el zorro había robado sus gallinas, produciéndole una irreparable pérdida en su sencilla economía de subsistencia.[30]

• • •

Quiero dedicar estas palabras a los niños y sobre todo a los jóvenes, a los adolescentes, que están tan preocupados con el deporte. No sé si he contado alguna vez que yo, hasta los 25 años, me dediqué al atletismo, con tanta pasión como ahora me dedico a los animales, hasta el punto de que llegué a hacer una marca de 50 segundos en 400 m lisos, convirtiéndome en *recordman* del Distrito Universitario de Valladolid.

En toda mi vida no me he cansado de agradecer los años que pasé en el gimnasio y en las pistas trabajando sin más meta aparente que luchar contra el reloj. Porque resulta que luego, cuando la vida no te da tiempo ya para ir a las pistas ni a los gimnasios, sino a esa dura pista y a ese terrible gimnasio que es el ganarte el pan nuestro de cada día, he notado que en mis expediciones por el campo, en mis subidas por las laderas de las montañas, en mis travesías por las selvas y por las sabanas, no me cansaba, no me fatigaba, me encontraba siempre bastante a gusto, porque precisamente durante 8 o 10 años de mi vida, con verdadera pasión y tenacidad, había dedicado bastantes horas diarias a fabricarme unos músculos, un esqueleto, un corazón y unos pulmones plenamente aptos para una vida al aire libre.[31]

Los niños, cuando no se les inculcan en las escuelas sentimientos patrióticos, viven bastante al margen de los problemas de fronteras y de los problemas de apetencias de invasión internacionales.[32]

• • •

Si las cosas que aprendemos se refieren al mundo de la naturaleza o a la conducta del hombre, aunque sea del hombre primitivo o del antepasado del hombre, habremos aumentado esa cuenta que todos tenemos en ese banco donde no existe la inflación, ni la devaluación de la moneda, ese banco que es la mente, que es la memoria, ese banco donde todo aporte económico, mejor dicho, cultural, se revaloriza constantemente, **sobre todo si el banco, ese banco de la memoria, del raciocinio, de la sensibilidad, es un banco infantil o juvenil.**[33]

• • •

Conviene que les cuente que en los años agrestes, lejanos, inolvidables, naturales, de mi infancia tenía como premio, por haber sacado adelante mis estudios de bachiller en el internado, el irme al bosque, a los preciosos pinares y a los hayedos de una cadena montañosa que va desde la villa de Oña hasta Pancorbo. Iba a pasarme algunas semanas, cargado de latas de conserva, de botes de leche condensada, de embutidos, de mil cosas que mi madre, siendo yo hijo único hasta los 9 años (mi única hermana nació cuando yo era bastante mayorcito), me preparaba con todo amor y delicadeza. Les aseguro que mientras dormía en aquellas vacaciones, ya a partir de los 12 y 13 años, en los hayedos y en los pinares de los Obarenes, **llegó a olerme, a olfatearme, algún lobo durante la noche.** Vi muchas veces las huellas del tremendo matador, al que nunca he tenido miedo, a la vera de las fuentes, en los caminos. En cambio, había una criatura que me desasosegaba profundamente; muchas noches podía oír una voz en el bosque destacando sobre la cálida y dulce llamada del mochuelo, sobre la flauta del autillo, sobre el coro infinito de los grillos cebolleros que llegaban desde allá abajo, desde las vegas de La Bureba y de las Caderechas, que era el **grito del cárabo,** un grito demoníaco que siempre me hacía pensar en alguna criatura mítica de aquellas con las que llenan la cabeza de los niños en los cuentos que les narran para dormir. Tuve que llegar a ser bastante mayor para escuchar al cárabo en soledad y en la noche sin que se me pusieran los pelos de punta. Posiblemente, a casi todos los paseantes solitarios de la noche les ha ocurrido lo mismo.[34]

Los entresijos de la ecología, esa ciencia que seguramente allá para el año 2000 será como una especie de decálogo, formarán la base de una filosofía a la cual el hombre, como todos los animales vivientes, tendrá que atenerse.[35]

• • •

Estudiad mucho, niños, porque seréis mejores cuanto más sepáis y, lo que es más importante, no os podrán engañar, porque no se os olvide que seguimos todavía en la cultura del engaño, donde **desde todos los ángulos tratan de engañarnos para obtener algo a nuestra costa.**[36]

• • •

Uno de los países donde se elegían y todavía se eligen peor las profesiones es el nuestro. Quizá porque una virtud tiene siempre el defecto contrario. Nosotros tenemos una virtud tan acrisolada que ha ocasionado muchas catástrofes, porque no se ha sabido equilibrar; **el español es un 'animal' familiar, amistoso y social,** empleando el término en el sentido de animal racional. Como soy zoólogo, esto no tiene que verse mal. Pero resulta que, con ese rito, esa sacralización que hemos hecho de la familia, de la sociedad y de la amistad, siempre nos hemos movido en unos círculos muy restringidos. Somos un país conservador. De eso no cabe la menor duda y lo corriente es ser médico, abogado o ingeniero, sin llegar a pensar que el muchacho o la muchacha han salido con unas dotes extraordinarias para la investigación. Se añade a esto el miedo al ridículo social, y supone un trauma familiar no seguir la corriente, o sea, la profesión que en cada época está bien vista. ¿Cómo decir que quiero ser zoólogo?

Se añade a esto lo de animal amistoso: la típica frase del amigo de la familia «¿Por qué tu chico no se hace arquitecto? Tengo un sobrino que se está forrando», y la familia acaba con la idea de aquel muchacho que quería ser... lo que sea.

Se ha rendido, en general, poco culto a la libertad en las decisiones más importantes que hay que tomar en la vida.[37]

• • •

Nuestras ansias infantiles de conocimiento, de contacto y de amor hacia los seres vivos han sido transformadas, por una educación utilitaria, en inclinaciones agresivas, que llevan al hombre no a usar, sino a abusar de su mundo.[38]

• • •

Aprenderán mis queridos niños que es mucho mayor el placer, mucho más profunda la satisfacción e infinitamente más viril el triunfo del hombre que va por el campo conociendo a cada criatura que lo puebla e interpretando el mensaje de su existencia, que el tremendo tributo que ha de cobrarse quien no conoce más idioma que el de la muerte para hablar con la naturaleza.[39]

• • •

Cuántos temas hay en el mundo, queridos amigos, tratando de llamar la atención de nuestros hijos. Desde el tema más frívolo hasta el más reprobable. Cuántos temas, en la mayoría de los casos a caballo de intereses exclusivamente comerciales, económicos. Y ahí los niños y los jóvenes están brujuleando, vapuleados, enviada de un sitio a otro su atención, como si fuera una fácil pelota que todos quieren coger; si tienen suerte, su atención será dirigida hacia puntos, si no transcendentales, si no vitales, al menos no dañosos para su formación y para su espíritu.[40]

• • •

En una época en que prácticamente no había salido, no solo de España, sino de la provincia de Burgos y de Álava (estudiaba el bachillerato en Vitoria y había nacido en un pueblecito burgalés), con mi imaginación pasaba lo mejor de mis horas, de mis días y de mis noches transformado en un trampero del lejano territorio del Yukón, del secreto Nahanni, de aquellos lugares adonde me llevaba la pluma maestra de James Oliver Curwood.

Tenía un amigo, de nombre Tomás, con el que pasaba las tardes recostado en todas aquellas cálidas peñas calcáreas, en las montañas de nuestro pueblo, hablando y pensando en lo hermosa que debía de ser la vida de los pioneros del Canadá; nos veíamos subidos en un trineo —Tomás y yo, que éramos dos arrapiezos, dos muchachos agrestes, primitivos, casi paleolíticos, metidos en unos pantalones de pana y en unos jerséis de abrigo, en aquellas frías tierras burgalesas—, cubiertos de pieles cálidas y confortables, con los ojos clavados en el secreto misterioso del bosque de abetos y de abedules, tirado nuestro trineo por un grupo de fuertes perros, de esos hermosos y valientes perros árticos que son capaces de hacer jornadas de hasta 100 km diarios tirando del trineo. Nos veíamos llegar a nuestra cabaña de madera, esas cabañas construidas con troncos de cedro, que nunca pierden su perfume, y donde uno vive en pleno corazón de la naturaleza; nos veíamos llegar a la cabaña, y en esa cabaña sabíamos que contábamos con los troncos de madera que iban a permitirnos pasar el frío, el gélido invierno, circulando sobre el desierto helado, auxiliados por nuestros perros, los rifles de cazadores en la mano, con todo un montón de trampas que nos permitían cazar a los animales de cuya captura podríamos vivir. Y, amigos míos, en aquel entonces, como digo, con 10 u 11 años, Tomás y yo tomamos la determinación de irnos de casa, de marcharnos de Poza de la Sal, de no volver al colegio, yo de Vitoria y él de Santander, y hacernos tramperos en Canadá. Pensamos que lo mejor era escribir una carta al propio James Oliver Curwood. Escribimos la carta y en ella Tomás y yo hacíamos una especie de *curriculum vitae* personal al escritor de las aventuras de Canadá; le decíamos que éramos dos muchachos de Poza de la Sal; que, evidentemente, poca experiencia teníamos en cualquier tipo de actividad que nos sacara de nuestro territorio, pero que éramos andarines, infatigables, que sabíamos soportar la sed, el hambre y el frío, y que sabíamos leer sobre el terreno las huellas de los animales; y

Dibujo realizado por FRF durante su infancia, en un libro escolar de literatura.

que, por consiguiente, nos ofrecíamos para vivir con él, para ayudarle como pinches de cocina o como lo que él quisiera, para arreglar sus trineos, para curtir pieles, para arreglarle la cabaña de troncos de madera, para acarrear teas a su chimenea, con tal de que nos dejara ir a vivir a Canadá.

Nos contestaron a esta carta. Fue algún funcionario de la editorial, que nos informaba de que el libro que había llegado a nuestras manos no era más que una traducción de unos derechos adquiridos por aquel editor; que James Oliver Curwood había fallecido ya, que era un hombre que no vivía, pero que en cualquier caso esperaba que nosotros, algún día, fieles lectores de aquellas obras, tuviéramos la suerte y la ventura de poder vivir también en Canadá, en las tierras infinitas, en los bosques majestuosos de James Oliver Curwood y de Jack London. Quién me iba a decir a mí, amigos míos, que mucho más tarde iba a poder viajar adonde tanto Curwood como Jack London estuvieron para construir aquellas aventuras. Son esos círculos que se cierran, esas cosas que parecen mentira. No podía imaginar que aquellos sueños míos infantiles, aquellos deseos de viajar por los bosques infinitos, de vivir como un trampero, se iban a transformar en realidad.[41]

02

La palabra

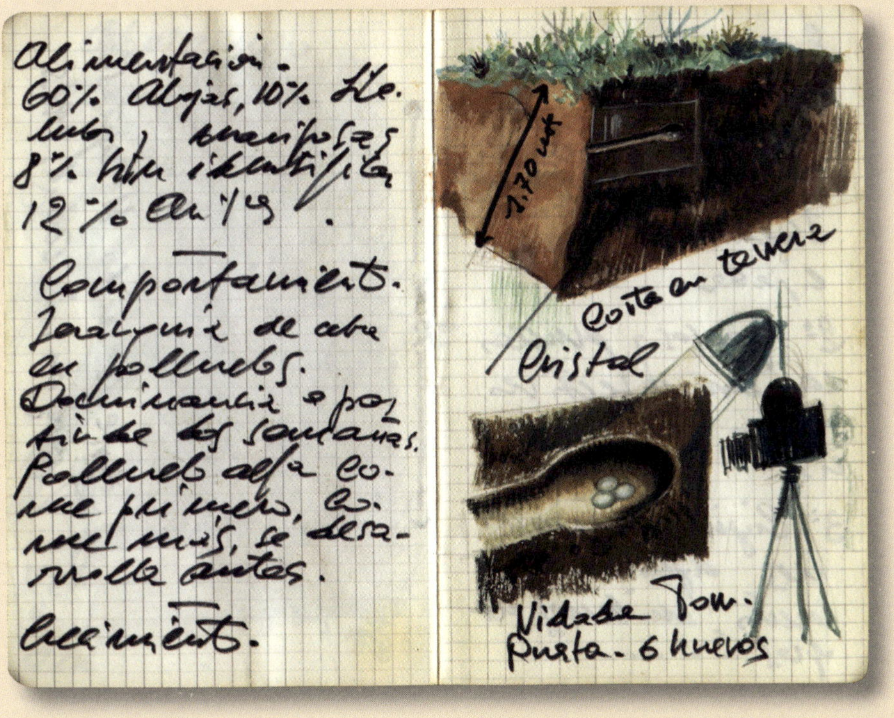

Hay una frase bíblica que tiene una enorme trascendencia en la historia del conocimiento, y yo diría que en la propia historia del hombre: «En el principio era el verbo. Al principio, antes de todo, en el amanecer de los tiempos, cuando no había más que tinieblas: la palabra».

En el caso de Félix, la palabra cobra una dimensión telúrica e hipnótica. Era su voz. Era su entonación. Sus silencios y cadencias. Su lenguaje rico, preciso, voluptuoso. Provocaba que entráramos en una especie de trance, suspendidos y absortos, atentos a cada giro de su prosodia. Sin duda, para los que vivimos el fenómeno Félix, la mera mención de su nombre evoca inmediatamente su voz en nuestra memoria y nos incita, incluso, a imitar su incomparable forma de entonar «el lirón careto» o «el abejaruco». El color de su voz nos transportaba a lugares y tiempos remotos. Nos hacía vivir y sentir su universo mágico, zoomórfico, como si estuviéramos allí, a su lado. Pero lo más asombroso es cómo lograba este efecto de forma colectiva. Cómo atravesó la barrera del prejuicio imperante en contra de la naturaleza y se adentró en el corazón de millones de personas, sin importar su edad, cultura, clase social o educación.

¿Y cómo logró hacer de la palabra un vehículo tan poderoso de impregnación y despertar colectivo? Una de las claves reside en el hecho, asombroso, de que todas sus alocuciones eran improvisadas. Miles de horas radiofónicas, televisivas, conferenciadas y dictadas íntegramente espontáneas. Félix rendía culto a la tradición oral. Como él mismo decía, la improvisación oral implica una «gimnasia tremenda de memoria que el hombre debe hacer si vive inmerso en la cultura de la palabra, que es absoluta y radicalmente distinta a la cultura de la lectura, a la cultura de la letra impresa». Tal y como lo hiciera Sócrates —que pasó a la historia como uno de los tres grandes ágrafos, juntamente con Jesús y Buda—,[1] él también cultivó el poder de la palabra, solo que veinte siglos después, plenamente instalados ya en la cultura de la letra impresa. Este entrenamiento le llevó a agudizar su ya de por sí extraordinaria memoria asociativa, y no solo eso, sino que impregnó sus comunicaciones de frescura, calidez y autenticidad. Reconocía que estaba inmerso en un juego, «en el más sagrado y en el más humano de los juegos, el juego de la transmisión de la cultura, de enseñar mediante la palabra». Y jugando, como un niño libre de corsés y planificadas estructuras, haciendo un uso magistral de un léxico profuso, se conectaba con el estímulo que percibía —«no sé si por telepatía», decía— de su audiencia, y se dejaba fluir, inundando de belleza y trascendencia el alma y los corazones de quienes le escuchaban.

La segunda clave es precisamente el contenido. Lo que nos contaba. Era capaz de «izar velas del puerto de la lucha cotidiana para llevarnos en una singladura a una isla del pensamiento y hacernos sentir la música de la clara voz de las gaviotas, el canto del viento en las jarcias de nuestro bergantín, y la audacia de la proa y del bauprés cortando el mar». Nos daba la perspectiva para «poder dominar el valle, desde donde poder ver el mundo». El mundo más allá de lo aprendido, de las referencias rutinarias, de las distracciones insignificantes, para despertar nuestra condición de criaturas extraordinarias, dotadas de esa capacidad única e insólita que es el pensamiento.

¡Y cómo lo hacía! He aquí la tercera clave: aun siendo maestro de tantas cosas, no dogmatizaba. Envolvía a la audiencia, barría distancias, se hacía uno con el interlocutor. Empatizaba y conectaba tanto con su público que incluso ponía en su boca preguntas que imaginaba podrían estar surgiendo ante sus explicaciones. Además, repetidamente, invitaba al oyente a rebatirle lo que decía, a afianzar su propio criterio, a cuestionárselo todo, tratando siempre de dilucidar su verdad más allá de lo establecido. Era un agitador de conciencias, como él mismo se definió, que pretendía ensalzar y alambicar la madurez e independencia de sus seguidores, algo que ellos percibieron y nunca le dejaron de agradecer.

Pero Félix también fue único y heterodoxo en su manera de comunicar. Rompía todas las normas de la divulgación periodística: exceso de subordinadas, uso indiscriminado de todas las conjugaciones verbales, empleo de registro culto, científico, costumbrista y de jerga... Y, sin embargo, hasta los más pequeños entendían lo que decía.[2] No solo lo entendían, sino que lo seguían con devoción. Porque su trabajo con los niños también merece un análisis: cómo logró impregnar a toda una generación que quedó indeleblemente marcada por sus enseñanzas.

Otra característica digna de mención fue su identificación con los personajes de sus relatos. Como un chamán, se proyectaba en el ánima de los animales que protagonizaban sus historias y, con ello, nos hacía sentir lo que les embargaba.

¿Quién no se ha sentido lobo, corriendo libre por paisajes primitivos, sintiendo el aliento de un aire puro que nos impulsa más allá del ocaso? ¿O halcón, picando vigoroso en un cielo encrespado como un proyectil viviente, imantado por el pálpito de su presa? Escuchando la voz del Maestro, nos hacíamos uno con la naturaleza, con esa energía libre e inabarcable que fluye por las venas de la Vida. Nos sentíamos mejor y mejores escuchándolo, porque era capaz de desvelar nuestra verdadera naturaleza atávica, a través del espejo de la naturaleza.

Además, el fenómeno Félix debe hacernos reflexionar sobre una posibilidad que él mismo concitó: el poder de la palabra como herramienta de cambio. La palabra fue el origen y el mismo principio del ser humano, y la palabra puede ser el catalizador de una transformación profunda y urgente, que afiance el futuro de las nuevas generaciones, en un planeta vivo, donde el ser humano haya dado un paso decisivo hacia su plenitud. También nos dio pistas sobre el papel que habrían de jugar los medios de comunicación telemáticos, aún no inventados —pero que él supo intuir—, como una argamasa social que cohesionara a todos los cerebros humanos en un planeta pensante. «Los hombres, desengañados de tantas cosas pero capacitados para comunicarse todo instantáneamente, pueden llegar a una coordinación tan perfecta de comunicación, de cultura, de niveles de conocimiento, de programa de vida, que sea capaz de erradicar las tensiones. El hombre, que vive todavía en pequeños termiteros incomunicados, llenos de agresividad, con luchas intestinas dentro de sus propios termiteros, camina cada vez más deprisa hacia el único y hacia el último termitero que es el planeta.»

Félix fue el personaje más popular y seguido por la sociedad española en la década de 1970. En apenas 20 años, su trabajo y mensajes alteraron profundamente la conducta y conciencia de todo un país. Supo envolver y convencer tanto a estamentos y personajes públicos como a una buena parte de la opinión, tratando temas controvertidos e incluso revolucionarios, en una sociedad conservadora y recelosa de cualquier iniciativa rupturista. Lo asombroso es que lo lograra uniendo y seduciendo, utilizando postulados que anulaban nuestras diferencias y resaltaban lo que nos hacía miembros de una misma gran familia: «unidos por un amor común, por el amor a la vida». Su ejemplo, singular, es su mayor legado. Ante la falta de tiempo y el trascendental reto que afrontamos, debemos analizar las claves que marcaron la más genuina muestra del poder de la comunicación como vehículo para generar un profundo cambio de conciencia de amor a la vida, pacífico y unificador.

ORF

Yo creo que debería haber nacido chamán, como esos chamanes de los indios de los que les estoy hablando. Porque tengo una enorme tendencia hacia la conversación, pero no a la conversación superficial, esa que se dice de hablar por hablar. No sé por qué razón, siempre tengo la manía de irme hacia los temas más o menos trascendentales y trascendentes, como la naturaleza, la vida, el pasado y el futuro del hombre, por encima del tema normal, del tema presente, actual —que en toda Europa y España sobre todo suele ser un tema marginal si no fuera por razones del momento—, que es el tema de la política. Los temas más básicos, los de la vida, los de la naturaleza, los del porqué y los del para qué, son los que constituyen normalmente el *leitmotiv* de este programa de radio llamado *La aventura de la vida.*»[3]

• • •

Si me dejo llevar cuando les hablo desde la radio, mi sistema nervioso se tensa como la cuerda de una guitarra, como el acero toledano cuando lo meten en el agua y adquiere ese temple que debe tener. Cuando la mente trabaja con tenacidad, con ansia auténtica de aprender —es decir, con curiosidad y sobre todo con humildad—, siempre se activan y mejoran la mente y el espíritu del hombre.[4]

• • •

Comunicar es muy serio, tan serio que, a veces, me da miedo, me llena de responsabilidad, de respetuoso temor. Me ocurre algo parecido a lo que me pasaba cuando iba a examinarme en mi infancia y en mi juventud. Me daban mucho miedo, un miedo sano y auténtico, aquellos profesores y catedráticos porque quería quedar bien; no solo pretendía contar lo que había aprendido, sino que tenía la audacia o la fantasía de contarlo con gracia, con elegancia, con ortodoxia castellana. No he podido, desde que he empezado a colaborar en la radio, librarme de ese sentimiento de temeroso respeto hacia mi público, sobre todo, amigos, pensando que en mi público hay tantos niños y jóvenes, a los que de alguna manera condicionamos y conformamos los que llamamos su atención. ¡Ojo con lo de llamar la atención!, que es una frase que se dice a veces sin pensar demasiado en ella. La atención de un ser humano es una capacidad prodigiosa de nuestra mente, que puede permanecer más o menos alerta, en una alerta baja, de baja intensidad, como se dice en el argot militar, o, de pronto, en una gran y concentrada alerta. Esto es lo que pretenden todos los estímulos que llegan hasta la mente del hombre o del niño tratando de llamar su atención; que, de pronto, la gran máquina que es el cerebro, la mente, la potencia del espíritu, se concentre en un tema.[5]

• • •

Cuando vine a la radio, tentado por buenos amigos que, seguramente, me conocían de la televisión, cuando la dirección me hizo el honor y depositó en mí la confianza de llevar un programa de una hora de duración, un tiempo importante, yo les prometí, y en cierto modo les alerté, y también me alerté a mí mismo, algo que afortunadamente he podido cumplir, al menos, capear, que era no traer nunca una cuartilla, un guion, que sirviera de muleta, andamio o capote; quería estar delante de vosotros a cuerpo limpio, ir creando aquí, en esta mesa, que podríamos llamar 'de redacción oratoria', las cosas que poco a poco les voy contando.[6]

• • •

Lo que yo pueda decir aquí **de ninguna manera va a ser axiomático**; simplemente voy a limitarme a exponerles mis temores, mis inquietudes y mis esperanzas respecto a la ecología, algo de lo que dependen ni más ni menos que la felicidad y la supervivencia humana.[7]

La palabra y la conversación tienen una **fuerza enorme y poderosa** para el hombre.[8]

Hemos pasado, amigos, por muchas fórmulas y por variados estilos dentro de este hermoso modo de hablar con total y absoluta espontaneidad, sin traer ni siquiera un apunte. **Porque uno quiere y desea que las palabras no salgan de la memoria sino del corazón.**[9]

• • •

Os habéis creado unos personajes con vuestra imaginación, a través del verbo, aunque sea escrito, y de la palabra del autor, que tiene **mucha más fuerza que cualquier imagen.**[10]

• • •

Yo creo que un programa de radio, cuando está bien relatado, cuando el hombre es sincero, y cuando cuenta las cosas, no leyéndolas en unas cuartillas, con voz académica —en estos casos, se nota que el autor fulano o mengano es el mismo que lee la publicidad del Avecrem—, **el relato gana al hombre.** Porque vosotros, vuestros profesores, todo el mundo, somos lo que somos y poseemos la cultura que poseemos, porque formamos parte de una especie que ha transmitido su cultura, desde que el hombre manejó la primera hacha de piedra hasta hoy, a través de algo que llamamos «palabra», sea esta escrita o hablada.[11]

• • •

Lo que la ciencia cree que pasó se lo voy a contar a ustedes divulgando un hecho muy complejo y muy difícil de contar, pero que quizá, **si tenemos la virtud de concentrarnos en el tema**, podemos entrever de alguna manera.[12]

• • •

Pero lo mejor, insisto, es que estamos metidos en el más noble, **en el más sagrado y en el más humano de los juegos, el juego de la transmisión de la cultura**, el juego de enseñar mediante la palabra, el juego que ha permitido que aquel *Australopithecus africanus,* que vivió hace dos, tres o cuatro millones de años, haya llegado a ser un astronauta, un sabio investigador de biología molecular, un santo o ustedes y yo, que estamos hablando ahora.

Precisamente, el hombre se distingue de las demás criaturas, de los demás vertebrados y de sus primos hermanos los primates, en que es capaz de transmitir la cultura mediante el lenguaje simbólico, sea hablado o escrito. Y fíjense ustedes, queridos amigos, que, sin darnos cuenta, durante semanas que ya suman meses, hemos estado jugando precisamente a eso, a transmitir objetivamente, sinceramente, apasionadamente, cultura y conocimiento, mediante ese juego maravilloso y exclusivo de nuestra especie que es la palabra, el verbo, el lenguaje simbólico.[13]

• • •

Pero ¿dónde ocurría esto, doctor?, me preguntarán ustedes. Empiece a contarnos bien la historia porque, si no nos sitúa en el tiempo y en el espacio, difícilmente nos vamos a enterar.[14]

• • •

En este momento llega un punto en que uno ya va cogiendo miedo, en el que hay que presentar los temas polémicos, los temas trágicos, los temas que a uno le gustaría no conocer.[15]

• • •

Vivimos bombardeados por noticias, estímulos y sensaciones, y despegarse del ahora y de lo que a uno le está preocupando para viajar en el tiempo y en el espacio, con el amigo Félix, tiene, evidentemente, su componente de concentración.

De hecho, creo que **la concentración debería ser el secreto de casi todos los éxitos con los que se enfrente el hombre.** Por una razón muy sencilla: porque implica un ahorro de energía.

Si al mismo tiempo que yo les hablo a ustedes estoy escuchando música clásica, estoy pendiente de las imágenes de un televisor y estoy acordándome de una amiga mía, perderé bastante más energía que si únicamente estoy pendiente de las imágenes que están desfilando por mi mente y que trato de cazar apresuradamente para exponerlas con la mayor claridad.

También, cuando se escucha, la concentración es imprescindible, pero ¡qué difícil es la concentración! Cada vez es más difícil, quizá por eso nos vamos a espectáculos que no necesitan concentración, o vemos un buen rato la televisión. Quizá por eso nos vamos a publicaciones que no necesitan concentración y triunfan el suceso o la pornografía. Al hombre cada vez le cuesta más trabajo concentrarse; por consiguiente, si entre todos hacemos un esfuerzo y nos concentramos un poquito, nos será más fácil seguir el hilo de la madeja de lo que estemos hablando.[16]

• • •

¡Ay, contar cosas, hablar! Es trascendental, importante y seguramente inmerecida la dimensión que uno ha ido adquiriendo contando cosas, quizá por hábito, cosas que a uno le van, si no complicando la vida, al menos dándole a la vida una importancia que, de otra manera, nunca hubiera adquirido. Yo miro, observo, estudio, pienso cosas que después tendré que contarles a ustedes. **Quiero hablarles de la aventura de la vida, que es la aventura de los animales, de las plantas, de los hombres mismos, de las estrellas, en definitiva, la aventura de ese ente poderoso del que formamos parte, del que seguramente no somos más que una partícula y que se llama, como este mismo programa, *La aventura de la vida.***[17]

• • •

Qué importante es y debe ser, para quien posea el arte de hacerlo, enseñar cosas al hombre medio. Porque el hombre que ha ido a estudiar, cuyos padres se han podido permitir quizá el lujo, quizá la obligación, de costearle unos estudios en el bachillerato y en la universidad, tiene menos necesidad de nosotros, los que enseñamos a través de los grandes medios, de los grandes canales de la información. Él puede seleccionar sus propios libros. Él puede autoformarse con una base ya dialéctica importante adquirida en el bachillerato y en los estudios superiores.

Pero el hombre medio, el que lleva el camión, que sabe mucho de motores y de carreteras, que sabe lo que es aguantar los fríos y los calores, quizá no puede, en algunos casos, seleccionar una buena biblioteca biológica, ecológica o de conducta para aprender cosas. ¿Qué más querría yo que no tener otra cosa que hacer que enseñar? Seleccionar libros, leerles, a veces entre líneas. Plantear programas, ciclos, para enseñar cosas. ¿Qué cosa más importante se puede enseñar que todo lo que esté relacionado con la vida? [18]

¿Cómo explicar en un lenguaje llano, fácil, temas abstrusos, temas por los que se ocupan y se preocupan los filósofos, los sociólogos, los técnicos y los científicos?

La degradación del medio; la contaminación del aire, de la atmósfera; la polución de las aguas; la desaparición de las especies vivientes... ¡Qué barbaridad! ¿Cuáles son las normas que se han transgredido? ¿Dónde está el dos y dos son cuatro que nos permita establecernos unos parámetros, que nos permita funcionar a caballo de unos imperativos, de unas definiciones, de unas fórmulas sencillas que eviten lo inevitable? ¿Habría manera de saberlo y contarlo?[19]

• • •

Abstráiganse un poco conmigo. Olviden el paisaje cotidiano. El paisaje de las urbes, de las megápolis, de Madrid, de Barcelona, de Bilbao, donde los que viven en ciudades puedan encontrarse en este momento sometidos al bombardeo de los ruidos, a la visión gris y horrible de las fachadas de los edificios, al envenenamiento por la contaminación. Olvídense por un momento de ese paisaje. Olviden incluso el paisaje que ven en sus salidas al campo, en sus paseos o en sus fines de semana. Incluso cuando se alejan de las carreteras, asfixiadas ya un poco por los anuncios publicitarios, y se van a los montes, a los bosques o a las montañas. La Tierra no se parecía en nada a lo que ahora podemos ver. **Para comprobarlo, vayamos marcha atrás en el reloj del tiempo: 70 millones de años atrás.**[20]

• • •

A ver qué se nos ocurre hoy, doctor, diría un seguidor de nuestros programas que pudiera estar sentado aquí, en el silencio del estudio, cerca de mí, a caballo entre el equipo de realización, que está ahí arriba metido en una vitrina, como peces en su pecera, y este cuerpo limpio de su servidor, sentado a una mesa.

Porque, muchas veces, cuando vengo a la radio para contarles mis cosas, **prefiero que no sean predeterminadas, que vayan surgiendo a partir de sugerencias suyas,** y si no me las hacen directamente, me las invento y las pongo en boca de ustedes, por ejemplo, hablando de un tema tan bonito y apasionante como el fuego, el origen del fuego, o algo tan atractivo como la propia historia del hombre sobre la Tierra, y no me refiero a la historia escrita que empezó prácticamente anteayer, hace unos 8000 años, sino a una historia humana con dos millones de años a sus espaldas, justo coincidiendo con el origen del fuego.[21]

A pies juntillas no creo ni en lo que yo mismo digo. Supongo que lo que cuento es posible, que es lo que más se acerca al ideal que uno tiene de la verdad, pero tenemos la obligación de ponerlo casi todo en duda, porque, si no, aún seguiríamos en la Edad de Piedra, con el hacha de sílex en la mano.

Se ha acabado aquello de que quien me escucha pueda decir: «Ya está bien con el doctor que pretende inculcarnos estas u otras teorías». Simplemente soy un expositor de mis propias dudas, pero estas dudas a veces encuentran ese senderillo en el bosque, ese perdido camino de cabras que nunca sabemos si nos va a llevar o no a la cumbre de la montaña, donde nos va a dar el sol y desde donde vamos a dominar el valle, desde donde vamos a poder ver el mundo. Pero ¿cuándo verá el hombre el mundo de manera rutilante, sin celajes, sin nubes? ¿Cuándo estará el hombre en posesión y, permítanme la redundancia, de la verdadera verdad? No lo sabemos. Todos nos dicen que la tienen ellos. Todos: los filósofos, los místicos, los políticos, los partidarios del Real Madrid o del Atleti. Pero ¿quién tiene la verdad?

Por eso, el hombre, queridos amigos y sobre todo queridos niños y jóvenes, en su tremenda y absoluta soledad, piloto, por desgracia o por suerte, de una nave sideral gigantesca que hiende el espacio milenio tras mileno, **no tiene más remedio que buscar la verdad, su propia verdad**, y quienes de alguna manera podemos emitir nuestras teorías damos gracias por ello. Pero siempre son teorías formuladas a partir de una dudosa información, que puede ser verosímil y acercarse o no a la verdad, a esa verdad que todo el mundo dice poseer. [22]

• • •

Estamos tratando de informar al hombre de la calle, **tantas veces maltratado en lo que se refiere a información**, de una serie de problemas que pueden afectar a lo que los hombres de ciencia llaman los ecosistemas de nuestra patria.[23]

• • •

Creo que todos trabajamos demasiado en la época en que vivimos, pues uno va siempre con la mente llena, con la cabeza ocupada por problemas cotidianos, triviales, inmediatos, que a veces nublan, perturban, esconden las ideas buenas, las viejas, las que a uno le hacen feliz, y que quizá, de alguna manera, puedan hacer feliz también al entorno de cada uno. Hay que serenarse. **Hay que izar velas, esperar a que la marea del pensamiento se levante para, como aque-**

llos viejos bergantines en la época de los balleneros, poder salir de puerto, de este puerto de la vida, del trabajo, de la lucha cotidiana, del tráfico, y de ese puerto estoy saliendo ahora yo, queridos amigos, para hacer una singladura con ustedes y también con vosotros, niños, que nos lleve a alguna isla remota. Pero no una isla geográfica, sino una isla del pensamiento, una isla de la mente, algún lugar donde a mí me haya sucedido algo que ustedes me hagan el honor de escuchar, y que yo, inventándome muchas veces esas preguntas que me hago a mí mismo en boca de ustedes, me permita, mejor dicho, nos permita, olvidarnos de las sucias amarras del puerto cotidiano, del petróleo que flota sobre las aguas del puerto cotidiano, de los chirridos de los cargueros que están anclados ahí, y no sintamos más música que la clara voz de las gaviotas, el canto del viento en las jarcias de nuestro bergantín y la audacia de la proa y del bauprés cortando el mar.[24]

• • •

Ya no hay cafés. Esos sitios donde uno se reunía para charlar, para intercambiar ideas con otros. La charla de café es algo que en el año 1975 puede considerarse casi un pecado. Es el año de la inflación, el año de la crisis de la energía, el año en que todos tenemos que apretarnos el cinturón, trabajar más, pensar menos y no charlar casi nada. Han desaparecido los cafés para charlar. Ahora uno va deprisa a la barra de una cafetería para tomarse un sándwich, empujado por los demás, para volver a meterse en el coche. **Precisamente por eso, les doy las gracias por dejarme charlar con ustedes.** Precisamente por eso, doy tanta importancia a estos espacios de la radio. Para mí son como seguir sumido en el maravilloso ambiente de las charlas del café de las grandes o pequeñas ciudades o del casino de los pueblos. Siempre había alguien en estas charlas que hacía, un poco a su manera y desde luego siempre como *amateur,* como aficionado, de divulgador científico. Aquel hombre era un coronel retirado, el médico del pueblo, un americano de aquellos que habían estado en la Pampa o en el Chaco, en Venezuela, y contaba cosas de pueblos primitivos, de animales, de viajes por el mar y por los ríos desconocidos. Era, a su manera, el divulgador científico en las charlas de café.

Y, además, se podía aprender mucho en estas charlas, se podía descansar abierta y dulcemente mientras se escuchaba a aquel hombre, mientras nos contaba su travesía por la Pampa contemplando rebaños de liebres americanas, como las llamaban. Y yo aspiro un poco, mis queridos amigos, a que ustedes puedan reencontrar la tertulia del casino o la charla del café escuchando a este contertulio, a este amigo que se sienta a tomar el cafetito y la copa de coñac, mientras les cuenta cosas. Y en este contarnos cosas, **porque siempre les he dicho que yo recibo también sus estímulos**, a ver si podemos luchar un poco contra la prisa, contra el estrés, contra el trauma de la civilización que según dicen es uno de los responsables, por ejemplo, del infarto de miocardio. Dios nos libre de tal infarto. Hoy les voy a hablar de un tema que seguramente habrá sido objeto de charla de café durante decenios: el ganado trashumante.[25]

• • •

Ay, esa gimnasia tremenda de memoria que el hombre debe hacer si vive inmerso en la cultura de la palabra, absoluta y radicalmente distinta a la cultura de la lectura, a la cultura de la letra impresa. Creo que algún día alguien tendrá que hacer un estudio, tendrá que meter el bisturí con valentía en ese tremendo rubicón que se establece cuando el hombre deja de ser una criatura ágrafa, es decir, sin escritura, para transformarse en una criatura de libro, y en esas entidades parciales del bendito analfabetismo, y digo bendito, que en algunas circunstancias tiene mucho de loable, en especial si el bombardeo de la cultura escrita es tremendamente atroz, deformante, como un aluvión de distracciones que vienen de todas partes; es posible que aquellos hombres, que no podían retener en la memoria más que un número determinado de conceptos, tuvieran por lo menos una vida más cómoda y más lineal que la que el bombardeado de la civilización tecnológica permite en la actualidad.[26]

• • •

No me van a ver pero, precisamente por el hecho de que no me vean, quizá su imaginación pueda reconstruir con extraordinaria libertad muchas de las aventuras, muchos de los relatos que les voy a contar desde la radio.[27]

• • •

Ustedes me obligan a estudiar, a leer libros y a hacer síntesis dentro de mi mente, me obligan a concentrar en media hora lo que quizá he tardado en leer tres meses. **Luego realmente yo les debo a ustedes mucho más que lo que ustedes a mí.** [28]

Yo lo único que hago es leer lo que puedo y sintetizarlo aquí, en la mesa de la radio para que ustedes lo escuchen y aprendan. Hay gente que sabe. Hay sabios, en cuyas fuentes procuramos beber. Siempre que he podido los he traído aquí, para que les contaran cosas. Uno realmente no hace más que de intermediario, e intento trasladar el pensamiento del sabio, del investigador que no tiene tiempo generalmente para estas cosas, al consumidor, al hombre de la calle, al que nos escucha. Creo que es una labor apasionante enseñar, aunque sea en una divulgación científica en la radio. [29]

• • •

Creo que malgastar el tiempo de la radio es un pecado mortal. Ustedes tienen todo el derecho a escuchar cosas que al menos les enseñen algo. Pero creo también que, si a mí no me interesaran las cosas, sería incapaz de contárselas. Me dedicaría a otra cosa. A menudo voy pensando y repensando en muchos lugares y en muchas ocasiones: «¡Hombre! Pues voy a hablar a mis queridos radioescuchas de este asunto. Qué tema tan bonito, cómo me entusiasma. Mira que este animal es agradable, mira que tiene costumbres pintorescas. O mira que esta tribu primitiva ha vivido una aventura rocambolesca. Mira que es dramática la situación de tal ave o de tal mamífero. Qué bello es tal paisaje».

Y así, emborrachándome con mis temas, tratando siempre de que tengan algún contenido que les enseñe algo a ustedes —y, ojo, que les enseñe mucho a mis niños y a mis jóvenes—, y siempre ayudado por esas músicas, por esas melodías, por esos efectos que el equipo pone en el programa para ustedes, vamos día tras día desmadejando la tremenda, importante y trascendental madeja del enseñar. Aunque no sea más que alguna cosilla.[30]

• • •

No sé si ustedes se habrán dado cuenta, creo que sí, de que esta gran familia que componemos los admiradores del planeta azul, los que sentimos, los que queremos aprender los secretos de nuestro planeta, **constituimos una auténtica y verdadera familia porque estamos unidos por un amor común, por el amor a la vida.** Pero estoy seguro de que habrán notado que nuestros favoritos, como sucede también en la vida, como en el planeta azul, son las nuevas generaciones, son los niños. Siempre trato de poner una nota para que los niños se sientan atraídos por nuestro programa. Siempre trato, no sé si esto lo sufren los mayores, de hablar en un idioma que puedan comprender todas las generaciones, hasta las más tiernas. Si, además de los niños, pudieran también pasarlo bien y aprender sus padres y, por qué no, sus abuelos, entonces habríamos dado en la diana, que es la de llegar con nuestro mensaje a la gran familia del planeta azul. Porque si nuestro objetivo inmediato, el de ahora, es que ustedes, todos ustedes, familiarmente pasen un buen rato y se diviertan, nuestro objetivo mediato, es decir el de después, y también el más importante, es el de formar en las nuevas generaciones el amor a la naturaleza, **es el de sembrar esa semilla necesaria, precisa, para que el hombre del futuro comprenda, conozca, quiera y defienda el planeta en el que vive, el planeta azul.**[31]

• • •

Buenas tardes. Antes de entrar en el tema de hoy, quería hablar un poquito de nosotros, es decir, de ustedes, los amables seguidores del espacio *Fauna,* y de nosotros, del espacio en sí. Sé que, precisamente por la hora de emisión del programa, muchos niños conocían ya los animales del mundo a través de los programas *Tele Escuela* y de *Félix, el amigo de los animales.* Sé que también hay adolescentes, jóvenes, hombres en esa edad tan decisiva para la vida, en esa edad en que se busca la vocación y la línea de conducta del día de mañana, que se interesan mucho por los animales y que quieren conocerlos a través de *Fauna.* Y también me consta que respetables y sesudas personas mayores, zoófilos, como se llama a los amantes de los animales, no quieren perderse ninguna de nuestras emisiones. **Todo ello me crea un verdadero problema de expresión porque quiero que las cosas que aquí se cuentan sean comprendidas por los más pequeños, pero que no resulten reiterativas para los mayores.** Esto no siempre es posible. Por ello, ruego a los sesudos zoófilos, a los que conocen ya muy bien a los animales, que perdonen mi 'ingenuidad' o reiteración al hablar de ciertos temas porque me interesa mucho que no escapen a la mentalidad de los más pequeños. Y también os pido, queridos niños que seguís *Fauna,* que cuando diga alguna cosa que no comprendáis muy bien se la preguntéis después a vuestro hermano mayor o a vuestro padre para que él pueda aclararos vuestras dudas.[32]

• • •

Creo firmemente que lo único que ennoblece y engrandece al hombre es aprender y saber transmitir la cultura y que lo único que uno tiene la obligación de hacer, si puede, es transmitir cultura; lo único que **envilece al hombre es manejar y propagar tópicos, mentiras o mitos que no ha llegado nunca a demostrarse a sí mismo.**[33]

Somos unos seres fundamentalmente adaptados a la conversación, al intercambio de ideas, de informaciones y de enseñanzas por medio de la palabra.[34]

• • •

Una de las características más propias de un país subdesarrollado culturalmente es la pobreza del vocabulario. Creo que para distinguir a una persona culta de una que no lo es basta con preguntarle: ¿cuántas palabras maneja usted para hablar? El número de palabras, que son símbolos que el hombre tiene en su cerebro, no solo indican un grado de cultura sino también un grado de capacidad para la conversación y el raciocinio, para la alta mecánica del cerebro.[35]

• • •

He visto una cosa en los pueblos primitivos: en lo que más fuerza tiene la humanidad es en el relato. Hay algo que los alumnos que me escuchan saben muy bien, porque estudian la zoología en Ciencias Naturales, y es que **el hombre empezó a ser hombre cuando se inició en el lenguaje simbólico.** Nosotros nos diferenciamos principalmente de las demás clases de primates en el hecho de que somos capaces de comunicarnos mediante un lenguaje abstracto, mediante abstracciones.[36]

• • •

Cuántas y cuán incomprensibles historias he escuchado de los labios de los chamanes, de los indios del Orinoco, de los depositarios de la tradición, de los pigmeos, de los bosquimanos. La traducción —que siempre resta matices, riqueza, realismo, esencias al relato del hombre primitivo— me llevaba siempre a la conclusión de que aquellos cuentos, aquellas leyendas que se repetían de generación en generación y que tenían como protagonistas a las estrellas, a la luna, a los vientos, a los ríos, a los animales y a las plantas, y en las que a veces estaba presente el hombre, eran los últimos jirones de cultura deshecha, de una civilización destruida; eran los últimos restos, las cenizas llevadas por el viento de una hoguera inmensa que produjo obras de arte tan asombrosas como las pinturas de Altamira. Creo yo que, en la literatura hablada, esta literatura que uno trata de hacer a través de los medios, improvisada, ante el micrófono, todos estos cuentos, historias, leyendas de animales, siguen una línea cuyas raíces se remontan a los tiempos paleolíticos.[37]

Un ser tan tremendamente improbable, improbable dentro de la mecánica evolutiva, tan complejo, **tan insólito**, tan inverosímil, tan mezcla de antigüedades, de primitivismos y de modernismos, como es el hombre, destaca por ser capaz de pensar, de relacionarse con sus semejantes a través de un lenguaje simbólico.[38]

Oropéndola ♂ en posadero territorial
Úbeda (Jaén)
Primavera 1965

• • •

Hay una frase bíblica que tiene una enorme trascendencia en la historia del conocimiento, y yo diría que en la propia historia del hombre: «En el principio era el verbo». Al principio, antes de todo, en el amanecer de los tiempos, cuando no había más que tinieblas: la palabra.

Lo primero en la historia del hombre fue la palabra. Podríamos incluso decir que cuando un primate homínido pronunció la primera palabra, es decir, el primer elemento del lenguaje simbólico, con la intención de referirse a algo, en ese momento nació la humanidad. Fue entonces cuando empezamos a ser hombres y dejamos de ser animales. Y digo esto porque quienes tenemos la posibilidad de hacer llegar nuestra palabra a amplísimos espectros de opinión, a un gran número de personas, tenemos sobre nuestras espaldas una responsabilidad enorme.

Se ha desprestigiado inmensamente la palabra. ¡Se habla tanto de tantas cosas! Se ha humillado la palabra, sobre todo desde muchos medios de comunicación, promoción, concienciación y mentalización. **La palabra, que es sagrada porque es lo que diferencia al hombre del animal, se ha empleado muchas más veces para engañar que para decir la verdad.** Se ha utilizado muchas más veces para crear anticultura que para crear cultura. Se ha empleado muchas más veces para degradar que para ensalzar.

Y cuando uno se enfrenta con una nueva fase, con una serie de hermosas singladuras en las que va a transmitir la palabra a través de unos micrófonos a miles y miles de personas, tiene que hacer examen de conciencia, realizar un planteamiento serio de sus objetivos, y ver con los ojos de la imaginación a esos miles de personas que reciben la palabra desde el otro lado de la radio. Personas entre las cuales las hay cultas y con el suficiente espíritu crítico como para decir «no me interesan, querido doctor, sus cosas, y voy a cambiar la emisora». **Pero también personas lo suficientemente ingenuas como para creerse todo lo que se les dice o personas sensibles y emotivas a las que se puede captar con un simple juego de palabras de los que están tan en uso, por ejemplo, en la política.**

Hay que plantearse con seriedad el tema de la palabra, a través de los micrófonos de una emisora de radio y, sobre todo, si es una emisora nacional. ¿Qué he de hacer en estas próximas singladuras en las que, a los niños, a los jóvenes, a los adultos, les voy a contar cosas? ¿Cómo voy a aprovechar mejor el sagrado tiempo que va a vehiculizar esas palabras a través de las cuales voy a componer unas oraciones que tienen la obligación de no hacer perder el tiempo a los que las escuchan? **Porque el tiempo, y cada día más, es algo importantísimo.**

También a mí, que lo necesito tanto como cualquiera de las personas que me escuchan, me va a venir muy bien la evasión. Pero no quiero que sea una evasión en el sentido estricto de la palabra, es decir, una evasión que no tiene más mérito ni más finalidad que la de hacernos olvidar por unos momentos las preocupaciones nuestras de cada día. Es mejor que sea una evasión que se ciña al viejo dicho de enseñar deleitando; que, yéndonos a ambientes remotos, lejanos en el tiempo y en el espacio, podamos aprender cosas.

Sobre todo, que los niños, que oyen masivamente este programa tanto por su hora de emisión como por su contenido, puedan aprender cosas. **Los niños que acaban de salir del colegio con la cabeza llena de números y de preocupaciones y que pueden oír a su amigo Félix contándoles las historias de alguna de las etapas más placenteras de su vida, cuando se pasó unos años haciendo viajes a una de las regiones más atractivas del mundo: África Oriental, con países como Kenia, Uganda, Tanzania y el antiguo Congo del Este.**[39]

• • •

Las hormigas, termitas, abejas y todos los insectos sociales forman superorganismos, en los cuales hay un estricto orden, una estricta integración y una soberana armonía, pero para poder formar estos superorganismos necesitan una argamasa que una unos seres a otros, que evite que se vuelvan insolidarios o agresivos y que, de alguna manera, consiga que funcionen como las propias células de nuestro organismo, es decir, de una manera coordinada. Esa argamasa en el mundo de los insectos sociales es una hormona, o un conjunto de hormonas, que reciben el nombre de **hormonas sociales.**[40]

Dentro del más elemental de los planteamientos de lo verosímil, una especie de primates que se llama *Sapiens* y que ha sido capaz de inventar, evolutivamente, una argamasa infinitamente más plástica, más unidora, capaz de crear más apretados entresijos, como son la comunicación y la cultura, una argamasa intelectual que sabe hacer llegar un mensaje a través de la radio (fíjese usted si hemos avanzado en esto de hacer circular nuestra hormona social por el cuerpo social hasta su receptor), ¿no será capaz de transformar el planeta en un termitero gigantesco para el hombre?

Yo, que siempre estoy mucho más cerca de la esperanza que de la desesperanza, soy amigo de la vida, y he dicho muchas veces que cuando desaparezca me gustaría que pusieran en mi lápida «biófilo», es decir, amante de la vida, en todos los significados del término, como una especie de luz de infinita esperanza. Me gusta pensar que el hombre está evolucionando hacia la creación también, como las termitas, de un superorganismo a nivel planetario y, dejando volar mi imaginación, me atrevería a calificarlo como un planeta pensante.

La noosfera, un término preciosísimo, es algo así como un planeta pensante en el que la suma de la interacción de todos los cerebros humanos, cohesionados a través de una argamasa que es la cultura, la buena cultura, ha conducido al fin a unos planteamientos que están en el seno de todos los postulados filosóficos y religiosos: la hermandad, la igualdad, el amor mutuo, la falta de competitividad y la ruptura de fronteras; en definitiva, funcionar como una argamasa social.

Los hombres, desengañados de tantas cosas pero **capacitados para comunicarse todo instantáneamente**, pueden llegar a una coordinación tan perfecta de comunicación, de cultura, de niveles de conocimiento, de programa de vida, que sea capaz de erradicar las tensiones. El hombre, que vive todavía en pequeños termiteros incomunicados, llenos de agresividad, con luchas intestinas dentro de sus propios termiteros, camina cada vez más deprisa hacia el único y último termitero que es el planeta.[41]

• • •

Para nosotros, el premio ha sido estar detrás de las cámaras para ayudar a que esa humanidad planetaria, para que esa biosfera de la que formamos parte, cada día se apriete más, sea más reticular y entrelazada.

Porque lo que más va a cimentar el amor, el conocimiento y la comprensión entre los seres humanos **será la cultura que ruede sobre la corteza de la Tierra**

como un ciclón. Realmente creo que los viejos y dañinos territorialismos, los tremendos aislacionismos, acabarán terminándose gracias al hecho de que podemos enviar a través de ondas ultrarrápidas el mensaje amoroso de la cultura o de la información. Y los que, tal vez inmerecidamente, estamos detrás de ese ojo verde o rojo de la cámara, viendo delante de nosotros solo un aparato mecánico, pero entreviendo una parcela de la humanidad que recibe nuestro mensaje, debemos sentirnos profundamente felices y premiados de haber participado en los albores del fenómeno quizá más importante en casi un millón de años de la cultura humana.[42]

• • •

Me toca decirles nuevamente no adiós, sino hasta luego. Creo que, en la vida —y este programa se llama precisamente *La aventura de la vida*—, **nunca se puede decir adiós,** pues formamos parte de un universo que se reconstruye a sí mismo. Formamos parte de un mundo en el que se repiten las estaciones. **Somos eslabones en una larga cadena cuyo origen se pierde en la noche de los tiempos y cuyo fin está todavía por forjar.**[43]

• • •

P**ero nuestra separación no va a ser tan larga.** Nos vamos ahora, no a disfrutar de unas largas vacaciones de verano, sino a trabajar en otros temas, en otras cosas, y los seguidores del programa de la radio dejarán de tenernos en antena durante un par de meses. Piensen, queridos amigos, que el impacto que nosotros hemos recibido a través de su correspondencia, **a través de su muda presencia, de ese estímulo que uno percibe, no sé si por telepatía,** ha sido verdaderamente hermoso.[44]

03

Anotaciones de un biófilo

Nadie nos ha contado la naturaleza como Félix. ¿Quién más ha sido capaz de mantener a un país en vilo, atento a las tribulaciones de un lirón careto? Como acertadamente dice mi madre, Félix pasó de fascinado a fascinador. Sus relatos adquieren una fuerza y un poder mágicos porque emanan de un asombro y entusiasmo genuinos. Emanan de una inspiración espontánea, conectada y dotada de las herramientas precisas para expresarse.

Pero empecemos por el principio. El poder de percepción. Qué importante y cuán deteriorado tenemos el poder de percepción los que hemos crecido en las ciudades. Cuántos matices sensoriales, avivados por la naturaleza, nos pasan desapercibidos. Por nacer al mundo en el regazo de los paisajes agrestes de Burgos, Félix tenía sus sentidos despiertos y, con la madurez, los supo acrisolar y acompasar con una mente ágil y fértil. Su capacidad para captar el detalle, e incluso intuir lo invisible, era excepcional. Le embargaba y embriagaba la naturaleza, lo que veía, oía, olía y sentía hasta el punto de hacerse uno con ella. Y así se adentraba, inducido por una curiosidad inagotable, en sus más recónditos recovecos, descifrando secretos que solo eran desvelados a los más intrépidos.

Hablemos ahora de las herramientas. Una cosa es sentir y pensar, y otra bien distinta es exteriorizar y articular. Esa mente, esa palabra tan limitada para abarcar y expresar lo vivido, en el caso de Félix eran instrumentos certeros y prestos. Su extraordinaria memoria le permitía entrelazar conocimientos de muy diferentes disciplinas, e hilarlos con gran rigor científico y una cadencia perfecta. Todo ello en torno a una narrativa, a un cuento, a una vivencia personal que nos atrapaba en cada giro. Y, sin darnos cuenta, nos desvelaba misterios pretéritos y sublimes, majestuosamente hilvanados y engalanados de una belleza rebosante. Colmaba las mentes más inquietas y eruditas y saciaba nuestro espíritu e imaginación.

Y en el fondo, impregnándolo todo, una fuerza y una pasión que nos penetran y provocan estados de ánimo remotos. Subyace siempre en sus relatos una comprensión profunda del valor incalculable de lo efímero, de la vida como milagro emergente que fluye inagotable a través de manifestaciones ilimitadas, perfectamente imbricada. Un presente inabarcable que debe ser vivido plenamente. Él fue esa vida, ese flujo, ese homenaje y reconocimiento constantes a este efímero destello que es la Vida.

ORF

El auténtico naturalista de campo, muchas veces el sencillo paseante enamorado de la naturaleza y profano a las ciencias zoológicas, no solo conoce, sino que **siente la cobertura vegetal que viste nuestra piel de toro:** el perfume peculiar de los húmedos bosques de hoja caduca en las mañanas de otoño, el blando crepitar de la alfombra de hojas bajo las pisadas del caminante, el ambiente del hayedo o el robledal en cualquier estación del año... Todo ello concede a este bioma una peculiaridad que lo distingue netamente de cualquier otro. Y lo mismo podríamos decir del áspero y misterioso encinar, que limita por la umbría con el perfumado quejigal, donde un leve cambio de la humedad y la naturaleza geológica del terreno produce distintos sonidos, diferentes olores, diversos matices, otro microclima, en fin, que capta perfectamente el hombre de la naturaleza.

Otro tanto ocurre, solo que en la más exquisita gama que son capaces de matizar los finos sentidos de los animales, en la fauna salvaje. Cada comunidad vegetal protege y alimenta a su propia y característica comunidad zoológica. Tanto es así que los biogeógrafos han dividido el planeta entero en vastas entidades botánicas, denominadas biomas, que presentan faunas peculiares y, en muchos casos, exclusivas; pero no solo las perceptibles fronteras que separan la tundra de la taiga, la taiga del bosque caducifolio, este del bosque mediterráneo, y la sabana de la estepa y del desierto, son dignas del estudio y del conocimiento del naturalista de campo. Las —mucho más— delicadas diferencias y peculiaridades de una meseta, un valle, una cárcava o un simple tronco muerto depositado sobre la hojarasca deben ser auscultadas e interpretadas por el amante de la naturaleza.[1]

• • •

Porque el águila real que corona el risco solitario del Pirineo le proporciona vida y auténtica dimensión cósmica. El rugido del león pertenece de tal modo a la noche africana y está tan identificado y armonizado con ella, que **es la voz de la propia noche.** El delfín

Combate de ♂♂ de Urogallo
Muniellos (Asturias) abril 1972

reverberante que salta sobre el lomo de las olas es una síntesis palpitante y corpórea de las propias olas. **Un paisaje sin sus animales es un paisaje muerto. Un animal arrancado de su paisaje es una triste y desterrada criatura sin misión alguna que cumplir.**[2]

• • •

Las películas zoológicas enseñan mucho al público que las contempla. Qué duda cabe de que, a través de las grandes series faunísticas televisivas, sean estas americanas, inglesas o españolas —que hoy son las mejores del mundo—, el llamado hombre de la calle ha visto cosas del mundo animal que ni siquiera los más expertos y avezados naturalistas habían conseguido descubrir.

Tal facilidad es consecuencia, sin duda, de los importantes medios materiales y humanos que se manejan para realizar estas series. Pues bien, de todas las *performances* zoológicas que he tenido la infinita fortuna de observar en directo mientras se rodaban, la que más me ha impresionado ha sido **la hazaña subacuática del mirlo acuático.**

A través del limpio y sólido cristal del acuario que incorporamos a la propia corriente del río de montaña, vemos al robusto, vivaracho y compacto mirlo de agua mientras termina de engrasar meticulosamente su recio plumaje. Se lanza entonces, con la gracia de un saltador de trampolín, sobre el transparente remanso del río. Vuela, en el sentido literal de la palabra, hacia el fondo pedregoso. Se aferra con sus poderosas garras en las fisuras de los cantos rodados; se orienta corriente arriba y, caminando por el fondo del río, como haría un ave cualquiera por una suave pradera, va levantando con el pico piedras de tamaño regular, hasta encontrar una larva de tricóptero, pinzarla firmemente con el corto pico y emerger como un relámpago con su presa.[3]

• • •

Las primeras notas —en aquel tiempo mentales— que tomé sobre la gineta se remontan a los años ya lejanos de mi agreste infancia. Y, como en el caso de los consumados naturalistas del siglo pasado, mis notas fueron también anatómicas, mediante el examen de las pieles de estos bellos y prodigiosos carnívoros. Estaba yo muy lejos, por aquel entonces, del conocimiento de los arduos e importantísimos pasos que dieron los taxonomistas y anatomistas para encasillar a cada familia, género y especie dentro de los sutiles límites determinados por la anatomía comparada; pero me entusiasmaba manosear las pieles de los gatos monteses, las martas, las garduñas y las ginetas que los arrieros de mi pueblo castellano traían de los fragosos montes de Oña, para venderlas en los mercados de Poza de la Sal.

A primera vista, la peluda y hermosa cola de las ginetas, simétricamente anillada, las motas y bandas de su pelaje, los pabellones auditivos de perfil redondeado, le hacen a uno pensar que el pequeño carnívoro es un gran gato. Acaso más esbelto, de extremidades más cortas, de hocico más inquisitivo, de cola más gloriosa; pero, en cualquier caso, un gato. Como pueden suponer mis lectores, para los niños de los páramos burgaleses las ginetas eran gatos. Mejor dicho, por su belleza, supergatos. Y lo cierto es que nuestra intuición infantil de niños de campo no andaba muy desencaminada: las uñas semirretráctiles, la conformación general del cuerpo y las extremidades, los matices de su conducta depredadora, sitúan a las ginetas muy cerca de los félidos. Lo que nosotros no podíamos imaginarnos entonces es el hecho evolutivo de que **las gráciles ginetas son representantes vivos de un grupo de animales más antiguo que todos los gatos vivientes,** del que descienden, a través de ramas que se separaron hace millones de años, criaturas tan dispares como los félidos y las hienas. Las ginetas podrían clasificarse, pues, como los tatarabuelos de los gatos.[4]

• • •

En la oquedad recatada de un viejo tronco de roble, una cabeza inquisitiva hace bruscamente su aparición. Al contemplarla con detenimiento, uno puede descubrir en sus facciones los más genuinos rasgos del cazador nocturno. Los ojos, grandes y brillantes, tienen ahora las negras pupilas abiertas en su totalidad; mas, si las viéramos de día, podríamos comprobar que se estrechan, transformándose en dos ventanitas verticales. Magnífica adaptación del iris para mejorar la visión nocturna. Los amplios pabellones auriculares, por su parte, le confieren un oído finísimo. Y el hocico, trémulo, sonrosado y húmedo, es la más acabada expresión del olfato desarrollado.

La gineta ya desciende, ingrávida, por el áspero tronco del roble. Ni siquiera el gato podría comparársele en agilidad. De rama en rama, sin dar un paso en falso, sin hacer ni un ruido, su larga cola compensa y equilibra como un balancín los inverosímiles movimientos. Las pequeñas manos, digitígradas, de palmas desnudas y sensibles, aprovechan con sus uñas ganchudas cualquier aspereza de la madera para asirse. Por tierra, entre los helechos y la hierba crujiente, la gineta avanza con tanta seguridad como por las ramas. Su trotecillo la lleva hacia el borde del riachuelo, donde la temperatura es más benigna y resultan mayores las posibilidades de dar caza a los roedores. En sus andanzas nocturnas saca buen partido de su moteada piel, porque los dibujos negros sobre el fondo grisáceo descomponen totalmente su silueta.

Pero el sauce salvador se transforma, de pronto, en el teatro de las operaciones cinegéticas de nuestra protagonista: una sutil emanación ha sustituido, en la copa, el aborrecible olor del raposo. La gineta ha quedado como petrificada. Y, lentamente, su aguda faz, coronada por altas orejas, va girando como una pantalla de radar hacia una bola blanca y negra que se alza sobre una rama lateral del viejo árbol. A medio metro de la urraca, que duerme, todo el organismo de la pequeña cazadora se encuentra en máxima tensión. Y como si un rayo misterioso hubiera llevado su ansiedad hasta la mente de la urraca, esta saca súbitamente la cabeza entre las plumas y su perfil de córvido se recorta vigilante contra el disco de la luna. Por unas décimas de segundo, **el ave y el mamífero se contemplan fijamente.** Quizá el crujido de una hoja seca ha despertado a la picaza y sus finísimos sentidos le han permitido localizar a su enemiga. Pero, de pronto, la inerte masa gris se despliega como un resorte. Las garras se adelantan con todas las uñas al descubierto, como un leopardo en miniatura; la boca, entreabierta, muestra una dentadura perfecta y brillante. La incontenible avalancha lo arrastra todo: unas ramas que se interponían en su camino, algunas hojas olvidadas por el cierzo y la masa revoloteante y quejumbrosa del pájaro. Y todo ese revuelto cae sobre la helada pradera, pero los afilados caninos de la gineta ya han seccionado el cuello de la urraca.[5]

Millones de años de notas balbucientes, de líneas acústicas divergentes, de gamas sonoras fabulosas, que, desde el carraspeo del carricero, que parece haber imitado a las viejas ranas en su gorjeo, hasta la catarata cristalina de la voz del chochín, han creado un mundo de notas y de sinfonías que hacen las delicias de los amantes de los pájaros y llenarán libros cuando los ornitólogos **penetren en el profundo mensaje** que contienen.[6]

• • •

Para el profano en los temas de la naturaleza, la estepa aparece como un medio monótono, carente de vida e infinitamente menos atractivo que el monte o la selva. El tópico, como todos, es solo aparente. Las más altas biomasas, es decir, el peso de seres vivos por unidad, se dan en las estepas del Serengueti, en África.

En lo que se refiere a la biomasa ornítica, podríamos afirmar otro tanto, pero sin irnos, en este caso, a las remotas mesetas africanas. La estepa cerealista ibérica, en algunas zonas de las dos Castillas y de Extremadura, con sus avutardas, sisones, alcaravanes, gangas, ortegas, estorninos, grullas, bisbitas, codornices, perdices y aláudidos, es más rica en número de individuos y en peso de materia viva que cualquier bosque o monte de la península.

Pero no cabe duda de que **la vida se traduce también en sonido**, no solo en volumen de materia organizada. En ese aspecto, el torrente de trinos que se despeña desde el cielo en una mañana primaveral en las mesetas castellanas, medido con un audífono, resultaría también más intenso y extenso que el clamor que se produzca en cualquier masa forestal.

Como saben hasta los niños, los protagonistas del fantástico concierto de las estepas son los aláudidos, particularmente alondras y calandrias. Pero lo que ya no resulta tan conocido es el dato heroico —bajo el punto de vista del hombre— de que los machos de las alondras, que cantan suspendidos en el cielo mientras la hembra incuba entre los terrones, no solo defienden el territorio de los otros machos competidores, sino que actúan de señuelos vivientes, de auténticos pilotos suicidas, para atraer sobre sí el ataque del halcón peregrino o el alcotán, que surcan el cielo como proyectiles.[7]

• • •

El cierzo del páramo templa las alas de los pájaros y **el corazón de los hombres.**[8]

Los abejarucos nacen en el interior de un profundo túnel al que no llega más luz que la que se proyecta a través de un redondo agujero situado a más de 1 m de distancia. Quiere esto decir que pasan las cuatro semanas de su infancia en una profunda penumbra. Y la cosa se complica cuando la madre o el padre de los polluelos penetran por el pasadizo, con el pico cargado de insectos; entonces, la oscuridad es prácticamente absoluta. ¿Cómo se las arreglan los seis o siete pollos que ocupan, apretujados, la cámara de cría, para acceder a la avispa o la libélula que la madre trae en el pico? ¿Quién decide el orden en que han de colocarse al final del pasadizo para ser cebados de un modo proporcional y rotativo?

Para contestar a estas preguntas habría que estar en el interior de un nido de abejarucos. Este fue nuestro caso durante la filmación de la vida de estas polícromas y asombrosas aves. Entonces descubrimos que **la jerarquía de cebas en una nidada de abejarucos se establece mediante feroces y casi permanentes combates** que los polluelos mantienen entre sí. Cruelmente, aunque sin causarse heridas, se picotean en la cabeza y en el cuello, y el vencedor se sitúa frente al orificio, donde desemboca el largo pasadizo; allí es cebado repetidamente por sus padres, mientras sus hermanos permanecen inmóviles, de cara a la pared, en el fondo de la cámara de cría. De pronto, uno de los silenciosos y humillados polluelos —seguramente el más hambriento— se lanza contra el privilegiado. Lo derrota tras un rápido intercambio de picotazos y ocupa su lugar. El pollo cebado se coloca, con sus hermanos, de cara a la pared. Y así, sucesivamente, mediante el ejercicio de una dominancia que parece determinada por el hambre, los pollos son cebados rotativa y equilibradamente.[9]

• • •

¿Cómo ha evitado la naturaleza, a través de su maravillosa 'ética', la guerra fratricida entre las oropéndolas y, naturalmente, entre los restantes pájaros territoriales? Dotándolos de una garganta prodigiosa, de una siringe, como dicen los hombres de ciencia, altamente especializada, capaz de producir sonidos de riquísimas y armoniosas gamas, a la vez que extraordinariamente penetrantes. Cuando el fatigado caminante abandona la vereda al mediodía y penetra en la chopera de la oropéndola, no solo recibe el beso de la brisa y la caricia de la sombra. También halagará su oído la flauta líquida, argentina, potente e inimitable de la oropéndola. Lógicamente, el hombre pensará que la oropéndola canta para amenizar su siesta o, en todo caso, para alegrar el estío con su música, pero las rigurosas observaciones nos dicen que canta para que su voz, que se oye a medio kilómetro, la ponga a salvo de contactos belicosos con congéneres machos de su misma especie. Como todos los pájaros canoros, como los conocidos jilgueros, verderones, pardillos y los antepasados de los canarios, **la oropéndola repite un pregón de propiedad** de su sagrado territorio que contribuye a mantener la paz en el mundo de los pájaros.[10]

• • •

Una de las secuencias zoológicas que más impactan en la sensibilidad de todo naturalista cordial es el vuelo de las aves pelágicas en los mares tormentosos. He tenido la fortuna de gozar —más que de sufrir— un par de tempestades tropicales en aguas del Índico y del Atlántico. Los motores rugientes y poderosos de la embarcación de altura, el casco metálico prácticamente indestructible, el confort del puente de mando y la pericia de los marineros transformaban la temible tempestad en un espectáculo extraordinariamente excitante.

Con las olas plomizas levantando la embarcación sobre sus lomos, el ventarrón salino barriendo la cubierta y el aparato eléctrico en el cielo tropical, destacando sobre todos los elementos desencadenados cual si no fueran más que marco adecuado para sus hazañas, el gigantesco albatros se ceñía a las crestas y los valles de las olas; **las gráciles pardelas lamían, prácticamente, el mar embravecido, pero sin dejarse tocar por una sola salpicadura**; y los paíños diminutos, que parecían enloquecer en la tormenta, caminaban prácticamente sobre el agua, cual si estuvieran dotados de una magia sobrenatural. Todas estas aves de las tormentas han sido incluidas por los científicos en el orden de las Procelariformes, palabra que por sí sola tiene resonancias de singladuras heroicas en medio de elementos marinos desencadenados.

No les ha faltado inspiración a los taxonomistas al denominar a esas especializadas aves marinas con tan sonoro nombre. Pueden pasar la vida entera sobre el agua, porque comen, beben, aman, duermen y prácticamente se reproducen en el medio líquido. Solo precisan de un islote devorado por el sol, unas rocas peladas o un acantilado y mar inmenso para mostrar su vuelo especializado, sus glándulas capaces de eliminar la sal, su posible ecolocación u olfato para orientarse en las tinieblas o sus períodos de cría ralentizados para facilitar las largas singladuras de pesca; son un auténtico milagro del mar.[11]

• • •

Los hombres de ciencia todavía no se han explicado muy bien cómo se orientan los salmones para sus largas travesías oceánicas, para volver desde los mares lejanos hasta el alto río donde nacen. Yo estoy seguro de que, si los sabios conocieran Asturias, desaparecería para ellos el misterio, porque quien ha tenido la ventura de nacer en estas tierras pródigas, hermosas de riscos y de verdes, encontrará siempre un camino y una estrella orientadora para retornar a la patria chica, sea cual sea su larga singladura. Los salmones vienen aquí como los indianos que un día atravesaron también la mar oceánica, pero **nunca pudieron olvidar el *orbayu* y las praderas y sotos de su tierra asturiana.**[12]

• • •

Cada estación tiene su animal representativo: la primavera es hermana de las golondrinas; el verano, de las cigüeñas en los campanarios; el otoño, de las grullas; y el invierno, indudablemente, de las avefrías. Quizá por esta razón los inspirados padres de la nomenclatura zoológica dieron sus nombres a las gregarias aves viajeras.

Con la primera nevada, el cierzo helado en la meseta castellana, las carreteras que se cortan y la estampa prenavideña en el paisaje, ya pueden verse las avefrías en el cielo. Pasan por millares, empujados sus livianos cuerpos por el viento del norte. Llenan los sotobosques, las praderas y los yermos con la melancolía de sus aguadas llamadas. Y en un momento en que los recursos alimentarios escasean para el ejército de los carnívoros, son como el maná que baja de los cielos.

Perforando las nubes bajas sonará el trallazo que producen las alas del halcón peregrino en un brusco giro, para arrebatar en pleno vuelo a la avefría que se descolgó del bando. El azor se disparará como un dardo en vuelo vertical, ascendente, para clavar sus garras en el vientre del ave viajera, cuando el grupo pase en vuelo rasante sobre el desnudo hayedo. Y en la noche del soto o de la pradería, la gineta, de cola anillada, el gato montés y la garduña acecharán los pasos menudos y se dejarán guiar por las voces aflautadas de los frailecillos para caer sobre su garganta tan pronto como la tengan a su alcance. Ciertamente, las avefrías constituyen un providencial alimento para los depredadores en el rigor del invierno, pero **también son un alimento espiritual para el amigo de la naturaleza.**[13]

• • •

La naturaleza llega a la mente y al corazón del naturalista a través de todos los sentidos. **Porque la naturaleza es color, sonido, olor y tacto.** Resultaría difícil matizar, en el arcano de los recuerdos de un viejo trotamundos, si es una imagen óptica, un recuerdo acústico, un perfume natural o el simple crepitar de la hierba seca bajo el calzado, la más profunda e imperecedera de las impresiones que el amante de la naturaleza atesora en la memoria.

Al escribir acerca de las aves de la marisma me asalta, avasalladoramente, la música crepuscular del medio palustre en primavera. En la compleja y, a la vez, coordinada sinfonía de gorjeos, llamadas, quejas, desafíos, que emergen del mundo de los carrizos y las espadañas, destacan las estrofas monótonas, imperativas y posesivas del carricero tordal.

Su canto se destaca en el conjunto del fondo musical de la marisma, pero tiene infinitos puntos de contacto con el coro básico, que no es otro que el croar de las ranas y de los sapos.

¿Por qué los carriceros y las buscarlas, ciertamente capaces de emitir gorjeos diferenciados, coinciden no obstante en un fondo común que recuerda al croar de los batracios? ¿Acaso por una selección implacable de las notas mejor audibles en el medio palustre? En tal caso, el biólogo hablaría de una evolución convergente. ¿Pero no se deberá esta evidente coincidencia acústica al hecho de que cuando carriceros y buscarlas aprendieron a gorjear llevaban ya millones de años cantando las ranas y los sapos? Porque todo el mundo sabe que los pájaros son imitadores natos.[14]

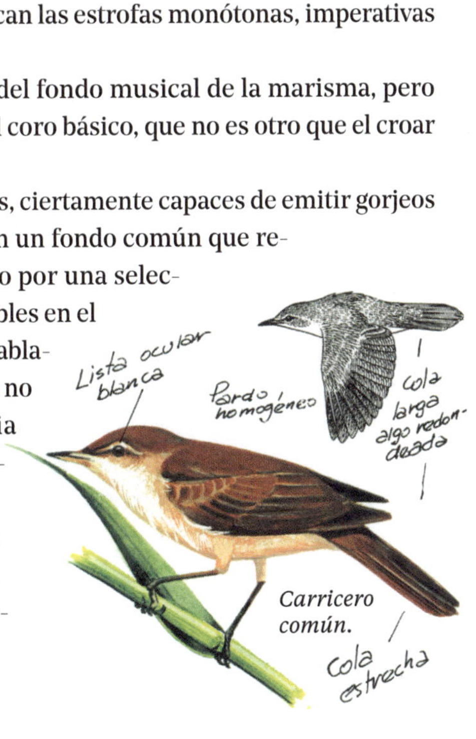

Carricero común.

El hombre que vive prisionero de las grandes urbes cada día tiene menos noticia directa de lo que pasa en la naturaleza. Puede leer libros, ver la televisión o escuchar discos con temas zoológicos, pero le queda muy poco tiempo para auscultar los latidos del corazón de la Tierra.

Uno de los pocos mensajeros del mundo natural que llega aún directamente al hombre de la ciudad es el mirlo.

En los huertecillos de los suburbios, en los parques urbanos, incluso en los patios de vecindad, con un poco de hiedra, un par de rosales y un abeto, puede escucharse puntualmente, en los primeros días de marzo, la incomparable flauta del mirlo.

Aún adormilado, el niño que se levanta para ir al colegio, la madre de familia que inicia su trajín, el ciudadano que se despereza en la ventana, buscan asombrados al flautista madrugador, que se atreve a competir con el coro horrísono del tráfico. En la rama más alta del polvoriento abeto, en la horquilla más destacada del chopo desnudo, podrán contemplar a un ave de tamaño regular, plumaje negro mate y pico de un rutilante amarillo; es nuestro amigo el mirlo que, al proclamar la propiedad de su territorio, despierta al prisionero de la gran ciudad con la propia voz de la naturaleza.[15]

• • •

La lluvia fina se deposita dulcemente sobre las hojas broncíneas de los robles y los quejigos; del suelo del bosque se desprende el olor amable de los hongos; el petirrojo deja escapar su vibrante estrofa en la encrucijada de los rosales silvestres. Y yo paseo lentamente por una de esas 'matas' de la Alcarria que recogen y sintetizan todas las esencias de las estaciones. Pese al brillo de las hojas muertas, a la lluvia fina, al gorjeo del petirrojo y al aroma de las setas de cardo, para mí no ha llegado el otoño.

El otoño no rompe la frontera del verano hasta que no se despeña desde el cielo la voz poderosa de las grullas. Una mañana cualquiera, la escuadra de las aves viajeras decora el cielo gris con su rectilínea formación. Una vez más, descienden desde la tundra y la taiga natal hacia los encinares de Extremadura. En una nueva y prodigiosa singladura, repiten el viaje de cada otoño. El vuelo sobre la sementera ha hecho levantar los ojos al labriego castellano de la meseta, acaso desde que la reja del arado comenzó a eventrar estas tierras en los albores de la Edad Media. El vuelo sobre los cazadores, que andan ya trastejando los cerros, tras de las perdices o encimbelando a las torcaces en los bosquetes, también les ha hecho levantar unos instantes la mirada hacia el cielo: ¡las grullas!

Las grullas se llevan, tras sus alas, la mirada de los hombres de la naturaleza. Quizá las viera pasar por estas mesetas el venturoso y nómada cazador paleolítico. Dios quiera que sigan anunciándonos el otoño durante muchos años.[16]

• • •

Un día, de pronto, en esta mi pasión por las cosas de la naturaleza, en esta mi entrega total casi mística, me quedé prendado y prendido del leopardo. Pero, sobre todo, me quedé prendado de algo asombroso: **los ojos del leopardo.**

¿Qué es la belleza? ¿Por qué el leopardo es tan bello?

No hay mamífero que, en proporciones, en color, en elegancia de movimientos, en suavidad de pelo, pueda compararse con el leopardo. Y todos nos preguntamos: ¿por qué el leopardo es bello? ¿Por capricho? ¿Tiene la belleza una dimensión exclusivamente abstracta? ¿O, por el contrario, la belleza en la naturaleza tiene una función utilitaria? ¿Por qué un animal como el leopardo es bellísimo y otro como la hiena es, o al menos nos lo parece, feo, abyecto, repugnante, mal proporcionado, con un pelo ralo, incluso con mal olor? ¿No hay en la naturaleza alguna utilización, alguna adaptación? ¿La belleza simplemente existe porque sí o es fruto de algún proceso?

No sé si ustedes saben que un famoso arquitecto francés llamado Le Corbusier emitió un juicio, una simple definición, que para mí ha resultado como naturalista absolutamente trascendental e inconmovible. **La belleza, dijo, es funcional.** Las casas más bellas, los edificios más hermosos, son los que, con el menor aporte de elementos superfluos, acarrean la mejor adaptabilidad, el más adecuado funcionalismo. Esto, queridos amigos, es lo que creo que representa la belleza en la naturaleza. Si entre todos los animales hubiera una especie de campeonato olímpico en el que se premiara a los que más corren, los que más saltan, los que mejor trepan y los que mejor nadan entre los mamíferos —excluido el hombre, naturalmente—, no cabe la menor duda de que el leopardo sería el campeón. El leopardo corre menos que el guepardo, ciertamente, pero salta mucho más que este y se sube a los árboles; se sube quizá peor que un gato más pequeño, pero, sin embargo, tiene más fuerza y es capaz de matar presas más grandes. El leopardo ve de día y de noche y desde muy lejos. Y oye muy bien. Además, salta como un resorte en unos segundos. Y todos estos elementos fisiológicos y anatómicos se muestran en ese ente bello, perfecto, divinamente vestido con una piel que, al ser suave, evita que haga ruidos cuando anda entre las hierbas; y al ser tan hermoso, se confunde perfectamente con el claroscuro de la selva; de hecho, en una expedición únicamente pudimos detectarlo por la cola que lo denunciaba. Con estos datos podríamos decir, dando la razón a Le Corbusier, que el leopardo es el más bello de los animales porque es el más perfecto en la adaptación a su vida de depredador.

Ciertamente, si la belleza fuera funcional, si tradujera una funcionalidad de las cosas, entonces tendría una utilidad. Pero ¿el concepto de belleza dónde está? ¿Se aprende o se lleva impreso ya en los genes cuando se viene a este mundo? En nuestro planeta parece que hay un concepto universal y funcional de la belleza. La belleza traduce la perfección, es una especie de pasaporte de la funcionalidad. Dice el leopardo: «¿No veis que yo soy el más perfecto de los animales?». Y no tenemos obligación de hacerlo saltar, correr, trepar, nadar, matar o deslizarse por el suelo sin hacer ruido, o mirar muy lejos en la noche o escuchar, porque nos basta con verlo para que sepamos que este ser es casi perfecto.[17]

• • •

He tratado de explicarme, muchas veces, el concepto de la belleza aplicado al reino animal. Incluso he pretendido demostrarme que **lo bello es un ente cósmico y superior, que traduce siempre la perfección funcional**, y que los seres humanos, cuando podemos eludir el condicionamiento de las modas, estamos perfectamente capacitados para apreciar el impacto de lo bello. Hemos dicho muchas veces que la belleza del leopardo o de la gacela, del halcón o del chorlito, reflejaban de alguna manera las altas cualidades biológicas de los mejor dotados, de los carnívoros, de los herbívoros, de los depredadores alados o de sus presas. Pero esta hipótesis puede muy bien ser falsa.

Para el naturalista objetivo, meter el bisturí entre lo antropocéntrico y lo natural es una ocupación tan obligada como difícil. Y digo esto pensando, precisamente, en el polo opuesto de lo bello, en la antípoda del leopardo o del halcón. Me refiero al poco agraciado escuerzo o sapo común. Si la naturaleza se hubiera empeñado en 'fabricar' una criatura repulsiva, difícilmente habría podido hacerlo mejor que inventando a este sapo barrigudo, de marcha torpe, de ojos saltones sanguinolentos, de piel verrugosa y repugnante. El infeliz noctámbulo devorador de insectos ha gozado siempre de la peor reputación entre las sencillas gentes del campo. Y como ingrata e injusta consecuencia de su aparente fealdad, el sapo ha sido uno de los animales más vapuleados y perseguidos. Donde quiera que aparezca un escuerzo, si no le ampara la opinión de una persona culta, será apedreado, empalado y lanzado con tanta ira como temor a la más profunda de las grietas o al más tenebroso de los pozos. Y aquí nos tropezamos con el insólito y absurdo final de este breve comentario: el leopardo y el halcón desaparecen por bellos, porque el hombre apetece su piel o su presencia; en cambio, al pobre sapo se le aniquila por feo.[18]

• • •

Los fringílidos son unos de los pájaros más queridos y, quizá por ello, más perseguidos de cuantas aves existen; no hay ciudad, pueblo ni aldea donde jilgueros, pardillos y verderones no alegren el contorno con sus trinos, lanzados desde el interior de sus jaulas. Y no hay tampoco comunidad humana donde no prospere el pajarero, hombre experto en la captura de las avecillas que más se cotizan en el mercado y que son, precisamente, los fringílidos.

Quizá por estas razones sean pocas las personas que no hayan visto y oído cantar a un jilguero. ¿Se han fijado, no obstante, en la complejísima y elaborada misión del gorjeo?

Observemos a un jilguero macho mientras canta en su jaula: el pecho hinchado, el porte erguido, las alas ligeramente huecas, mientras la garganta del pajarillo trepida con cada nota que va saliendo de su prodigiosa siringe. El leve movimiento que exigen las notas de sus trinos peculiares a toda la porción cefálica del jilguero —incluido el pico— da como resultado el más alto potencial de comunicación óptica **mediante el temblor especular de los contrastados tonos cromáticos**, que embellecen la cabeza del pájaro. El rojo carmesí de la faz y el esquema negro y blanco de la cabeza y mejillas llaman la atención de todo transeúnte como un pequeño y rutilante semáforo tricolor que difícilmente puede pasar inadvertido a cualquier criatura dotada de buena vista.

Por si el mensaje acústico no fuera suficientemente elocuente y la comunicación óptica no llamara bastante la atención, el pajarillo mueve las alas entreabiertas, que hacen llegar a todos los rincones de la floresta el centelleo amarillo de las bandas alares, color este que faltaba en la cabeza. ¿Qué pretende el jilguero mediante tan asombroso derroche de sonidos y colores? ¿Obtener el primer premio en un campeonato de gorjeos y belleza?

Pese a pecar de prosaico, he de confesar que las intenciones de los jilgueros están lejos de los buenos deseos de sus admiradores; cuando un jilguero canta en su medio natural, lo hace para comunicar a todos los jilgueros machos del soto que se propone ser el único propietario de la parcela que ha elegido para ubicar el nido.[19]

Pocos espectáculos zoológicos hay comparables a las concentraciones de ánsares en los primeros días del invierno. Hoy, el trasiego aéreo de los gansos solo puede contemplarse en la marisma del Guadalquivir y en la laguna de Villafáfila; en otros puntos de la Península se observan bandadas grandes o regulares, pero nunca llegan a reunirse los miles de especímenes que se concentran en Doñana o en la laguna zamorana. Sin embargo, mis primeros contactos con los ánsares no tuvieron lugar en ninguno de estos aguarrales —donde, después, los he filmado con detenimiento—, sino en la laguna de La Nava, en Palencia, llamada Mar de Castilla.

En aquella época estudiaba Medicina en Valladolid y, para un pequeño grupo de entusiastas de la naturaleza, la excursión en invierno a La Nava constituía una de las más emocionantes e inolvidables experiencias. Llegábamos al borde de las inmensas y especulares aguas antes del amanecer y, cuando los primeros rayos del sol castellano conseguían iluminar la inmensa laguna, ante nuestros ojos, llorosos de frío, tenía lugar una explosión de vida. Cientos, millares de gansos campestres, que habían pasado la noche en las aguas someras y en los bancos arenosos, se alzaban describiendo círculos gloriosos para repartirse después por la inmensa llanura cerealista. Las voces de los gansos lo inundaban todo y el brillo del sol oblicuo encendía sus fuertes alas con brillos metálicos. Era como la gran señal. Después de los gansos, se levantan las grullas, más ponderadas y protocolarias, en geométricas formaciones, lanzando los agudos trompetazos que constituían el más adecuado contrapunto a la gárrula algarabía de los ánsares. Y tras ellas, entremezclándose con sus formaciones, los veloces silbones, las cercetas, los ánades reales y una infinidad de chorlitos, chorlitejos, limícolas...

Hoy, el Mar de Castilla es un secarral cerealista que ha cambiado la gloria de las aves viajeras por unas pobres cosechas de cebada. Los que conocimos la laguna de La Nava en todo su esplendor **no podemos pasearnos por aquellos eriales sin que una lágrima —no precisamente de frío— asome a nuestros ojos.**[20]

• • •

Les aseguro que pocos espectáculos, pocos recuerdos, pocas vivencias han quedado tan grabadas en mi memoria como aquellos amaneceres en la laguna de La Nava. A medida que el amanecer se insinuaba en el horizonte, de aquel auténtico mar interior de aguas dulces, quizá ligeramente salobres, se iba retirando la niebla, que durante la noche había caído hasta tocar, hasta acariciar, hasta besar sensualmente las frías aguas. Cuando la niebla se levantaba —recuerdo que una mañana lo hacía de una manera tan nítida, tan geométrica, que parecía levantada por la fuerza de un titán con unas manos y unos tentáculos capaces de elevar hacia arriba aquella sutil nube que tocaba el Mar de Castilla—, iban apareciendo las patas de miles de grullas, que estaban hibernando o pasando quizá una parte de su etapa migratoria en la laguna, de tal manera que ante nuestros ojos atónitos no se veía más que un bosque inmenso, infinito, que se alargaba hasta el horizonte, formado por las negras, largas y nervudas extremidades de las grullas. Nada más del cuerpo de esas aves, únicamente las extremidades; y a medida que la niebla se iba levantando, aparecían, encendidos por los primeros rayos del sol que se despegaba del horizonte, los cuerpos, la parte inferior de los fuertes, redondos y ubérrimos cuerpos de las grandes grullas que, procedentes de los lagos y de las lagunas del norte de Asia y Europa, estaban pasando allí el invierno. Habría 2000, 5000 o 20 000 grullas, cualquiera sabe; entonces nadie se había tomado la molestia de contarlas. Estábamos atónitos, y también yertos de frío, metidos en nuestro tonel, viendo lo que había delante de nosotros. ¡Qué milagro, qué maravilla de la naturaleza, qué tesoro de la vida, cuánto habrían pagado las potencias más ricas por un mar interior con miles, millones de aves, como la laguna de La Nava! Y mientras la niebla se levantaba, empezaban ya a volar las primeras bandadas de patos rabudos, de azulones, de porrones, llenando el aire con sus gritos, con sus llamadas y, sobre todo, con ese siseo vibrante y emotivo de sus cortas y afiladas alas; también el grito de los silbones, más penetrante que el de ningún tipo de pato, estaba percutiendo en nuestras sienes. Además, al despejarse el día pudimos ver 7000 u 8000 gansos campestres en el centro de la laguna, formando una masa gris. En el centro de la Tierra de Campos, en el corazón de Castilla, había miles y miles de grullas, de gansos, de patos, de garzas y de limícolas ocupando hectáreas y hectáreas de unas aguas de escasa profundidad que les proporcionaba el alimento necesario.

Difícilmente puede contemplarse un espectáculo semejante, ni siquiera en la marisma del Guadalquivir. Difícilmente puede contemplarse un amanecer como aquel del interior Mar de Castilla que tuve la dicha de contemplar tantas veces en mi infancia. Un par de hoteles turísticos con unos buenos visores u observatorios de aves, una buena campaña internacional dirigida al turismo de calidad, al turismo zoológico, económicamente habría sido infinitamente más rentable que los parcos pastos, que las magras explotaciones de cereales de secano que allí se han implantado, en unas tierras salobres. La obra no sirvió prácticamente para nada. Formaba parte de las grandes renovaciones que había que hacer a toda costa, robando vida a la naturaleza. Y La Nava se desecó, murió el Mar de Castilla, donde habían cazado con halcones los infantes de toda la nobleza castellana, por donde galoparon desde el Cid Campeador hasta Carlos III con un halcón sobre el puño. Y así, amigos, fueron muriendo lagos y lagunas, tierras de provisión, a fuer de rescatar tierras para el desarrollo y para la riqueza. ¡Qué desafuero, qué barbaridad![21]

• • •

El urogallo no solo es tema de estudios ornitológicos. En los últimos tiempos, se ha transformado en polémica noticia de los periódicos. Y es justo que millares de voces proteccionistas se hayan alzado en favor del místico gallo de bosque. **Porque difícilmente puede concebirse una criatura que sintetice el misterio, la solemne belleza y la recia melancolía del bosque cantábrico como el urogallo.**

Respetamos y comprendemos la pasión ancestral de la caza. Pero todo buen cazador es implacable en el respeto a su propio código de disciplina venatoria. Ya se han matado bastantes urogallos. Ya hay suficientes trofeos decorando salones y bibliotecas de nuestros prohombres. Permitamos que el resto de nuestras tetraónidas disfruten de lo poco que les queda de sus últimos paraísos ibéricos. No olvidemos que los urogallos españoles, tanto los pirenaicos como los cantábricos —particularmente estos últimos—, forman poblaciones aisladas, restos cuaternarios de un grupo ornitológico que prosperó en las taigas glaciales y permanecen prisioneros de nuestros bosques de montaña, con el mismo valor prehistórico y paleozoológico que puedan tener las pinturas de los bisontes de Altamira, **con la particularidad de que los urogallos todavía están vivos.**[22]

• • •

Todos los naturalistas saben que uno de los más prodigiosos avances evolutivos fue el que permitió a los vertebrados la percepción óptica del relieve, las distancias y la posición de los cuerpos en el espacio. Tal conquista de la visión exigió un drástico cambio anatómico en la posición de los ojos. Efectivamente, los vertebrados marinos de los que descendemos todos los vertebrados terrestres tenían los ojos lateralizados, con campos de visión independientes, muy útiles, por consiguiente, para detectar enemigos que aparecieran por los flancos e incluso por la retaguardia, pero absolutamente inadecuados para la visión estereoscópica, determinada por la superposición de ambos campos visuales. Incluso la mayor parte de los actuales anfibios, reptiles, aves y mamíferos siguen viendo el mundo en campos independientes, al estilo tradicional de sus antepasados marinos.

Unos pocos grupos zoológicos —entre los que, por fortuna, nos encontramos los primates— fueron capaces de beneficiarse de la migración anatómica de los antiguos ojos lateralizados hacia el plano frontal. Puede considerarse esta una conquista moderna, que ha determinado, entre otros éxitos evolutivos, el perfeccionamiento del cerebro del hombre y la aparición de una especie pensante.

Pues bien, lo asombroso de toda esta exposición radica en el hecho de que una estirpe animal antiquísima como son los reptiles, y **por un procedimiento infinitamente más 'imaginativo'**, resolviera de la noche a la mañana el problema que costó cientos de millones de años de evolución a los vertebrados superiores.

Comprenderá el lector familiarizado con los reptiles que me refiero a los ojos del camaleón, que, dotados de movimientos independientes, proporcionan a su usuario campos de visión separados y monoculares o conjuntos y estereoscópicos, en función de las necesidades del reptil. Cuando el camaleón precisa calcular milimétricamente la distancia que lo separa de su presunta víctima para disparar su lengua sobre ella, ambos ojos se dirigen hacia adelante, hacia el plano frontal, como los humanos. Mientras el animal descansa y prefiere ampliar el campo total de su visión, cada uno de los ojos cubrirá ampliamente los flancos del reptil.[23]

• • •

Entre los miles de animales que he tenido la fortuna de observar y estudiar en mi ya larga vida profesional de las ciencias naturales, **ninguno me ha impresionado tanto como el desmán de los Pirineos**. Seguramente, el origen de este asombro mío debía de estar muy influido por el hecho de que, antes de nuestras observaciones, este era un animal prácticamente desconocido, hasta el punto de que no se podía encontrar una sola fotografía en el mundo entero de este insólito legado del periodo glaciar.

Imagínese el lector la trompa de un elefante, los fuertes e hirsutos bigotes de una morsa, el cuerpo rechoncho, como un tonel, de un castor, las garras de una iguana y la cola de una rata. Redúzcalo todo a las proporciones de un lirón careto; anime el conjunto con los movimientos más vivos y las capacidades natatorias más asombrosas que imaginarse pueda, y el resultado será el increíble desmán de los Pirineos.

Todo el equipo anatómico de un animal que ocupa un área geográfica reducidísima está al servicio de la captura de invertebrados y pequeños vertebrados, en el seno de las aguas heladas y violentas de los ríos de montaña. El desmán ha de conservar el calor de su cuerpo a temperaturas muy próximas todo el año a los 0°C, en las aguas que habita. El desmán debe ser capaz de bucear y nadar en los rápidos y las torrenteras. Prácticamente ciego, debe detectar las larvas de los tricópteros, las acorazadas fases acuáticas de las libélulas, los gusanos de río y otros animalillos simplemente por el tacto o el olfato. Y el frenesí de sus actividades ha de ser tan infatigable como para que obtenga un aporte alimentario que supere diariamente el propio peso de su cuerpo.

Durante horas, a través de la cámara subacuática, en los misteriosos remansos de nuestros ríos montañeros, he tenido la dicha de sorprender y filmar las más íntimas actividades de un legado de la Europa glaciar, que se resiste a abandonar la historia de la vida.[24]

• • •

La imagen que la humanidad tiene de los roedores es nefasta, porque identifica a estas simpáticas y eficientes criaturas con las repugnantes ratas de alcantarilla. Y me atrevo a afirmar que, si los roedores pudieran pensar, tendrían, a su vez, una horrorosa opinión de los primates, grupo zoológico generalmente apacible, equilibrado y, desde luego, inofensivo para el resto de animales, al identificar a todos los monos con su avieso primo el *Homo sapiens*.

Me permito exponer estas disquisiciones para llamar la atención hacia la belleza y el enorme interés ecológico de unos animalillos abundantísimos aún en nuestros campos y capaces de animar el concierto de la vida en amplias regiones, de las que ya hemos erradicado a la mayor parte de las criaturas de gran porte.

La simple contemplación de un lirón careto, con su bellísimo pelaje gris, los ojos brillantes, enmarcados por el satinado antifaz que descompone el perfil de su cabeza, la cola empenachada, los movimientos gráciles y toda una prodigiosa adaptación fisiológica al duro medio mediterráneo, constituye un argumento lo suficientemente sólido como para que uno siga creyendo en el triunfo de la naturaleza y en la indestructibilidad de ese amable fenómeno al que hemos dado el nombre de LA VIDA.[25]

• • •

Una tarde de cárdenos nubarrones descubrimos el cadáver de un elefante en las laderas de las montañas Rwenzori. Estaba tan hinchado y monstruoso como si todo el miedo que pasó cuando le metieron dos balas en el cuerpo se le hubiera salido del corazón, llenando sus venas hasta hacerlas reventar bajo la piel arrugada. Sin trompa, sin defensas y sin la porción terminal de sus extremidades, que le habían amputado por la articulación del tarso, el maloliente corpachón del elefante me conmovió.

¿Qué haces aquí, tendido sobre un costado, sin tus mejores atributos, cuando apenas has llegado a la flor de tu vida? ¿Quién te ha arrancado el espíritu sin cantar ni danzar en la luna nueva para devolverlo a tus antepasados? ¿Dónde están los chamanes que debieron propiciar y desagraviar a *Komba*, el padre de todos los elefantes, por haberte robado la vida?

Hace muchos miles de años que los hombres te matamos, hermano elefante. Pero te hemos matado a ti y a tus antepasados para alimentarnos con vuestra carne; para defendernos de los rigores del invierno con vuestras pieles; para que las toneladas de energía que atesorabais en vuestros cuerpos dieran vigor y supervivencia a nuestra propia especie. Cuando apenas balbucíamos, con el hacha de piedra en la mano y el amor a la vida en el corazón, te tendíamos ya trampas, porque eras la fuente de todos los terrores y de todas las venturas: la muerte o la carne.

¿Quién te mata ahora y abandona tu cuerpo a las hienas y a los buitres? ¿Quién osa malgastar el tesoro de tus energías? ¿Dónde están los cazadores que no se han detenido a velar tus restos?

Yo te cantaré una canción, hermano elefante. Yo pondré en tus oídos muertos el misterio de unas palabras que aprendí de un chamán de los pigmeos efé. Unas palabras que se han transmitido de hombre a hombre, de cazador a cazador, desde el principio de los tiempos. De las tribus del mamut a las hordas de matadores de mastodontes, de los bosquimanos a los pigmeos, de todos y entre todos **los que han matado la carne respetando el espíritu.** De la ética antigua de los cazadores que consideraban el más imperdonable tabú matar más de lo que se podía comer. Escucha, hermano elefante, la canción del pigmeo:

¡Oh, elefante! Tú eres el más grande, el más hermoso y el más listo de todos los seres que huellan la selva con su pisada.
Yo no soy más que un pobre y torpe cazador que iba por la senda con la lanza pesada en la mano.
Y cuando un cazador siente el peso de la lanza en el brazo derecho, siempre quiere impulsarla con mucha fuerza hacia arriba y aliviarse.
Y como tú eres tan grande, ¡oh, elefante!, y yo soy tan pequeño y tan torpe, no vi que tu vientre cubre todo el techo de la selva. Y mi lanza se clavó en tu vientre.
Ahora ya estás muerto. Pero no te tocaré. Mis mujeres y mis hijos y los hombres de mi pueblo van a comer tu carne para que no se pudra y se pierda.[26]

• • •

Hoy, las grandes rapaces carroñeras están protegidas por ley en nuestro país, al igual que las restantes aves de presa diurnas y nocturnas. Pero la mayor parte de las rocas calizas donde se asentaron sus grandes colonias están vacías. Han perdido su palpitante corona alada, **han perdido el calor de unos seres que constituían su propia esencia**, han perdido los ojos y los oídos que durante miles de años habían sido su propia vida. Las rocas vivientes han muerto.[27]

• • •

El guion, las cámaras, las prisas y los rígidos programas del hombre contemporáneo se han esfumado en la serenidad de la noche africana. Las preocupaciones artificiales del hombre civilizado se han ido perdiendo entre la espesura, como las notas de xilófono de las flautas pigmeas.

En realidad, **mi viaje ha sido muchísimo más largo en el tiempo que en el espacio.** Me he desplazado por las rutas de la prehistoria hasta el fondo de las edades. Porque la danza del elefante moribundo, la mano caliente del niño de cabeza crespa, la cultura de estos sencillos cazadores-recolectores africanos es, sin duda, del más puro período paleolítico.[28]

• • •

Para conocer al más bello y acabado cazador del espacio traslademonos a la abierta llanura —**el teatro de sus proezas**— y levantemos los ojos al cielo. En cerrada formación, una bandada de 30 pájaros del tamaño de palomas cruza, en vuelo rectilíneo, sobre la paramera de Castilla. Sus cuerpos son macizos y fusiformes; sus alas, cortas y agudas, moviéndose con ritmo isócrono, impulsan a las aves a una velocidad superior a los 100 km/h. Un ornitólogo o un simple cazador nos diría que los veloces viajeros son gangas, seguramente los pájaros mejor dotados de nuestras latitudes para desarrollar altas velocidades en vuelo de crucero. Vienen de sus resecas y altas tierras de nidificación. Van hacia el abrevadero, allá abajo, en el valle cruzado por el riachuelo. A diario cubren 60 km de distancia solo para beber.

Por encima de la bandada de gangas, tan alto que no podríamos verlo ni con prismáticos de largo alcance, **vuela un pájaro solitario.** Su constitución es como una réplica de la de las compactas aves que se dirigen al bebedero. Tiene también la forma de un huso perfecto. Las alas, más largas que las de las gangas, son asimismo afiladas. Sus plumas, duras y compactas, producen un sonido de fricción al cortar el aire frío de la mañana. Recogidas bajo la cola, corta y truncada, lleva las garras, aparentemente desproporcionadas por el gran desarrollo de sus dedos y de sus negras uñas. Los ojos del ave, oscuros y brillantísimos, vigilan casi todo el círculo del horizonte. Esta máquina perfecta para matar por impacto, **este proyectil viviente**, capaz de alcanzar los 480 km/h, es una obra maestra de la creación. Hablamos del halcón peregrino.

De pronto, toda la bandada de gangas, que cruzaba el cielo con rumbo aparentemente inalterable, cambia bruscamente de dirección. Su masa densa silba en el aire, lanzada en vertiginoso zigzag hacia los tomillos de la paramera. El halcón también cae. Pero recto, vertical, girando sobre sí mismo e impulsándose con la máxima aceleración alcanzada por una criatura viviente.

Un sordo choque, unas plumas que se esparcen en todas las direcciones y una ganga que se desploma con el cuello fracturado es el epílogo de la cacería que ha durado un segundo. Antes de que la presa llegue a tierra, el halcón, ya en vuelo normal, separadas las alas del cuerpo, la recogerá en el aire para transportarla a su lejano nido, escondido en la pared de una rocosa cortadura.[29]

• • •

Entre las falcónidas, aves de presa que se caracterizan por sus desarrolladas facultades para la caza, tanto en tierra como en el aire, destaca el halcón peregrino. Esta rapaz, extendida por todo el orbe, salvo en Australia y la Antártida, es de régimen ornitófago, o lo que es lo mismo, **se alimenta exclusivamente de pájaros.** Tal especialización ha marcado profundamente su anatomía con las formas compactas, vigorosas y aerodinámicas que adornan a la criatura que ostenta el récord de velocidad sobre la faz de la Tierra. El ornitólogo americano Thomas Gilliard ha fijado esta cifra en 480 km/h en el picado.

El halcón peregrino saca el máximo partido de sus desarrolladísimas aptitudes para la persecución, cazando en pleno cielo. Si sus víctimas llegan a cobijarse en el arbolado o a posarse en tierra, difícilmente puede darles alcance sin que peligre su propia integridad física. En el aire, lejos de cualquier obstáculo que interfiera su picado fulgurante, puede afirmarse que ningún pájaro logra escapar al ataque del peregrino. Los esprínters de vuelo rectilíneo, como las gangas y cercetas, o los acabados acróbatas, como las zuritas y los mismos vencejos, terminan en sus garras tras una huida más o menos prolongada.

Si tiene altura suficiente, el halcón suele matar por choque, golpeando a la presa en la pasada con sus garras extendidas. Si el picado falla, se remonta nuevamente, aprovechando su gran inercia, y repite las bajadas y las subidas con tal destreza y tenacidad que aturde a su víctima, terminando por agarrarla en pleno vuelo. En estos casos remata rápidamente al ave apresada, rompiendo de un picotazo su columna cervical.

Sin embargo, los halcones no atacan deportivamente a cualquier ave que se cruce al alcance de su vista. Solo actúan cuando tienen hambre y hasta en este caso **seleccionan cuidadosamente sus presas.** Como todos los predadores, poseen un fino instinto que les permite reconocer cualquier deficiencia física en sus víctimas y, siguiendo la ley del menor esfuerzo, dirigen sus ataques hacia las aves peor dotadas. Este extremo, comprobado minuciosamente por los ornitólogos y por nosotros mismos, confiere a los halcones peregrinos un gran papel como elementos selectores de la avifauna, ya que, al eliminar a los individuos enfermos y tarados, evitan la aparición de epidemias y la pervivencia de reproductores degenerados.[30]

• • •

Los apretados y cortos pastos de las estepas asiáticas, las ralas gramíneas de los desiertos arábigos o africanos, la alta hierba de las sabanas o la magra vegetación de las estepas encuentran su complemento zoológico más adecuado en las distintas especies de gacelas. Otros herbívoros, como los grandes antílopes, los búfalos, las cebras y los rinocerontes blancos, dependen por entero del agua y se ven obligados a emigrar cuando la sequía agota los pastos. Únicamente las gacelas permanecen fieles a sus llanuras, como si constituyeran **el alma misma de los yermos.**[31]

Estábamos acampados a la vera de la compacta pista de tierra roja que va desde el alojamiento del Ngorongoro hasta el poblado de Seronera, en el corazón del Serengueti, una lluviosa noche de febrero, cuando el pequeño campamento se llenó de un insólito vocerío. La barahúnda estaba compuesta por un coro de cortos y estridentes ladridos, mezclados con el trueno que produce la estampía de las grandes manadas de animales. La sorprendente música venía del sur, en la dirección del cráter, y en unos segundos llegó a la altura de las tiendas, pasando como un ciclón a pocos metros de nosotros, mientras el aire se llenaba de un intenso olor a establo equino. En la negrura de la noche, uno habría podido pensar en un gran rebaño de caballos desbocados perseguidos por una diabólica jauría de perrillos ladradores, pero, en realidad, **una manada de cebras perseguida por los leones había estado a punto de barrer nuestro campamento.** El entrecortado relincho de las cebras de Grant, absolutamente insólito para quien no lo haya escuchado nunca, suena como una serie de cortos, rítmicos y agudos ladridos.

Los ladridos duraron un buen rato, mientras la invisible manada se perdía hacia el norte. Pronto se oyó el profundo y sonoro rugido con el que los leones llaman a asamblea cuando han abatido una gran pieza. La poderosa voz del rey de los animales retumbaba como la más hermosa e imponente de las músicas en la noche africana. Y para nosotros tenía sonoridades muy especiales, puesto que nos aseguraba la oportunidad de filmar, al día siguiente, un festín de leones.[32]

• • •

Quien haya observado con detenimiento a cualquier mamífero doméstico, como un perro o un gato, habrá comprobado que dedica gran parte de su tiempo al cuidado de su pelo y de su epitelio. Detenidamente se lame el cuerpo por todas las regiones que están al alcance de su lengua o se revuelca en la tierra para impregnarse en barro que, al secarse, arrastrará parásitos e impurezas. Es evidente que la laboriosa dedicación que requiere la *toilette* epitelial debe ir en aumento a medida que crezca la superficie del cuerpo de un animal. Y esta dedicación higiénica no solo tiene como objeto retirar impurezas y suciedades, sino, sobre todo, librar la piel y el pelambre de los muchos parásitos que se adhieren a ellos. Este trabajo resulta más penoso e imperfecto a medida que los animales aumentan de tamaño. Los rinocerontes, por ejemplo, presentan casi siempre en los flancos abscesos y heridas, producidas por dípteros y por sus larvas, que atormentan a estos grandes animales.

Es cierto que la prodigiosa evolución de los seres vivos ha resuelto en cierto modo este problema en los rinocerontes y en otros ungulados de gran tamaño mediante su asociación con pájaros desparasitadores que se alimentan de los insectos que colonizan su piel. Pero los bufagos, aves africanas emparentadas con los estorninos, no son tolerados sobre la piel de los elefantes; los proboscídeos los expulsan prestamente de su lomo con un golpe de la trompa. Sin embargo, los elefantes aceptan de buen grado un pájaro oscuro, del tamaño de una urraca, de pico rojo y perteneciente a la familia de los córvidos. Conocido por los africanos con el nombre de «piac-piac», no parece que este socio del elefante contribuya de una manera decisiva a picotear los insectos de su anfitrión, sino que más bien emplea su masa móvil como una atalaya viviente para lanzarse sobre los insectos que los elefantes van levantando del pasto mientras arrancan haces de hierba o ramas de arbustos. Otro tanto hacen las garcillas bueyeras, que pueden verse con mucha frecuencia sobre la espina dorsal de los elefantes o correteando entre sus mismas patas.

La intolerancia de los elefantes respecto a los pájaros desparasitadores puede estar originada por lo útil que les resulta la trompa para atender a su propia higiene. Las aspersiones de barro, polvo y agua contribuyen a liberarlos de multitud de insectos molestos y parece que mantienen en muy buen estado su piel, totalmente desnuda en los individuos adultos, exceptuando las pequeñas y punzantes cerdas de la trompa y las dos filas de pelos que aparecen en la extremidad de la cola y que, por su dureza, grosor y elasticidad, son empleados por los nativos para fabricar pulseras y brazaletes. Lo cierto es que los elefantes aparecen ordinariamente cubiertos de una capa de barro seco que contribuye a proporcionar llamativos colores a su cuerpo.[33]

• • •

Europa ha sufrido el impacto de la civilización incluso en su geología. Los grandes predadores o, simplemente, los animales agresivos de gran talla, que nunca fueron tan abundantes como en otras zonas, han desaparecido casi por completo. Normalmente, el lobo y el lince se encuentran muy alejados de las zonas más pobladas, y ni el apacible oso ni los pequeños carnívoros merecen la denominación de fieras, calificativo este cargado de hondas y ancestrales resonancias.

Entonces, ¿no queda ya ningún animal europeo capaz de evocar estos estremecimientos arcaicos? Sí, **en lo profundo de los misteriosos bosques de hoja decidua vive aún un gran animal que sintetiza el arquetipo que nuestro subconsciente posee de todo lo montaraz, lo salvaje y lo peligroso.** Es el jabalí, cuya incierta aparición, densa sombra en la boscosa umbría, tiene algo de mamut y de rinoceronte lanudo, codiciadas y temidas fuentes alimenticias de nuestros ancestros prehistóricos. El masivo corpachón del jabalí puede inscribirse en dos conos ideales unidos por su base y comprimidos lateralmente. Esta peculiar arquitectura somática no se debe al capricho —nada caprichoso sobrevive en la naturaleza— de un hipotético demiurgo creador aficionado a la geometría; por el contrario, es la solución óptima, conseguida tras larga búsqueda evolutiva, para desplazarse por su intrincado biotopo, y gracias a ella, el jabalí es un verdadero taladro capaz de galopar por entre el más espeso matorral oponiendo la mínima resistencia. Su cabeza, casi perfectamente cónica, de hocico muy prolongado, llamado jeta, que termina en un disco duro, sensible y móvil —soportado por un hueso— donde se abren los orificios nasales, es a su vez usada para excavar el suelo en una acción característica denominada hozar, abriendo zanjas y removiendo piedras en busca de raíces, tubérculos y pequeños animales.

Por asociación con su degradado pariente el cerdo, seguramente el animal más traumatizado por el proceso de domesticación, muchos piensan que el jabalí es el 'cochino' de la naturaleza. Nada más alejado de la realidad. Por el contrario, **el jabalí es uno de los animales que más cuida su aseo personal**, teniendo en este aspecto la máxima importancia los baños de barro a los que se entrega con verdadero placer, no solo para liberarse de los molestos parásitos cutáneos, sino para mantener la piel en un óptimo estado de salud merced a la compleja composición del lodo, rico en sales minerales y sustancias orgánicas. Tal práctica no debe extrañarnos ni parecernos antihigiénica: estos baños se han puesto periódicamente de moda en los institutos femeninos de belleza para el cuidado de la piel, ya que los dermatólogos han podido comprobar, mucho tiempo después que los jabalíes y otros animales, los efectos benéficos del barro para la salud del epitelio.

Pero lo más interesante es que los jabalíes no toman al azar su revolcadero de barro, eligiendo el primero que les sale al paso, sino que lo seleccionan cuidadosamente, desplazándose a menudo muchos kilómetros durante la noche para buscar su baña preferida. Al parecer, son capaces de percibir la composi-

ción química de los distintos tipos de barro y escogen el que más les conviene en cada momento.[34]

• • •

La voz metálica de los mirlos indica, como cada tarde, que ha llegado la hora de albergarse. Desde el fondo del valle asciende el concierto gárrulo de las picazas, que se reúnen en los dormideros. Las bandadas de torcaces cruzan veloces hacia las encinas de la abrigada solana. En la rama de un árbol seco permanece inmóvil un gran pájaro; **su aspecto es tan atractivo como inquietante.** Llaman la atención sus ojos, de mirada afilada y penetrante, que se clavan en cada ser que pasa a su alcance; sus colores, claros en el pecho y vientre, finamente rayados, pizarra oscuro en el dorso, se conjugan perfectamente en el claroscuro del bosque y descomponen su silueta; sus uñas, negras y afiladas, brillan como dagas en el atardecer.

Entre las copas de los árboles, con vuelo silencioso y ondulante, se desliza la becada. Va en busca de las húmedas umbrías, donde pasará la noche buscando gusanos y lombrices con su largo y sensitivo pico. Sus ojos, negros y aterciopelados, situados muy altos en la cabeza, tienen un amplísimo campo de visión. Todo lo que se mueve en el cielo, incluso a sus espaldas, será descubierto a tiempo para escapar. Solo un ángulo de mala visibilidad vulnera este notable periscopio, concretamente todo lo que queda detrás y debajo, en una línea imaginaria que, partiendo de la cabeza, pasa por el vientre. Y justamente en ese pequeño ángulo de deficiente visibilidad ha quedado el árbol seco que esconde al azor, cuando la becada pasa volando sobre el bosque.

La rapaz ha sabido esperar, cual experto en óptica, el momento adecuado para el ataque. Y saltando como un resorte desde su rama, vuela pegado al terreno, siempre en el ángulo de la desenfilada. Cuando ha adquirido la inercia suficiente, se dispara hacia arriba como un dardo, agarrando a su presa exactamente en el punto de su vientre por donde pasa la línea de visibilidad nula.

La becada ha muerto víctima de su propia especialización. Habituada a permanecer en tierra, buscando la comida entre la hojarasca, sus ojos, a lo largo de milenios de evolución, han ido emigrando hacia la parte superior del cráneo. Para descubrir a cualquier enemigo que ataque desde arriba, su organización óptica es perfecta. Sin embargo, cuando vuela a cierta altura tiene un punto terriblemente vulnerable. Y el azor, también en milenios de evolución de su **psiquismo de cazador**, ha llegado a comprender la técnica sutilísima del ataque a esa presa.

Este episodio retrata perfectamente al gran cazador del bosque. El azor es en la espesura lo que el halcón en el aire: **el más acabado y temible pirata.** Su estructura anatómica corresponde a sus necesidades vitales: las alas cortas y redondeadas le permiten volar entre el ramaje; la larga cola facilita los súbitos cambios de dirección; y las garras, desarrolladísimas, le capacitan para matar en el acto, antes de que la presa pueda esconderse en lo más profundo del matorral.

Pero lo más notable de este pájaro no es el cuerpo, sino la mente. Cuando un cazador —un verdadero cazador— cree conocer su coto, cuando ha localizado los barbechos preferidos de las perdices, los encames de las liebres, las querencias de las torcaces y sus bebederos, el dormidero de las picazas, los matorrales de los mirlos y malvises, y cada vereda, cada paso, cada comedero, parece un ignorante si se lo compara con un viejo azor. El pirata de la espesura otea y escucha desde el amanecer hasta que anochece; nada le pasa inadvertido. Y cada dato queda almacenado en su prodigiosa memoria; sabe dónde apostarse para alcanzar a la perdiz antes de que llegue a los matorrales; tiene localizado el seto tras el que ha de surgir de improviso para sorprender a la picaza; conoce la hora exacta en que acuden las torcaces al bebedero y toda la cronología vital de los habitantes de su monte. Nada le es indiferente, para él no hay más que presas o enemigos. Su ley es matar o escapar a la muerte.[35]

• • •

Solo mediante una técnica sutilísima, el azor puede sujetar y matar una gran liebre. Ha de volar a toda velocidad en su persecución, sorteando cualquier obstáculo que, con seguridad, buscará su enemiga. Ha de sobrepasarla totalmente y, cuando se encuentra a un par de metros delante de su cabeza, ha de virar en redondo para coger a la liebre por la cara y, en unas décimas de segundo, clavar sus garras en los centros vitales. Concretamente, en el bulbo raquídeo. Uno no acierta a comprender la mecánica de este lance. Parece imposible que, en los terrenos más variados y difíciles, el azor pueda ejecutar la complicada maniobra que le va a otorgar el triunfo sobre la liebre. Resulta incomprensible que, volando a más de 150 km/h, un ave de 1 kg de peso pueda parar una masa de más de 3 kg —la liebre—, impulsada a 90 km/h.

Hoy, los conocimientos de los biólogos hacen **más comprensible esta desproporcionada batalla.** Se sabe que el metabolismo muscular de las aves es distinto en algunas de sus reacciones químicas al de los mamíferos. Es más perfecto, más rápido. Es posible que la transmisión de las órdenes cerebrales a los miembros sea también más rápida. En este caso, el azor vería a la liebre como en una película a cámara lenta. Las posibilidades para sujetar en el momento y en el sitio preciso se duplicarían o triplicarían.[36]

• • •

En los dulces atardeceres de septiembre, cuando las recuas de mulos y borriquillos regresan por los caminos polvorientos con la postrera carga de la vendimia, cuando el bando de perdices igualonas busca dormidero entre los tomillos del cerro, una voz **profunda y lúgubre** cae al valle desde las peñas iluminadas por los últimos rayos de sol. Es la llamada del búho real: un «uuuhu» monótono y suave, pero audible desde largas distancias y cargado de magnetismo. Los campesinos, los niños vocingleros, los arrieros rudos han cortado y acarreado el fruto durante todo el día, indiferentes al canto de jilgueros y pardillos, pero no pueden evitar una mirada hacia el rincón umbrío de la sierra al escuchar las notas del ave nocturna.

«Ya canta el 'bu', niño», le dirán al rapaz que cabalga entre los cestos de uva. Y se hará un silencio solemne para escuchar la voz del Gran Duque.[37]

• • •

La superficie entera del gran cazador de la noche es blanda y como acolchada. **Sus 3 kg de músculos de acero se deslizan en la oscuridad silenciosos como una sombra de muerte.**

Mientras el Gran Duque vuela a media ladera, van cayendo las sombras. Cuando llega a su cazadero, un vallecillo bien poblado de conejos, el monte está ya negro como boca de lobo. Pero el búho se posa suavemente y, con toda seguridad, en una rama invisible: su atalaya de caza. Sus ojos, que miran de frente, como los humanos, son cien veces más sensibles a la luz.

Erguido sobre sus recios miembros, estirado el cuello, **coronada la cabeza por dos enhiestas orejas de pluma**, su silueta achaparrada se ha hecho corpórea y vibrante. Mientras, su faz, ampliada por los dobles discos cóncavos de plumas rígidas que rodean los ojos, gira lentamente escrutando los alrededores, como la pantalla del radar. La más débil onda sonora será captada por las amplias estructuras del oído externo, formadas por pliegues de la piel y por las plumas especializadas de los discos faciales, y enviada al enorme tímpano con un espectro de sensibilidad que alcanza desde los ultrasonidos emitidos por los micromamíferos hasta los tonos graves de las llamadas de su especie.

El oído interno de las aves nocturnas es tan amplio como el humano. Y gracias a su posición ligeramente asimétrica en el ancho cráneo, las ondas no llegan simultáneamente a los dos tímpanos. Basta esta diferencia infinitesimal para dar al ave la clave de la dirección del sonido.

El conejo o la rata, prácticamente invisibles en la penumbra hasta para los ojos del búho, serán localizados por el oído. Como un resorte automático, la cabeza gira en la dirección del sonido y la vista explora la zona de donde procede el atractivo roer de los infatigables incisivos.

Descubierta la pieza, la rapaz se lanza desde su atalaya en un picado tendido, no tan rápido como el del azor, pero absolutamente silencioso. Ocho uñas agudas como dagas se clavan en el cuerpo del roedor antes de que se aperciba del ataque. Porque, si le da tiempo a escapar, la rapaz nocturna tiene muy pocas posibilidades de alcanzarlo en una persecución real. Su verdadera arma es la sorpresa.[38]

• • •

¿Por qué canta el búho cada crepúsculo, incluso no estando en época de celo? **Canta porque no se le ve.** Porque la naturaleza le ha provisto de un perfecto camuflaje para pasar inadvertido a sus muchos enemigos diurnos. Y el búho necesita que sus congéneres se enteren de que existe, de que aquel rico cazadero ya tiene dueño. Para él es muy importante evitar cualquier confrontación armada con un competidor. **La voz del búho es como la bandera de una gran potencia, izada en el centro de una colonia.**

Los más variados, sorprendentes y pavorosos gritos son emitidos por las distintas especies de aves nocturnas para proclamar la propiedad de sus territorios o atraer a la pareja en época de amores: la demencial risotada del cárabo atemoriza a los caminantes solitarios del bosque; el estertor agonizante del canto de la lechuza ha hecho suponer a las gentes sencillas que este pájaro anuncia la muerte; las notas dulces de los mochuelos y autillos destacan como un solo de flauta en el concierto nocturno de los insectos; el ulular del **Gran Duque** pone un matiz misterioso y agreste en las serranías que es como el alma misma de las rocas.[39]

• • •

Con el lince me ocurrió lo mismo que con el primer halcón peregrino que tuve en mis manos: me causó un verdadero impacto físico. Me quedé atónito ante la súbita presencia de la belleza animal, **una belleza que, para mí, siempre ha**

superado a la del paisaje, el mar o las estrellas, porque creo que es la síntesis de todas ellas; una belleza viva, palpitante, hecha de vigor, armonía e inteligencia, tallada paso a paso, milímetro a milímetro, por millones de años de selección implacable.

Puede afirmarse, sin temor a incurrir en exageraciones, que el lince —y concretamente el lince español, porque el nórdico es más basto y deslavado de pelaje— es el mamífero más bonito de Europa.

En la faz del lince, serena e inescrutable como la de un **oráculo silvestre**, destacan los ojos, redondos, grandes, de inquietante brillo amarillento. No es nada extraño que, en los fugaces encuentros del hombre con la fiera, aquel recordara sobre todo la asombrosa mirada. Con esta circunstancia, puramente anatómica, coincidía otra, mitológica: la vista prodigiosa de Linceo, hijo de Afareo y de Arene, piloto de los argonautas, que veía a las personas y las cosas a través de los cuerpos sólidos. El mítico Linceo no solo dio al lince su nombre: le regaló también su leyenda.[40]

• • •

Qué fuerza, qué vigor, qué belleza. Los ojos grandes, seguramente los más grandes de cualquier félido viviente; **los ojos verdes, transparentes, cristalinos, ojos con todo el mensaje de los bosques y las estepas españolas desde el día de la prehistoria, con toda la fuerza y la nostalgia de una especie condenada a muerte.**

Las orejillas triangulares, enhiestas y vibrantes como dos pantallas de radar, y en lo alto de las orejillas, unos caprichosos pinceles de aire demoníaco que daban aspecto de oráculos siempre vibrantes, que parecían captar extrañas ondas desconocidas para el hombre y por el naturalista, y que transforman la del lince en la faz más bella de las fieras de Europa. Y debajo de las orejas triangulares y enhiestas, coronadas por pincelillos, y debajo de los ojos redondos, penetrantes, verdes y nostálgicos, el hocico sonrosado, fresco, como los labios de una novia, y bajo esta faz asombrosa, las garras del lince. Dos antebrazos poderosos, fuertes, cubiertos por una piel aterciopelada. Pero adivinándose debajo de su aparente —quién pudiera tocarla— tibieza y suavidad, músculos de acero, **cuerdas de guitarra templadas para escribir la música de la muerte de los esteparios bosques de España.**

Y allí me quedé, queridos amigos, contemplando a los linces del coto de Doñana. Y me quedé pensando y soñando muchas cosas: que **tenemos la misión de preservar a los últimos y hermosos animales que quedan en nuestra fauna;** que los linces, tan bellos, tan poderosos, tan cercanos al leopardo en su constitución y en su forma —no en su peso, pues los grandes ejemplares solo llegan

hasta los 12 kg—, pueden matar cervatillos y hembras cervunas; que estos linces, que habían sido abundantes en toda la península Ibérica desde Madrid para abajo, que marcaban las noches de otoño con su voz, su maullido, que recuerdan los grandes félidos africanos, que debían estar en el escudo, al menos zoológico, español como el águila imperial, se están acabando, se nos están extinguiendo.[41]

• • •

Desde la antigüedad, el zorro ha sido protagonista de innumerables fábulas, representando a las mil maravillas el papel de astuto —el papel de malvado, generalmente, se reservaba para el lobo—. Y difícilmente se habría conseguido una **máscara histriónica tan expresiva** como la faz del zorro. Las orejas grandes y siempre enhiestas de maese raposo reflejan agudeza auditiva y permanente alerta; los ojos, límpidos y ambarinos, con una mirada perspicaz; el hocico, charolado y puntiagudo, con un olfato infalible. La marcha del zorro es ágil y rapidísima; sus patas se mueven con tal armonía que, al contemplar a este animal corriendo tras un seto, da la sensación de avanzar sobre ruedas, sin el más leve desplazamiento vertical de su centro de gravedad. En esta carrera inimitable juega, al parecer, un importante papel la larga y copuda cola; es como un balancín amortiguador de los movimientos bruscos, también muy útil para equilibrar los giros rápidos y los inverosímiles desplazamientos por las cornisas y estrechos senderos de las rocas.

La llamarada rojiza de su hermosa piel bajo el sol de invierno es como una bandera de libertad agreste. Cuando uno ve al zorro en el campo, tiene conciencia de pisar tierras todavía agrestes y fecundas; no esas alambicadas y asépticas parcelas de agricultura experimental en las que parece condenado a vivir el hombre.[42]

• • •

Debo afirmar, como naturalista y como zoólogo, que el zorro, el raposo, es un animal extraordinariamente dotado intelectualmente. No olviden que acabo de decir intelectualmente, es decir, en el intelecto, en la psique, en la conducta.

Basta contemplar la faz de uno de esos pobres raposos cautivos encadenados o de uno de esos obesos zorros depauperados que se ven en los parques zoológicos y compararla con la de un zorro que vive libre en el campo, de un zorro feliz, inteligente. Cada uno de los elementos que hay en la cabeza, en la cara de un animal, en su mayor parte están al servicio de la información que ese animal recibe del medio ambiente en el que sobrevive, es decir, son órganos de los sentidos. Recuerden y recordad, queridos niños, la cara de un raposo.

Empiezan por llamar la atención las orejas enhiestas, puntiagudas, dotadas de una elasticidad y de una configuración tan perfilada que son absolutamente inolvidables e inolvidadas para los caricaturistas o dibujantes de cómics que ponen en sus historietas la cara de maese raposo. Efectivamente, el zorro tiene orejas enhiestas, puntiagudas, triangulares y llamativas porque disfruta de un oído increíble. Se han podido hacer experimentos, en la más negra oscuridad, con raposos que han mostrado como, cuando un ratón o una rata roía una de las semillas o raíces que les sirven de alimento, el raposo, que no veía nada puesto que había oscuridad absoluta, a través de las ondas acústicas que recibían de aquel roedor, se encaminaba en la oscuridad hacia él. El raposo oye muy bien; precisamente por eso tiene los pabellones auriculares tan destacados y llamativos.

¿Y qué diríamos de los ojos del zorro? Ojos garzos, de color ambarino en los ejemplares ya viejos, **ojos siempre tintineantes**, perfectamente dotados de una transparencia que tampoco olvidan jamás los dibujantes de raposos de las historietas, ojos oblicuos, diríamos que en una línea oriental de la concepción de la belleza. ¿Por qué tiene el raposo esos ojos? Porque ve maravillosamente. Muchos cánidos del gran grupo de los animales con forma de perro, más o menos emparentados con los perros, como los propios raposos, los lobos, los chacales o los coyotes, pueden tener una vista no excesivamente aguda, pero se ha podido comprobar que el raposo —yo mismo he hecho experimentos que me han mostrado como un zorro puede ver un ratón moviéndose en el campo al atardecer a distancias que el hombre es incapaz de percibir— es uno de los animales mejor dotados ópticamente; tiene los ojos brillantes, despiertos, inteligentes y siempre alerta porque ve muy bien.

¿Cuál es otro punto de la anatomía, de la faz del zorro que llama profundamente la atención? ¡La naricilla! El hocico puntiagudo, esa especie de castañita negra, fresca, charolada, que tiene en la punta y que tampoco han olvidado los dibujantes, hace de la cara del zorro un perfil inolvidable. ¿Por qué tiene el zorro así de puntiaguda, de prominente, de húmeda la naricilla? Porque es un animal que dispone de un olfato increíble; puede oler y seguir pistas como el mejor de los perros; ausculta olfativamente los prados y los campos para captar los efluvios que le llegan desde las zonas subterráneas donde se encuentran sus presuntas presas.

Pero, por encima de todos esos elementos que han hecho la cara del raposo inolvidable, inconfundible, de tal manera que los niños de todas las naciones, de todas las edades y de todas las condiciones sociales y económicas alguna vez en su vida han visto al raposo como protagonista de una historia —o los que han tenido más suerte, directamente en el campo—, el zorro tiene otra cualidad: es, por necesidad, muy listo; no tiene más remedio que ser avezado, no tiene más remedio que ser astuto, porque si no, ya no habría raposos.

Ustedes saben muy bien que todos los animales depredadores, es decir, aquellos que deben sobrevivir mediante la captura, la matanza de otras criaturas, no tienen más remedio que ser más inteligentes y mejor dotados que sus presas. Las presas del raposo —ratones, ratoncillos, ratas, topillos, conejos y algunas torpes aves que puede alcanzar en primavera— son animales bien dotados, rápidos, capaces de cavar, de sumergirse en el agua o de volar para que el raposo no los alcance. Lógicamente, para alimentarse de estas criaturas, el zorro debe estar muy bien equipado. **Pero el drama y el problema de maese raposo es que no solo es cazador; él, a su vez, es presa de multitud de superpredadores.**

Las águilas reales, por ejemplo, intentan caer del cielo como un rayo de maldición sobre el primer raposo que ven corriendo sobre el campo para matarlo y alimentarse con su carne. Se sabe que los lobos, que están escaseando ya en toda la península Ibérica, eran enemigos connaturales del raposo. En cuanto una manada, una familia o una pareja de lobos descubre un raposo... ¡Ay del zorro! Si no encuentra a tiempo una madriguera en que meterse, si su oído finísimo, su nariz infalible y su vista perfecta no descubren a tiempo a su gran pariente el señor lobo, seguro que habrán terminado sus aventuras y su vida. Por su parte, del lince, cuando se lo describe en los tratados de zoología, siempre se dice que una de sus acciones más características es la matanza de raposos, de zorros. Pero hoy muchos de sus grandes enemigos, como los lobos, los linces y las águilas, están en peligro de extinción. Por consiguiente, si maese raposo, aparte de poseer la inteligencia que le permita cazar a todas sus presas, debe librarse del águila real, del lince y sobre todo del hombre, el bípedo depredador, ¿no necesitará ser muy astuto e inteligente para seguir sobreviviendo en cantidad, en pleno siglo XX, cuando la mayoría de sus grandes predadores están al borde mismo del exterminio?[43]

• • •

Con nostalgia y envidia me imaginaba a las valientes aves volando libremente sobre pueblos y ciudades, cruzando los Pirineos y los Alpes, atravesando naciones, sin perder el rumbo jamás. Bajo sus alas quedaban los **caprichosos y siempre efímeros compartimientos políticos** y territoriales en que se encerraban los hombres. Su rumbo siempre era el mismo: el que siguieron sus antepasados desde los albores de la especie.[44]

• • •

Dentro de la bandada, que para las grullas es una unidad vital, se conserva tradicionalmente el secreto de la más sencilla orientación: la topográfica. Hay viejas grullas que han realizado el viaje de ida y vuelta durante más de 20 años. Y cada río, cada cordillera, cada gran ciudad han quedado grabados en su memoria como jalones que marcaran el itinerario. Los jóvenes irán aprendiendo, a su vez, las características de la ruta para transmitirlas a las futuras generaciones. Y si las nubes se agarran a las montañas y valles de Europa, la bandada toma altura, hasta los 7000 m, para volar, como los modernos reactores, por encima de la borrasca. En ese caso pueden orientarse observando el desplazamiento del sol sobre el horizonte.

Como todas las primaveras, una mañana de marzo, las parejas de grullas aparecerán, llovidas del cielo, para ocupar sus nidos ocultos en los pantanos y marismas de la taiga. Del mismo modo que nuestros campanarios extremeños y castellanos se adornan un buen día con sus cigüeñas, mientras el cierzo de enero aúlla todavía en las espadañas. Igual que las golondrinas regresan al nido de barro, pegado en un rincón del granero o la chimenea, y los pajarillos insectívoros toman posesión de los hereditarios sotos y matorrales, y los patos se aposentan en las charcas de siempre, y los vencejos se meten, gritando, en las grietas de las ruinosas fortalezas que ocuparon sus tatarabuelos cuando los condes de Castilla izaban sus pendones en la torre del homenaje.

Este periódico e incesante trasiego de las aves, **este latir del pulso del planeta** que cubre mares y continentes, ha llenado de asombro a los hombres de todos los tiempos. Los amantes del saber han tratado de explicarse de mil maneras, muchas veces peregrinas, la desaparición de las aves en otoño y su puntual llegada en primavera. Aristóteles decía que, si bien algunos pájaros, como las grullas, se trasladan de unos países a otros de manera muy visible y llamativa, otros invernan ocultos en las espesuras y en el barro, sumidos en profundo letargo. Durante la Edad Media, las teorías aristotélicas se repitieron fielmente, hasta que los grandes halconeros de la época, observadores minuciosísimos y objetivos de la avifauna, interpretaron el fenómeno de la migración de modo mucho más correcto.

El mosquitero notará inquietudes sobre todo al anochecer, revoloteará de una zarza a otra, emitirá suaves llamadas, respondidas por compañeros lejanos; enfilará, una y otra vez, la dirección orientada hacia el sur, que le atrae con la fuerza de un imán. Y una noche, cuando la bóveda celeste brille con el fulgor de todas sus estrellas, el frágil mosquitero, seguro de sí mismo, se lanzará hacia el sur, en solitario, oyendo todo lo más las vocecillas dispersas de otros viajeros.[45]

• • •

Las montañas, que han conservado algunos de los elementos botánicos y faunísticos que han desaparecido en las mesetas y en las tierras bajas, **son hoy como islas desconectadas.** Actúan como compartimentos estancos en los que la vida sigue, continúa, según los imperativos de los que disfrutaba en la mayor parte de la Península hace siglos, quizá milenios.[46]

• • •

Nuestras montañas, paralelas al ecuador, actuaron, si no como fronteras, al menos como filtros de fauna, como dicen los ecólogos. Y en esas ínsulas, en esas islas montañosas, donde permanecen las circunstancias climáticas y botánicas que otrora hubiera en toda la península Ibérica, han permanecido las especies faunísticas como el desmán, la perdiz nival, el urogallo o el oso que imperaban, en época glaciar, en todo este amplio territorio. Han permanecido también los abetales, los pinares, los robledos y los hayedos, esas masas que, prácticamente, son las únicas con que contamos hoy en la península Ibérica. Han desaparecido casi todos los bosques de llanuras, hoy transformados en estepas. Estamos acabando, por desgracia, con el bosque mediterráneo de Extremadura. En los únicos lugares donde la vida permanece es en las montañas españolas, son como islas desconectadas entre sí. **Para qué les voy a describir a ustedes la belleza y las particularidades de las montañas españolas.**[47]

• • •

¡Qué bonitas son esas troncas! Y las llamo troncas porque en las cosas de la naturaleza, en Castilla, hay una tendencia a dar el femenino a lo viejo, a lo grande, a lo poderoso, a lo que de alguna manera es una manifestación muy cuajada de la vida. En mis tierras de Burgos, cuna del castellano, a los olmos grandes, desmesurados, a los pocos que la tala inmisericorde no se llevó por delante, los llamábamos olmas, las olmas. Y a los troncos seculares con mil cicatrices de rayos, con huecos, como con tumores, donde le gusta vivir al cárabo, los llamábamos troncas. Es posible que esta feminización de todo aquello que tiene una gran fuerza biológica, casi mítica, venga de los cultos de los primeros neolíticos españoles, que al parecer practicaban una religión y quizá una estructura social matriarcal. Los primeros agricultores, quizá asombrados por el proceso de la germinación de las semillas, por el proceso del parto de las tierras, que aún no podían explicarse científicamente y del cual dependía su propia supervivencia, hicieron **cultos matriarcales y daban nombres femeninos a todo lo importante.**[48]

• • •

Hablemos del agua. Qué insólito: los sabios nos dicen que toda la vida es agua, que el cuerpo humano está formado en un 60% de agua, con algunos minerales disueltos en ella. Es **agua organizada, agua pensante, agua deambulante, agua en forma de cerebro que salta desde nuestra órbita a la órbita de otros astros**, que, para su desgracia, si son astros muertos, si no tienen vida, podrían perfectamente llamarse tierra. Sí, son térreos, minerales, sin agua.[49]

• • •

Nadie olvida cuando camina, cuando marcha por una de esas llanuras, la música infinita, el canto extraordinariamente musical que baja como un torrente desde el cielo azul. El canto de las alondras. Miles, millones de alondras colgadas en la cúpula del cielo, llenan el ambiente con sus trinos. Resulta inolvidable, maravillosa, la caminata en un amanecer por un alto páramo, por una alcarria, por una tierra de labor en la Tierra de Campos, por ejemplo, bajo el canto, bajo la música eterna de las alondras. **Cuando el caminante, arrullado por los altos pájaros,** va andando, arrancando en cada pisada los aromas de todas las lavandas y los tomillos, de todos los arbustos aromáticos de estas formaciones, puede partir, a sus pies, llenando el aire con el monótono canto que escapa de su garganta, la ganga y la ortega.

Cuántas maravillas y cuántos secretos aguardan también en la estepa. La parda y hostil estepa se glorifica de pronto cuando el gran macho de la avutarda, el barbón, que puede llegar hasta los 17 kg de peso, está haciendo la rueda a las hembras en los tempranos días de la primavera. **Un macho de avutarda en parada nupcial es una criatura absolutamente mítica: con las alas semiextendidas hasta rozar el suelo,** la cola flexionada hasta apoyarla francamente sobre la espalda, la cabeza hundida entre las plumas del dilatado cuello, con el blanco plumón del cuerpo al exterior, formando una bola blanca viviente, es un semáforo llamativo que se ve desde todas las distancias y que se mueve a saltitos mediante una especie de danza que recuerda a la de los guerreros primitivos. Es el macho de la avutarda haciendo la rueda en la gran llanura, y si el inoportuno observador se adentra en su campo, en su arena nupcial, levantará el vuelo pesadamente. La más grande, la más pesada de las aves vivientes vive en nuestras estepas.[50]

• • •

Nada es más sobrecogedor, ni más hermoso, en la noche alta estrellada, en la noche del páramo de Castilla, que el aullido lejano del lobo. **Es como si nuestro planeta no hubiera perdido su espíritu salvaje,** es como si la Tierra conservara todavía algo del lejano Paleolítico y estuviera viva, lozana y palpitante.[51]

• • •

Si hay una música impresionante sobre la faz de la Tierra, si hay una música majestuosa, sobre todo, en la noche africana, esa es la voz del león. Cuando se ha escuchado al león en África, cuando su voz, rodando sobre la sabana, muchas veces desde lejos, llega a los oídos del hombre que duerme en una tienda de campaña o que permanece quizá al aire libre, es absolutamente inevitable un escalofrío. **Muchas veces he oído rugir a los leones en África, en ocasiones leones muy lejanos, con su voz que resuena como un trueno en el horizonte, que viene lentamente sobre la hierba amarilla dominando el aullido de las hienas, dominando la música de los insectos, dominándolo todo,** una voz que invade completamente la sabana. Y de pronto, a aquel león que ha rugido a lo lejos, quién sabe si a 10 km de distancia, le responde otro más cercano. Es como otro cañonazo profundo, formando una nueva armonía que se alza en la noche. Y luego viene un tercero. Y así la noche africana se llena con el palpitar de su viejo corazón, con el rugido de los leones.

En el rugido de los leones hay uno de los mensajes más profundos, más importantes, y yo diría que también más primitivos de la Tierra.

El rugido del león es como un pregón de propiedad, como una voz que dice, y así lo interpretan los orgullosos masáis: «Este territorio es mío, mío, mío». Y lo repite orgullosamente el león para que le oigan los otros leones.[52]

• • •

Queridos amigos, hoy no voy a ser tan apasionado, al menos fonéticamente, como otros días. Voy a tratar, para no dar más facilidades de juego a mis queridos amigos estreptococos que están alojados en mis amígdalas, de mantener con ustedes, y con vosotros niños, un *tête a tête* coloquial, íntimo, sin dejarme arrastrar demasiado por la pasión fonética, ya que nunca podré evitar que me arrastre la pasión cordial, es decir, la del corazón.

Y el corazón, que ha soportado estoicamente los 39º de fiebre, me lleva ahora a un latido lejano, remoto. A **un latido que recuerda la marcha sincrónica, pausada y repetida de un corazón inmenso, gigantesco, poderoso, del corazón de una tierra perdida en el continente africano.** Me refiero al latido del corazón del Serengueti. Palabra esta mágica que, al menos a mí, su simple conjuro basta para evocar los amaneceres más orgullosos de mi vida: el cielo rojo en el horizonte plano, el rugido del león rodando por la llanura, el canto triste, eternamente triste de la hiena, las primeras llamadas de los pájaros, las siluetas infinitas, atronadoras de los ñus, los antílopes desgarbados, barbudos, tropélicos, lindando el mar de hierba del Serengueti... La sabana verde, infinita, trepida, late como el corazón de un hombre febril, late con la fiebre de la vida, late porque nuevamente el flujo y el reflujo de la vida está circulando por sus arterias.

Los bosquimanos del Kalahari, en África del Sur, el pueblo que hace apenas unas generaciones pintaba todavía la pintura rupestre en la roca viva y palpitante, comparaban los elefantes con las nubes. El borborigmo que siempre hay en el vientre del elefante, ese ruido digestivo, es como el ruido del trueno; el movimiento pausado, ondulante, de la manada de elefantes es como la venida de las nubes; el vientre redondo del elefante es como la panza de la nube. Y las nubes elefante del Serengueti, después de cuatro largos meses de sequía, cuando la tierra huele ya a desesperación y hasta los cachorros de los perros cazadores pueden morir de hambre en el fondo de las terreras, vienen latiendo como el corazón febril de un enfermo en crisis.

He estado, amigos míos, en el Serengueti en un par de ocasiones, cuando llegaron las lluvias. En el momento en que las gruesas, corpóreas, frescas y vivas gotas de agua caen desde las nubes hasta la tierra sedienta es como si se estuviera celebrando un pacto genesiaco, **es como si dos amantes eternos se hubieran encontrado después de perseguirse durante la noche de los tiempos, es como un abrazo infinito, con una cópula eterna**. El agua cae sobre la tierra agrietada y sedienta, y la tierra entera se llena de un olor penetrante a vida nueva, a ozono, y los animales soterrados, que todavía estaban vivos, surgen de su refugio para recibir a la lluvia. Una lluvia que empieza a caer tenuemente, con un riego infantil, pero que termina cayendo como una catarata atronadora, llenando la tierra con el tamborileo, no ya de sus gotas, sino de las masas infinitas de agua que bajan del cielo.

Cuatro días más tarde, la llanura agrietada, la tierra hostil, es un vergel. La hierba, nueva, crece de tal manera que se diría que puede vérsela nacer y que puede oírsela cuando las hojas trémulas, nuevas, salen de la semilla enterrada y empiezan a besar el sol y a sentir el extraordinario placer de la caída de la lluvia. Y uno, cuando está en el Serengueti con las primeras lluvias, sale corriendo de la tienda de campaña, o de la casa del amigo negro, o del todoterreno, y se deja inundar por el agua que corre por la cara salada de sudor, que corre por la cabeza grasienta de sol. Y uno siente perfectamente lo que la tierra sedienta y los animales en estivación deben sentir cuando llegan las primeras lluvias.

Escuche, amigo, escuche el corazón de la Tierra, mire cómo late. Pegue el oído a la hierba conmigo. ¿No siente cómo el enorme corazón está latiendo ya?

Desde una distancia de 150 km, 200 000 antílopes vienen a por la hierba. Bajan desde la caldera volcánica del cráter del Ngorongoro como torrentes, lo llenan todo con sus voces, con la caricia pesada de sus pezuñas sobre la tierra, sobre la hierba naciente, con su presencia; vienen a por la hierba nueva, vienen las hembras de los ñus preñadas ya, pesadas, a parir en la tierra de promisión. Llegan también los ñus desde las tierras malsanas de las riberas del lago Victoria, donde la mosca tsé-tsé hace imposible la vida del hombre. Vienen también desde el río Mara, donde viven los grandes, esbeltos y poderosos leones. Vienen de todas partes. Una mañana, durmiendo en la tienda, uno siente el tropel infinito de la vida de la mano de 100 000, 150 000, 250 000 o 500 000 animales de 250 kg de peso queriendo apoderarse de la hierba. Son los nómadas del Serengueti.

Y eso ocurre en un mundo en el que se ha terminado casi todo lo espontáneo, en el que los rebaños, no siendo rebaños conducidos por pastores que ya no quie-

ren ser pastores, prácticamente se acabaron hace muchos años. Pero estos, amigos míos, son rebaños sin pastor, que se conducen solos, son rebaños que seguramente desde el Pleistoceno, hace dos o tres millones de años, siguen las mismas rutas para marcharse de la sabana cuando esta se queda yerta y seca en la época en que deja de llover y retornar a la sabana cuando se transforma en la tierra de promisión.

Súbanse conmigo encima del techo de un todoterreno. **Cojan mis prismáticos y miren, miren a los lejos.** Una raya negra en el horizonte, como si de pronto las aguas oscuras de un mar viviente estuvieran inundando la tierra verde, avanzan y se les empieza a oír. Pero miren con más detenimiento: no caminan de una manera desordenada. Es asombroso. Siguen en apretadas filas y líneas, al frente de cada una de las cuales se encuentra una vieja hembra, un animal que, acaso, ha viajado ya 15 años desde la altiva caldera del cráter hasta las tierras del Serengueti, de las orillas del lago Victoria o desde la ribera del Mara hasta las tierras de promisión. **Viene la vieja hembra arrastrando un tropel infinito, el belfo al aire; viene como todas las viejas hembras de la manada, y las jóvenes con la vida nueva en el vientre.** Viene deprisa, porque quizá pasado mañana va a parir sobre la hierba nueva. Pero entre la marea negra, viviente, que lo inunda todo, se ve también una columna rubia, amarillenta. Son los leones; 12, 18, 25, 40 leones, en un solo grupo, avanzando con los ñus. Vienen con su carne, con su despensa viviente. Vienen cazando durante el camino a los nómadas, a los peregrinos. Se estarán con ellos durante los cinco meses que permanezcan en el Serengueti, y se volverán a marchar siguiéndolos hasta las tierras de estivación.

Y lejos de los leones, dando saltos y cabriolas, con la grupa aplastada, como si realmente, como piensan los masáis, llevaran al demonio sentado en la grupa, vienen las hienas, animales de ojos opacos, de pelaje híspido, hirsuto, de mandíbula poderosa, que van a tratar de arrancar a las hembras del ñu primerizas el recental, cuando aún no haya terminado de salir del claustro materno. Y vienen también, como una formación de aviones de caza o bombardeo tras un ejército en marcha, los buitres, centenares de buitres que saben que habrá multitud de placentas, de restos de festines de leones y de restos de comidas de hiena, que saben que la carne va hacia la hierba, y que, durante cuatro o cinco meses, el milagro de la luz se repetirá cada mañana. **Es la vida que metro a metro, paso a paso, minuto a minuto, viene hacia el renaciente Serengueti.**[53]

• • •

El tigre tiene la faz más hermosa de todos los animales, una cara abigarrada, pintada por el más surrealista e imaginativo de los modernos pintores, en la que se combinan el negro, el amarillo y el blanco, enmascarando los ojos fosforescentes, fríos y matadores, enmascarando la boca, que puede fracturar el cuello de un hombre en una décima de segundo. Cuando esa cara está en el claroscuro del atardecer de la jungla asiática, no hay nadie capaz de verla si el tigre no se mueve.

El tigre es una máquina matadora que no admite ninguna clase de comparación.

Al tigre no se le ve en donde habita, y puede permitirse el lujo de avanzar sin hacer un solo ruido hasta 3 m de su víctima, que puede ser un pequeño roedor del tamaño de una liebre, un ciervo de 25 kg, un búfalo de 800 kg de peso o un campesino indio que vuelve con los suyos de trabajar en el campo de arroz. El tigre puede matarlo todo y, por si fuera poco, nada perfectamente en los arroyos, en los pantanos de sus selvas. Pesca grandes peces, extrae de las aguas tortugas, caimanes y pequeños cocodrilos y se los come.[54]

• • •

Los vencejos pertenecen a un grupo ornitológico, a un orden zoológico, verdaderamente asombroso en sus capacidades adaptativas. Debido a la cortedad de sus patas —son denominados ápodos en lenguaje científico—, se los conoce con el nombre de apodiformes. No es que no tengan patas, es que las tienen muy cortitas. Este grupo ha creado tipos de aves tan asombrosos como los colibríes, piedras preciosas voladoras, seguramente las criaturas más fascinantes en toda la clase ornitológica, y los vencejos, que les van a la zaga. Los colibríes han explotado una fuente de nutrición por la que compiten únicamente con los insectos voladores: es el néctar de las flores tropicales o subtropicales americanas. Los vencejos explotan otra fuente de nutrimentos por la que compiten únicamente con las golondrinas; me refiero a los insectos voladores. Se las arreglan para capturar en el aire, con la boca abierta gracias a su vuelo sostenido y rapidísimo, la multitud de medianos y pequeños insectos voladores que constituyen lo que podríamos llamar el plancton aéreo. Así como los cetáceos, las ballenas, se limitan a nadar con la boca abierta para que la boca se les llene de plancton, pequeños crustáceos y otros animalillos que luego filtran con sus barbas y envían a sus inmensos estómagos, los vencejos se limitan a volar con la boca abierta, **ebrios de luz y de vitalidad**, para que esta boca, cubierta por una saliva pegajosa, se les vaya llenando de moscas, mosquitos, dípteros voladores y algunos coleópteros.[55]

• • •

Amigos míos, el cárabo y las rapaces nocturnas son perfectas máquinas de capturar roedores en la noche. Se sabe que, si una catástrofe biológica hubiera hecho desaparecer a todas las rapaces nocturnas de la noche a la mañana, en los albores del Neolítico, **el hombre nunca habría llegado al desarrollo de la agricultura**, porque los roedores, parásitos del hombre, habrían acabado con todas sus cosechas. El cárabo y todas las rapaces nocturnas están protegidos por la ley. Son, indudablemente, los mejores aliados del hombre del campo. Y creo que esto es una buena razón para que le perdonemos al cárabo su curiosa costumbre de lanzar en la noche esas carcajadas que ponen el miedo en el corazón de los niños y de los paseantes.[56]

• • •

El oso, ese plantígrado que ahora podemos ver, generalmente envilecido, en el foso o la jaula de un parque zoológico, o en la pista de un circo, es un animal perfectamente dotado de todas las cualidades que puede tener una criatura viviente, en especial un mamífero, para ser mitificado por el hombre y ser transformado en animal totémico.[57]

• • •

Nadie que vaya al cráter del Ngorongoro va para tener la más pequeña nostalgia, recordatorio o atisbo de la perdida Europa, de esa Europa fría, gimiendo bajo las lluvias y los hielos del mes de noviembre. El cráter del Ngorongoro es sinónimo de luz, de leones, de los esbeltos masáis, de bandadas de rojos flamencos. ¡Es África, siempre África![58]

Conocí a *Juanita* en el palacio del coto de Doñana. Me la presentó José Antonio Valverde, que la había criado, desde que mamaba, en su propia casa. Y debo decir que cinco años de observación en la naturaleza me han enseñado mucho menos sobre las mangostas que la bella *Juanita* en ocho días. Porque esta criatura inquieta, inquisitiva, curiosa e infatigable vive como sus hermanos salvajes. Puede campear por la orilla de la marisma cuando le apetece. Circula por los largos pasillos del caserón del coto con la misma familiaridad que un naturalista más. Y cuando alguien reúne las desconocidas y, seguramente, sutiles cualidades que despiertan su simpatía, *Juanita* se le sube descaradamente por las piernas con la intención de descabezar un sueño enroscada sobre sus rodillas. Así pude yo apreciar algunas de las más características particularidades anatómicas del meloncillo. Cuando *Juanita* se aferraba a las perneras de mis pantalones de pana para demostrarme su amistad, comprobé la primitiva anatomía de sus manos. **Y digo manos porque tienen cinco dedos, como las del hombre.** Tal vez ignore el lector que los animales tetrápodos y pentadáctilos (con cuatro extremidades y cinco dedos en cada una de ellas) somos muy antiguos y conservamos este atributo, común en los reptiles pero perdido por gran parte de los mamíferos y por todas las aves.

Quizá **lo más llamativo de *Juanita* y de todas las mangostas** del mundo sea su cuerpo fusiforme, cubierto por un pelambre fuerte, apretado y homogéneo, desde el hocico a la punta del rabo, sin un relieve —ni siquiera el de los pequeños y redondeados pabellones auriculares— que altere su armonía. Hasta las cortas extremidades se mueven en un trotecillo característico, casi ocultas entre los pelos del vientre y los flancos. Salta a la vista que la arquitectura de la mangosta está concebida para que el animal pueda moverse cómodamente en la espesura, para perforar el ramaje o el herbazal como el pez atraviesa las aguas y el pájaro los aires.

Claro que no todo van a ser ventajas en estos animalillos. Sus manos y sus pies, muy adecuados para palpar, agarrar, sujetar y excavar, son poco aptos para la carrera, porque sus articulaciones primitivas no les permiten movimientos amplios. Un hombre podría dar alcance al meloncillo en campo abierto. Y, desde luego, no creo que haya mangosta capaz de cazar un conejo en franca persecución. Su actividad favorita es el merodeo.

Juanita trotaba incansablemente delante de mí cuando la llevaba de paseo por el borde de la marisma. Seguía los rastros de los conejos con la alegría y la seguridad de un perro basset. Una mañana, como si fuera un enorme hurón, se metió en un vivar de conejos; a los dos minutos huyeron, como exhalaciones, dos de sus inquilinos por las salidas de emergencia y *Juanita,* que no tuvo éxito en su cacería subterránea, se sacudió la arena a la puerta de la conejera y continuó su infatigable rastreo. Descubrí una culebra de agua, una *Natrix maura,* y dirigí a *Juanita* hacia su encuentro. El ataque fue fulminante.

La decidida inclinación de las mangostas hacia la caza de los ofidios ha acarreado a estos simpáticos animales la protección del hombre en todos los países donde abundan las serpientes venenosas. En la Antigüedad se creía que las mangostas eran inmunes al veneno de las víboras y de las cobras, pero su invulnerabilidad reside en la rapidez y la agilidad. Su éxito se basa en una serie ininterrumpida de fintas, de las que se sirve el mamífero para provocar repetidamente el ataque del reptil, que nunca llega a su objetivo. En esta competición juega un papel decisivo la pura fisiología del sistema nervioso y muscular de ambos contendientes. Los reflejos de la mangosta son mucho más rápidos que los de la serpiente. Y la oxigenación de sus fibras musculares, más perfecta.[59]

• • •

El bosque auténtico son los árboles como Dios los puso, desordenadamente ordenados, mezclados con arbustos, rodeados de los cadáveres de los gigantes que abatió el rayo, dando sombra a su vez a los pequeños hijos de estos árboles que buscan la luz y que quieren perpetuarse en esa unidad fantástica, maravillosa, que se llama el bosque de hoja caduca, el bosque caducifolio, el sitio adonde todos queremos ir cuando hace calor y cuando atravesamos la penosa, la abierta, la calcinada meseta castellana.[60]

• • •

Parece como si alguna fuerza poderosa y amante, enamorada de lo verdaderamente bello, hubiera modelado nuestro mundo. O podría ser también que los colores y las formas con las que se viste nuestro planeta estuvieran grabadas como bellas en el caudal genético que como especie heredamos de nuestros antepasados. Quién sabe. En cualquier caso, la muerte de las hojas es uno de los espectáculos más maravillosos del mundo; no en vano, de todos cuantos procesos biológicos se ponen en marcha en nuestro planeta, los árboles en otoño han sido el tema que ha inspirado a más poetas. Quizá la muerte de las hojas únicamente podría ser comparada con la majestuosa e impresionante furia del mar.[61]

04

El anillo del rey Salomón

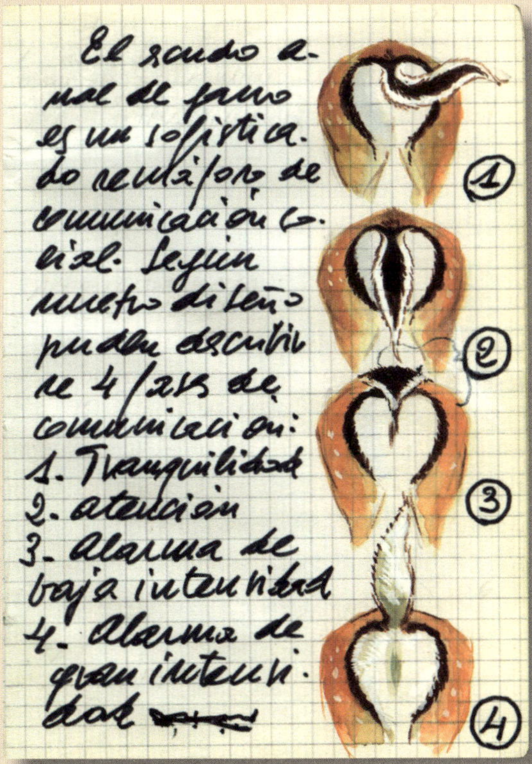

La leyenda que da nombre a este capítulo trata sobre el rey Salomón, quien, mediante el uso de un anillo mágico, podía comunicarse con todos los animales. Esta virtud singular le confirió una sabiduría extraordinaria. Quizá por esta razón, el profesor Konrad Lorenz, padre de la etología y premio Nobel junto a dos de sus compañeros en 1973, bautizó con este nombre una de sus obras más famosas, en la que desvela cómo es posible entender el lenguaje de los animales a través de la simple observación.

Félix sentía una gran admiración por Lorenz, a quien consideró su maestro. Entre ellos se desarrolló una afectuosa amistad, que culminó en el elogioso prólogo que Lorenz escribió para la enciclopedia *Fauna*. En homenaje a su influencia, he querido rememorarlo al hablar de la fascinación que mi padre sentía por la etología. Esta ciencia, aún joven y de vanguardia en la década de 1970, estudia la conducta, instinto y relación con el medio de los animales. En ella Félix encontró un filón, ya que le concedió una herramienta con la que explorar una de sus mayores inquietudes: la conducta del hombre como animal humano.

Félix necesitaba entender la condición humana, no como le habían enseñado los pensadores, filósofos o religiosos de los libros de texto, producto de nuestra historia más reciente, sino como lo que él intuía que éramos. Animales que, solo muy recientemente, habíamos conquistado una capacidad insólita en la historia de la evolución: el cerebro pensante y reflexivo. La pulsión que miles de millones de años de evolución y supervivencia en la naturaleza debía de tener en nuestra conducta era, sin duda, mucho más trascendental de lo admitido y asimilado hasta el momento. La vanidad y el orgullo infinito del hombre civilizado, incapaz de admitir su origen e identidad animal, era, además, una de las causas principales de nuestro divorcio de la naturaleza.

Como gran pionero y visionario en este campo, Félix sobrevuela creencias culturales e históricas y analiza nuestra condición humana como prolongación de la naturaleza, explicándose y explicándonos, desde el punto de vista etológico, conductas tan distintivas del *Homo sapiens* como la agresividad, la jerarquía, la territorialidad o la cohesión social. La mayoría de las conductas que nos caracterizan son, en realidad, producto de la evolución y pueden verse en otras especies similares a la nuestra, en las que es más fácil analizar su función y finalidad como herramientas de supervivencia y adaptación al medio. En nuestra especie, debido a nuestra escisión del marco natural en el que evolucionamos y el peculiarísimo desarrollo de un cerebro reflexivo, algunas de estas conductas pretéritas se han ido deteriorando. Es el caso de la agresividad, que, transfigurada en violencia, ha dado lugar a conductas únicas a nuestra especie como las guerras, el gozo ante la muerte o el sufrimiento ajenos, o la destrucción del medio. Dado que nuestras armas no son características anatómicas sino creadas por el cerebro, Félix reflexiona sobre la posibilidad de que sea el cerebro el único que nos pueda conceder pautas de apaciguamiento de nuestra agresividad.

De ahí la importancia de una educación temprana e impregnada de una ética y una moral empática y reflexiva con la vida en todas sus manifestaciones, «porque, si seguimos cultivando y refinando nuestra agresividad, no tardará en volverse contra nosotros mismos como el más temible de los leones». Tal era la preocupación que Félix sentía por esta pulsión desinhibida en nuestra especie, que señaló que «si un día la humanidad pudiera conocer la etiología de su gran enfermedad, que es la violencia, y pudiera administrar una terapéutica al gran enfermo que es la especie humana, ese día seguramente estaríamos en las puertas del paraíso».

El lobo fue una especie determinante en su estudio de la etología. La radical disparidad entre lo que le habían contado de niño sobre «el gran proscrito» y lo que él sintió que emanaba de «la faz del lobo» en su primer encuentro con el animal le impulsó a indagar, a través de su propia experiencia, en lo que había de verdad en la tan denostada conducta de esta criatura. No solo desveló que prácticamente todas las atribuciones con que se había vilipendiado a este depredador no eran ciertas, sino que en él podíamos ver reflejadas muchas de nuestras conductas, consideradas como más nobles. En el caso de la jerarquía, por ejemplo, nos explica cómo esta es esencial en la cohesión y buen funcionamiento del grupo, en todos los depredadores sociales. Pero, a diferencia de nuestra especie, el lobo alfa lo es por atribuciones excepcionales que tiene que demostrar casi a diario. Lo es por elección del grupo y con el objetivo último de la supervivencia de la colectividad. En contraste, en algunas jerarquías humanas, el abuso de poder de líderes oportunistas y no especialmente bien dotados deviene en el uso de la violencia como herramienta de sometimiento y opresión.

Otra disertación sumamente interesante y adelantada a su tiempo fue la que Félix hizo relativa a la mujer. Después de analizar el dimorfismo sexual y las diferencias evolutivas entre ambos sexos, llega a la conclusión de que la conducta depredadora y agresiva de nuestros antecesores estuvo circunscrita, en gran medida, a los machos, mientras que las hembras retuvieron la conducta de las especies precedentes, frugívoras y más pacíficas. A partir de esta premisa, va hilando hasta llegar a la conclusión de que quizá, en términos de conducta y pulsiones, el liderazgo de las mujeres al frente de una sociedad futura forjaría una colectividad más pacífica y equilibrada que las sociedades patriarcales que nos han precedido.

En la actualidad, aunque la etología ha crecido exponencialmente en lo relativo al estudio de la conducta de los animales, no ha terminado de ocupar el lugar que mi padre exploró con relación al estudio del animal humano. Seguimos, en muchos sentidos, considerándonos distintos y distantes de nuestra gran familia animal.

ORF

El territorio, la jerarquía, la agresividad, el cooperativismo, el altruismo y la nobleza no son pecados o virtudes exclusivamente humanas. Todos los matices de nuestro comportamiento **estaban esbozados ya en el mundo de las criaturas** que llamamos inferiores.[1]

• • •

Hay muchas funciones que el ser humano comparte con todo animal: su corazón late, sus arterias tienen una tensión, su mente ocupa la región encefálica igual que en cualquier otro mamífero y está sometido a unas normas a las que obedecen todos los animales. **Hay mucho en usted y en mí —quizá más en mí, que amo tanto a los animales— de instintivo, de pulsión.** Hay algo que está ya predeterminado por la evolución de mi conducta, no como hombre, sino como animal. Cuántos secretos, cuántas maravillas podrían ponerse sobre el tapete en el estudio de la conducta del hombre, considerando lo que este tiene de animal. Eso sí, sin quitar nada de lo que tiene de hombre, ni siquiera de lo que puede tener de ángel, pero buscando las raíces en el substrato animal de muchas cosas que creemos que pertenecen a lo más elevado de lo que tenemos de hombres. En definitiva, el **«animal humano»**.[2]

• • •

El hecho de que la compañía de los animales sea tan agradable para el hombre, como lo demuestra el gran número de personas de todas las clases sociales que conviven en sus casas con perros, gatos, monos y distintas especies de aves o mamíferos, es un buen exponente de la satisfacción que siente, generalmente, el estudioso de la conducta animal en sus largas horas de contacto con sus pupilos.

La etología es una rigurosa disciplina que puede desvelar al hombre misterios que todavía ocultan muchas pautas de su conducta: la agresividad, la jerarquía, el imperativo territorial, las alteraciones ocasionadas por la superpoblación, el cooperativismo y la filantropía.

Muchas de las llamadas virtudes o de los llamados vicios del hombre tienen sus raíces profundas en el comportamiento de los vertebrados. **Quizá, estudiando las complejas interacciones de la conducta en los mamíferos depredadores sociales —lo que nosotros hemos sido durante más de dos millones de años—, podamos conocernos mejor a nosotros mismos.**[3]

La conducta del hombre fue, durante muchos siglos, patrimonio de unos pensadores (vamos a emplear esta palabra) que me inspiran y me han inspirado siempre un enorme respeto: los filósofos. Ya los filósofos de la Grecia clásica, y seguramente antes los filósofos egipcios, y mucho antes los filósofos paleolíticos —que había filósofos, o «amantes de la sabiduría», aunque aún no se hubiera inventado la palabra *filosofía*—, se pusieron a pensar y especular sobre la conducta humana, empezando, eso sí, la casa por el tejado, es decir, jugando exclusivamente con las ideas.

De esa manera se analizaron casi todas las tendencias del hombre, entre ellas la más importante, la más dramática, la más característica, la que vamos a tratar de esbozar: la agresividad, la violencia, la territorialidad, la jerarquía. Pero los filósofos, prácticamente hasta anteayer, seguían intentando construir la casa por el tejado, porque no sabían nada sobre los cimientos de esa casa. Qué genialidad la de aquellos hombres capaces de llegar a consecuencias positivas y adaptativas —que esta es ya palabra científica— sin saber aún lo que era una neurona, sin que el microscopio hubiera descubierto todavía que el pensamiento se origina en un tejido que forma la masa gris del cerebro de los vertebrados. Qué milagro, qué intuición, qué capacidad la de ese cerebro que ellos mismos desconocían. Y así se pasaron, los filósofos y otros estudiosos de la conducta, siglos y siglos barajando entidades, muchas veces abstractas, para tratar de adivinar algo sobre lo que se ha llamado el espíritu, el alma, la conducta, el comportamiento del hombre.

Por eso, queridos amigos, en época contemporánea, cuando al hombre le ha interesado conocer los resortes de su propio comportamiento y de su propia conducta, no ha tenido más remedio que acudir a la etología comparada para tratar de esclarecer un poco **el más profundo, negro y trascendental de los arcanos en los que se mueve: su propio comportamiento.**[4]

• • •

La **violencia está presente en todos los niveles.** Hay violencia social, violencia generacional, de jóvenes contra adultos y de adultos contra viejos, incluso violencia de sexo, como la emancipación, la lucha por la igualdad, la lucha de la mujer contra el hombre o del hombre contra la mujer. Así, la violencia caracteriza y subraya la esencia de nuestra propia especie.

Todas, todas las especies vivientes son violentas, son agresivas. Se atacan entre sí. Lo que ocurre es que la mayor parte de las especies cuentan con mecanismos para que la agresividad y la violencia no supongan derramamiento de sangre en las confrontaciones que tienen lugar por diversas causas.

Y resulta que los animales y los humanos competimos, reñimos, nos agredimos exacta y básicamente por las mismas razones: el territorio, la jerarquía y, finalmente, la fuente de nutrientes y la hembra en celo. En estas cuatro columnas vamos a basar un somero estudio que podríamos llamar «las raíces de la violencia».[5]

• • •

Dos apacibles herbívoros, en un espacio cerrado del que no puedan huir, son capaces de asesinarse irremisiblemente por causas territoriales o vinculadas a la lucha por la hembra en celo, mientras que dos carnívoros están totalmente incapacitados para hacerlo.

«¿Por qué razón, doctor? Usted es un apasionado de los lobos, pero no creíamos que tanto. Ahora nos viene a decir que son mejores los lobos, los tigres, los leones y las comadrejas que las pobres tórtolas de la India, los corzos o los corderitos.»

En ese aspecto son mejores, pero sin quererlo, pues no tienen conciencia de lo que hacen. Cuando la naturaleza ha dotado a una especie animal de unas armas que le permiten sobrevivir como depredador, es decir, matando todos los días para alimentarse, si la propia naturaleza no hubiera tomado unas medidas para que ese animal no emplee esas mismas armas para asesinar a sus congéneres, en las luchas determinadas por el amor, por el territorio o por la competencia sobre la comida, los días de esa especie habrían estado contados.

Todos los carnívoros y depredadores pueden controlar perfectamente su agresividad para evitar la matanza de sus congéneres; en cambio, a los herbívoros, a los fitófagos, no les hace falta controlarla puesto que carecen de armas contundentes.[6]

Los mustélidos son carnívoros extraordinariamente juguetones porque parece probado que, durante la infancia y la juventud de estos animales —tremendamente agresivos y perfectamente dotados para dar muerte a sus víctimas—, los juegos permiten un contacto entre los distintos miembros de las familias, lo que va inhibiendo su agresividad natural a modo de válvula de escape a su violencia potencial. No tenemos nada que objetar a tales consideraciones etológicas mientras no se incluya en ellas al más hermoso, inteligente y juguetón de los mustélidos: la nutria. Porque durante los muchos años que he convivido con nutrias, durante las interminables horas que he dedicado a su observación y a su filmación, las he visto poner en práctica **sistemas de juego que pueden no tener nada que ver con la inhibición de la agresividad** y tratarse, más bien, de la materialización de un infinito torrente de recursos psíquicos —me atrevería a decir que imaginativos— que la nutria parece obligada a liberar con estos insólitos, ingeniosos y divertidos juegos.

Una bonita hembra española, llamada *Lola* por los miembros de mi equipo, vivía en un pozo cristalino del río Dulce. Su juego favorito consistía en sumergirse verticalmente, coger una piedra con sus recias zarpas, subir a la superficie con toda celeridad, colocar la piedra sobre el dorso de su corto hocico, extender violentamente el cuello para lanzar la piedra hacia el cielo, seguir su trayectoria con la vista, esperar que el proyectil cayera nuevamente al agua, para lanzarse entonces en una rapidísima inmersión y recuperarla antes de que tocara el fondo. La nutria pasaba mañanas enteras entregada a este fascinante ejercicio, que no era más que uno de los infinitos recursos de *Lola,* de *Teo* (el macho que la acompañaba) o de cualquiera de las muchas nutrias que he conocido. Los toboganes, los juegos del escondite, el «que te cojo», el 'waterpolo' con madera flotante, o cualquier otra actividad, por asombrosa que parezca, pueden entretener a las nutrias durante sus interminables sesiones de juego.[7]

• • •

Quien haya visitado con alguna frecuencia los parques zoológicos y se haya detenido en los fosos donde viven los monos terrícolas, hamadrias y papiones, habrá comprobado que estos fuertes y agresivos simios dedican una buena parte del día a despulgarse mutuamente. Un gran macho, con los ojos cerrados de satisfacción, se deja quitar unas reales o imaginarias pulgas por un par de solícitas hembras y un meticuloso compadre de rango inferior. Se ha comprobado que, por encima de la importancia higiénica que tiene la desparasitación mutua, **este acto está al servicio de la cohesión social.** Entre animales agresivos y rígidamente jerarquizados, los miembros de las diferentes clases sociales pueden entrar en contacto físico únicamente para quitarse las pulgas. Un ignorado macho de tercera clase puede acercarse así, humilde y solícito, al líder de la horda, que se dejará despulgar, complacido, por su servidor. En etología, este matiz del comportamiento se considera como un rito de «facilitación social». Y no es nada nuevo para los seres humanos, que en nuestros cócteles podemos también entrar en contacto con los más altos personajes de nuestra sociedad agitando un vaso de *whisky* en la mano derecha en lugar de quitarles las pulgas. Nuestros cócteles, copas de vino y aperitivos son, en definitiva, actos de facilitación social.[8]

• • •

Un lobo no puede morder la garganta que le ofrece su antagonista, como un hombre normal no puede abofetear a un niño que sonríe.[9]

• • •

Llegaría a admitir, y creo que ustedes conmigo, que un hombre que se limitara simplemente a tomar de la tierra la cantidad de proteínas animales que necesita para sobrevivir se puede considerar como tolerable. Pero lo que es tremendo es que el hombre sienta placer, por primera vez en la historia de los seres vivos, en matar. **El hombre es el único carnívoro que mata por gusto,** por deporte, y esto es absolutamente asombroso.[10]

• • •

Tengo en mi casa cinco lobos, que me aceptan como jefe de manada, y a los que he llegado a conocer profundamente, y puedo decir una cosa: todos los carnívoros que pueblan nuestro planeta, todos esos seres a los que se ha considerado la encarnación del demonio y a los que el hombre ha venido persiguiendo, no sé con qué derecho, **matan únicamente aquello que necesitan para comer.** No conozco, ni creo que se haya dado jamás, el caso de que un león, un leopardo u otro carnívoro haya matado exclusivamente por placer o por gusto. La única criatura viviente que lo hace es el hombre, y mientras sigamos en el seno de una sociedad en la que el matar se considera un placer, un negocio, un espectáculo o un deporte, habrá, desde luego, para rasgarse las vestiduras.[11]

Para mí no puede haber nada tan hermoso como la flauta de la oropéndola en la umbría de una chopera castellana. Con sus notas frescas, con sus trinos inimitables, está revelando cosas tan profundas como la misma vida. **Está comunicándonos nada menos que las razones básicas de su existencia.** Su voz de plata, mezclada con el murmullo de las hojas, está diciendo al mundo: «Hace años que cuelgo mi nido en las horquillas de estos chopos. Vengo aquí desde las selvas africanas. Este recodo del río me gusta porque hay gusanos suficientes para alimentar a una familia. Por eso espero una hembra que comparta mi propiedad, pero no toleraré un macho que ponga en peligro mis bienes».[12]

• • •

Si seguimos cultivando y refinando nuestra agresividad, no tardará en volverse contra nosotros mismos como **el más temible de los leones.**[13]

• • •

Quizá milenios de supervivencia frente a las fieras, recuerdos de épocas remotas en que los relatos de los matadores de hombres debieron de estar

presentes en las cavernas y campamentos de nuestros antepasados paleolíticos, ponen en el rugido de los grandes félidos la nota **misteriosa y terrible** que hace temblar de miedo a la presa ante el predador.[14]

• • •

El hombre es el más agresivo de los animales, el único realmente especializado en la fabricación y utilización de armas, el único que mata más de lo que necesita comer, que ha transformado la matanza en un deporte, que experimenta un auténtico y congénito placer en derramar la sangre de los seres vivos; tan feroz es que, no contento con haber exterminado millones de animales, mata de vez en cuando a millones de sus semejantes para seguir poniendo a punto su tremenda e implacable capacidad **para desarraigar la vida.**[15]

• • •

Todos los carnívoros aportan presas vivas y disminuidas a los jóvenes aprendices que, en una sangrienta mezcla de juego y de muerte, van perfilando los complejísimos sistemas que les permitirán sobrevivir en el futuro. Más adelante, darán muerte a sus víctimas de la manera más rápida, que es al mismo tiempo la que ocasiona menos sufrimientos a la presa y menos peligros para el matador. **En la naturaleza solo pueden verse espectáculos sangrientos**, comparables a tantas fiestas protagonizadas por el hombre, cuando los depredadores adiestran a sus jóvenes hijos para el duro oficio de cazador.[16]

• • •

Para vivir en sociedad, los cazadores, bien armados, precisan unas **evolucionadísimas pautas de conducta** capaces de ponerles a salvo de las heridas que podrían ocasionarles las querellas jerárquicas, si emplearan en ellas las garras o los colmillos. En este aspecto, no hay animal tan perfecto como el perro cazador o licaón. Llegan tan lejos en la vida comunitaria que, se dice, son animales de estómago común, porque después de capturar la pieza y devorarla con increíble voracidad, retornan a las terreras donde permanecen los cachorros y algunas hembras, y regurgitan el contenido de sus estómagos, que es meticulosamente repartido e ingerido nuevamente en función del hambre de cada uno de los miembros de la manada.[17]

«¿Qué ventaja, doctor, puede tener la jerarquía en los animales sociales?» ¿Que qué ventaja? Sin jerarquía es inconcebible el éxito de una sociedad. ¿Por qué muchos animales se organizan en sociedades? Porque hay algunos animales que por sí mismos y por separado no podrían sobrevivir. En determinadas épocas del año, los lobos, si no actuaran en conjunto, serían incapaces de dar alcance y matar animales como, por ejemplo, los ciervos, los renos, los alces o los caballos salvajes, que les sirven de alimento. Viviendo exclusivamente de pequeños animales, como liebres, conejos y roedores, no obtendrían las suficientes calorías para mantener sus cuerpos y sus poblaciones.

Precisamente por esta razón, por un problema ecológico, es decir, económico, algunos depredadores, como los leones, los lobos, los licaones o las orcas, son depredadores sociales. Ahora bien, un grupo de depredadores sociales donde no hubiera un orden para el reparto de la presa, donde no hubiera una estrategia para los lances de caza, donde cada cual hiciera lo que le apeteciera, lejos de ser una ayuda para los miembros de la comunidad, implicaría una competencia mucho más feroz e insoportable que si cada uno de los miembros de esa comunidad actuara por sí solo sin integrarse en un grupo.

Precisamente por eso, en todos los grupos de animales sociales jerarquizados, **los derechos máximos de los líderes jerárquicos se basan en la toma de decisiones.** No crean ustedes que el lobo dominante será siempre el primero que coma. El primero que lo hace es generalmente el que tiene más hambre y demuestra más agresividad en el reparto de la presa. Ahora bien, los lobos que ocupan los primeros puestos en la jerarquía de la manada son aquellos que, cuando se levantan para cambiar de sitio, todos, sin dudarlo un momento, se levantan y los siguen. Son aquellos que cuando están pasando 1, 2, 3, 4, 25 o 100 ciervos delante de la manada de lobos emboscada en el sotobosque, deciden cuál es el ciervo al que hay que atacar.

Lo deciden quizá porque hayan entrevisto un gesto que demuestra la debilidad de aquel animal, lo deciden porque está cojo, porque lleva la cabeza baja o porque es un animal herido, pero solo los dominantes del grupo osarán levantarse para llevar al resto de la manada, que puede estar compuesta hasta por 50 individuos, al ataque gregario de un animal determinado. Y cuando se está llevando a cabo el ataque, el lobo que se situará en el punto neurálgico, el lobo que, en un momento determinado, dando un giro, se llevará detrás a toda la manada, será siempre también el lobo dominante.[18]

El orden jerárquico en los animales sociales es tan viejo como sus propias sociedades. Este orden jerárquico, en la defensa o en el ataque, está tan presente y es tan fácil de identificar como el color del pelaje o como las formas de los cuerpos. Es algo que está en el caudal genético de estas especies. No es un proceso de raciocinio o reflexión, puesto que los animales carecen de este complejo mecanismo de la mente humana. Es simplemente una pulsión, la misma pulsión que lleva al dominante a apoderarse de la banana más apetecible, que le lleva también a enfrentarse con el leopardo cuando este ataca.

También en la especie humana la jerarquización fue muy rígida desde los primeros momentos de su existencia. No es un invento social o político, es algo que llevamos en nuestros genes y que aplicamos en todas las comunidades humanas, sean estas un grupo de investigación, un grupo comercial o el equipo de realización de una película. Me atrevería a decir que hasta dentro de los muros de un cenobio contemplativo hay siempre una jerarquía, pues no se puede vivir sin una jerarquía.

En muchos aspectos, queridos amigos, podemos sacar consecuencias del mundo de los vertebrados superiores al analizar ese tremendo tributo que pagamos por la violencia que llevamos inscrita en nuestros genes. Hemos visto, quizá abrumados, que el imperativo territorial, del que no cabe duda participamos los seres humanos como depredadores que somos —decíamos que todos los depredadores defienden territorios—, como grupos defensivos en los que nos hemos movido durante millones de años, es dilucidado en el resto de los vertebrados bien dotados mediante combates ritualizados que cuentan siempre con pautas de conducta inhibitorias capaces de garantizar y evitar el derramamiento de sangre; garantizan que el combate sea un duelo entre caballeros. Que el vencido solo sea empujado por la cornamenta del ciervo, que sirve para empujar pero no para herir, o que el cuello bien protegido por la melena del león o del lobo sea ofrecido voluntariamente, que es una manera de paralizar las armas del vencedor, permite dilucidar las contiendas territoriales sin derramamiento de sangre.

En el orden jerárquico, hemos observado en los animales distintos sistemas inhibitorios como en el caso del lobo, que ofrece la yugular, o en el del papión, que se da la vuelta y toma toda la actitud y el aspecto de una hembra para paralizar el ataque del vencedor. Pero el hombre carece de estos sistemas inhibitorios; de hecho, la historia está llena de contiendas interiores, jerárquicas, en las que el vencido no pudo detener el puñal del vencedor. De ello se puede sacar una consecuencia: en lo que se refiere a los antropoides, las cargas de agresividad tanto territorial como jerárquica son muy marcadas; en cambio, en los otros animales se evita el efecto nocivo o negativo de esta carga de agresividad mediante pautas ritualizadas de conducta, que actúan en forma de instintos o de impulsos y que evitan siempre el derramamiento de sangre.

Quizá, como las armas humanas son inventadas, como hace muy poco tiempo que las tenemos entre nuestras manos, la previsora naturaleza no ha tenido tiempo de dotarnos también de mecanismos instintivos inhibidores de agresividad. Pero si la razón, la mente, la reflexión, si el gran cerebro que tenemos los seres humanos nos ha dotado de armas, quizá también deba ser este cerebro el que nos dote de mecanismos inhibidores o controladores para el empleo de estas armas.

Desde hace muchos años, este ritualizado comportamiento reflexivo se ha venido llamando ética, moral, caballerosidad, decálogo, etc. Desde el principio de los tiempos, para controlar y contrarrestar el efecto de las armas inventadas y manejadas, los hombres han tenido mecanismos de conducta reflexiva, decálogos que han tratado de demostrar que también en el mundo de las armas inventadas puede y debe caber un control de la agresividad. Quizá, amigo mío, cuando vaya hoy en su coche y acabe de oír esta disquisición sobre las raíces de la violencia, que tal vez no le haya enseñado gran cosa pero al menos le habrá mostrado que en el mundo de los animales la violencia también existe y se controla muy bien, quizá cuando en un semáforo, sin querer, otro vehículo le propine un pequeño golpe en la carrocería de su automóvil, en lugar de sacar la cabeza por la ventanilla iracundo, en lugar de desbocar su agresividad, recuerde que el resto de las especies zoológicas pueden controlarla.

Sonría. Es muy posible que la sonrisa sea un arma que la evolución de la conducta humana ha regalado al propio hombre para que de alguna manera le diga a su prójimo que no quiere seguir peleando.[19]

• • •

Si el hombre en su naturaleza carece de colmillos y de garras, carece de la potencia muscular de los grandes matadores, ¿por qué la evolución se iba a haber tomado la molestia de dotar al *Homo sapiens* de unos mecanismos inhibitorios que, como en el mundo del lobo, en el del león o en el del venado, le permitieran controlar su propia agresividad? **Si las armas son un invento del cerebro, esa ya es otra cuestión, diría la naturaleza.**[20]

Somos violentos, los más violentos de todos los seres vivos, los únicos que practican un deporte dramático y espantoso llamado guerra organizada. Somos la única especie que se ha ocasionado a sí misma, solo en un siglo, más de 50 millones de muertos. Y también es violencia y agresividad todo aquello que la especie humana ejerce contra el medio que le soporta y que degrada la naturaleza. **Si un día la humanidad pudiera conocer la etiología de su gran enfermedad que es la violencia, y pudiera administrar una eficaz terapia al gran enfermo que es la especie humana, ese día, seguramente, estaríamos en las puertas del paraíso.**[21]

• • •

En la especie humana, los machos se hicieron cazadores, depredadores, carnívoros, en el sentido etológico de la palabra, mientras que las hembras permanecieron en la ancestral búsqueda de vegetales y pequeños animales. No somos una especie carnívora, somos una especie de machos carnívoros y de hembras omnívoras, al margen de lo que coman, porque ya sabemos que el macho aportaba la gacela o el antílope a la caverna o al campamento. Ya sabemos que aquel antílope se repartía entre machos y hembras, y sabemos que el 70% de lo que debieron de comer nuestros antepasados en sus cavernas, y lo que comen los pueblos primitivos actuales —yo he vivido entre ellos—, era aportado por las hembras y por los jóvenes del grupo en forma de vegetales y de pequeños animales fáciles de capturar, mientras que solo el 30% es lo que traían los especialistas en la caza y en la matanza, que eran los machos.

Creo que aclararíamos mucho las cosas si llegáramos a la conclusión de que, en el cambio de la conducta, en el cambio de las formas que experimentó el hombre para acceder a la posición ecológica de la cúpula de la pirámide, es decir, de la depredación, **fue el macho quien protagonizó dicho cambio y no la hembra**, aunque ambos comieran las mismas cosas. Porque comer no es lo mismo que dedicarse a la captura, a la persecución, a la matanza de las grandes presas.

Los machos se han ido especializando en dos cosas que han marcado la pauta de la historia humana desde que el hombre es hombre: la guerra y el conflicto político. Por un lado, tienen que defender los territorios de sus feudos de caza de la presión de las hordas y las tribus vecinas, que no dejarán de aprovechar cualquier oportunidad (una epidemia, la muerte por accidente de dos o tres machos en la lucha por un rinoceronte, etc.) para invadir el coto de caza del vecino y expulsarlo hasta tierras peores. Y, por otro lado, esos mismos machos líderes que, en miles de años, han ido cambiando esta función de defensores de sus territorios, también han tenido que dilucidar sus querellas internas para saber quién es quién dentro del riguroso estatus político jerárquico de las tribus de nuestros antepasados, en el mosaico del grupo zoológico humano. Para entenderlo no es necesario ir al pasado, basta ver qué pasa hoy con los partidos políticos y sus líderes.

El dimorfismo sexual de la especie humana ha llevado únicamente al macho al alejamiento de las pautas de conducta y también, en cierto modo, de las formas ancestrales del primate, que es un animal básicamente pacífico, para transformarse en este ser horroroso, el único ser viviente que practica la actividad bélica desde hace millones de años, el único que esclaviza, que asesina, que viola, el único ser viviente que roba, y resulta que se llama *Homo sapiens*.

Observamos que las características diferenciadoras más básicas del macho humano con respecto a las de la mujer las adquirió en su calidad de depredador social: barbas y melenas llamativas, voz tonante y una diferencia de porte y tamaño, atributos que tienen todos los machos de los depredadores sociales.

Además, estos atributos bélicos los emplean muchos machos en los conflictos internos que podríamos llamar de prepolítica, de parapolítica o, si quieren, de jerarquía social del homínido ancestral. Por consiguiente, los hombres, distintos de las mujeres de nuestra especie, adquieren lo que hasta la fecha hemos considerado atributos dominantes —al menos así los llaman los llamados machistas— como consecuencia de una adaptación atípica del tronco de los primates al que pertenecemos. Por ser depredadores, nos hicimos territoriales; por ser territoriales, tuvimos que hacernos guerreros; por ser territoriales y guerreros, tuvimos que hacernos policías de nuestro propio orden interno, mientras que la hembra siguió fiel a las pautas de conducta del primate ancestral, básicamente recolección y captura de comida fácil; fundamentalmente, administra los bienes, las proteínas y las capturas que el macho, especializado ya en la caza, en la defensa y en la política, aporta a la caverna, y administra la vida de esos pequeños machos que después se van a separar de ella cuando les salga la barba y se transformen en cazadores y en guerreros. La hembra permanece fiel, por consiguiente, a las pautas básicas de la conducta del grupo zoológico al que pertenecemos, mientras que el macho se va di-

ferenciando en lo que, para mí, es una actividad atípica de los primates y que podría conducirnos a una catástrofe.

¿Y si la humanidad terminara en un auténtico matriarcado? ¿Y si para acabar con esas tremendas especializaciones (que parece ser que solo se dan en el macho humano: la guerra, el conflicto político, el dominio) fuéramos hacia un mundo dominado por las mujeres? ¿Hay, querido doctor, algún modelo al que copiar? Los que han tenido más éxito son los animales más viejos del planeta: los matriarcados de abejas, de termitas, de hormigas. **Si las mujeres fueran capaces de imprimir su profundo sentido de la paz, de la armonía y de la dulzura a este mundo, yo, de verdad, me apuntaba al matriarcado.**[22]

• • •

En Castilla, las ovejas han sido desde tiempo remoto animales básicos en la economía. Por ello, hay refranes que han nacido de la observación del comportamiento de estos rumiantes. En el **«oveja que bala, bocado que pierde»** hay que ver algo más que la simple glotonería de un animal que come en competición con los otros componentes del rebaño, en una ladera de Valladolid o Segovia. Todos los rumiantes comen muy deprisa, como si, efectivamente, perder un bocado constituyera para ellos una verdadera tragedia. Para comprender bien el auténtico significado de esta prisa conviene volver a observar a un rumiante de las sabanas mientras pasta cerca de un bosquecillo de acacias. En las ramas de los árboles puede esconderse el leopardo que, en cualquier momento de descuido del herbívoro, caería sobre su cerviz. Y entre las altas hierbas se ocultan los leones, que tampoco perdonarían una distracción de sus presas favoritas. Y como mientras los herbívoros comen tienen la nariz hundida en el pasto, el movimiento de la articulación temporomaxilar debilita parcialmente su capacidad auditiva y los ojos se mantienen bajos, resulta que,

por ejemplo, un ñu ve mal, oye poco y no puede olfatear mientras recolecta apresuradamente la hierba que le sirve de alimento.

Y aquí nos encontramos con otra gran conquista del animal herbívoro más especializado: su capacidad para recolectar rápidamente una buena masa de vegetales, llenar con ella su panza y retirarse después a las zonas más seguras y despejadas de un territorio desde donde, con la cabeza levantada y con todos los sentidos alerta, podrá volver a remasticar los vegetales ingeridos mientras vigila a sus enemigos, en un proceso muy evolucionado que se conoce con el nombre de rumia.[23]

• • •

Después de pasar muchos meses en plena sabana, recorriendo en todas direcciones las más importantes reservas de Kenia, Uganda y Tanzania, se ven menos ataques de los leones a las cebras, menos carreras de los guepardos tras las gacelas y menos cargas de los elefantes que en una sola película de 15 minutos de duración. **Afortunadamente para ellos, los animales herbívoros africanos se enfrentan con sus cotidianos peligros con tanta frialdad como los seres humanos nos enfrentamos con los nuestros.** Estadísticamente, una cebra no tiene muchas más probabilidades de ser devorada por un león que un ciudadano europeo o americano de morir al volante de su propio automóvil. Sin embargo, las cebras pastan a pocos metros de los felinos y los hombres seguimos viajando en coche por carretera sin grandes preocupaciones. Y es que la resistencia nerviosa de los seres vivos tiene un límite. Una tensión constante por parte de los cazadores y de los cazados no conduciría más que al despilfarro de energía, lo cual se opone a las leyes de la naturaleza, estrictamente ahorrativas.[24]

• • •

Desde tiempos inmemoriales, los seres humanos han acostumbrado a **depositar en ciertos animales virtudes o vicios** que, realmente, solo pertenecen a nuestra propia especie. El águila real ha sido siempre el símbolo de la nobleza, aunque objetivamente esta rapaz no sea más noble ni más villana que el cuervo o el halcón. El león ha personificado siempre el valor, sin tener en cuenta que otros muchos carnívoros son tan temerarios o tan cobardes como el llamado rey de los animales. En esta línea de etiquetar la fauna con matices del comportamiento humano, se ha venido tildando al lobo de cruel durante siglos. Todo lo abominable, como la sed de sangre, la traición o la cobardía, se ha atribuido al lobo por la mente popular. Sin embargo, este cánido salvaje, por ser un animal social, resulta sumamente cooperativo, rígidamente jerarquizado y con una inteligencia que superaría a la de cualquier otro carnívoro salvaje. Los lobos adoptan a los cachorros que quedan huérfanos, alimentan comunitariamente a las hembras lactantes y a las crías, reparten sin violencia las presas que capturan y hacen gala de tales virtudes sociales que quien los conoce profundamente —como el autor de estas líneas— solo puede identificarlos con un animal a quien el hombre ha dado el título de fiel amigo. Me refiero, naturalmente, al perro. En una manada, un lobo es para el lobo dominante lo mismo que un perro en una casa para su dueño. Y hacia los cachorros, el lobo manifiesta la misma ternura y vigilancia que el perro doméstico hacia los niños pequeños.

¿Cuál es la razón, entonces, de que el hombre haya venido calumniando y persiguiendo al lobo desde hace siglos? Estamos convencidos de que la causa de la guerra del hombre con el lobo tiene profundas raíces. El gran cánido salvaje es prácticamente el único competidor del *Homo sapiens* en la región holártica, el único animal que, por su prodigiosa capacidad de adaptación, por su eficiencia como predador, ha venido disputando al hombre una no despreciable parte de 'sus bienes' desde que ambas especies conviven en las regiones precisamente más antropógenas y civilizadas del mundo.

Habría que remontarse al Paleolítico para bucear en el origen de las relaciones entre el hombre y el lobo. Cuando toda Eurasia estaba cubierta por las tundras y las taigas, cuando el clima glacial en sus intermitencias hacía fluctuar una poderosa fauna de renos, caballos salvajes, bisontes, uros y ciervos, dos poderosos cazadores se repartían el gran tesoro de proteínas vivientes. Eran dos cazadores sociales, comunitarios y jerárquicos. Ambos vivían en clanes que podían alcanzar más de 50 individuos, ambos poseían finos medios de comunicación al servicio de su estrategia venatoria, ambos podían abatir desde el gran bisonte a la pequeña liebre gracias al trabajo combinado de varios miembros del grupo. Estas dos poderosas criaturas, que se enseñorearon durante milenios de la fauna holártica y pudieron sobrevivir única y exclusivamente de la caza mientras Eurasia fue un paraíso animal, eran el lobo y el hombre paleolítico.

¿Hasta qué punto la competencia entre los **dos únicos cazadores sociales de la región holártica** resultaba perjudicial para ambos? Todo parece indicar que, hasta la aparición de la agricultura y el pastoreo, el hombre y el lobo compartieron el hemisferio norte sin hacerse una verdadera guerra. Cazadores paleolíticos históricos, como los pieles rojas de los bosques y praderas norteamericanas o los actuales esquimales e indios del norte del Canadá, carecen en absoluto de la fobia antilobo. Es más, atribuyen a su competidor todas las virtudes del cazador perfecto. Entre los pieles rojas de la época de los pioneros del lejano Oeste americano era común que los más audaces guerreros y los mejores cazadores llevaran el nombre de este animal. «Lobo-rojo», «Lobo-gris» y otros muchos «bravos» dejan bien patente la admiración que el hombre primitivo sentía por la resistencia, la fuerza, la inteligencia y la bravura del lobo.

Pero **el lobo se transformó en un proscrito**, en un animal fuera de la ley, cuando el hombre se hizo agricultor y pastor. La arribada del Neolítico acarreó profundísimas transformaciones en el comportamiento humano. Quizá la más básica fuera el nacimiento del sentido de la propiedad. Porque, antes de su domesticación, los animales salvajes no pertenecían a nadie sino al cazador que los cobraba. Los inmensos bosques y praderas tampoco tenían dueño. La humanidad se movía por tan inmensas áreas y en tan pequeño número, que la tolerancia territorial debía de ser tan grande como en los actuales pigmeos o bosquimanos. Pero el hombre, con el advenimiento del rebaño doméstico o la parcela cultivada, de nómada pasó a sedentario y de tolerante vecino a feroz defensor de sus propiedades. El único animal que de una manera tenaz le hacía pagar un tremendo tributo en sus rebaños domesticados era el lobo, que, agotados los animales salvajes que habían sido sus presas naturales durante milenios, se hizo parásito del hombre en amplias zonas de su hábitat, ejerciendo permanentemente de predador sobre ungulados, tan fáciles de cazar como las ovejas, las cabras, los bóvidos o los caballos domésticos.

Hoy, pese al espíritu proteccionista que impera en las regiones más civilizadas del mundo, pese a la desaparición del lobo de naciones enteras, se sigue persiguiendo sañudamente a este animal porque inflige cuantiosas pérdidas a la economía pastoril humana. Solo en Kazajistán se han matado 208 000 lobos en los últimos 20 años. Para combatir a estos carnívoros se han empleado todos los métodos, desde las jaurías y las armas de fuego que acabaron con ellos en las islas británicas y buena parte de Europa hasta el veneno, las trampas, los helicópteros y aviones, y las famosas águilas reales adiestradas por los kirguises para la caza.

Pese a todo, quedan aún bastantes lobos en el mundo. La primera nación que ha protegido la especie ha sido Suecia, donde, según los datos de Curry Lindalh, hay unos 15 lobos en el centro y 12 en Laponia, cifras que resultan asombrosas por lo bajas para quien sospechara que las tundras laponas deberían estar azotadas por las míticas manadas de lobos.[25]

El lobo, el gran desconocido, cometió un pecado imperdonable para la especie humana al venir al mundo. Necesita carne para comer y la busca dondequiera que se encuentre. Si no hay carne de presas salvajes, **mata la carne propiedad del hombre.** Porque el imperativo más fuerte de la especie *Canis lupus,* como el más fuerte de la especie *Homo sapiens,* es el de su propia perpetuación. Más allá, y seguramente dirigiendo estas cosas, está el Sumo Hacedor.[26]

• • •

En la estación de zoología había dos funcionarios permanentes: José, un asturiano fornido, jocundo y servicial, y Frutos, castellano, magro, menudo, lacónico y amantísimo de los animales. José engordaba ciervos, gamos y rebecos con la misma soltura y alegría que si fueran vacas de su tierra, aunque, para la fina sensibilidad de los lobos, quizá resultara demasiado bullicioso. **Siempre lo miraron con un aire desconfiado y agresivo.** Por ello le recomendé que no se acercara mucho a su recinto.

La niebla era muy espesa aquella mañana de enero. La Casa de Campo estaba silenciosa y triste, como un bosque del Báltico. Cuando llegué a la estación, Frutos salió a recibirme solo; su aspecto, de ordinario entre distraído y melancólico, era aquella mañana dramático.

«Buena la hemos hecho, doctor», me dijo, sin levantar la vista del suelo. Por un momento, la niebla me pareció más opaca, miré en todas las direcciones tratando de descubrir a José. Escuché concentrado con la esperanza de oír su frecuente canturreo, pero lo que se respiraba era soledad absoluta, silencio. Las piernas comenzaron a temblarme.

«Pero ¿se ha metido en el cercado?», pregunté. «No, los lobos han escarbado en la tierra húmeda y han conseguido hacer un túnel», contestó. «¿Cuándo ha ocurrido?» «Esta noche.» «Pero es increíble. ¿Ha sido muy grave?» «¿Grave? No han dejado ni uno; me han matado los ocho faisanes, y no encuentro ni una pluma.»

Al leer estas líneas, Frutos comprenderá el motivo de la inmensa alegría que me produjo la noticia de la matanza de sus queridos faisanes. Entonces debió de pensar que no estaba en mi sano juicio.

Recobrado del susto, me acerqué al recinto de mis lobos para comprobar el alcance de su fechoría. Allí estaban mis dos hijos adoptivos, al parecer muy satisfechos. *Remo* me esperaba a la puerta, con un aire transportado, en el colmo de la dicha. Tras el saludo ritual, inició una serie de saltos y volteretas, desplazándose durante su ejercicio acrobático hacia la entrada del túnel, pero sin perderme un momento de vista. Verdaderamente, *Remo* tenía sobradas razones para estar orgulloso. **Aquello era una obra maestra de la ingeniería lobuna.** Separada del recinto de los lobos por una doble tela metálica, había una gran jaula ocupada por ocho faisanes, sobrantes de una cacería. La malla estaba embutida en el piso unos 30 cm, pero los lobos habían salvado limpiamente esta barrera mediante un túnel en forma de codo, horadado en la tierra humedecida por la lluvia y las constantes nieblas.

En el interior de la faisanera reinaba un orden perfecto. Solo *Sibila,* muy concentrada, con la cara sucia de arena, percutía metódicamente con la punta de la nariz en el suelo. Al verme llegar, salió trabajosamente por su gatera e inició una danza alucinante. Las carreras sucedían a los saltos, giraba sobre sí misma, se tendía a mis pies y saltaba de nuevo, ingrávida. **Sus ojos brillaban de excitación y su parloteo era tan alegre como la música de un arroyuelo.**

Frutos, entre tanto, buscaba por la parcela algún resto, alguna pluma que nos indicara el paradero de los ocho faisanes. «No es posible que estos bichos se los hayan comido todos», musitaba durante el registro.

Sibila, tratando de llamar mi atención, volvió a meterse en la jaula y se fue hacia el rincón que acababa de apisonar con el hocico. Comenzó a escarbar con mucho detenimiento y, ante nuestro asombro, desenterró un faisán macho, lo tomó entre sus fauces y vino lentamente hacia mí.

Al emerger por el pasadizo subterráneo, con la presa en la boca, vi, por primera vez, que mi pequeña *Sibila* era ya una loba; su cabeza de forma piramidal, sus ojos oblicuos de color miel, su cuerpo musculado a la par que armonioso, su cola corta, descansando suavemente sobre los corvejones nervudos, componían una imagen de salvaje grandeza en medio de la niebla. Paso a paso fue avanzando, portando con orgullo su faisán. Ya había matado; el poderoso instinto ancestral se había puesto en marcha. *Sibila* no se parecía nada en aquellos momentos a la alegre lobata que, unos días antes, retozaba en mis brazos sobre el césped. Era la loba, la gran matadora, el único animal que ha desafiado al hombre en Europa, en tiempos históricos.

Sibila, con su presa entre los dientes, era la fiera en toda su dramática y primaria dimensión. Se detuvo a un metro de mis pies; permaneció inmóvil durante unos segundos que me parecieron siglos y, de súbito, con un movimiento perfectamente calculado de la cabeza, me lanzó el faisán, dándome con él en pleno pecho. **Me dejó tan estupefacto que no fui capaz de cogerlo en el aire.**

Entonces, *Sibila* recomenzó sus saltos y corvetas, se volvió infantil, me mordisqueó las manos y tiró de mi chaqueta para llevarme a su rincón favorito, mientras Frutos, sacudiendo la arena del faisán que mi loba acababa de regalarme, decía asombrado: «Andá, si no lo han 'tocao'. Este faisán vale».

En tres escondites diferentes, perfectamente camuflados, encontramos otros cinco faisanes, todos bastante mordidos, con la cabeza materialmente triturada. Los dos restantes no fuimos capaces de hallarlos.

El comportamiento de los lobos con los infelices faisanes nos permitió sacar algunas conclusiones respecto a sus naturales inclinaciones como carniceros. Desde pequeños, *Sibila* y *Remo* habían tenido a su alcance, en el césped del recinto, una docena de halcones, sujetos por sus lonjas. Estos pájaros, no muy grandes, que a menudo se asustaban de los lobeznos, habrían podido ser atacados por ellos, pero jamás ocurrió. Por el contrario, los observaban largamente y daban un círculo respetuoso al pasar por sus cercanías. Lo mismo hacían con un par de cuervos y hasta con unas palomas encerradas en una pequeña jaula.

¿Por qué asesinaron a los faisanes? **Sencillamente, porque yo, su padre, les enseñé a hacerlo.** Pero entendámonos: con mucha frecuencia, delante de los lobos, me introducía con Frutos en la jaula de los faisanes para coger algunos y llevármelos al campo. Estas capturas ocasionaban siempre revuelos y cacareos en la faisanera; nos veíamos obligados a perseguir a las aves, hasta hacernos con ellas, de un modo aparentemente agresivo. *Sibila* y *Remo* nos contemplaban absortos. Ninguno de nuestros movimientos escapaba a su atención. En los momentos finales querían participar en la cacería, y desde el otro lado del recinto saltaban emitiendo el corto y agudo ladrido de caza del lobo. La reacción cazador-presa se ofrecía ante sus mentes en formación en todas sus fases: persecución, acoso y captura. El padre lobo cazaba aquello que huía, gritaba y ponía de manifiesto el máximo terror. Los lobos jamás lo olvidaron.

Y aquí se justifica la aparente crueldad de las lobas, tantas veces referida por los pastores de mis páramos: «Se llevan los corderos vivos para ensañarse con ellos antes de darles muerte». Simplemente, las lobas obedecen a un instinto muy viejo. Estas presas vivas les son necesarias para iniciar a sus cachorros en la caza, para despertar sus instintos agresivos; del mismo modo que yo, de una manera involuntaria, enseñé a matar faisanes a mis cachorros. En otro caso se habrían comportado siempre con estas aves tan respetuosamente como lo hacían con los halcones, cuervos y palomas.

El instinto predador de los animales de presa necesita, generalmente, ser modelado por la educación paterna. Tal proceso lo he observado en los leones, guepardos, lobos, halcones peregrinos y azores. Seguramente es un comportamiento universal en los animales carniceros diferenciados.

No cabía ya la menor duda. Mi loba favorita, la que aprendió a matar observándome, la que me regaló su primer faisán, la que, de cachorra, me llevaba a jugar a los rincones más secretos, la esbelta y dulce *Sibila,* **se había enamorado de mí ciegamente.** Y, la verdad, a uno todavía le halagan estas cosas. Aunque en el caso de la pobre loba, ya me esperaba y hasta me temía esta reacción.

Porque el profesor Lorenz —cuyas publicaciones eran la única guía de mi experiencia— tuvo que defenderse como pudo de la pasión arrolladora de su oca *Martina.* Y una chova que crio posteriormente, continuando sus estudios de la impregnación o 'troquelado', le llenaba los oídos y las fosas nasales de gusanos y lombrices, según la costumbre común de las chovas enamoradas de regalar a su pareja bocados exquisitos. Como el profesor se resistía a abrir la boca, estuvo a punto de quedarse sordo por obstrucción del conducto auditivo. Un gorrión, también impregnado, ejecutaba con el sufrido sabio todo el ceremonial de sus paradas nupciales, consistente en meter plumas y pajitas en un agujero para construir el nido. El gorrión del profesor tomó posesión de un bolsillo de su chaqueta como lugar ideal para la luna de miel y se pasaba el día llenándolo de broza. A la luz de estas observaciones, no tuve más remedio que resignarme y disponerme a afrontar con dignidad aquella naciente pasión de loba.[27]

• • •

¡Ay, si conociéramos bien a los lobos! Los que tienen perros saben lo que sufren cuando su dueño se va, conocen la memoria de los perros, conocen su fidelidad. Seguro que han oído hablar de perros que murieron, de hambre y de sed, sobre la tumba de sus dueños; de perros que han hecho felices los últimos años de una viejecita, de una viuda, de una mujer u hombre solitario y soltero; de perros que salvaban a los hombres muertos de frío en las montañas. En todas las virtudes del perro parece que domina la fidelidad, el sentimentalismo. Si los hombres fuéramos capaces de arrancarnos sentimientos propios para entreverlos en la conducta animal, destacaría, sobre todas las cosas, la conducta de los cánidos; y esta conducta de los cánidos está acrisolada, quintaesenciada, precisamente, en los lobos.[28]

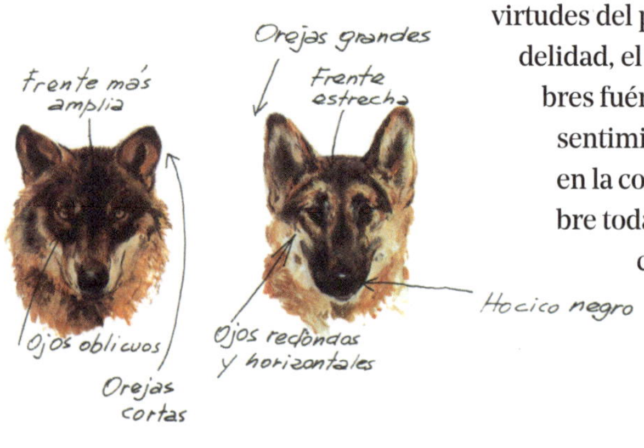

¡Qué abismo nos separa de los gorilas y los chimpancés! Y, sin embargo, aparentemente, en gestos tan antiguos, tan primitivos como el de la maternidad, el de la aceptación del camarada, el de permitir a un recién llegado que, después de un tiempo, entre dentro de la unidad tribal, sea uno de los nuestros, **somos muy parecidos.**[29]

• • •

Y me pregunto, y pregunto también a los antropólogos, y a los etólogos, pregunto incluso a los más dotados y a los más premiados de cuantos estudian la agresividad humana, como el propio Konrad Lorenz: ¿no aparecería ese fenómeno tan tremendo, tan dramático, tan característico de la especie humana, con el Neolítico? ¿No empezaríamos los seres humanos, como los waikas, a transformarnos en héroes homéricos cuando el hombre dejó de ser cazador y recolector de frutos naturales, cuando dejó de ser nómada para transformarse en agricultor y en pastor? ¿No será la tendencia agresiva del hombre una adaptación a la defensa de territorios fijos? ¿No será la autodepredación (que, en definitiva, eso es la guerra) un sistema para mantener unos estatus poblacionales bajos en tierras donde la agricultura primitiva no permitía un aumento del nivel de la población?[30]

• • •

Hay un dicho antiguo, ese de que **la cara es el espejo del alma, que, para un etólogo, es decir, para un estudioso de la conducta, resulta más que aceptable.** ¿Por qué? Porque el alma es el psiquismo, el alma son las potencialidades de la conducta, lo que se puede hacer. Y esa alma, ¿cómo se asoma al exterior?, ¿cómo recibe del exterior a su vez información? A través de los órganos de los sentidos, la mayor parte de los cuales se encuentran en la faz, en la cara, en la cabeza.[31]

• • •

Si hablamos de dimorfismo sexual, ya está, ha saltado la palabra *sexo*, que hoy es una de las palabras más de moda. Y aquí quiero decir que, si esta palabra se ha actualizado tanto, no ha sido por pulsiones políticas, que en los temas sexuales creo que no han influido en gran manera, sino por pulsiones comerciales, de consumo, que son también otra faz, si quieren, de las políticas. Se ha comerciado tanto con el sexo, se han creado tantos estímulos fanéricos sexuales para enriquecer a unas u otras firmas comerciales, que también en esto, si uno está enterado de las cosas, **puede defenderse mejor de los incentivos engañosos del sexo.** [32]

• • •

Donde ha habido hombres ha habido siempre armas, desde el *Australopithecus* —a quien llamo Caín— hasta las actuales fuerzas armadas, y da igual que estas sean de EE. UU., de Rusia o españolas.[33]

«Ay del animal que se quede sin depredador. Hace mucho tiempo que la humanidad se quedó sin depredadores. Libre de cazadores, el hombre se convierte en su propio depredador.»[34]

• • •

¿Por qué hemos de aceptar las cosas simplemente por el hecho de que las cosas circulan? ¿Por qué hemos de creer en postulados que inciden ni más ni menos que sobre el futuro de nuestra propia especie y de nuestro propio yo individual, sin analizar profundamente, desde todos los ángulos, la razón de esos presupuestos, de esas premisas?

A menudo se analiza, por ejemplo desde la política, la razón de las posturas vitales del hombre, los modelos de sociedad en los que se van a desarrollar estas posturas y las necesidades vitales de la especie humana. Llevamos siglos y siglos analizándola también desde el punto de vista metafísico, filosófico, religioso e incluso desde la sociología y la economía. ¿Por qué nos van a prohibir a los naturalistas y a los zoólogos que estudiemos la conducta del hombre desde el punto de vista zoológico, es decir, etológico?[35]

05

La soledad del hombre

«La miríada de culturas del mundo no son intentos fallidos de alcanzar la modernidad, y menos aún intentos fallidos de ser como nosotros. Son expresiones únicas de la imaginación y el corazón humanos, respuestas únicas a una pregunta esencial: ¿qué significa ser humano y estar vivo?»

WADE DAVIS

Uno de los aspectos más desconocidos del pensamiento de mi padre fue el referido a la antropología y la paleoantropología. Para mí, personalmente, es donde realizó sus aportaciones más intrépidas y emocionantes. De hecho, considero que su brújula vital y el pilar del que emanaba su enfoque arrollador residen en esta parcela de sus inquietudes.

Félix sentía una gran atracción por nuestros orígenes. Mantuvo una estrecha amistad con el profesor Emiliano Aguirre, visitó en varias ocasiones la garganta de Olduvai y el campamento de los Leaky —grandes patriarcas de la paleoantropología mundial—. Cultivó su curiosidad en la materia, de forma asidua, actualizándose constantemente con los descubrimientos y teorías del momento. Apoyándose en estos conocimientos, alambicados por su propia experiencia y convivencia con pueblos cazadores-recolectores del mundo, fue desarrollando una visión apasionante sobre nuestros orígenes y la causa de nuestra conducta autodestructiva.

Expuso de un modo asombrosamente provocativo, y más si consideramos la época en que le tocó vivir, que la humanidad y, en concreto, todas las culturas 'evolucionadas' estaban atrapadas en el «férreo abrazo mortal del Neolítico». Que, incluso ahora, nuestras filosofías, políticas e incluso religiones son neolíticas. Por ello, se fundamentan en una «serie abusiva y dogmática de postulados, que han venido confundiendo a la humanidad desde hace miles de años, siendo los responsables de que estemos destrozando el medio ambiente y a nosotros mismos».

Para Félix, la etapa paleolítica, y en especial la del Magdaleniense o de los cazadores superiores, fue un período glorioso. Contrariamente a lo que se nos ha hecho creer, aquellos hombres y mujeres no fueron brutales seres primitivos sino una humanidad, idéntica a la nuestra en cuanto a su constitución cerebral y anatómica, con extraordinarias dotes y capacidades que aún no hemos terminado de interpretar. Conferidos de un alto espíritu artístico, reflexibilidad, sensibilidad, tenacidad y compleja organización social, estaban perfectamente adaptados al medio en el que se desenvolvían. Se calcula que vivieron, con rasgos homogéneos, durante decenas de miles de años, llegando hasta nuestros días como pueblos cazadores-recolectores. Estas culturas, históricamente cazadas y exterminadas por el hombre 'moderno', no son hoy más que jirones desgajados de lo que fue un fenómeno universal.

Quizá por la falta de modestia propia de nuestra cultura neolítica, solo muy recientemente algunos antropólogos han empezado a vislumbrar cualidades, extraordinarias, en estos pueblos y linajes. Las culturas ágrafas, por ejemplo, han de desarrollar necesariamente una portentosa memoria. Esto haría comprensible que pueblos cazadores-recolectores, como los yámanas de la Tierra del Fuego, usaran 32 000 palabras en su vocabulario cuando literatos como Cervantes o Shakespeare manejaban del orden de 24 000 y 30 000 respectivamente. Hay que tener en cuenta que la mayoría de nosotros apenas usamos hoy una tercera parte de ese vocabulario.[I] Otro aspecto sorprendente, por decir lo menos, son las extraordinarias habilidades físicas y sensoriales de estos pueblos. Poseen una fortaleza física sin parangón en las sociedades 'civilizadas' y una agudeza sensorial más pareja a la de algunos animales que a nosotros mismos. Esta observación se ha visto confirmada al analizar el ADN de los pigmeos y los bosquimanos, y descubrir variaciones genéticas que delatan unos sentidos más desarrollados, o menos atrofiados, que los del hombre neolítico.[II] Sin embargo, apenas hemos comenzado a desvelar muchos de los misterios de estos pueblos, como sus capacidades extrasensoriales chamánicas, o cómo podían acceder a determinados conocimientos de formas que aún nos resultan inexplicables.

Pero quizá lo más singular, al menos para Félix, era su filosofía existencial. Si inferimos que las tribus cazadoras-recolectoras que aún perviven o que lo han hecho hasta muy recientemente son ramas de un tronco común que se remonta al Paleolítico, podemos interpretar cómo vivían nuestros antepasa-

I VARILLAS, Benigno. «La estirpe de los libres», www.paleovivo.org, 2018.

II TISHKOFF, Sarah. «Hunter-gatherer genomes a trove of genetic diversity», 2013.

dos magdalenienses. Estos linajes son profundamente comunitarios. Todo es de todos y nada es de nadie. No tienen jefes ni castas. Son tiernos con sus hijos y desconocen el principio de autoridad o el castigo. Ríen y juegan constantemente; son felices. Practican una ética, una moral e incluso una religión intensamente ecológicas. Todos estos pueblos tienen en común el estar regidos por un pacto sagrado de respeto y amor a la naturaleza. Creen en una hermandad cósmica, se sienten uno con un todo, con un mismo plasma común del que emanan todas las formas y manifestaciones de la naturaleza. Los animales, las plantas, los fenómenos que acontecen, son prolongaciones de sí mismos. Por ello, aunque todos practican la caza, ineludiblemente desagravian al espíritu del animal abatido y respetan férreamente preceptos que les impiden cazar o servirse de más de lo estrictamente necesario para su supervivencia.

A juzgar por el arte de las pinturas rupestres magdalenienses, de las que Félix era un ferviente admirador, el animal era un tótem para estos pueblos. Apenas se pintaban a sí mismos, pero capturaban los animales a través de una retina fotográfica capaz de descomponer el movimiento como el ojo del hombre moderno ya no puede hacer, de la forma más exquisita e inigualable que se ha dado en la historia del arte zoomorfo. Como dice Northrop Frye, era como si en estas expresiones artísticas quisieran capturar «la energía y la belleza, la elusiva gloria latente en la naturaleza al alcance de la mente observadora». Hay teorías que postulan que tribus de aquellos cazadores superiores contribuyeron a la extinción del mamut o el mastodonte. Félix especula que esos linajes desaparecieron junto a sus principales víctimas y que los linajes que sobrevivieron hasta nuestros días, a juzgar por los pueblos cazadores-recolectores que pervivieron, fueron los que forjaron un delicado equilibrio con el medio. Así, los indios de las praderas norteamericanas, los inuits, los bosquimanos, los pigmeos o los aborígenes australianos podrían haber continuado existiendo miles de años más, en perfecto maridaje con la naturaleza y sin alterar significativamente su entorno.

Pero entonces, hace aproximadamente 11 000 años, el hombre descubrió la domesticación. Una domesticación tenue, inicialmente, de algunas plantas y animales, que fue fortaleciéndose hasta constituir el pilar de una nueva etapa: el Neolítico. «El hombre entonces se desengancha del tren ecológico y un profundo abismo separa lo libre de lo que tenía dueño.» Se pasa de lo universal a lo localista, de los mitos cósmicos a las leyendas antropocéntricas. El hombre se desintegra de la naturaleza y somete, domina y destruye la vida. Comienzan los asentamientos que convierten al hombre libre y nómada en sedentario. Aparecen las ciudades-estado, las castas, el trabajo, el ejército, las guerras y la superpoblación. Pero lo más trascendental es la autodomesticación. El hombre, libre y feliz, modifica su conducta y se hace esclavo de sí mismo, directa e indirectamente. Fabrica divinidades antropomórficas, al servicio de la explotación de la tierra y la conquista de otros pueblos a los que mata o esclaviza. Y así, poco a poco, en apenas 11 000 años, hemos forjado una humanidad ensimismada, vanidosa, materialista y violenta.

La soledad del hombre es autoimpuesta y falsa. Un error de percepción y perspectiva, de falta de humildad, modestia y sinceridad. Somos, en realidad, descendientes de una humanidad feliz, realizada e integrada en su verdadera esencia. Afortunadamente estamos empezando a romper las amarras del Neolítico y a reconocernos en nuestros hermanos, los animales. A sentir el insondable y cálido reflejo que emana de la naturaleza libre y salvaje. A reconciliarnos con nuestra condición de eslabones entre el animal y el hombre. «El hombre, ese ser inteligente, equilibrado, caritativo, magnánimo, que no ha llegado aún a la tierra; el animal ya se está terminando. En medio estamos nosotros, que añoramos la serenidad infinita del animal y no comprendemos la grandiosidad del hombre futuro.»

ORF

V**amos a romper la soledad del hombre** y al mismo tiempo a romper algo que es mucho más importante: vamos a romper una serie abusiva y dogmática de postulados que han venido confundiendo a la humanidad desde hace miles y miles de años y que seguramente son los responsables de que la propia humanidad esté destrozando el medio ambiente y se esté destrozando a sí misma.[1]

• • •

Si nosotros sabemos o intuimos de dónde venimos, quiénes somos, adónde vamos, cuál es nuestro bagaje y el equipaje de que nos servimos en ese viaje, **seremos peces que difícilmente picaremos el cebo con que se suele adornar el anzuelo.** Y hablo de esos anzuelos que, desde tantos sitios, nos lanzan y ponen delante de nuestras narices.[2]

• • •

Uno de los grandes errores que ha tenido el hombre, hasta hace prácticamente 50 años, es que lo miraba todo con una perspectiva muy corta. Hasta había pruebas que decían que la creación había tenido lugar hace 4000 años, pero después nos hemos enterado de que nuestro planeta existe hace por lo menos 5000 millones de años, de que la vida apareció sobre la Tierra hace por lo menos 4000 millones de años, y de que homínidos muy parecidos a nosotros vivían ya hace cinco millones de años. **Nos hemos hecho mucho más viejos en el tiempo.**[3]

• • •

Seguramente una de las mejores maneras de comprender las cosas, de destruir el mito más catastrófico para el planeta en el que vivimos —me refiero al mito del antropocentrismo, de considerar al hombre como el ombligo del cosmos—, **sea estudiarnos con humildad, con modestia y con objetividad desde el principio de los tiempos.**[4]

• • •

Lo nuestro es, primero, la animalidad, y después, superpuesta a la animalidad, la conducta característica de la especie humana, con sus grandes capacidades para el lenguaje simbólico, para la reflexión y para los anhelos de eternidad.[5]

África asombra al enamorado de la naturaleza, lo sumerge a uno en otras épocas, lo lleva a los tiempos mágicos en que nacieron nuestros espíritus, le transporta, en definitiva, a una Europa cubierta de inmensas praderas por las que discurren ríos de bisontes, caballos salvajes, ciervos, renos..., a una Europa en la que se escucha todavía el barrito del mamut y el canto de la manada de lobos, bajo un cielo cubierto por las escuadras de gansos, grullas y patos salvajes. Todo esto, a escala tropical, son los grandes parques de África. Pasar allí unos días es como volver a nuestro propio pasado, es como agarrarse desesperadamente al cuerpo de una madre que agoniza.

Después de conocer África, he comprendido mejor aún nuestra calidad de eslabones en una cadena infinita. **Nosotros estamos exactamente entre el animal y el hombre.** El hombre, ese ser inteligente, equilibrado, caritativo, magnánimo, que no ha llegado aún a la tierra; el animal ya se está terminando. En medio estamos nosotros, que añoramos la serenidad infinita del animal y no comprendemos la grandiosidad fría del hombre futuro, una posición verdaderamente incómoda.[6]

• • •

Rifle al brazo, el orgulloso cazador de nuestro tiempo puede sentirse dueño y señor de la Creación. Pero me gustaría recordarle que sus remotos antepasados, en la larga y lejana noche de la prehistoria, fueron presa habitual de carnívoros más poderosos. Los modernos antropólogos ven a nuestros más primitivos antepasados, identificables por sus restos fósiles, como unos primates verticales, de fuerte organización social, armados de huesos de antílopes afilados como puñales y de pesadas mazas de piedra. ¿Qué fuerza impulsó a aquellos remotos homínidos, mucho más frágiles y pequeños que nosotros —de unos 35 a 40 kg de peso, según las averiguaciones de los anatomistas—, a iniciarse en el manejo de las armas y asociarse estrecha y jerárquicamente? Seguramente, la predo-presión, el acoso secular de los predadores específicos, de los leones, leopardos y tigres. No había más que dos soluciones: retornar al bosque ancestral o enfrentarse a las fieras. Algunos primatólogos opinan que ciertos antropoides, como el chimpancé, tuvieron una corta experiencia terrícola, pero no pudieron soportar la presión de las fieras; la selva se los tragó nuevamente, y en el espeso follaje, la inteligencia recibe escasos estímulos para desarrollarse.

Los primitivos homínidos tenían el cerebro pequeño —de 500 a 700 cm^3 en los australopitécidos, descritos por Dart—, pero sus manos, ya hábiles, manejaban útiles agresores y defensivos. Y todo parece indicar que la bipedestación

—que proporciona una actitud más adecuada para la defensa en tierra— y la habilidad manual fueron previas al desarrollo del cerebro y lo favorecieron en gran manera. Resulta, por lo tanto, muy verosímil la hipótesis de que los primitivos homínidos aprendieran a vivir en apretados grupos sociales y a manejar armas precisamente para defenderse del ataque constante de los carnívoros, como hoy hacen ciertos simios terrícolas —papiones y hamadridas— valiéndose de su hermética organización social y de sus afilados caninos.

Nuestra condición de especie-presa, cuando emprendimos la conquista de la tierra firme, nos favoreció con la constante persecución a que nos sometían nuestros enemigos, que ya no podíamos burlar trepando a las ramas de los lejanos árboles. **La característica agresividad humana, nuestra especialización en el uso y fabricación de armas, el cooperativismo y el espíritu de equipo se fueron desarrollando en nuestros más remotos tatarabuelos** para ponerlos a salvo del acoso de las temibles fieras. Pero los agudos cuchillos de hueso que, en el alba de la prehistoria, nos salvaron del exterminio entre las garras del felino, aunque fueron creados como medios defensivos, pronto se transformaron en eficaces armas para el ataque. Los bulbos, las raíces, las semillas y los frutos que habían constituido la base de nuestra alimentación ancestral, como se desprende del análisis de nuestra dentadura, fueron dando paso a la dieta cárnea. Para una horda vagabunda de primates bien armados, era mucho más ventajoso abatir una gacela y devorar sus músculos que deambular largamente procurando la recolección de los esparcidos vegetales. El carnívoro emplea mucho menos tiempo que el fitófago en comer y en digerir. Al pasarnos espontáneamente al bando de los cazadores, al abandonar la aterrorizada tropa de los cazados, **conquistamos un tesoro de valor incalculable: el tiempo.** Ya no era preciso vagar constantemente por las estepas y sabanas en busca de semillas. Se podía cazar, matar, comer de prisa y digerir sin laboriosos procesos.[7]

• • •

La liberación de la articulación del hombro permitió a los primates prehumanos, en primer lugar, desplazarse por los bosques con un aumento de peso: con sus 30-40 kg pudieron moverse como hacen los braquiadores, que se desplazan con ayuda de los brazos; pero después algunos primates —torpemente el chimpancé y especializadamente el *Homo sapiens*— utilizaron aquella articulación liberada, no para colgarse de las ramas de los árboles, sino para algo que en su carrera, diría yo que específicamente agresiva, estaba poniéndose ya en marcha para matar a distancia, lanzando piedras y venablos. Parece asombroso, pero si nuestros antepasados no hubieran vivido durante millones de años en las ramas de los árboles, usted y yo seríamos absolutamente incapaces de arrojar una piedra, de lanzar una jabalina o de tirar un venablo, y si en nuestra línea ancestral no hubiera habido alguien capaz de tirar una piedra, una jabalina o un venablo, usted y yo no estaríamos ahora comunicándonos a través de las ondas de la radio.

Así, la horda de primates prehumanos que, como todos los primates, descubrieron al leopardo comiéndose una gacela en un árbol, que de una manera excitada empezaron a denostar al leopardo porque era su enemigo específico —y tenían una pulsión innata a denostar a su enemigo específico—, dentro de las capacidades agresoras que tenían, había una que no posee ninguna otra criatura viviente: la de lanzar piedras, palos o cualquier cosa que se pusiera a su alcance.

Desde hace millones de años, nuestros antepasados se especializaron en expulsar de sus territorios a sus enemigos, en defenderse de ellos, particularmente del leopardo, mediante el lanzamiento de piedras que, con una exquisita puntería, irían a caer en la mayoría de los casos sobre la propia faz del gran gato, y no creo que haya fiera viviente capaz de resistir una lluvia de piedras, cada una de medio kilo aproximadamente, que con magnífica puntería le arroja una horda de primates.

Así iniciamos el camino que después nos ha conducido a lanzar, no piedras, sino cohetes interestelares que nos han llevado a la Luna y, lo que es más triste, cohetes no interestelares equipados con una cabeza nuclear.[8]

• • •

El tipo de alimentación granívora, en un proceso evolutivo, dotó a nuestros antepasados del pulgar oponente y les aplastó la cara por acortamiento de sus maxilares. La dieta estrictamente vegetariana, quizá la dieta más noblemente vegetariana que existe en el mundo —la que comían también los anacoretas: la alimentación a base de semillas sin molturar—, es la que le regaló al *Homo sapiens* la capacidad para desarrollar su bóveda craneal y su cerebro, y el dedo que nos ha permitido, a través del empleo de útiles, llegar a ser lo que hoy somos y nos está permitiendo llegar hasta los astros.[9]

• • •

Un ser débil, sin colmillos ni garras, con un aparato digestivo adaptado perfectamente a la digestión de los vegetales, con unos dientes que indican claramente que es sobre todo granívoro y comedor de tubérculos, frutillas y algunos animalejos que podrían transformarlo en ligeramente omnívoro, se hizo, por una readaptación de su conducta, matador. **Se hizo cazador.** Y abandonó la dieta gramínea, al menos durante una gran parte del año. Ya no era necesario pasarse horas y horas molturando el duro tubérculo, el áspero grano del trigo o la cebada salvaje, porque era mucho más cómodo desgarrar el solomillo sangrante de un antílope recién cazado y transformar así directamente el tesoro de energía, acumulado en su sangre, en la energía que el hombre necesitaba para sobrevivir.

Y el cerebro, creciendo, trajo después el invento del fuego; y el cerebro, creciendo, trajo después el invento de las armas que, con la aparición del arco, no había que lanzar ya solamente con la fuerza del brazo. El arco y la ropa, y los guantes y los mitones y las pieles cosidas... Y entonces el hombre dejó de ser un animal de climas templados o tropicales y se lanzó a la conquista de las zonas glaciares, de la Europa terrible del Musteriense, y mató al mamut y al caballo salvaje y al bisonte, y creció, se desarrolló, sobre una auténtica pirámide de esqueletos de los animales que lo habían ido alimentando.[10]

• • •

No hay ningún primate depredador, todos son frugívoros; a lo máximo, unos pocos son comedores de semillas, tubérculos y hierbas, y escasamente depredadores, aunque ello no signifique ni un 5% de lo que comen. En cambio, el primate que dio lugar al hombre, posiblemente el que se conoce con el nombre de *Australopithecus africanus,* era depredador; un gran porcentaje de su dieta procedía de la carne de los animales que perseguía, capturaba y mataba con las primeras armas de piedra. Nos antecede una larga historia de dos millones de años (ahora dicen que cuatro) como depredadores, como matadores de animales, empleando para ello armas muy primitivas, una gran resistencia en la carrera y una compleja organización social y mental. Ante ello nos asalta una preocupación: si hace dos millones de años que somos depredadores, si durante tanto tiempo nuestra alimentación ha dependido de animales que matábamos, hasta que aparecieron la agricultura y el pastoreo hace 10 000 años —prácticamente anteayer—, nuestra acción como degradadores del medio debe de ser muy vieja; hemos tenido que ser unos entes absolutamente nefastos para el ecosistema terrestre, matando animales y luego comiéndonoslos. Pero antes de quedarnos estupefactos, podemos decir que eso no ha sido siempre así, porque, del mismo modo que los depredadores naturales, los depredadores zoológicos, actúan según unas normas de conducta que autolimitan sus poblaciones impidiendo que se coman a todos los ciervos o a todos los antílopes, mediante la territorialidad y la selección poblacional —la reproducción de los depredadores está directamente relacionada con el número de sus presas—, resulta que el hombre primitivo se las arregló para actuar según una ética, una filosofía y un decálogo que, no por predisposición genética instintiva sino por una actitud racional, **le permitiera vivir durante cientos de miles de años sin degradar el medio.**[11]

• • •

Yo no puedo apartar mis ojos de los del leopardo. ¿Cuántos antepasados míos —me pregunto—, en la negra noche de la prehistoria, habrán dejado su vida entre las garras de un carnívoro exactamente igual al que me está mirando? ¿Cuántos otros hombres primitivos se habrán abalanzado sobre un leopardo, empuñando sus cuchillos de hueso y sus mazas de piedra, para arrebatarle un congénere recién derribado? ¿Cuántos miles, millones de presas habrán hecho los félidos manchados entre las hordas de los primates verticales para que estos, en un proceso de milenios, fueran perfeccionando sus armas y robusteciendo su organización social al servicio de la defensa y la ayuda mutua?

El sol se había levantado ya sobre las copas de los arbustos. Mis compañeros de expedición, sudando, se habían acurrucado en los duros asientos del Land Rover. A mi alrededor todo hablaba de equilibrio, de influencia mutua en la historia de las especies. La hierba seguía creciendo para los herbívoros y a pesar de los herbívoros. Las acacias prosperaban, erizadas de púas, sin mermar la lozanía de las jirafas, que habían ido estirando el cuello, milenio a milenio, hasta hacerse tan altas como sus copas.

Y el leopardo y yo, frente a frente. En la posición adecuada al cazador y a la presa: él, en lo alto, sobre la rama de un árbol; yo, trémulo y emocionado, sacando medio cuerpo por el techo de un trasto mecánico. Valorando, de pronto, el confort de las ciudades, las ventajas del reactor que me trajo a África en pocas horas y la comodidad del automóvil que me había metido, a través de los matorrales, debajo del félido, me quité respetuosamente el sombrero y murmuré: **«Muchas gracias, señor leopardo».**[12]

• • •

Las leonas adultas son la más viva imagen de la serenidad, la potencia y la elegancia. Sus cuerpos, musculados y enjutos, nada tienen que ver con los de las leonas que se exhiben en los circos o languidecen en los parques zoológicos. Cuando los ojos oblicuos de una leona con crías se le clavan a uno como dos puñales, **una sensación punzante que viene desde el fondo del pecho, y también desde el fondo de las edades** —un sistema de alarma ancestral que equilibra la influencia de nuestros antepasados humanos y humanoides despedazados por las fieras y la de los que acertaron a escapar de su ataque—, indica con toda claridad, como si uno se hubiera pasado la vida entre leones, que descender del coche y dar unos pasos hacia los cachorros significaría la muerte.[13]

• • •

¿Por qué pintaba el cazador paleolítico? ¿Por un profundo impulso religioso que le llevó a transformar en santuario las profundas cavernas para propiciar en ellas a los espíritus de la caza? ¿Invocaban en sus ceremonias el éxito en las cacerías o desagraviaban, más bien, como hacen los primitivos actuales, a la Potencia Creadora por haberle arrancado sus obras vivas? ¿Serían acaso las cavernas pintadas lugares sagrados dedicados a los ritos de la iniciación? ¿Representaban mitos las pinturas rupestres, tan difíciles de interpretar para nosotros como lo sería para un extraterrestre que no conociera nuestra historia ni nuestro idioma la iconografía cristiana? Estas preguntas gravitan sobre la mente de estudiosos y profanos. A todos nos gustaría descifrar con toda claridad el mensaje de las pinturas rupestres. Pero, aparte del puro contenido cultural, por encima de unos problemas de interpretación que, quizá, no lleguemos a resolver nunca, las pinturas rupestres son de un extraordinario valor paleozoológico. Bisontes, mamuts, rinocerontes, caballos y otros animales extinguidos palpitan bajo el firme trazo del buril en los grabados auriñacienses o en los volúmenes perfectos de las pinturas policromadas magdalenienses. **La era de los mamíferos nos contempla, muda, desde las paredes y los techos de nuestras cavernas.** La prodigiosa fauna que conoció la gloria zoológica del Pleistoceno permanece a nuestro alcance, gracias a la pupila fotográfica del cazador del Cuaternario, que supo paralizar y sintetizar la silueta y el movimiento de los seres vivos. Como temeroso de que nunca llegáramos a conocer el paraíso en el que se desenvolvió su vida, nuestro antepasado cuaternario nos dejó el fiel retrato de cada una de las más importantes especies, y aun de las razas animales, para que los fríos datos de la paleontología, las minuciosas reconstrucciones de los huesos fósiles, se adornaran con la gloria de los negros, los ocres y los sepias de la pintura policromada.

Pero difícilmente podríamos recibir el mensaje del pasado en toda su pureza si no tuviéramos unos conocimientos, aunque solo sean someros, de zootecnia, morfología y zoometría. Porque la pureza de las pinturas cuaternarias es tan extraordinaria que, conociendo los secretos de la anatomía animal, nos permitirá reconstruir un mundo viviente. Ese mismo mundo que el hombre tecnólogo busca hoy casi con desesperación. No nos basta con conocer los animales que viven ahora en nuestro planeta, queremos saber también cómo eran los que habitaron junto a nuestros antepasados. **Porque nosotros no somos más que el eslabón de una cadena cuyo origen se pierde en los estratos y en los techos de las cavernas prehistóricas y su fin, todavía por forjar, se dirige raudo hacia los astros.** Y la cadena no solo es el hombre; es, también, la fauna y la flora. Tal vez el secreto que buscamos afanosamente todos los seres humanos, la suprema sabiduría que se esconde tras nuestras ansias de investigación, nos permita un día cerrar el círculo del pasado y el porvenir en una visión clara y gloriosa de la panorámica de la vida.

Por ello, todos cuantos contribuyen a enviar un rayo de luz al oscuro seno de las cavernas, todos cuantos colaboran en la obra paciente, minuciosa y gigantesca que nos va permitiendo ampliar la perspectiva de nuestra existencia, merecen todo el aplauso y agradecimiento.

Otros amigos míos muy lejanos, los bosquimanos del Kalahari, hace tan solo unos años, antes de que los colonizadores de África del Sur decapitaran su cultura de cazadores, retocaban las maravillosas pinturas de sus abrigos roqueños. Porque, en su criterio, solo mientras las pinturas brillaran y pudieran verse bien destacadas sobre la roca, su pueblo permanecería, vigoroso, interpretando su papel en el teatro de la vida. No permitamos nosotros que la impronta de nuestros antepasados, la fresca y artística huella del hombre del Cuaternario, desaparezca o quede sin interpretar. Porque a su esfuerzo, a su amor a la vida, a su lucha implacable con el medio adverso, debemos hoy la aventura de la existencia.[14]

• • •

A los dos años de convivencia con mis lobos, de estudio detenido de su comportamiento y su lenguaje, desde la lactancia al primer celo, puedo ya sopesar sus razones —**las razones del lobo**— y las razones de mis semejantes.

La primera impresión es de una claridad meridiana: los pastores, los alimañeros y el experto montero me habían contado una sarta fantástica de falsedades, cuya única justificación puede radicar en su total desconocimiento de la verdadera vida de los animales salvajes. En cambio, todo cuanto los lobos me han 'dicho' es de una veracidad inconmovible, **de una justicia que seguramente solo puede hallarse en la naturaleza.**

La persecución implacable de que el lobo ha sido objeto tiene una explicación muy sencilla. El lobo roba al hombre su carne y este tiene derecho a defenderla. El pastor y el campesino tratan de expulsar por todos los medios de su territorio al competidor.

Pero, por encima de esta guerra territorial, frecuente entre otras especies animales, hay un odio mítico, desproporcionado, que ha hecho del lobo el blanco de todas las lacras humanas: la supuesta crueldad, traición y vileza.

¿Dónde podríamos hallar el origen de esta leyenda negra? En mi criterio, la historia es muy antigua. Habríamos de remontarnos a los albores mismos de los hombres y de los lobos. En el largo y lejano Paleolítico, el hombre primitivo fue desarrollando unas técnicas y costumbres que cristalizaron en una cultura perfectamente adaptada a las exigencias del medio glaciar. Los paleontólogos la denominan cultura de los cazadores superiores. Durante más de 10 000 años, estos cazadores superiores vivieron casi exclusivamente de la caza y de la pesca. Lo poco que sabemos de ellos lo hemos aprendido a través de los restos que dejaron en el suelo de las cavernas donde habitaban y del arte exquisito con que decoraron sus útiles y cuevas. Del estudio de las armas líticas, finamente talladas, de los arpones y anzuelos, artísticos y bien acabados, de las pinturas y grabados hallados en las paredes rocosas y en el hueso o el asta de sus instrumentos, se ha sacado la conclusión de que los cazadores superiores estaban muy lejos de esos seres primitivos, semidesnudos y brutales que con tanta frecuencia se representan.

Debieron de ser hombres de espíritu sensible y artístico, perfectamente ambientados al medio en que se desenvolvían. Pero toda su vida, su arte, sus ritos, giraban en torno al mismo tema: el animal. Y aquí sí que podríamos decir, sin eufemismos, **el hermano animal.** Porque es característica muy destacada en las sencillas concepciones de los pueblos primitivos

Lobo

no establecer esas férreas fronteras nuestras entre unos seres y otros. Naturalmente, se han podido descubrir estas tendencias estudiando los pueblos paleolíticos actuales, como los esquimales, los bosquimanos, los pigmeos y los aruntas de Australia.

Para un bosquimano, el alce africano puede ser la luna llena, puede representar una mujer embarazada y puede contener el espíritu de la fecundidad. Un esquimal relatará tranquilamente una tradición de su raza, según la cual, en el principio de los tiempos, una manada de lobos se quedó aislada sobre un témpano, no podían cazar y se morían de hambre; entonces, el padre de todos los lobos y de todos los seres vivientes los echó al mar y allí se convirtieron en orcas. Mucho más tarde, los biólogos comprobaron que las orcas, cetáceos muy voraces e inteligentes, son mamíferos y cazan en el mar agrupados en manadas a las órdenes de un jefe, como los lobos en tierra.

Esta creencia primitiva en una **hermandad cósmica** y en una materia prima común, metamorfoseada temporalmente en las diferentes especies animales —que tanto se acerca a las teorías actuales de algunos sabios—, nació, sin duda, de la profunda y detenidísima observación de la naturaleza a que estaban obligados aquellos cazadores. Evidentemente, no se puede matar un bisonte o un reno con un venablo de punta de hueso si no se conocen perfectamente sus hábitos, sus desplazamientos, la agudeza de sus sentidos y sus temporales estados de ánimo.

De este conocimiento real nace un respeto profundo hacia todos los seres vivientes. Cuando un esquimal mata una foca, antes de introducirla en el campamento, una mujer vierte agua dulce en su boca, «porque la hermana foca vive en el agua salada y pasa mucha sed». Mediante este desagravio, el esquimal pide al padre de todas las focas que perdone al cazador por haberle robado una de sus hijas. Según el escritor y viajero Birket-Smith, un chamán de los esquimales del cobre decía que la desgracia del cazador ártico radica en que para vivir está obligado a alimentarse con las almas de sus hermanos los animales. El respeto por la vida animal era tan grande y común en todos

los pueblos de los cazadores primitivos, que los pieles rojas americanos despreciaban y odiaban a los conquistadores del Oeste porque mataban más bisontes de los que podían comer.

Pero la cultura de los cazadores superiores, basada en la perfecta adaptación del hombre al medio natural, fue barrida por una poderosa ola, al parecer procedente de Oriente, cuya característica era la **modificación de la naturaleza en provecho del hombre.** Cronológicamente coincidió con el comienzo del período que los prehistoriadores han llamado Neolítico (de las piedras nuevas). Esta corriente cultural, casi milagrosa, permitió al hombre arrancar al animal de sus costumbres ancestrales y transformarlo de salvaje e inaccesible a dócil y doméstico. Los temibles rebaños de uros y otros bóvidos primitivos se transformaron en puntas de mansas vacas y toros; los óvidos y cápridos agrestes se dejaron conducir, ordeñar y esquilar; y el caballo pudo ser uncido y montado. El proceso de domesticación se extendió al reino vegetal. Las gramíneas primitivas que cubrían las sabanas en el límite de los bosques y los desiertos dieron lugar al trigo, la cebada y otros cereales. Y en plena orgía de domesticación, el hombre domesticó al propio hombre. El cazador libre de las llanuras y los bosques infinitos, llamado bárbaro, fue capturado y **esclavizado;** la cadena y el látigo lo sometieron al mismo nivel que al ganado que trabajaba la tierra.

Un profundo abismo separó lo salvaje de lo doméstico, **lo libre de lo que tenía dueño.** El hombre, capaz de sobrevivir cómodamente con los bienes de su propiedad, dejó de interesarse por lo que no le pertenecía; de universal se hizo localista. Los mitos cósmicos, protagonizados por estrellas y por animales, dieron paso a las leyendas antropocéntricas. El hombre se separó tanto de la naturaleza que llegó a verse a sí mismo como un recién llegado, como un extranjero incapaz de comprender a los viejos pobladores de la Madre Tierra.

Era necesario defender la viña y el huerto, pero el monte se podía talar o quemar porque no tenía dueño y era aparentemente inagotable. Era preciso velar por los animales de la casa o del corral, pero el animal salvaje solo podía ser objeto de indiferencia o de persecución indiscriminada. Las antiguas leyes y tabúes de los cazadores superiores se olvidaron completamente. Se podía matar hasta la saciedad porque la supervivencia ya no dependía de la abundancia de la caza. Y, naturalmente, todo lo que atentara contra la integridad del rebaño o de la parcela fue objeto de **implacable persecución.**

En toda Eurasia, y más tarde en Norteamérica, el lobo sufrió el impacto de este revolucionario cambio de cultura. Las grandes manadas de herbívoros salvajes fueron desapareciendo, sustituidas por las manadas domésticas. La carne, el derecho a la vida, tenían ya un dueño: el hombre. Y el lobo, de noble y admirado cazador, pasó a ser ladrón proscrito.

Pero el lobo, rápido y vigoroso, estaba dotado de agudos sentidos y de una perfecta organización social para afrontar la lucha. Dos antiguos cazadores, que quizá se ayudaron muchas veces para rematar un lance, se habían hecho ahora enemigos irreconciliables. Durante generaciones y generaciones, el lobo defendió sus tierras. Pero inexorablemente fue desapareciendo de Inglaterra, los Países Bajos, Francia y otras partes de Europa. Durante esta guerra multisecular, todos los odios, **todas las calumnias**, se concentraron en el último enemigo natural del orgulloso *Homo sapiens;* era la última fiera de nuestras latitudes. Y así, el lobo habría sido barrido de la faz de la Tierra.

Por fortuna, los ciclos culturales de la humanidad se suceden con implacable cronología y, tras oscilaciones aparentemente caprichosas, pueden volver, en algunas facetas, al punto de partida. La profunda cultura natural de los cazadores superiores hizo posible la aparición del ciclo neolítico de la domesticación de animales y plantas. El hombre ya no tuvo que emplear todo su tiempo en rastrear y acosar piezas de captura siempre aventurada. El crecimiento de las fuentes de alimento, determinado por la agricultura y el pastoreo, le permitieron dedicar más tiempo al arte, a la investigación y al desarrollo de la técnica. Hoy, ese tiempo precioso —el mayor tesoro de la humanidad— ha sido aprovechado por muchos sabios para volver al estudio del animal salvaje, con el mismo amor y tenacidad con que pudo hacerlo el cazador paleolítico, pero con unos medios infinitamente superiores. Las películas, las publicaciones ilustradas y los libros están poniendo al alcance del hombre medio, en todo el mundo civilizado, lo que hasta hace solo unos años eran llamados «misterios del mundo animal». **Y el hombre, al conocer al animal, lo ama.** Lo ve muy próximo a sí mismo, encuentra en él un factor de equilibrio, **un compañero en la larga historia de la vida, un tripulante más en esta nave de roca y agua con la que surcamos el espacio. El hombre moderno ha descubierto en el animal un hermano menor** al que hay que proteger a toda costa. Aunque este hermano, como el lobo, necesite carne para alimentarse. Porque sería tan triste que nos fuéramos quedando solos en un mundo de hierro, cemento, asfalto...

Además, el lobo es un carnicero que puede equilibrar la selección degeneradora que los cazadores ejercen en los cotos de caza mayor. Se ha comprobado hasta la saciedad que los lobos, más lentos en la carrera que los venados, gamos y corzos, eligen siempre individuos tarados, enfermos o viejos, porque se agotan antes en las persecuciones. En esta caza selectiva se salvan los reproductores vigorosos, que mantendrán la pureza de las líneas genéticas.

Contrariamente, los cazadores humanos disparan siempre sobre los buenos trofeos, eliminando así los mejores machos y desencadenando una selección negativa que, en muchas fincas, está originando ya generaciones de venados de cuerna pequeña y deforme. La falta de lobos que compensen esta situación podría ser de resultados catastróficos. Hay que pensar también en la infinidad de ratas, ratones y otros roedores que los lobos comen en primavera y verano, y en el control que ejercen sobre zorros, mustélidos y otros pequeños predadores.

Es lógico que en las zonas donde se demuestre que el lobo causa daños en los rebaños este sea perseguido y abatido. Pero en las fincas y cotos de caza mayor su exterminio constituiría una grave mutilación estética y crearía un auténtico desequilibrio en las comunidades zoológicas.[15]

• • •

Los esquimales conocen a los lobos con el nombre de «nuestros hermanos los lobos». Los indios del Gran Norte, en sus clanes, tenían siempre al lobo como modelo de ser sociable, de cazador de primera categoría, como modelo en la sociedad en la que no hay fronteras que separen al más fuerte del menos fuerte y en el que todo el mundo se integra y se ayuda, eso sí, dentro de una jerarquía en la que los puestos de dominancia los ocupan los individuos que están mejor preparados para ello.[16]

• • •

El fin de una estirpe, la estirpe de los libres.[17]

• • •

En la frontera misma de las casas está la selva, la noche, la prehistoria.[18]

• • •

La impresión más profunda, la impresión, diría yo, más grata y al mismo tiempo más sorpresiva, la he tenido **contemplando las famosas pinturas rupestres de las cavernas del Cantábrico.**

Como ustedes saben, las pinturas de la cueva de Altamira están hechas en el techo, un techo que fue maravillosamente aprovechado por los pintores rupestres de una época que los prehistoriadores denominan Magdaleniense, hace más de 10 000 años. Para ver las pinturas en toda su belleza y auténtica dimensión, hay que acostarse en una piedra y mirar hacia arriba. Al hacerlo, de pronto uno se siente como si fuera un profanador de aquella intimidad, como si fuera un espía de otra civilización, metido en aquella gruta que conservó durante más de 10 000 años, gracias a la temperatura y humedad constantes, esas pinturas. Y uno también se siente contemplado por un rebaño fabuloso de bisontes, observado por ciervas, por jabalíes, por todos los animales divinamente plasmados en auténtico relieve en el techo de nuestra Capilla Sixtina del arte rupestre.

Mientras, fuera, en la campiña verde de la montaña, la lluvia canta sobre las hojas de los árboles y se escucha la voz del mirlo, típico de aquellas latitudes; mientras, fuera, esa ternura y esa nostalgia propia de la montaña santanderina, posiblemente la más bella de la península Ibérica, se apodera de todo. Creo que me he pasado horas contemplando los bisontes que hizo el hombre primitivo, pero tras la primera impresión de sorpresiva admiración, siempre se ha asomado una emoción dolorosa por mi parte, porque he pensado: ¿Quiénes serían los hombres que pintaron estos bisontes? ¿Por qué los pintaron? ¿Cómo vivían? ¿Cuál era la fauna y la flora por aquel entonces? ¿Por qué pintó aquel hombre o mujer? ¿Cuál era la motivación que llevaba a aquel hombre del Cuaternario a estampar en el techo de una caverna oscura, profunda, lejos del lugar donde vivía, los bisontes solemnes, los bisontes con esa capacidad que tiene este bóvido para impresionar con su cuerpo poderoso? ¿Cuál es el mito, el rito o la historia que se encierra en esa manada de bisontes que lo miran a uno desde el techo?[19]

• • •

Algo que me ha asombrado siempre del hombre primitivo es **la capacidad fotográfica de su retina para descomponer el movimiento,** para retener las posturas más insólitas de los animales como ya el ojo del hombre moderno no puede hacer.[20]

• • •

Pinturas hechas por la mano de un hombre que no tenía nada que ver con los hombres actuales; por la mano de un hombre que era tan eficiente para trasladar a la pared rocosa —a través del carbón vegetal, del ocre natural, envuelto todo ello y aglutinado con grasa animal— las figuras de los animales, como nunca jamás ha vuelto a hacerlo otro pintor. El hombre, que grabó y pintó los mamuts, los caballos salvajes, los ciervos, los jabalíes y los bisontes en lo que debieron de ser sus santuarios; el hombre que tenía una vista tan certera y una memoria tan fotográfica que, cuando los prehistoriadores y los paleontólogos han visto sus grabados, mejor o peor conservados, en las paredes de las cavernas, había algunos tan bien hechos que no han podido ser interpretados hasta que no ha existido la cámara fotográfica; por ejemplo, el famoso bisonte tumbado, que no estaba tumbado sino dando un salto con las cuatro patas recogidas, o aquellos bisontes que tenían tal actitud al correr o al moverse sus extremidades, que siempre se pensó que estaban mal interpretados. Los fotogramas de las películas que se han hecho modernamente de bisontes corriendo han demostrado que, descomponiendo los movimientos, los bisontes corren tal y como los vio el hombre cuaternario, que sabía descomponer en su retina los movimientos de los animales tal y como hoy puede hacerlo una cámara cinematográfica rodando a alta velocidad.[21]

• • •

Nuestros antepasados no tenían gruesas pelambres sobre su cuerpo. Su piel seguramente ya era desnuda. No contaban con poderosas capas de grasa para aislarlos del frío. **Pero nuestros antepasados tenían algo muy importante: cerebro.** Habían desarrollado ya la mente y parece ser que fue la impronta de los cambios climáticos hacia el frío, el medio millón de años de glaciaciones que padecieron los hombres de Europa y de Asia del Norte, lo que determinó la aparición de la auténtica civilización. Para librarse del frío, el hombre aprendió a vivir en cavernas, de alguna manera inventó el fuego y los vestidos de pieles; para librarse del frío, el hombre creó la sociedad, la cooperación, el vivir estrechamente y el ayudarse los unos a los otros. Y precisamente por el frío, por vivir en climas helados en aquellas largas noches de invierno, cuando el hombre debía permanecer en la caverna esperando a que llegara el amanecer, empezó a pintar en las paredes de Altamira, de Lascaux, de Trois Frères, en las cavernas del norte de España y del sur de Francia, donde nació el arte pictórico.[22]

• • •

Figúrense por un momento la inmensa pradera cuaternaria de la Europa de hace 30 000 años. Las taigas rodean los claros cubiertos de hierba apretada y encharcada. Cerca de las taigas se extienden las turberas. Los pájaros que predominan son los del Cuaternario, las tetraónidas, esos famosos urogallos que ahora son tan escasos en España. Las focas y las morsas están en todas las costas. Los renos, esos cérvidos preciosos, migran todos los años desde las tundras, que en esa época solo se encontraban en el norte de Francia y en el centro de España, hacia las zonas más cálidas y abrigadas del Cantábrico y del Mediterráneo, y con ellos migra la manada de caballos salvajes.

Cae la tarde, se va acercando la noche. Los garañones, que dominan los pequeños grupos integrados en una manada, quizá de 500 o 1000 caballos, se muestran contentos. Las yeguas, que van seguidas por el recental, miran en todas direcciones, piafan, relinchan, están oliendo al viejo enemigo, al enemigo de siempre, al matador más peligroso, que es el hombre. La brisa les lleva ya el olor del humo de las antorchas que empiezan a prepararse, y cuando cae la noche, los hombres primitivos, los cazadores de piernas de fiera, aquellos gigantes de Cromañón que tenían una estatura media de 1,85 m, que tenían cuerpos atléticos con los que no podría competir, seguramente, un campeón olímpico de hoy, salen de todas partes. Llevan antorchas en la mano, gritan, sus voces se oyen por todos los sitios, y los caballos piafan, relinchan y corren en todas direcciones; saben que allí al lado está el precipicio, la muerte, **pero tienen más miedo al hombre, al cazador vertical, que al precipicio.** Hacen carreras, hacen verdaderos rodeos antes de precipitarse por la peña, pero, finalmente, un recental enloquecido salta por aquel despeñadero tremendo de 250 m, y detrás de él, la madre, y luego un garañón, y luego 500 caballos más, uno detrás de otro, pataleando en el aire, haciendo dramáticas piruetas y cayendo sobre las piedras del fondo en un terrible sonido de muerte.

Al día siguiente, los pájaros siguen cantando como si tal cosa, y el hombre está allí, y el chamán, seguramente, desagravia al espíritu de los caballos: «Perdón, oh, padre de todos los caballos. Ya no cazaremos más hijos tuyos hasta el año que viene, hasta cuando las nieves del largo invierno de nueve meses se vayan hacia el norte y nosotros volvamos a salir de nuestra caverna donde hemos pintado el caballo en rojo, en ocre y en azul, para desagraviar al espíritu del caballo y a ti, padre de todos los caballos, que nos das su carne para alimentarnos con ella, que nos das su alma para alimentar a nuestra propia alma».

Visiten cualquier caverna de Francia o del norte de España —hay una muy bonita en Asturias llamada cueva de Tito Bustillo— y allí verán caballos deliciosos, ponis y asturcones, que recuerdan a ese caballo de crin recia, al caballo del ajedrez, que parecen de juguete, pintados para que jueguen los niños. Eran los caballos sagrados, que pintaba el chamán para que el padre de todos los caballos no se enfadara, porque cada año los humanos le roban unas centenas de sus animales para alimentarse con su alma.[23]

Es posible que los cazadores primitivos contribuyeran a la extinción del mamut y del mastodonte, pero existen pruebas científicas de que las tribus africanas cazadoras de elefantes habían llegado a **un equilibrio** depredador-presa que, por un lado, permitía vivir a los cazadores y, por otro, mantenía una densidad idónea entre los elefantes.[24]

• • •

Las guerras, la mortandad infantil y las epidemias mantenían en **su justo nivel poblacional** a las tribus cazadoras. La depredación humana libraba a los elefantes de la explosión demográfica, con todas sus espantosas consecuencias. Algo parecido ocurría con los pieles rojas de las praderas y los bisontes, con los esquimales canadienses y los caribús, con los esquimales groenlandeses y los mamíferos marinos: los imperativos ecológicos se respetaban estrictamente, las relaciones depredador-presa habían llegado al equilibrio.[25]

¡Qué historia para el hombre la del fuego! Viendo al cazador pintado que ha traído de la selva un armadillo gigante, contemplando el ojo rasgado de la mujer de pupilas y de iris verdosos, y **ebrio de la borrachera alegre de los niños salvajes**, escucho de mi guía la traducción de la leyenda por la que también se explican los indios yanomamis el origen del fuego. Cuentan los guaykas o yanomamis que una vez, cuando todos nosotros tiritábamos de frío por las noches porque no teníamos fuego en nuestros hogares, cuando todos nos apretujábamos al ponerse el sol bajo la lluvia tropical, había un guayka egoísta y poderoso que tenía el fuego. Lo guardaba en su garganta —¡qué hermoso!— como un dragón, en la boca, y todos los días escupía el fuego, encendía su madera y se calentaba junto al hogar mientras nosotros y nuestras mujeres e hijos, apretujados, temblábamos de frío, como las bestias de la selva. Y había en el poblado un pequeño corcovado e inútil cazador. Era tan torpe, estaba tan mal hecho, que ni siquiera podía salir a cazar. Tenía que alimentarse con las migajas de las piezas que traían los cazadores y, para hacerse acreedor de aquella limosna, hacía reír a todo el mundo. Sabía tantas cosas el jorobado que todo el mundo se moría de risa. Y una noche, cuando todos temblábamos de frío, bajo las palmeras batidas por el viento, cuando la lluvia se metía debajo de los tejados de hoja de los tapiris, el jorobado se puso a hacer reír al dueño del fuego, y este se rio tanto, con tan profunda, grande y visceral carcajada, que el fuego se le escapó de la garganta. Entonces lo tomó una esbelta mujer que corría como una gacela sobre la selva y dijo: «¡Vámonos, tengo el fuego!». Entonces, los yanomamis corrieron, se llevaron el fuego y el egoísta,

el dueño del fuego, el Vulcano que maneja los buitres en la mitología griega, se quedó tan solo y tan triste que a la noche siguiente se murió de frío. El Prometeo yanomami es una bella gacela de piel sedienta y brillante ayudada por un bufón.[26]

• • •

Ese olor del fuego dice que el hombre está cerca, que es lo nuestro, que es el hogar. Hemos identificado el fuego durante años y años, durante capítulos de nuestra historia, con el hogar, con la energía materna y hogareña de la mujer, también con la fuerza del hombre, con la potencia del cazador, con el guerrero.

Se cree, y me parece algo muy bonito, que el fuego lo guardaba una mujer. Las mujeres maduras, prudentes, que habían sido ya madres, permanecían siempre en la caverna guardando el fuego. Cuando la horda emigraba, cuando se iba de un sitio a otro, ellas, en unas pequeñas piedras ahuecadas, llevaban la brasa sagrada y, junto a ellas, los mozalbetes iban recogiendo leña seca para ir alimentando aquella brasa, y seguramente, alguna vez, una tribu que no conocía el fuego y tenía que pasar el invierno, que no podía ir más al norte de la línea de los hielos, y que no podía defenderse del ataque del leopardo en las tinieblas porque no lo veía, se encontró con una tribu propietaria del fuego que venía emigrando, y robó el fuego, pero quizá los miembros de aquella tribu, más culturizados, más evolucionados, se vengaron de una manera tremenda de los ladrones del fuego. Tal vez en todos estos hechos que pudieron suceder esté el origen de muchos mitos y ritos.[27]

• • •

Conocimos un grupo familiar de bosquimanos compuesto por 12 personas, cuatro cazadores, un anciano, mujeres y niños, y con ellos íbamos a rodar su forma de cazar. Para ello se eligió como presa la más difícil de matar, el oryx. Los cazadores tenían que reptar contra el viento en una aproximación hacia los animales que duró un buen par de horas, con objeto de que uno de los oryx estuviera a unos 25 m de distancia y dispararle con un pequeño arco bosquimano una flecha envenenada. Pero este veneno no es capaz de matar al oryx si el hombre no lo persigue, lo único que hace es debilitar al animal e intoxicarlo. Tras disparar la flecha, **los tres bosquimanos** se pusieron rápidamente en pie, nos hicieron una señal y empezaron a correr detrás del rebaño de oryx. Corrían descalzos, iban pisando con la certeza del hombre primitivo sobre aquel suelo dificilísimo, apoyándose en los lugares donde no había un canto cortante, donde no había un pincho, corriendo de la manera más ingrávida y elegante que he visto en mi vida. Estuve corriendo con los bosquimanos al ritmo que ellos mantenían calculo que durante 30 o 45 minutos. Pasado este tiempo, roto, auténticamente deshecho, con mis cómodas botas Desert Boot, tuve que subirme al coche y dejar de correr. Los bosquimanos siguieron corriendo. No llevaban en la mano más que el arco y las flechas, en la misma posición que ustedes ven las pinturas rupestres del levante español. **Corrieron, corrieron y corrieron.** Al rebaño de oryx no se lo veía, se había esfumado totalmente en el horizonte calcinado del Kalahari. La temperatura sería de 35-40°C; una pequeña brisa venía de los oryx a los hombres, y mientras estos corrían sin perder un solo momento, sin agacharse, iban leyendo en el suelo las huellas de los animales, e iban viendo ya, según me pudo contar después el intérprete que nos acompañaba, que el oryx herido empezaba a dar síntomas de cansancio. Corrieron sin abandonar su ritmo desde las cuatro de la tarde hasta las siete y media que se puso el sol. Entonces, se detuvieron debajo de un arbusto, hicieron un pequeño hoyo en la arena para meter la cadera —los bosquimanos siempre hacen un hoyo como el que hace un perro para dormir—, metieron allí su cadera y durmieron de un tirón, mientras nosotros en nuestro todoterreno hablábamos de todo lo que se podía hablar sin poder conciliar el sueño. Durmieron con la profundidad, diría yo que con la beatitud, con que duerme un animal sano, hasta que se levantó el sol. Luego, los tres pequeños bosquimanos, de 1,60 m de estatura, de piernas musculadas, tomaron sus arcos y sus flechas y siguieron corriendo. A las 12 del mediodía alcanzaron al antílope que se había desplomado, muerto por el esfuerzo y la persecución a la que lo habían sometido los bosquimanos. Aquellos hombrecillos lo primero que hicieron cuando llegaron al antílope fue desollarlo e impregnarse todo el cuerpo con la sangre y la grasa del animal. Seguramente con la piel desecada por el viento del desierto, por el esfuerzo sobrecogedor, aquellos hombres que habían corrido prácticamente durante un día entero, sin comer y sin beber, **necesitaban primero esa nutrición que les llegaba a través de sus epitelios.**

Me quedé verdaderamente asombrado cuando, después de comer la carne y tener lugar el gran banquete, aquellos hombres se entregaron a sus danzas, que eran danzas zoomórficas. Nadie puede imitar la danza de un animal como lo hace un bosquimano o un pigmeo. Nadie es capaz de mover las piernas al ritmo ingrávido con que las mueve la gacela saltadora, ni de representar la pesadez del elefante herido como lo hace un bosquimano cuando baila. Entonces pensé que aquel pequeño grupo de seres vivientes, aquellas 12 personas con las que estábamos conviviendo, **eran los restos de una población de varios millones de seres que dos siglos antes ocupaba el más inmenso paraíso de caza que ha habido en nuestro planeta,** una civilización y una cultura que fue masacrada, destruida, en la época en que los bóeres colonizaban África del Sur. La cabeza de un bosquimano tenía el mismo precio que la de un perro salvaje. El nombre de bosquimano viene, precisamente, de la palabra inglesa *bushman* («el hombre de la selva», «el selvático»). Se les consideraba como animales y cuando se capturaban niños bosquimanos, que generalmente morían porque no podían vivir según las costumbres de los 'civilizados', a los que sobrevivían les daban el nombre de bosquimanos domesticados, realmente como si fueran animales. Fueron matándolos a todos; sabían que, si querían acabar con aquel pueblo que ocupaba unas tierras que ellos precisaban para instalar sus granjas y sus explotaciones, había que matar a esos hombres que llevaban en torno a la cintura una especie de canana, hecha con tibias vacías de antílope, en cada una de las cuales había colores, unos colores empleados por los bosquimanos para decorar las eternas pinturas que hablaban de la felicidad de un pueblo comunitario que, entre otras cosas, desconocía el deporte de la guerra, esa inclinación tan propia de los hombres 'civilizados' consistente en pulverizar, quemar y masacrar a sus semejantes. Así, en menos de dos siglos, empujados por los bóeres, por los ingleses y, hacia el norte, por los pastores negros, los bosquimanos han sido reducidos a unas docenas de familias dispersas, que hoy viven en el Kalahari.

Después de degustar el último resto de la cabeza del gran antílope que le había sido ofrecida, por ser el depositario de la tradición, el anciano del grupo, con la ayuda de un intérprete, me contó cómo aparecimos los seres que poblamos el planeta: «Al principio todo era negro en el mundo, al principio no había hierba en los prados, ni frutas en los árboles, ni peces en el mar, ni animales en la tierra. Pero vino la luz, y la luz se enamoró del agua, el Sol se enamoró del mar, y tuvieron lugar unas nupcias. Y en esas nupcias, las más amplias, profundas y placenteras que haya habido jamás, el Sol y el mar se casaron y tuvieron muchos hijos, y todos esos hijos nacidos de sus bodas eternas somos nosotros: los peces, los pájaros, los hombres, las plantas, y también la serpiente que se arrastra por el suelo. Todos los seres, los buenos y los malos».

Me quedé sobrecogido pensando en lo que me había contado el chamán de los últimos bosquimanos, pues la explicación que me había dado para interpretar la creación era tan justificable y tan honrosa como las docenas de teorías sobre la creación con que distintos pueblos de nuestro planeta tratan de explicarse el gran

misterio. La diferencia de esta historia con las demás es que es la única que, estrictamente, se ajusta a los descubrimientos de la ciencia, pues todo el mundo sabe que, según los más avanzados biólogos, la vida apareció en el mar, y la vida no es nada más que energía solar transformada por unos corpúsculos vegetales que aparecieron en las aguas marinas y que dieron lugar, después, a todos los seres que habitamos el planeta. Unos primitivos corpúsculos, estimulados por la energía solar, capaces de transformar lo inerte en vivo. Y yo me preguntaba: ¿Cómo sabrá el último de los bosquimanos que la vida apareció en el mar? ¿Cómo sabrá que la vida es luz, es energía solar? ¿Cómo sabrá que sin luz y sin agua nunca habría habido vida en nuestro planeta?[28]

• • •

Como he explicado en algunas de mis charlas, hubo una humanidad seguramente aventurera y aventurada que, por esas coyunturas de la historia de la vida, hace quizá 50 000 años fue expulsada del noreste asiático. Viajó siempre hacia el este, atravesó el istmo de Bering, entonces un puente de piedra debido a las glaciaciones, y se encontró un paraíso vacío: América. Esta comunidad aventurada y aventurera bajó hacia el sur, empujada quizá por otras olas que llegaron más tarde, y una buena parte de ella descubrió las selvas vírgenes del Orinoco y del Amazonas.

Allí no había nadie. Era un territorio para ellos solos y se instalaron en él. Fueron felices y comenzaron a vivir despojándose seguramente de las pesadas pieles que necesitaron para atravesar las regiones frías, y **se vistieron de gracia, de aire y de sol.** Vivieron del fruto fácil al alcance de la mano, del pez gigantesco al alcance del arpón, de una agricultura primitiva que habían aprendido apenas 200 años atrás. Y no se sabe por qué razón, quizá porque estuvieron incomunicadas del resto de la humanidad durante miles de años, estas tribus amazónicas no tenían enfermedades. No conocían el catarro, ni la gripe, ni el sarampión, ni la malaria. Vivían en un auténtico paraíso y no tenían más mortandad que la que causaban los accidentes de caza, las guerras intertribales o la ancianidad.

Pero un día llegó el primer grupo de hombres blancos. ¡Oh, admirables seres! Los indios, hospitalarios, deseosos de intercambiar útiles, los recibieron llenos de gozo. Y cuando aquel grupo de blancos, formado por misioneros, hombres de ciencia, exploradores caucheros, se marchó, **los indios empezaron a morirse.** Les habían llevado el sarampión. En algunas tribus de los guaykas o yanomamis, el sarampión produjo una mortandad del 80% de la población. Les llevaron después la malaria, y la gripe, y la sífilis. Los indios del paraíso verde no tenían inmunidad, no tenían anticuerpos para luchar contra estas enfermedades, y se fueron muriendo uno tras otro.

Las tribus que aún sobreviven y que se defienden corriendo hacia lo más recóndito de la selva, llevando muchas veces ya el virus de la enfermedad que los va a matar, esas tribus cuyos chamanes dicen que el blanco es el portador del maleficio, que es el mismo demonio vestido que viene a destruirlos, suponen el 10% de los habitantes autóctonos de la selva del Orinoco amazónica, esos que murieron víctimas del contagio de las enfermedades del hombre blanco.

Mientras tanto, la carretera amazónica junto al Orinoco, implacable, va penetrando en el paraíso prohibido. Es una carretera ancha que cada tantos kilómetros envía una arteria a la selva. Suenan y resuenan los buldóceres, monstruos gigantescos de acero que de alguna manera recuerdan a los monstruos que pudieron haber vivido en aquellas ciénagas hace 100 millones de años. Monstruos que no perdonan, que van a la selva a parcelarla, a degradarla, a terminar con ella.

Nadie es capaz de terminar por ahora con este bárbaro proyecto porque la humanidad, si no se pone de acuerdo para otras cosas, ¿cómo va a ponerse de acuerdo para hacer una derrama de divisas para que Brasil y los países amazónicos respeten su selva? Y los buldóceres, y también los exploradores, los médicos, los indigenistas y los que vamos a grabar cine, radio o televisión a la selva, llegamos a pequeños pueblos donde ya no quedan más que unos pocos indios tiritando de fiebre porque padecen enfermedades para las que no tienen defensas.

Creo que, de alguna manera —y esto pensaba cuando navegaba una tarde con un indio en una curiara por un caño muy próximo al canal Casiquiare, que comunica el Orinoco con el Amazonas—, ese mito que han inventado los aventureros para hacer creer a sus amigos que son muy valientes, ese nombre que pusieron en circulación los cazadores y los caucheros para que todo el mundo creyera que eran semidioses, vamos a terminar transformándolo en una realidad; estoy convencido de que, dentro de unos años, cuando nos refiramos al paraíso muerto, no tendremos más remedio que emplear ese vocablo: **el infierno verde.**[29]

• • •

Los pieles rojas de la pradera, altivos, orgullosos, bellos, adornados con plumas de la cola del águila real, nobles en sus pactos, poéticos en sus conversaciones, pausados en sus movimientos, vivían en tiendas hechas con piel de bisonte, participaban en danzas adornados con cabezas de bisonte, tenían armas hechas con huesos y cuernos de bisonte, se alimentaban con sangre o con carne de bisonte y tenían una mitología basada fundamentalmente en el bisonte; podríamos llamarlos, perfectamente, **los pueblos del bisonte.**

Y cuando los indios de la pradera, que se movían de unos a otros puntos de la inmensa extensión verde, dueños de su destino, auténticamente libres, adaptados nada más que al movimiento de la manadas, que les proporcionaban la nutrición, cuando habían llegado también a su auge y a la más perfecta adaptación al medio en el que vivían, los bisontes seguían en expansión. Es decir, si una fuerza infernal, si una catástrofe mítica, si la más tremenda de las tragedias zoológicas que ha conocido nuestro planeta no se hubiera abatido inesperadamente sobre la gran pradera americana, hoy, 500 años después, los pieles rojas habrían seguido siendo altivos, bellos, atléticos y felices junto a una manada todavía más grande de bisontes que la que conocieron los primeros hombres blancos.

Porque, así como los bisontes habían sabido respetar las sagradas leyes del juego de la vida y de la muerte, y de una manera instintiva rotaban sobre los pastos para no depauperar la pradera, hociqueaban en la nieve para encontrar los retoños, extendían la sabana secando y degradando los vegetales de bosques y de bosquecillos, también los indios se habían adaptado de tal manera al bisonte que no cazaban a las hembras con sus crías, que tenían permitido matar un determinado número de machos de tales o cuales edades, que toda la mitología del piel roja estaba basada fundamentalmente en el culto al bisonte, para que el bisonte no se acabara nunca.

Hay páginas hermosas, palabras de lo más poéticas que se pueda figurar un hombre, que salieron de la boca de los últimos jefes de las tribus indias, de los jefes que hablaban ya entre el olor de la masacre y de la pólvora, enfrentados con los pioneros, con la caballería norteamericana, y casi todas se refieren a que **no puede ser bueno un pueblo que mata más carne de la que necesita para comer.**

Los brujos, los chamanes, predijeron a los indios la ruina de su civilización, pues pensaban que los portadores de una civilización que destruye la vida, que mata más de lo que precisa para alimentarse, está condenada a la perdición y que todo cuanto toque irá también a la muerte.

Lo cierto es que, en aquella pradera, que millones de años de circunstancias geológicas, climáticas y biológicas especiales habían transformado en el más infinito e inmenso de los pastos naturales, en la más poderosa de las biomasas de nuestro planeta, **se produjo la más grande y gigantesca de las catástrofes:** en 1889, de los 75 millones de bisontes que había antes de la llegada del hombre blanco, solo quedaban 541 individuos, de los que al alborear el siglo XX apenas sobrevivían un par de docenas.

Queridos amigos, resulta alucinante, triste y descorazonadora la historia de nuestra raza. Gratuitamente, sin que beneficiara a nadie, unos hombres destruyeron en menos de dos siglos la mayor riqueza viviente que había producido el planeta Tierra.

Pensarán ustedes que eso pasó hace tiempo, que entonces no había ecólogos, que no había en el mundo una conciencia de protección, que se mataron los bisontes fundamentalmente para acabar con un enemigo, los indios. Y es cierto. En los últimos años de la conquista de Norteamérica, los bisontes se masacraron para que los indios se murieran de hambre y no pudieran defenderse de sus enemigos. Tal vez ustedes piensen que eso hoy no habría ocurrido, que alguien habría levantado la voz para que no terminaran con aquellos animales tan hermosos de 1300 kg de peso que poblaban la gran pradera. Pues no, seguramente tampoco hoy se habría evitado, porque estamos terminando con un animal mucho más grande, más interesante y mucho más importante a nivel de biomasa, es decir, de toneladas métricas de vida, que el propio bisonte, un animal también grande, un animal que anteayer, no en el año 1600 sino en la década de 1900, era tan numeroso que parecía que no se podía acabar. Pastaba también en las praderas, en las praderas del mar. Me refiero a la ballena azul, la más grande, inmensa, infinita y colosal de las criaturas que ha producido la vida en nuestro planeta. No sé si en otros planetas habrá animales más grandes, pero en el nuestro desde luego jamás existió ningún otro de tales proporciones.

¿Saben ustedes cuántas ballenas azules, según los sabios especializados en el tema, quedan en el mar? Unas 600. Y se cree que les va a resultar muy difícil incluso localizarse para procrear; tal vez en los próximos años leeremos en los periódicos que hemos exterminado a la ballena azul.

De poco han servido las reuniones internacionales y las planificaciones del Congreso de Estocolmo. **Hay potencias que, pese a todo, han decidido seguir matando ballenas azules.**

¿Creen ustedes que, si el exterminio de los bisontes hubiera resultado útil a alguna economía, a algún país, a alguna competitiva acción industrial, alimentaria o económica, habríamos podido detener la matanza de los bisontes? Creo que no, puesto que no somos capaces de detener la matanza de las ballenas.

Y sin embargo, amigos, los bisontes nos están mirando desde la prehistoria. En la caverna de Altamira, en Santander, tienen ustedes un techo en el que todo un grupo de bisontes puede mirarlos cada vez que se acerquen a esa Capilla Sixtina del arte rupestre. Quédense ustedes solos o con unos pocos compañeros allí. Tiéndanse en aquella cama pétrea para que vean en la posición en que debieron de ver los hombres prehistóricos a los bisontes. Contémplenlos a la luz de las antorchas como debieron de hacerlo los pintores de Altamira. Inmediatamente se darán cuenta de que, para el hombre prehistórico, para el cazador del Magdaleniense, aquello era el cielo. Los bisontes están pintados en el techo, son constelaciones, son nubes, son cordilleras. Los bisontes representan todo lo que la vida tenía de mítico y de incomprensible para el hombre primitivo.

El hombre primitivo, que en la época Magdaleniense debía de haber alambicado una cultura ecológica al menos tan perfecta como la cultura ecológica de los pieles roja de la gran pradera, que vivían del bisonte sin acabar nunca con él, cifraba seguramente en aquella teoría celestial de constelaciones, en forma de los grandes, colosales y poderosos bóvidos que en el Pleistoceno pastaban también en las praderas españolas, todo lo que tenía de interdependencia, de **cordón umbilical, entre el hombre y la tierra,** y seguramente también entre la tierra y el cielo. De Altamira a la gran pradera norteamericana no hay más que un paso, un suspiro. Aunque entre Altamira y la gran pradera haya 10 000 o 15 000 años de distancia. Hablamos de hombres que conocen y respetan las leyes ecológicas, que se mueven en el seno de tabúes que no les permiten, por imperativo religioso, degradar el medio que los soporta y sustenta. Hombres que desagravian a sus propias divinidades cuando matan al animal que necesitan para alimentarse con la carne de cada día.

Desde el último bisonte libre de la gran pradera hasta aquí, hay otra cultura, otra civilización, la del **hombre que con sus propias garras abre el seno de su madre, la Tierra, para arrancarle las fuerzas genésicas;** la del hombre que destruye, degrada, contamina y envenena, la el hombre que no respeta tabúes; la del hombre, que en el seno de una complejísima legislación que casi nadie cumple, y que parece que tiene el objeto de que las generaciones venideras puedan heredar un planeta limpio y no un estercolero, pasa por encima de todo con tal de tener su presente lleno de riqueza, con tal de tener muchas cosas.

La cultura antropocéntrica, neolítica, fue seguramente la de los primeros balbuceos de la destrucción de la naturaleza. La cultura geocéntrica, que fue la del cazador de Altamira y la del indio de las praderas, que respetaba todo lo que procedía de la Madre Tierra y lo divinizaba, fue la que hizo que llegaran hasta nosotros los tesoros que ahora estamos destruyendo.

La nuestra es la cultura de las cosas, de lo perecedero; del coche, del frigorífico, de la casa en la ciudad y en el campo y en no sé qué sitio más. Del tener en el presente todo lo que haga falta, sin pensar lo que ello puede suponer para

algo que hemos olvidado: la Tierra, la madre naturaleza.

Todas estas cosas se les pueden ocurrir a ustedes, queridos amigos, si un día van a la caverna de Altamira y contemplan los bisontes. Todas estas cosas y otras peores se les pueden ocurrir si leen detenidamente la historia que cuenta Jean Dorst en su libro *Antes de que la naturaleza muera,* referente a la destrucción de los bisontes de Norteamérica.

Pero todas estas cosas ya no tienen solución si nosotros ponemos en peligro pequeños reductos, minúsculos, como nuestro coto de Doñana, como nuestros ríos salmoneros del norte, como nuestros encinares de Extremadura. ¿Cómo vamos a trasladarnos a épocas prehistóricas y analizar la conciencia y la cultura proteccionista del hombre prehistórico con la conciencia y la cultura básicamente degradadora del hombre actual? Empecemos por salvar los encinares de Extremadura, el coto de Doñana, el Pirineo, que es ahora el blanco apetitoso de todos cuantos pretenden hacer urbanizaciones y pistas de esquí, con sus transformaciones y degradaciones del medio. Salvemos todo lo que nos queda incólume, equilibrado.[30]

• • •

Como en los juegos infantiles se exteriorizan, según los psicólogos, las tendencias más acusadas y generalizadas de los distintos grupos humanos, cabría pensar que en el programado, planificado, ordenado y fríamente competitivo mundo occidental, el indio se ha transformado en un mito: el mito de la justicia y de la libertad.[31]

• • •

Si en aquel momento el avión se caía y yo ya no podía pensar más, el último hombre en el que habría pensado, porque lo consideraba el más importante de cuantos he conocido en mi vida, era un pigmeo. Un pigmeo de la selva de Ituri, en el Congo. Un pigmeo que ya no sé si vive o habrá muerto, con el que compartí todas sus cosas durante seis semanas, que me dejó un recuerdo imborrable de su propia personalidad, y también me legó una pulsera de pelo de elefante que, una noche de luna roja, anudó sobre mi puño izquierdo y que llevo siempre.

Esta aventura empezó cuando Televisión Española envió al mundo los primeros equipos de aventureros, en el verdadero sentido de la palabra, a realizar una serie de reportajes que se emitieron bajo el título genérico de *A toda plana*. Yo propuse irme a África para hacer cuatro de estos reportajes, uno de ellos sobre los pigmeos. Sabía muy bien que encontrar a los pigmeos es muy difícil, pues se trata de un pueblo de cazadores nómadas perdidos en la selva infinita del Congo, concretamente en la selva de Ituri, quizá la más impenetrable; y por aquel entonces, por si fuera poco, el Congo estaba en guerra.

Comenzamos nuestro viaje donde se empiezan siempre los grandes viajes, en Nairobi. Allí alquilamos un Land Rover con sus pertrechos y contratamos un guía, un hombre excepcional, un somalí que llevaba viviendo en África Oriental desde después de la última guerra; era mahometano, se llamaba Ahmed y tenía una serie de particularidades asombrosas, entre ellas la de que hablaba todos los dialectos del África Oriental y del África Central. Recuerdo que con Ahmed, después de recorrer gran parte de Kenia y de Tanzania, pasamos a Uganda, cruzando ese país hasta llegar a las fronteras orientales del Congo. Allí encontramos un letrero que no se me olvidará mientras viva, que leímos con todo detenimiento y que también filmamos. Decía: «Entran ustedes en un país que se encuentra bajo una revolución interior. No podemos garantizarles, si son blancos, ningún tipo de seguro para su vida, para sus actividades o para su expedición. Penetra usted aquí bajo su única responsabilidad y control».

Tras leer el letrerito de marras, que estaba cerca de un último punto de Uganda llamado Fort Portal, donde viven algunos aventureros y se alojan algunos turistas amantes de la naturaleza, penetramos en el Congo. Y después de mucho movernos, de mucho viajar por sendas de elefantes, de preguntar a unos y a otros, de ver que Ahmed era un hombre prodigioso, tanto porque resolvía cualquier problema sobre la marcha como porque tenía retoños entre casi todas las tribus que encontrábamos por los caminos y lo recibían como un padre en todos los sitios, logramos contactar con los famosos pigmeos bambuti. Llegamos a un poblado hecho de casas minúsculas y, por primera vez, vi lo que para mí constituía un sueño y una ilusión: un grupo de hombrecillos de 1,40 m de estatura, un grupo de hombrecillos y de mujeres maravillosamente constituidos, un grupo de seres humanos que todo lo que tenían de pequeñez lo tenían de gracia, de agilidad en los movimientos, de penetración en la mirada, de posibilidades en la mímica. **Eran como esas esencias que resumen y que sintetizan las particularidades de un perfume, dándoles más fuerza. Así eran para mí los pigmeos.** Eran el mismo emblema de la vivacidad, de la adaptación del hombre a uno de los medios más complejos que existen, la selva virgen.

Los pigmeos son un pueblo enano en el estricto sentido de la palabra, que viven en el corazón de África, en el interior de la lluviosa selva tropical. Están repartidos fundamentalmente entre el Congo y Camerún, aunque también hay algunos en Ruanda y Burundi. Viven única y exclusivamente de la caza de animales salvajes, de la pesca en los ríos y riachuelos de la selva y de la recolección de frutos naturales. No conocen la agricultura ni el pastoreo; están, por consiguiente, sumidos en lo que se llama antropológicamente la cultura de los cazadores superiores.

Conocen indudablemente el fuego, pero no trabajan el hierro, y las puntas de sus flechas son de madera o pedazos de hierro que obtienen por intercambio con los negros vecinos. Viven en la noche de la prehistoria. Viven igual que debieron de haber vivido nuestros antepasados por los siglos de los siglos. Dependen por entero de la pieza de caza que matan, del pez que capturan, del bulbo, de la fruta, de la raíz, del hongo que encuentran; son hombres de la naturaleza en el sentido más profundo de la palabra.

Para poder sobrevivir de este modo, los pigmeos necesitan desplazarse constantemente. Son nómadas y, por ello, sus casas son estructuras sencillísimas que las mujeres montan rápidamente con un esqueleto de ramas elásticas que se doblan y que cubren con hojas en forma de tejas, como ellos dicen, como las escamas del pangolín. Hay una división estricta del trabajo: los hombres cazan y las mujeres recolectan. Hay una extraordinaria compenetración en el grupo, son profunda y absolutamente comunitarios. **Todo es de todos y nada es de nadie, y no tienen jefes, en el estricto sentido de la palabra.** Está el mejor cazador, al que se le consulta para una expedición de caza, está el que despreciativamente llamamos brujo, depositario de la tradición, que sabe cuándo hay que cambiar de sitio o qué hay que hacer cuando un hombre o una mujer enferman, y está la mujer depositaria de la experiencia, que atiende a las parturientas y que decide las cosas relacionadas con la recolección y con la construcción de los poblados.

Los pigmeos constituyen una célula primaria dentro de la especie humana y, queridos amigos, yo tuve la fortuna de pasar seis enteras semanas conviviendo con ellos.

Después de acompañar a mis amigos, los bambuti, por la selva en sus desplazamientos, después de asistir a la caza de monos y a la caza de la presa mayor, el elefante, después de comer como ellos las termitas —descubrí que las termitas constituyen la alimentación más perfecta que existe, puesto que las capturan en la época de eclosión de los termiteros, cuando salen al exterior los individuos, sexuados, cargados de proteínas muy específicas, cargados de vitaminas; diríamos que es como una jalea real a lo grande, a lo africano—, para mí significó volver después a casa rejuvenecido al menos unos cinco años, a pesar de haber pasado en la selva solo seis semanas.

Supongo que los pigmeos debieron de ver mi enorme pasión por la vida, debieron de notar que no trataba de contarles nada que pudiera, en cierto modo, dejarles asombrados. Yo no pensaba hablarles de culturas, ni de filosofías, ni de modos de vida mejores o peores, solo iba a aprender, a observar, y casi, casi, a convertirme en un pigmeo más, porque nadie que no sea pigmeo puede moverse y sobrevivir en la selva como ellos lo hacen.

Cuánto daño han hecho a los pueblos primitivos quienes han pretendido modificar su conducta, pensando que eran portadores de extraños mensajes. ¡Cuánto daño! Algún día se escribirá esa historia. Lo cierto es que nada habría hecho yo que hubiera modificado la actitud de los pigmeos ante la vida y, sobre todo, ante sus conceptos filosóficos, morales y de pura adaptación al medio, y, gracias a eso, los pigmeos me consideraron su amigo. Me hablaron de sus cosas, conectaron conmigo. Y ustedes me preguntarán cómo es posible esto si yo no hablo el pigmeo; ya les he dicho que con nosotros venía Ahmed, quien, además de tener rudimentos del dialecto de los bambuti, hablaba muy bien el suajili, idioma que conozco, y el inglés, y hacía de interprete entre yo y Lazabo, el jefe de los pigmeos, mi nuevo amigo, que me reveló todo un mundo fabuloso.

Recuerdo que una noche de danza en que se levantaba la luna nueva, un acontecimiento que para los pigmeos es maravilloso, iba a tener lugar, a última hora ya, la danza del elefante moribundo; todo el mundo estaba excitado, no por haber tomado bebidas estimulantes o cualquier otro tipo de cosas, sino **porque la luna roja, inmensa, flotando sobre el claro de la selva le hacía comprender al hombre que este, cuando es un hombre de verdad, es realmente el dueño de la creación.**

Estábamos escuchando las flautas de los pigmeos bambuti. Estas flautas, mezcladas con la voz de la selva en la noche, forman un coro increíble. Cada pigmeo tiene una flauta que no da más que una nota determinada, pero saben combinar las notas de los distintos grupos, creando una melodía que parece venir de las entrañas mismas de la tierra, que baja de las estrellas, de la luna, que le envuelve a uno y le hace mirar y admirar a aquellos danzantes de cuerpos brillantes y sudorosos, aquellos hombres de constituciones perfectas, aquellos enanos que bajo la luz de la luna y envueltos en las notas de su música parecen gigantes, los más grandes hombres que yo había visto nunca.

Aquella noche estaba sintiendo en mi mano derecha el crespo cabello de un niño pigmeo. Y de pronto noté que había traspasado la frontera entre las razas; de pronto, el olor a humo, a sudor de los pigmeos me resultaba un aroma familiar, y el pequeño pigmeo, a quien yo tenía tan cerca de mí —aquella criatura minúscula pero que empezaba ya a acompañar a sus padres en la caza— cuando de pronto sintió mi mano en su áspero cabello, levantó hacia mí unos ojos enormes, negros, rodeados de ese blanco que solo existe en los ojos de los negros, y me dirigió una mirada que me hizo profundizar de tal manera en la esencia y en las raíces de su pueblo, que me prometí a mí mismo que cuando terminaran las danzas, debía hablar toda la noche con Lazabo, tenía que preguntarle muchas cosas y quizá en sus respuestas encontraría el sentido de la vida, la moral y la filosofía de los pigmeos.

Más allá de la medianoche, la luna flotaba, vertical, en el centro, nadie tenía ganas de dormir. Lazabo, un hombre musculado, de 1,35 m de altura, al que nunca había visto cansado, **que leía en el suelo las pistas de los animales como un sabio pueda leer en un libro los mensajes de los libros**, un hombre que, además de ser el mejor cazador, era el chamán, el depositario de la tradición, me estaba mirando. Y cuando me disponía a pedir al interprete que le dijera que quería preguntarle cosas, esas cosas que él nunca había contado a los exploradores ni a los misioneros, esas cosas que constituían quizá su principal tesoro, un tesoro que no podía quitarle nadie, me quedé asombrado porque me di cuenta de que el niño sobre el que yo tenía la mano era uno de los hijos de Lazabo.

El pequeño corrió en la oscuridad, se perdió en la noche, lejos de la luz de las hogueras, y volvió de pronto, como vuelven los pigmeos —nunca se sabe de dónde salen ya que no hacen ruido—, llevando en la mano una cosa negra, un adorno. Entonces, Lazabo tomó mi mano izquierda con las suyas, unas manos pequeñas, nervudas y sensibles, cerró mis dedos, mis dedos de gigante para él, aunque yo sea un hombre de talla media, y me puso un brazalete de pelos de elefante, de un elefante que él había matado, y entonces, sin preguntarle yo nada, requirió a Ahmed con una mirada imperiosa —porque los pigmeos en la selva pueden ser imperiosos hasta con un hombre de 1,90 m, como era el somalí— y le pidió que tradujera sus palabras; entonces, el intérprete me contó en suajili cómo había matado Lazabo a aquel elefante, cómo era la terrible caza de los elefantes por parte de los pigmeos.

Cuando viene la época de lluvias, los pigmeos se entregan a la gran aventura de su vida, la muerte del *tembo,* que es como llaman al elefante. Hay dos o tres cazadores nada más en cada grupo, que generalmente se compone de 20 personas, con 10 o 12 de entre 14 y 45 años capaces de cazar, que se atreven a este cometido. Siguen la pista del elefante por la selva; tiene que ser un elefante solitario, porque, si hubiera más, no podrían llevar a cabo la cacería, pues todos saben que los elefantes solitarios son viejos gigantes de 5000 kg de peso, capaces de aplastar a un pigmeo y a Sansón con un simple movimiento de su trompa o de su pata delantera. Los pigmeos, tal como me contó el propio Lazabo y como también pudimos filmar nosotros más tarde, siguen la marcha del elefante gracias a esa enorme capacidad que les permite leer sus huellas.

Cuando están a 50 o 100 m del elefante y este se encuentra en un tipo de bosque secundario, de muchos árboles delgados, donde generalmente se apoyan en un árbol para digerir, el pigmeo matador (hay dos, el matador y el quitador) se impregna todo el cuerpo con la boñiga de la última deposición del elefante, todavía caliente, con objeto de oler a elefante y así el gigante, el monstruo, no pueda descubrirlo. Entonces, uno de los pigmeos, el quitador, marcha despacio por delante del elefante y se coloca a unos 25 m de distancia, donde no molesta al elefante ni el elefante se apercibe de que está allí. Mientras tanto, el matador, llevando en la mano una inmensa lanza con la punta de hierro, pero que en otro tiempo era de sílex, se mete prácticamente debajo del cuerpo del elefante; en ese momento, el matador, que no ha sido descubierto por el elefante porque huele como ellos, porque llueve a jarros y porque no hace ruido y se mueve como un auténtico espíritu de la selva, con todas sus fuerzas, clava su lanza en el corazón del animal, de abajo arriba, e inmediatamente después da un salto lateral y se oculta entre los árboles de la selva; mientras, el quitador se pone delante del elefante y le grita para que este le siga y no aplaste al matador, y para que, con el corazón atravesado, caiga unos pocos metros más adelante, muerto, después de una terrible hemorragia interna. Así matan los pigmeos a los elefantes.

Y ante un hombre que mata así a los elefantes, uno se quita el sombrero. Uno se quita la soberbia de civilizado. Y uno se quita todas estas cosas que generalmente llevamos puestas, para nuestra desgracia, los seres que habitamos en el área 'civilizada' de nuestro planeta. Además, hay una enseñanza importantísima relacionada con esta cacería: el elefante para el pigmeo lo es todo, pues le puede causar la muerte, pero también le da la vida, y el pigmeo que ha matado a ese elefante, que podría erigirse en propietario de la caza, cree que ha robado a la selva su criatura más perfecta, y ante ello, el matador asume una serie de tabúes que le llevan precisamente a desagraviar a la madre selva y a Comba, el padre de todos los elefantes y de todos los pigmeos, por haberle matado a su criatura favorita.

Aquella noche inolvidable le pregunté a mi amigo Lazabo: «¿Qué haces después de que el elefante ha muerto?». Me contestó: «Le arranco la lanza, limpio muy bien el acero, tomo sangre y carne de la herida, la pongo entre hojas aromáticas, me retiro solo a la selva y le ofrezco a Comba, el padre de todos los elefantes y de todos los pigmeos y de todas las plantas y animales, las primicias de lo que es suyo y él

me ha dado, y le pido que me lo dé también mañana». Y le inquirí: «Y cuando acuden las mujeres y los cazadores para despedazar a *tembo*, ¿qué parte de la presa guardas para ti, Lazabo?», a lo que sorpresivamente respondió: «Yo no puedo comer ni guardar nada del elefante que he matado, porque Comba me castigaría y me volvería peor que una bestia. Pero si otro cazador mata, yo sí puedo comer de la carne».

Me quedé verdaderamente pasmado ante el prodigio de un hombre primitivo que, después de jugarse la vida para matar a un elefante, creyera que no podía comer de aquel elefante para no dar una idea de egoísmo, de apropiarse de algo que pertenece a la naturaleza. **Asombrado ante una doctrina, ante una filosofía que existía ya hace 10 000 años entre los pigmeos y a la cual nos están llevando hoy los sabios con los imperativos ecológicos, me acordaba de tantos y tantos cazadores civilizados y ricos que discuten y riñen por una triste perdiz, para apropiarse de ella.**

Vimos y filmamos la danza del elefante moribundo. Nunca he visto a un hombre que representara tan maravillosamente los movimientos de la agonía de un elefante. En el cuerpo de mi amigo Lazabo veía yo la masa que se desploma, en sus ojos que se nublaban veía la muerte que llega, y cuando Lazabo cayó en el polvo —no podré olvidar nunca el polvo que se le metía por la boca en un proceso seguramente por autosugestión que le había llevado a sentir el dolor de la muerte del elefante que él había matado—, todos los cazadores dieron un gran grito, se pusieron en pie e hicieron sonar sus flautas, y Lazabo, corriendo, se fue a la selva y regresó al poco reluciente, brillante, recién nacido, ennoblecido, porque había devuelto a la selva, es decir, a la Madre Tierra, a la biosfera, el alma que él había robado al elefante muerto.[32]

El hombre no contaminó, ni destruyó, ni exterminó. El hombre vivía sin rasgar el vientre materno para arrancarle las fuerzas genésicas; vivía amamantándose dulcemente en el regazo de la Madre Tierra. Como estos ligeros, ágiles y bellos bosquimanos.[33]

• • •

Nunca podré olvidar el rostro de aquel esquimal en el interior de una de esas casas de hielo que se llaman iglúes y que constituyen un auténtico triunfo del hombre sobre la naturaleza. Unas casas construidas de tal manera que tienen la entrada por debajo del nivel del suelo y una pequeña abertura en el techo; de esta manera, con una simple lámpara de grasa de foca, el hombre puede calentar e iluminar su habitáculo. Cuando afuera la temperatura es del orden de –50°C y sopla un viento ártico muchas veces de 110 km/h, en el interior del iglú hay que quitarse las parcas (esas prendas maravillosas de piel que llevan puestas los esquimales), pues todo el mundo no lleva más que los pantalones y está desnudo de cintura para arriba.

Me asombraba el cuerpo de aquel hombre, de aquel chamán, que fácilmente podría tener 60 años. Era un cuerpo musculado, armonioso, exactamente igual que el de uno de nuestros jóvenes gimnastas. Tenía una vista penetrante y un rostro grave. Era un hombre que se sabía poseedor y portador de una filosofía, de una moral y de una tradición, que no se puede escribir, porque los esquimales son ágrafos; si él sucumbiera sin haber transmitido su cultura, esta se perdería para siempre. Así se forjó la cultura del poderoso cazador del Cuaternario, **un ser ágrafo**, que siempre ha sido transmitida por hombres especializados precisamente en la transmisión de la cultura del pueblo y que intenta responder a cuestiones del tipo: ¿De dónde venimos? ¿A dónde vamos? ¿Cuáles son las normas, las reglas? ¿Cómo hay que vivir cuando se nace, cuando se llega a la pubertad e incluso cuando se va a morir? ¿Qué es lo que hay que hacer cuando se caza?

El chamán, con la ayuda de un antropólogo americano que hacía de intérprete, me decía: «Nuestra gran tragedia, la de los hombres del hielo, los inuits, **es que, para vivir, tenemos que alimentarnos con las almas de nuestros hermanos los animales»**. (Debo aclarar que los esquimales se autodenominan *inuit* o *inuk*, palabra que significa «hombres», «los únicos hombres».) Qué filosofía tan bella, tan profunda, ¡a cuántos años luz de la nuestra!

Realmente, en todas las tierras donde hoy viven pueblos primitivos, pueblos cazadores superiores, como los bosquimanos, los pigmeos o los esquimales del

Ártico, **a modo de ramas desgajadas de un fenómeno que fue universal**, se conserva la misma filosofía y el mismo espíritu de amor a la naturaleza, de creer que se forma parte de un todo, de saber que si a la naturaleza, de una manera indiscriminada, se le arranca lo que tiene, el hombre morirá también y sufrirá la culpa del mayor de todos sus pecados.

Los hombres primitivos, que han vivido siempre en contacto con la naturaleza, tienen un reloj y un calendario interior que les permite situarse perfectamente en el tiempo y una memoria visual que les permite situarse también en el espacio.[34]

• • •

La diferencia entre estos dos períodos, abismática, tremenda, trascendental, se basa en que, al menos teóricamente, **el hombre de la época gloriosa del Paleolítico** tenía un profundo respeto hacia la naturaleza. Estaba integrado en el seno de esa naturaleza y tenía una ética, una moral y me atrevería a decir que hasta una religión ecológica. En cambio, el hombre del Neolítico, que dejó de ser cazador nómada, que dejó de vivir de la recolección de los frutos espontáneos de la tierra para transformarse en pastor y en agricultor, perdió el respeto a la tierra. Se desenganchó del tren ecológico y se permitió el lujo de transformarse en la primera especie realmente infractora de las leyes ecológicas del planeta que lo soporta.

Aunque seamos tecnólogos capaces de fabricar cápsulas espaciales que van a la Luna y que irán a Marte, aunque seamos capaces de fabricar aviones que nos llevan en cuatro horas desde Europa hasta Norteamérica, básicamente seguimos dependiendo de una alimentación originada por la agricultura y el pastoreo. Y como resultado, **nuestras religiones son neolíticas, nuestras filosofías son neolíticas y nuestras políticas son neolíticas.**

Pienso que ese Neolítico, para mí a todas luces dramático para la naturaleza, nos mantiene cogidos en su férreo abrazo mortal. Pero intuyo que estamos empezando a romper las amarras del Neolítico. Hay movimientos filosóficos y políticos, hay movimientos de actuación del hombre frente a la naturaleza que están empezando a llamar la atención al proclamar que no todo puede ser abusar de la naturaleza, no todo puede ser aprovecharse de la naturaleza sin darle nada a cambio, porque delante de nosotros, si seguimos con esta conducta neolítica, está el abismo.

Muchas veces he pensado que tal vez todas las viejas teorías religiosas y filosóficas neolíticas que hablan de paraísos perdidos, de expulsiones del Paraíso, de ganarse el pan con el sudor de la frente, de parir con dolor, **se refieren, en el fondo, a la ruptura del pacto sagrado del hombre con la naturaleza.**

Se han dado muchas interpretaciones a por qué el hombre paleolítico pintaba únicamente animales y raramente se reproducía a sí mismo. **Todo un arte inimitable, que no se ha vuelto a reproducir, se cifraba precisamente en perpetuar en los rincones más secretos, más profundos, más abruptos de las cavernas, la representación de aquellos animales que eran las piezas de caza de las que vivía el hombre antiguo.**

Sería difícil interpretar el sentido de estas pinturas, bajo un punto de vista puramente material, puramente de consumo, por parte del hombre actual, que vive sometido a los parámetros de un puro, y en tantos aspectos asqueroso, materialismo. **El hombre antiguo vivía muy por encima del materialismo.** ¿Por qué pintó el hombre de Altamira aquellos bisontes, aquella cierva bonita o aquel jabalí? ¿Por qué pintó el hombre de El Pindal, en Asturias, aquellos caballos redondos, suculentos, gráciles? ¿Por qué grabó en sus arpones y en sus bastones de mando aquella cabeza de caballo, aquel ave, que seguramente era una tetraónida parecida al urogallo, o aquella alca? ¿Qué buscaba con ello?

Sería difícil que interpretáramos, como digo, aquel arte si no conociéramos con cierta profundidad a los últimos hombres que hoy, en nuestro planeta, viven de la misma manera que vivieron nuestros antepasados, hace 10 000 años, durante cuatro millones de años, es decir, dependiendo por entero para su supervivencia de los animales salvajes y de los frutos sin cultivar que les daba la tierra.

Amigo, tú que eres joven y que, por consiguiente, estás sometido a pocos intereses creados, tú que puedes dejar volar tu corazón, que puedes pensar y filosofar como un hombre que pintó en la noche un bisonte gigantesco, alumbrado por una antorcha humeante y perfumada de resina, voy a contarte un poco la filosofía que he visto, que he conocido en los pueblos primitivos de cazadores-recolectores con los que he tenido la fortuna de convivir.

El hombre primitivo, cada vez que mata una criatura, cada vez que corta un árbol, cada vez que arranca una planta, tiene consciencia de que está atentando contra un ente superior en el que él mismo está integrado y que es el Todo. El Comba de los pigmeos que ya hemos comentado alguna vez.[35]

• • •

Ante el hecho comprobado, evidente, de que el hombre está destruyendo la naturaleza, de que no solo no se ha contentado con destruir los bosques que cubrían la mayor parte de la tierra, con exterminar la mayor parte de las especies vivientes, con envenenar o contaminar los mares, con envenenar la atmósfera, ante este hecho que ocurre en todo el planeta, uno puede preguntarse: **¿Habrá un componente genético en la especie humana que la lleva de una manera inexorable, de una manera brutal, de una manera absolutamente incontrovertible, como en aquellas tragedias griegas clásicas, a destruir a su propia madre, que es la naturaleza?** O, por el contrario, esto de la destrucción de la naturaleza, queridos amigos, ¿será una conducta adquirida, algo coyuntural, algo que ha sido fruto de un mal momento, de un mal aprendizaje, y que por consiguiente podemos corregir?

¿Avanzamos realmente hacia la posesión de la verdad o estamos perdiendo la verdad de una manera paulatina desde el Paleolítico hacia acá?

Parece mentira que la mentalidad de un ser a quien nos hemos atrevido a llamar salvaje haya sido capaz de manejar verdades tan inmutables, verdades tan profundas.

Una de las grandes bases de la filosofía del hombre destructor del medio proviene del hecho de que nos hemos creído que éramos superiores, que no teníamos nada que ver con la comunidad terrestre animal, que éramos tiránicos señores de la creación, cuando en realidad somos uno más, distinto, pero uno más. Respiramos el mismo aire, bebemos la misma agua y comemos las mismas materias nutritivas. ¿Quién enseñó entonces, amigo Félix, a los hombres primitivos, hace quizá 200 000 años, a practicar ya la protección de la naturaleza? La selección natural, amigo estudiante.

Las hordas de matadores implacables, destructores de la naturaleza, estaban abocados, como el conejo blanco cuando no hay período de glaciares, a ir debilitándose y a ir desapareciendo, mientras que aquellas otras hordas de hombres que aprendieron a respetar a los animales, a no matar más que lo que necesitaban para sobrevivir, a no talar los bosques o a no quemar los pastos, fueron las que predominaron sobre las otras. Por ejemplo, aquellos grupos humanos que exterminaron a las criaturas que les servían de presa, como pueda ser el mamut, ese elefante gigantesco de ocho toneladas de peso que se cree fue exterminado por el hombre, es muy posible que también desaparecieran junto con las últimas de sus gigantescas presas. Así se fueron creando unos hilos genéticos, unas líneas humanas, que desembocaron en la más acrisolada de las filosofías con respecto a la conservación de la naturaleza.

Si alguna vez el hombre, en un pasado más o menos remoto, llegó a tener una filosofía básica sobre su interdependencia con la tierra, que se basaba en el respeto a los animales, en un auténtico amor a los animales —no en la sensiblería del perrito o del gatito, que no tiene nada que ver con lo que hablamos—, en una consciencia de que ambos, hombres y animales, formamos parte de una comunidad, **no me explico por qué, en tan poco tiempo, nos hemos transformado en esta horda de sucios destructores de la naturaleza.** ¿Es posible que descendamos de aquellos hombres que hacían una oración de desagravio al elefante que acababan de matar o que daban agua dulce a la hermana foca porque pasa mucha sed? Por suerte o por desgracia, descendemos de los amigos de la tierra, de los hombres de la naturaleza. En 10 000 o 12 000 años, los que se llaman a sí mismos poseedores de la verdad han tenido tiempo de **meternos tantas falsedades en la cabeza** como para que llegáramos a pensar que éramos incluso de otra galaxia.

De ser una criatura integrada en el ecosistema, con respeto al medio, el hombre se ha transformado en una criatura desintegrada del ecosistema, que modifica y transforma el ecosistema para obtener la energía que precisa para sobrevivir y que sustituye la antigua filosofía de sometimiento a la naturaleza, de atónita adoración a la naturaleza como un todo, por una filosofía de dominio y destrucción de esa naturaleza.[36]

• • •

¿Cuándo se rompió este sagrado pacto? ¿Cuándo los juicios de los que ahora son sabios y entonces eran los llamados chamanes, depositarios de la verdad, comenzaron a ser despreciados y sustituidos por el puro interés de algunos filósofos, políticos y, en ciertos casos, incluso sacerdotes? ¿Cuándo ocurrió este gran salto? ¿Cuándo tuvo lugar por primera vez la transformación del hombre cazador y pescador y recolector de frutos naturales en el hombre cultivador, pastor y constructor de ciudades? Se dice que hace unos 10 000 años, con la llegada del Neolítico. Desde entonces, el hombre dejó de depender por entero de la naturaleza espontánea y pudo alterar el ciclo de los ecosistemas para producirse los propios alimentos, que, al ser mucho más abundantes, le iban a permitir reproducirse de otra manera, a transformarse de nómada en sedentario y, lo que es peor, a romper los sagrados tabúes del hombre que estaba integrado en los ecosistemas naturales.

Y debemos saber que el cambio de vida determinado por la agricultura y por el pastoreo implica el comienzo de uno de los grandes problemas que hoy tiene la humanidad y que es el de la superpoblación.

Los movimientos permanentes que exigían la caza, la pesca y la recolección de frutos naturales, y los accidentes derivados de estos ejercicios, por parte del hombre paleolítico durante cuatro millones de años no permitieron que aumentara de una manera excesiva la población humana.

Pero al asentarse el hombre y transformarse en una criatura sedentaria que vivía de la agricultura y del pastoreo, aparecieron las primeras grandes urbes con más de 50 000 habitantes, como Alejandría, en Egipto; grandes aglomeraciones humanas donde el hombre empezó a padecer, por primera vez, las consecuencias de haber roto el sagrado pacto que le unía a la naturaleza. Ante ello, pronto se pusieron en marcha los mecanismos que tienen las comunidades zoológicas para evitar la superpoblación: aparecieron las terribles pestes bíblicas, aquellas pestes que continuaron durante toda la Edad Media e incluso en los albores de la Edad Moderna hasta que aparecieron las vacunas, que diezmaban periódicamente a la humanidad, causando gran cantidad de bajas.

Aunque aquellas pestes resultaban dramáticas para el individuo que tenía la mala suerte de perecer en ellas, aunque resultaban dramáticas para las familias que perdían a sus hijos, aquellos azotes de enfermedades infecciosas, para la humanidad en su conjunto, tenían la virtud de que periódicamente diezmaban su población y permitían sobrevivir en aquellas limitadas áreas donde tenía lugar el objeto de laboreo de las tierras o del pastoreo del ganado.

Otra de las actividades que representan a la humanidad neolítica y que la diferencian de la paleolítica es la guerra, que empezó a ponerse en boga con todo su rigor y con toda su fuerza precisamente a partir del Neolítico. Basta con que estudiemos la historia de Persia, de Egipto, de Cartago, de Grecia o de Roma para ver que está protagonizada por una sucesión de batallas, una sucesión de guerras terribles, en las que también se diezmaba a la humanidad y de alguna manera se controlaba esa superpoblación que, tarde o temprano, conduciría a nuestra especie a ese momento dramático en el que nos encontramos actualmente.

Otra característica de la ruptura con el Paleolítico es que en el Neolítico surge la domesticación no solo de los animales y de las plantas, sino también la autodomesticación del hombre, que modifica tremendamente sus pautas básicas de conducta, que hace aparecer algo tan dramático y desconocido en el Paleolítico como es la esclavitud, no solo la esclavitud directa que dura hasta la famosa Guerra de Secesión de EE UU, sino la esclavitud indirecta, muchas de cuyas consecuencias estamos sufriendo actualmente. Resulta evidente que un hombre no puede esclavizar a otro para que cace para él, pues la caza es una actividad tan artística, que hay que hacer con tanto entusiasmo y para la que hay que tener tal dedicación, que resulta prácticamente imposible que un hombre fuerte o que un grupo de hombres fuertes, guerreros, conquisten a otros para que cacen para ellos. La caza del Paleolítico era una actividad que producía felicidad en el hombre, y este la ejercía como el más maravilloso de los pasatiempos y al mismo tiempo le permitía comer, sobrevivir y reproducirse.

Quizá, en este cambio de conducta propio del Neolítico, en el hecho de que el hombre se transformara de cazador y pescador en agricultor y pastor, habría que buscar el origen de todas aquellas creencias que pusieron la base de la gran desgracia del hombre, sintetizada en el célebre «ganarás el pan con el sudor de tu frente», tras lo cual a uno, supuestamente, le esperaba el paraíso.

Este hombre que inventa la esclavitud, que hace la guerra para conquistar esclavos que trabajen para él, este hombre que vive en la locura y en el ansia de la domesticación, lo que es más tremendo y considero uno de los elementos más representativos del Neolítico es que domestica y da un rostro humano a Dios.

Las religiones antiguas, las religiones de todos los pueblos primitivos que he tenido la virtud de conocer y que he estudiado después con un cierto detenimiento, hablan de una divinidad absolutamente al margen de facciones, de comportamientos o de parentescos humanos. Para ellos, el Comba de los pigmeos, el padre de todos los elefantes, de todas las plantas y de todos los hombres, es algo inconmensurable, que no se puede representar, que no tiene ninguna relación de parentesco directo con el *Homo sapiens*, como no lo tiene tampoco con el propio elefante o con la propia hormiga.

Esas divinidades múltiples que se alojan en el seno de las aguas, o que están en las alturas, o que viven en los hielos de los esquimales, divinidades fundamentalmente generatrices y desconocidas, están en la misma línea que las divinidades de los pigmeos. Forman una gran comunidad de seres míticos, como las estrellas para los bosquimanos, que de alguna manera engendran el alma del cazador, el alma de la doncella, el alma de la hierba, el alma de la mantis religiosa, el alma del oryx al que se pretende cazar para comer. **Me maravilla el gran metabolismo religioso de los pueblos primitivos, en los cuales todo forma parte del mismo plasma, de la misma cosa.** Pero esa humildad del hombre ante el cosmos todopoderoso es algo que pierden los pueblos neolíticos, que generalmente inventan y **fabrican divinidades antropomórficas**, divinidades con barbas y bigotes, con rayos en las manos, con vicios y con virtudes, con pueblos favoritos y pueblos enemigos, **divinidades que están fundamentalmente al servicio de la explotación del enemigo y de la explotación de la tierra.**

En todas las religiones y filosofías neolíticas no hay, quizá salvando unas pocas orientales, un solo párrafo que se dedique al cuidado que el hombre debe tener de la naturaleza. Hay una tremenda dicotomía, un tremendo divorcio, una desincronización entre el avance de la ciencia y el avance de lo que podríamos llamar filosofía o religión. ¿Cuánto ha avanzado la filosofía, se preguntaba el sabio francés, desde Grecia para acá? Prácticamente nada, son repeticiones de los mismos principios. ¿Cuánto ha avanzado la política de Grecia para acá? Prácticamente nada; la democracia, la plutocracia, la aristocracia, la dictadura... son los mismos términos. ¿Cuánto ha avanzado la ciencia? Absolutamente todo. La ciencia pone ya en manos y a disposición del hombre los mecanismos que le permitirían salvar la naturaleza y también reconducir su propia conducta en una dirección que le permitiera encontrar la felicidad. Una conducta equilibrada, un comportamiento con una base rigurosamente científica, como la que ahora están descubriéndonos los etólogos. ¿Será esto posible? Quién sabe.

Las propuestas de los filósofos y de los políticos, parece ser que, por el momento, no están llevando al hombre a lo que el hombre debe pretender, si quiere seguir existiendo, y que no es otro que conservar el medio que le soporta, que le nutre y que no es ni más ni menos que la esencia de sí mismo, la biosfera terrestre, la naturaleza, esa pequeña película de vida que rodea un planeta único, en un sistema solar único y del que, hoy por hoy, no somos capaces de salir.[37]

• • •

La agricultura, el granero, el contar con un depósito de alimentos que no exigiera al hombre tener que ir recolectando lo de cada día para sobrevivir, el poder almacenar carnes, según una teoría que a mí me encanta y que yo mismo trato de alguna manera de enriquecer con mis propios planteamientos, originó ni más ni menos, entre otras muchas cosas, uno de los deportes más dramáticos, quizá también más apasionantes y aparentemente más inevitables de la humanidad: **la guerra.**

La guerra no fue posible hasta el Neolítico, hasta que se inventó el *stock* alimentario que permitió el nacimiento de una casta, solo conocida en los insectos sociales, que es la casta del guerrero, el ejército.

Los pueblos paleolíticos actuales, los pueblos paleolíticos vivientes, tienen unas estrictas pautas de conducta que se expresan en forma de combates ritualizados para dirimir los problemas de acceso a la jerarquía o las dificultades intertribales de lucha.

El hombre neolítico, que todavía tiene en su cultura una gran cantidad de residuos de la antigua cultura paleolítica, del gran pacto, de la cultura que nació por selección natural, no puede matar al hermano. Hay una serie de reglas que le dicen que al hermano no se le puede matar. ¿Cómo hacer la guerra entonces? ¿Cómo extender los territorios para los cultivos? ¿Cómo capturar esclavos para que trabajen en los huertos? Mediante una mutación: la filosofía y la religión paleolítica, amplia, genérica, de todos, de divinidades sin faz, da lugar a multiplicidad de divinidades neolíticas que se caracterizan, sobre todo, porque su dios únicamente lo es del pueblo elegido, de la tribu. Todos los demás son infieles, no pertenecen al pueblo elegido.

He convivido con un pueblo africano de costumbres casi neolíticas puras, admirable en muchos aspectos. Es el pueblo masái, pueblo de guerreros, que vive exclusivamente del consumo de su ganadería, que ostenta una típica religión neolítica, como en su día pudo serlo la judía. Todo el que no sea masái, todo el que no haya recibido el gran pacto del ganado masái que el dios de los masái les dio, todo el que no haya recibido los ritos de iniciación, que son la circuncisión en los hombres y la cliterectomía en las mujeres, al no ser masái, puede ser matado, puede ser robado, puede ser engañado. Se puede hacer con él lo que se quiera porque no es un hombre de verdad. Esta era la misión básica de las religiones neolíticas: al hombre le permitían matar al hermano, y no solo se lo permitían sino que le premiaban por hacerlo, porque el que no pertenecía al pueblo elegido era un infiel y lo mejor que se podía hacer con él era darle muerte o transformarlo en esclavo. **Para mí, esta ruptura filosófica está en la base de la gran catástrofe ecológica en la que la humanidad está metida.**[38]

• • •

¿No será que el hombre que se ha hecho sedentario en un medio que solo puede soportar parcas cosechas ha puesto en práctica, sin darse cuenta, la guerra fratricida para mantener unos bajos estratos poblacionales? Quizá los antropólogos y quienes estudian la conducta humana tengan mucho que indagar en este sentido. Quizá **resuelvan el gran problema del origen de esa espantosa tendencia de la humanidad que llamamos guerra** observando estas tribus que se encuentran todavía en el alba de la humanidad.[39]

• • •

El agrupamiento masivo del hombre como animal ciudadano es muy reciente. El hombre ha vivido en el seno de pequeñas tribus la mayor parte de su vida como especie humana. Y como una buena parte de nuestras capacidades adaptativas psíquicas son hereditarias y congénitas, en el corto plazo de 200 años no hemos tenido tiempo de que mutaciones seleccionadas por el ambiente nos hayan predispuesto para soportar unos traumas que, por decirlo así, no estaban en el proyecto evolutivo de nuestra especie. **Indudablemente, gran parte de las neurosis de la civilización, como son la angustia, la frustración, el aburrimiento, la apetencia por las drogas o el alto nivel de suicidio, están sacudiendo a las sociedades de los países más ricos, de más alto nivel de vida, y es muy probable que dependan estrechamente de que vivimos en aglomeraciones urbanas** que han sobrepasado nuestras posibilidades de soportar esos traumas a nivel genético.

La historia del hombre como animal social habría que empezarla, por lo menos, dos millones de años atrás, con el hombre prehistórico, que vivía en pequeños grupos tribales y estaba movido por imperativos puramente ecológicos. Según todas las observaciones de los paleontólogos y según lo que he podido ver —y en este aspecto sí que puedo hablar de experiencias vividas, puesto que he conocido a los pigmeos, a los bosquimanos y a los indios más primitivos de Sudamérica—, el hombre primitivo vivía en grupos que difícilmente superaban las 50 personas. Y nos preguntamos: ¿Esos grupos, donde ya se sabe que había hombres capaces de construir útiles, de pensar y de agruparse en sociedades que podríamos llamar humanas, son realmente los que nos han permitido evolucionar durante dos millones de años? ¿Es posible que estos dos millones de años nos hayan marcado ya para no poder vivir más que en estos pequeños grupos, que nosotros tengamos que vivir en grupos en los que conocemos perfectamente a todos los miembros desde que nacieron hasta que fueron mayores? ¿Puede ser que solo el vivir en estos grupos nos permita realizarnos y **evite esos traumas del desconocido**, del hombre que se siente solo en la gran ciudad, sea Nueva York, Londres o París, y que precisamente por eso se suicida, o se entrega al alcohol o a las drogas? Esto es seguramente una incógnita.[40]

• • •

Quizá los etólogos, que estudian la conducta de los seres vivos, quizá también los sociólogos y los filósofos, puedan contarme la causa y la razón de que el estepario sea un hombre que ama la disciplina, que se agrupa en hordas, o si quieren, en regimientos o en batallones; que necesita extender su cultura, su lengua y sus costumbres, que precisa conquistar **que el hombre que, como las aves libres, ve los grandes horizontes, quiere ir más lejos.** Sin embargo, el que vive en las tierras dulces, agradables, forestadas, no se quiere marchar de allí y muchas veces ha tenido que soportar la invasión del que ha venido de las mesetas.

Así vemos asombrosas bases ecológicas en procesos históricos; además, según las ciencias de la paleoantropología, el medio en el que la especie humana apareció fue un medio estepario.

Los expulsados del paraíso, los descendientes de los primates frugívoros, se vieron obligados a vivir en la dura estepa, fueron seres esteparios. **La estepa seguramente talló a la especie humana** y de alguna manera modeló a aquellos primitivos y viejos *Australopithecus* que, durante más de dos millones de años, vivieron de la depredación en las amplias y abrasadas llanuras subdesérticas que ocupaban el centro, el oriente y el sur del macizo africano. **¿Llevaremos los hombres, quizá, el amor a la estepa en el fondo de la médula de nuestros genes?** ¿Seremos nosotros, quizá, una especie esteparia? ¿Habría que buscar acaso en un impulso genético la gran tendencia que el hombre tiene hacia la deforestación? Todo es posible. Lo cierto es que, como todas las tierras sometidas a la impronta vieja, milenaria, de la civilización, **España, que fue un bosque, se transformó en una estepa, en una grande, pobre y paupérrima estepa.**

Sin embargo, si es verdad que la deforestación es siempre ruinosa para un país, pues la falta de los árboles que sujetan la tierra implica, por un lado, el cambio del clima, que se hace más seco, y, por otro lado, la pérdida de las tierras fértiles que las escorrentías arrancan y se llevan hasta el mar, así como la falta de aporte de oxígeno a la atmósfera que producen sobre todo las plantas superiores, también es verdad que en un bosque infinito, cerrado, en un bosque que fuera una sola mancha, la humanidad al menos, a partir de ciertas densidades, tendría muy pocas posibilidades de sobrevivir.

La humanidad necesitó amplias áreas abiertas para cultivar ese pan nuestro de cada día del que no hemos tenido más remedio que vivir durante miles y miles de años. Es verdad que, **quizá, el paisaje más equilibrado, el paisaje justo para el hombre, donde este se sienta feliz y no tenga necesidad de partir a conquistas de nuevos reinos, que casi siempre pertenecen a otros, es una sucesión armoniosa de bosques y de calveros**, es un mosaico en el que alternan los bosquetes, las masas forestales más o menos anchas, con las praderías, con los cultivos. Realmente, este debió de ser durante bastantes años el paisaje español. Hasta poco antes de la famosa Desamortización de Mendizábal, cuando las tierras que habían permanecido en poder de las órdenes religiosas fueron subastadas, vendidas al mejor postor, y la famosa rapiña ibérica, producida por una ancestral pobreza, llevó a talar bosques infinitos en amplias áreas de la Península que todavía reproducían ese paisaje antropogénico ideal que es la alternancia entre el bosque, que regula las lluvias, sujeta las tierras y proporciona madera, y el calvero, la campiña, donde se cultiva el cereal, junto con el huerto, donde se encuentran las frutas y otros productos comestibles al alcance del hombre.[41]

• • •

Sin embargo, el hombre, desde el principio quizá de su historia, no sé si paleolítica pero al menos neolítica, ha sido sobre todo un ser agresivo. **Ha ido dejando, no ya pinceladas, sino tremendas llamaradas, rayos y truenos de su vida en cada página y en cada párrafo de su historia.** Indudablemente, cuando uno anda por el mundo viajando y conociendo a personas, cuando uno anda viajando sobre todo en los capítulos de la historia, siente esa pequeña y gran desazón que separa fundamentalmente al hombre del resto de los animales, que es la compartimentación del mundo humano, compartimentación no solo política, geográfica, ideológica, filosófica y religiosa, sino en todos los aspectos de la vida.

Las especies animales son unas, prácticamente no tienen fronteras. Un ganso salvaje que inverna en el coto de Doñana y ha nacido en la tundra ártica es exactamente igual al resto de los gansos de su propia especie. Un león africano tiene parecidas estructuras, parecidos idiomas y territorios que cuando vivía en el Atlas, en Persia o en el cabo de Buena Esperanza. Sin embargo, cada parcela humana es diferente: el idioma, el color de la bandera, el folklore, la cultura... Somos netamente iguales y esencialmente distintos.

Estas cosas que les cuento ahora me apartan un poco de mi especialidad de naturalista, aunque quizá la propia esencia del naturalista, como ha demostrado Konrad Lorenz, padre de la etología y ganador del premio Nobel de Medicina en 1973, sea el estudio de la naturaleza de la conducta humana. Estas divagaciones se me ocurrieron una mañana del mes de marzo, hace unos 10 años, cuando estaba al pie de la cámara de filmar junto a Alfonso Nieva, un viejo operador al que aprecio mucho, cuyos ojos, quizá un poco cansados, y manos, todavía seguras, son puro reflejo de la historia del cine. Íbamos a filmar grullas en Extremadura y nos encontrábamos cerca del pantano del Rosarito, un embalse artificial cerca del cual pasaban por las noches bandadas de grullas. ¡Qué bonitos pájaros, las grullas!

No sé por qué, queridos amigos, pero el paso de las aves siempre me pone triste. Van y vienen adonde quieren. Las grullas han bajado a invernar a Extremadura desde el extremo norte de Europa, posiblemente, desde hace 30 000 o 40 000 años. Vieron el paso de las grullas, posiblemente acurrucados en la puerta de su caverna, los hombres de Altamira vestidos de pieles y con el corazón vigoroso; vieron el paso de las grullas las legiones de Aníbal cuando volvían del asalto a Roma; vieron el paso de las grullas los místicos españoles que se asomaban a las estrellas en busca del Ser Superior; vieron el paso de las grullas los Quijotes y los Sanchos; vieron el paso de las grullas todos los que han levantado los ojos y el corazón al cielo... Vienen, a finales de octubre, en formaciones geométricas, llenando el cielo con su canto gutural y fuerte, y se marchan a finales de febrero y primeros de marzo, siempre con precisión matemática, siempre con la previsión del más docto de los meteorólogos, siempre con fidelidad, por encima de cualquier tipo de fidelidad en la historia del hombre.

Me las estaba imaginando volando en una etapa, sin descansar en todo el día ni en toda la noche, hasta cruzar los Pirineos, hasta meterse en el corazón de Francia, hasta pasar **sobre grupos humanos separados muchos de ellos por el odio, las fronteras y la incomprensión.** Por debajo de su vuelo había fronteras artificiales, vías férreas, carreteras, edificios efímeros, frutos de una raza humana que lleva edificando apenas 500 años y que posiblemente no supere otros 500. Ellas pasaban ya por los mismos sitios mucho antes de que los patines del trineo del cazador de Cromañón tatuaran su dibujo geométrico en la nieve. Me imaginaba a las grullas pasando en su línea recta al noreste hacia la tundra, cruzando esa dramática frontera entre Europa Occidental y Europa Oriental que se ha dado en llamar el Telón de Acero. Qué poca importancia para las grullas ese telón artificial. Allá abajo, una vil barrera entre hombres que quieren matarse, una estúpida frontera entre una especie quizá gloriosa pero posiblemente de corta ejecutoria. Y las alas de las grullas seguirían remando en el aire. Las grullas

más viejas delante, marcando el rumbo, en el vértice del ángulo rigurosamente geométrico. Las más jóvenes, las inexpertas, detrás, llevadas por el esfuerzo muscular y por la fuerza mental de las grullas conductoras, siempre hacia el norte, hacia las tierras de la nidificación, hacia las lagunas del oso blanco, hacia el **lugar donde nacieron las grullas por los siglos de los siglos.**

Me figuraba una mañana helada, levantándose las brumas sobre las charcas de la tundra, palpitando la tierra bajo el hielo, las primeras grullas, volviendo desde España y quizá desde los pantanos subsaharianos, poniendo sus negras patas tridáctilas sobre el limo recién removido por el insecto y el gusano que durmió casi helado durante todo el invierno. Piensen conmigo, qué milagro, el de un animal que, conducido únicamente por la fuerza de su mente, de potencia hereditaria, ha podido desafiar a los vientos, a las nieves y a las lluvias, y ha podido volar en línea recta miles de kilómetros hasta poner su pie donde lo pusieron, desde hace miles o millones de años, todos sus antepasados. Qué orgullo, para el pájaro de color gris y de ojos ambarinos, cuando cierra las alas y dice: «Ya hemos llegado, ya se ha terminado el viaje. Y las fronteras que hemos visto hoy quizá no las veamos mañana, porque nuestros antepasados, atravesando la vieja y martirizada Europa en ese eje tremendo que va desde el lado izquierdo del estrecho de Gibraltar, con las cálidas tierras extremeñas y portuguesas, hasta el corazón norte de Siberia, **han visto tantas fronteras distintas, tantas ideologías caducas y contradictorias, tantos imperios derribados y tantos ejércitos caídos, que para nosotras, las grullas, el volar año tras año, en un viaje de ida y vuelta, no puede más que darnos una visión escéptica y negativa de la historia de una especie que se intitula *sapiens*».**

Cuando ya no haya fronteras, cuando se acaben las cruzadas, las marchas, los combates y los movimientos, que sigan pasando las grullas sobre la faz de la Tierra. Y que la primavera siga siendo una esperanza, la esperanza del retorno, la esperanza de la vuelta a la paz, la esperanza de la vuelta quizá no sepamos adónde, pero que nosotros, como las grullas, sepamos sentir y percibir, cuando aún estemos yertos por el latigazo del invierno, que nos espera la primavera.[42]

• • •

No tendría nada de particular que la humanidad, en un futuro remoto, pudiera evolucionar hacia un modelo de hormiguero, de colmena, que, por cierto, están **siempre dirigidos por una hembra.**[43]

06

La aventura de la vida

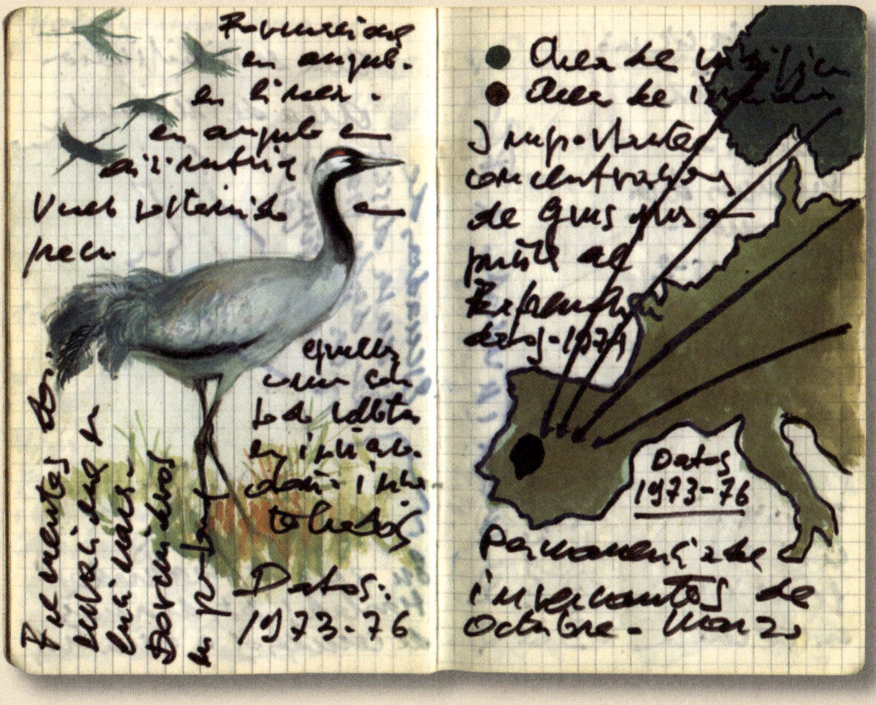

«La ciencia no solo es una disciplina de la razón, sino también del romance y de la pasión.»

STEPHEN HAWKING

Es sorprendente cómo la afinada intuición de Félix le llevó a expresar, e incluso a ahondar, en una visión sistémica e integrada de la vida a nivel planetario. Tengamos en cuenta que James Lovelock no publicó su controvertida teoría Gaia hasta 1979 y que no ha sido hasta la década de 1990 cuando la ciencia del sistema terrestre ha considerado nuestro planeta como un sistema complejo y autorregulado. Esta joven ciencia multidisciplinar, de vanguardia, ofrece fórmulas innovadoras, gracias a las cuales estamos empezando a entender algunos de los fenómenos más complejos del planeta, como el clima.

También en esta área Félix abrió camino y, ya en las décadas de 1960 y 1970, nos habló de la Vida «con mayúsculas», como una entidad planetaria que abarca desde el mineral al *Homo sapiens,* pasando por la asombrosa diversidad de especies existentes y pretéritas. La Vida orquestada por una estrategia tremendamente sabia, que busca perfeccionarse y diversificarse. Del desorden al orden, de lo simple a lo complejo, de lo inerte a lo sintiente y reflexivo. Félix incluso se plantea si acaso no existirá una fuerza subyacente que imanta este devenir evolutivo hacia la autoconciencia. Nos habla del espíritu como cuña que se interioriza en la propia esencia de la materia. Quizá falten aún muchos siglos para comprobar si sus elucubraciones tenían algo de verdad, pero, sin duda, para él, su vida cobraba esta dimensión sabia y profunda.

Porque Félix hacía honor a la expresión «vivir plenamente». Su vida era una aventura de experiencias, reflexiones, aprendizajes, intuiciones, emociones y, sobre todo, generosidad. Él sentía la necesidad perentoria y apasionada de comunicar, de dejar que fluyera y le traspasase aquello que le acontecía. Se había convertido en un observador de sí mismo, como cuña reflexiva, en el concierto de la vida. Porque, para él, todo era vida. Incluso el arte, las humanidades, la historia..., todo partía y devenía en la vida. Y, por ello, todo cuanto hacemos, hicimos y haremos tiene, tuvo y tendrá repercusión en el éxito o fracaso del todo, en esa malla de sutiles hilos que construyen el equilibrio ecológico del ente vivo que llamamos planeta Tierra.

El fulcro que marcó y afianzó esta visión holística fue, sin duda, la imagen de nuestro planeta a través de los ojos de los astronautas que primero llegaron a la Luna. Poder ver y sentir la Tierra como una joya azul, rutilante, que flota en el inhóspito espacio, le estremeció profundamente. Supuso un punto de inflexión que le permitió encajar las piezas de sus intuiciones y prolíficos conocimientos científicos, en una visión que cobraba sentido e impulso propio. Estimulado por esta comprensión, quiso demostrarnos que lo más importante es, y debería ser, la encrucijada de la vida. Sus programas y comunicaciones nos invitaban a comulgar con ese amor existencial, a sentirnos parte de esa asombrosa comunidad palpitante, de estrecha e integrada cooperación.

Nos habló de la energía como el motor de la vida. Somos energía solar transformada y, como tal, aun considerándonos los reyes de la creación, no somos más que subsidiarios de las humildes plantas, de las que dependemos estrechamente para sobrevivir. Somos también agua. El nuestro es, en realidad, el planeta agua. Cada ser humano es un trozo de océano encapsulado y todas las formas de vida, envolturas de agua organizada. El asombroso entramado vital inutiliza todos los elementos de orden tóxico y, además, descompone, recicla y reutiliza todos los desechos fruto del propio proceso orquestado de la biosfera. Circular y regenerador, el fenómeno vital va cobrando más y más complejidad y resiliencia. En el teatro de la vida todo tiene su razón de ser; eliminar cualquiera de sus piezas o procesos tiene consecuencias insospechadas.

Y así nos fue desvelando los engranajes de esa gran matriz en la que estamos insertos. Desde las migraciones hasta el equilibrio entre los herbívoros y el pasto, desde la evolución de nuevas tácticas de supervivencia hasta la función de los bosques como constructores del suelo y de las fuentes o de los predadores como los mejores guardianes de los herbívoros y las plantas. Lo que hoy se conoce como «cascadas tróficas» él nos lo explicó como el duelo repetido y renovado que forja, afina y talla a las especies y espacios en su perfeccionamiento. Nos mostró la vida como un baile incesante y unificado que se expande con cada nuevo aliento «hasta que aparece un bípedo, perteneciente a un grupo zoológico de historia bastante bien conocida: el grupo de los primates y, de ellos, el grupo zoológico humano, y, dentro del grupo zoológico humano, la especie *Homo sapiens*».

ORF

La **aventura de la vida,** este proceso biológico en el que todos estamos sumidos y en el que quizá, distraídos por procesos de la sociedad de consumo en la que vivimos, por secuencias delirantes de nuestra política, no concedemos demasiada importancia. Pero tiene toda la importancia, puesto que, si somos seres vivos, lo más importante para nosotros debería ser la encrucijada de la vida.[1]

• • •

Con nuestro programa de televisión, **pretendemos llegar hasta sus hogares para que aprendan algo del mundo, para que nos acompañen en algunas de las aventuras más emocionantes e insólitas y, sobre todo, para que se sientan cada vez más ciudadanos del mundo, integrados en esta inmensa comunidad que los científicos llaman biosfera y en la que, desde el mineral hasta el hombre, pasando por el pez, el reptil, el pájaro y el mamífero, estamos todos representados. Precisamente por esta razón hemos titulado a este programa *La aventura de la vida,* porque es la Vida, con mayúsculas, la vida como entidad planetaria, la vida como algo que distingue a la Tierra, al planeta azul, de todos los demás astros del sistema solar, la gran protagonista de este espacio.**[2]

• • •

A través de las cámaras de los astronautas que han circunvalado la Luna, hemos visto nuestro propio planeta flotando, solitario, en el oscuro y silencioso espacio sideral. La Tierra, envuelta en un halo de luz iridiscente y verdosa, aparece misteriosamente bella e irresistiblemente atractiva para los hombres que navegan en la cápsula. Y es que la luz de nuestro planeta es la luz de la Vida. Su gloriosa aureola está formada por el brillo de nuestros océanos, por las manchas verdes de nuestros bosques y praderas, por las pinceladas ocres de nuestros desiertos y estepas, y por la humedad de nuestra atmósfera. Desde el espacio exterior, todavía podemos vernos a nosotros mismos como **una comunidad planetaria,** como a una cooperativa biosfera que va desde la bacteria al *Homo sapiens.*[3]

• • •

Nuestro planeta, que es el único que alberga el milagro de la vida superior en el sistema solar. Nuestro planeta, que es azul, brilla, palpita y rutila porque tiene agua, un agua que cubre más del 70% de la superficie terrestre en forma de mares, un agua que surge de las entrañas de la tierra y que todos los seres vivos bebemos en los manantiales, un agua en forma de nubes que rodean, que cubren, que adornan siempre al gran planeta volador que lleva como tripulantes a **los seres vivos, que no son otra cosa que agua organizada.**

Qué hermosa visión la de la Tierra desde lejos. Sobre todo, qué patética visión, decía el comandante Armstrong, pensar que nosotros, que somos la esencia de la Tierra, la que se autoproclama reina de la creación, podemos destruir este milagro. Estamos a punto de destruir este milagro, único y solitario, el planeta de la vida, el planeta azul. ¿Y cómo vamos a matar a este planeta? **Sencillamente envenenando su sangre, el agua.** El agua es la sangre de la Tierra. Fue el agua la que dio origen, hace quizá más de 3500 millones de años, a los primeros entes vivientes, aquellas macromoléculas capaces ya de sintetizar la energía en el seno de los calientes y transparentes mares primitivos.

¿Había pensado usted, querido amigo, que lleva un pequeño océano en el interior de sus tejidos? ¿Había pensado alguna vez que usted es un pequeño mar ambulante, que la sangre y la linfa, que los líquidos orgánicos, esos seis litros largos que lleva usted en sus vasos sanguíneos, en el protoplasma de sus células, en la esencia misma de sus neuronas que a mí me permiten ahora hablarle y a usted escucharme, son una parcela de mar, que son agua que hemos robado al mar a lo largo de 3500 millones de años de evolución? Cuando los seres vivos salieron del mar, tuvieron que llevarse un pequeño mar dentro de sus tejidos, y ese pequeño mar lo tienen que renovar constantemente a través del agua que beben.[4]

• • •

Antes de la intervención del hombre, el hecho de que una especie creada en la Tierra pudiera poner en peligro la propia vida de la Tierra parecería un auténtico disparate, porque la comunidad de seres vivos que pueblan nuestro planeta está tan bien organizada que, aunque pueda parecer que unos van a perjudicar a otros, resulta que al final los acaban favoreciendo.

Es decir, **el ecosistema global está tan bien organizado** que no hay una guerra sino todo lo contrario. Existe una vieja, profunda y estrecha paz y colaboración entre todos los miembros de las distintas comunidades de seres vivientes. Esto fue así hasta que aparece un bípedo, perteneciente a un grupo zoológico de historia bastante bien conocida: el grupo de los primates y, entre ellos, el grupo zoológico humano y, dentro de este grupo, la especie *Homo sapiens*.[5]

¿Qué es la biosfera? **La biosfera es ni más ni menos que una gigantesca comunidad**, una comunidad muchísimo más apretada que la que, por ejemplo, formamos nosotros aquí. Una comunidad en la que, si los seres más humildes y primarios desaparecieran, los seres más orgullosos y evolucionados tardaríamos muy poco también en morir.[6]

• • •

Los únicos seres que pueden transformar la energía solar en vida son las plantas. Todos los demás no somos más o menos que parásitos y **subsidiarios del estrato vegetal** que cubre la corteza de la Tierra.[7]

• • •

La vida en nuestro planeta forma una gigantesca comunidad. La Tierra, vista desde la órbita de la Luna, es como una enorme célula que brilla con una aureola verdosa, sumamente bella y atractiva. **Esta aureola es lo que los sabios llaman la biosfera:** los mares y ríos poblados por millones y millones de peces; los bosques, las praderas y los desiertos, habitados por miríadas de mamíferos, reptiles e insectos.[8]

• • •

La fantástica diversificación y complejificación de los vegetales, que acertaron al abandonar el mar germinal para afianzarse sobre la tierra firme en el más aventurado y fabuloso de los desembarcos que haya tenido lugar en nuestra historia cósmica, fue cubriendo las llanuras de suculentos pastos y las montañas de frondosos bosques. Las hojas, las flores, los frutos y las semillas pusieron música en las alas de la brisa, perfumaron el ambiente e hicieron posible la supervivencia a todo un ejército de animales fitófagos que, tras las plantas, habían abandonado también los océanos ancestrales.

Pero, capaces de desplazarse para devorar con más facilidad a los estáticos vegetales, los insaciables vegetarianos —dotados de una alta capacidad reproductora— habrían acabado con todas las plantas del planeta, acarreando así su propia ruina, si casi al mismo tiempo que ellos no hubieran irrumpido en la escena de la Vida los temibles predadores. Porque, incapacitados para digerir y asimilar las plantas, los carnívoros se han venido limitando a capturar y matar a los vegetarianos, con objeto de apropiarse de las energías atesoradas en sus cuerpos. De este modo se han transformado, desde el principio de los tiempos, **en los más fieles guardianes del estrato vegetal** al controlar la incesante multiplicación de los destructores de hojas, frutos, semillas, raíces y madera.

El duelo repetido y cada día renovado entre el carnívoro y el herbívoro, entre cazador y presa, ha ido fortaleciendo, afinando, tallando el cuerpo y el instinto de los eternos antagonistas. La competición comienza por la sutileza de los sentidos: es preciso ver sin ser visto, oír sin ser detectado por el enemigo y olfatear sin alarmar con los efluvios propios al adversario. Y, a medida que la especie predadora se ha ido haciendo más rápida, más resistente, más capacitada para el vuelo, para la natación y para el salto, la especie presa ha alargado también sus extremidades, ha fortalecido sus alas, perfilado sus aletas o vigorizado sus músculos. El incesante juego de las mutaciones y la selección natural ha conducido al carnívoro y al herbívoro al asombroso grado de potencia, agilidad y destreza con que hoy nos maravillan el leopardo y la gacela, por no citar otras obras maestras de la Creación.

Por consiguiente, el predador no solo es el guardián de los pastos y de los frutos, al evitar la excesiva proliferación de los fitófagos, **sino que también actúa como un verdadero forjador, como una formidable fuerza selectora** que, implacablemente, va mejorando las condiciones anatómicas, fisiológicas y psíquicas de todas sus presas. Pero el propio cazador ha de adaptarse también, incesantemente, a las depuradas cualidades conquistadas por el vegetariano, porque todos los predadores mal dotados, incapaces de mantener su 'plena forma' en esta fascinante y trágica carrera de perfeccionamiento, son incapaces de cazar habitualmente, se debilitan más y más, y acaban desapareciendo como individuos o como especies en el concierto de la Vida.

Al margen de la grandiosa competición entre los vivos y los muertos, esencia y origen de toda la belleza y la perfección de las criaturas salvajes, están los llamados carroñeros o necrófagos, como los buitres y las hienas, que, arrinconados en la más abyecta de las parcelas vitales, tienen que limitarse a comer los cadáveres de los predadores o las piltrafas que estos, saciados, abandonan en sus festines. Compartiendo las angustias de la pre-

sa con las venturas del cazador, los omnívoros hemos sufrido sobre nuestra propia carne y sobre nuestro espíritu, quizá más que ningún otro grupo de seres vivientes, la inexorable poda de la selección natural.[9]

• • •

Uno de los fenómenos más sorprendentes para todo recién llegado a las praderas africanas es el hecho de que estas puedan soportar tan alta concentración de herbívoros sin sufrir una rápida depauperación. Ello se debe a que, durante millones de años, la hierba y los herbívoros han evolucionado conjuntamente.

La vegetación herbácea no solo puede hacer frente al constante pisoteo y a la agresión masticatoria de los ungulados, sino que las distintas especies de hierbas que componen una sabana atraen específicamente la apetencia de determinados herbívoros, de tal manera que en ningún caso una especie de gramínea puede proliferar en exceso por no sufrir el ataque de los herbívoros, mientras que las otras han de soportar toda su presión fitófaga, en **la más perfecta secuencia de utilización de pastos.** Se da la circunstancia de que ninguno de los rumiantes africanos agota las hierbas de las que se nutre, sino que va rotando en gigantescos periplos a lo largo y a lo ancho de su dilatado hábitat, con tan perfecta cronología como hacen hoy los más acabados técnicos agropecuarios en el llamado pastoreo rotativo, consistente en pasar periódicamente los rebaños de unas praderas cercadas a otras, con objeto de que la hierba, parcialmente aprovechada, pueda reponerse antes de que peligre su capacidad reproductiva; y sin dejar que, por otra parte, sus tallos se desarrollen demasiado, porque entonces resultan tan poco nutritivos como inapetecibles para los animales.[10]

• • •

Es indudable que, en los carnívoros, además de la selección estimuladora determinada por la captura de sus presas, existe otra que dimana de la simple competencia entre especies más o menos afines, como ocurrió en Australia entre el dingo y el lobo marsupial, y aun una tercera intraespecífica, es decir, entre los miembros de la misma especie que, naturalmente, necesitan el mismo tipo de alimentación. Tan compleja y amplia tensión vital ha mejorado a los predadores hasta límites inverosímiles, como puede observarse contemplando las proezas persecutorias del halcón peregrino, que mata a su presa por impacto, lanzándose sobre ella a más de 400 km/h, o del guepardo, que da alcance a la gacela a 120 km/h, corriendo sobre las praderas africanas. Pero, a su vez, los fitófagos se encuentran en el límite de las altas capacidades atléticas y estratégicas para evitar la muerte. Entre un cazador en plenas facultades y su presa habitual con absoluta salud, el equilibrio de fuerzas es perfecto. Solo tras un esfuerzo supremo podría el carnívoro dar alcance y abatir al herbívoro. Pero el carnívoro trata a toda costa de evitar el despilfarro de energía que implica el esfuerzo supremo o la persecución agotadora. Por ello la naturaleza lo ha dotado de unos instintos sutilísimos, para adivinar cualquier síntoma de debilidad, enfermedad o vejez. Son los tarados, pues, los que reciben la máxima presión de los predadores, los que son implacablemente eliminados. **De este modo, la predación evita la propagación de enfermedades infecciosas, la perpetuación de estirpes anormales o la excesiva proliferación de los animales vegetarianos, que podrían arruinar todas las plantas en sus hábitats.**

Los malos, los llamados durante tanto tiempo animales dañinos, las temidas y odiadas fieras, los dueños de la muerte son, por paradójico que parezca, **los más fieles guardianes de la vida.**[11]

• • •

Es preciso reconocer que las leyes humanas no son aplicables a los animales; en la naturaleza no hay buenos ni malos. Y aunque resulte paradójico, los lobos y los pumas pueden ser **los mejores guardianes** de los ciervos.[12]

• • •

La desaparición o el aumento excesivo de una especie puede originar una verdadera reacción en cadena de **insospechadas consecuencias** para los demás organismos que comparten el mismo biotopo.[13]

• • •

Todo se transforma, todo va cambiando, en ese tremendo proceso de **traslación de la energía** de unos eslabones a otros a través de la alimentación. Y si se quiere sobrevivir, si se quiere tener éxito en el planeta Tierra como individuo o como especie, no hay más remedio que tener éxito en esta frase, en esta ley tremenda y básica, que dice que hay que «comer y no ser comido».[14]

Defendemos el agua, todo lo que está relacionado con el agua, pero ¿una encina está relacionada con el agua? ¡Cómo no va a estarlo, querido amigo! ¿Usted sabe que cuando toda España estaba recubierta de un inmenso bosque, que los botánicos han dado en llamar el bosque mediterráneo, quizá porque es de influencia climática mediterránea, aquí llovía mucho? ¿Usted sabe que cuando una montaña está cubierta de encinares **capta y recoge el agua, la retiene y hace que las fuentes sean turgentes, que los ríos canten durante todo el año** y se eviten esas avenidas de agua que nos han costado tanto y tanto dinero? Claro que las encinas están relacionadas con el agua, no solo porque tienen agua en los tejidos de su dura madera y de sus hojas coriáceas, sino también porque regulan los mecanismos hídricos de los pocos ecosistemas españoles que aún conservan encinas.[15]

• • •

Si lejanas inteligencias nos estudiaran desde otras galaxias, seguramente nos llamarían el **planeta agua.**[16]

• • •

Hay infinidad de pequeñas zonas de agua, infinidad de lagunillas, de marjales, de pequeñas marismas separadas unas de otras, como un fantástico mosaico inscrito dentro del oscuro manto del bosque de abetos o de pinos norteños, o como las piedras preciosas que hubieran sido colocadas por un joyero en esa infinita diadema que es la tundra ártica, que va desde la Laponia europea hasta la península asiática de Kamchatka. Hablamos de miles y millones de charcos —creo que muchos de ellos no merecen ni siquiera el título de lagunas— en los que, aprovechando la larga primavera y el largo verano ártico, se reproducen millones y millones de patos, gansos, grullas, limícolas y otras aves.

Sin embargo, en las áreas mediterráneas ocurre todo lo contrario: hay pocas aguas, pocas lagunas, pocos lagos, pero muy extensos; muchos de ellos no merecen ni siquiera el título de laguna porque acceden al de lago, al de marisma, al de tabla o tablazo, separados unos de otros.

Cuando llega el otoño y empieza a acortarse la luz, la reducción del fotoperíodo, como si fuera un timbrazo que sonara en una neurona determinada del cerebro de un ave, pone en marcha la tendencia hacia el viaje y se activa toda una serie de procesos que primero comienzan por un aumento del apetito para acumular grasa, después por una inquietud que llevará al ave a abandonar el territorio donde ha nacido y, finalmente, **por un cambio diametral de la conducta social de las aves.**

Al principio, las aves, tan pronto como se veían o se oían, iniciaban tremendas luchas normalmente ritualizadas, es decir, sin derramamiento de sangre, que expulsaban al competidor a una laguna lejana. Pero cuando se termina el verano y llega el otoño ocurre todo lo contrario. Le basta a un ganso oír el trompetazo de una familia de gansos para irse volando con la suya propia y formar con ellos una pequeña bandada. Le basta a aquella bandada oír los trompetazos de una que pasa más lejos para unirse a ella. Y como si llevaran en el cuerpo un gigantesco electroimán, como **si fueran esponjas vivas succionadoras de individuos perdidos,** a medida que esas bandadas se van desplazando por el aire, van atrayendo hacia sí a todas las familias y los individuos dispersos que se encuentran en las zonas por donde pasan.

Qué asombroso, qué fantástico proceso biológico es este que consigue que una criatura intransigente, territorial y violenta pueda transformarse en cariñosa, social, extrovertida y hasta gregaria. Esto da como resultado un éxito, una adaptación ecológica formidable para las aves viajeras, porque, así como para reproducirse necesitaban una lagunilla para cada familia, para pasar el invierno podrán nutrirse, en apretadísimas bandadas, con las sustancias, con las plantas, con los animales que encuentran en las amplísimas lagunas, en las marismas de las zonas mediterráneas.[17]

Cualquier manifestación de la cultura, del arte e incluso de la política entra de lleno dentro de esa inmensa ciencia, dentro de ese inmenso cajón de sastre de la vida que es la ecología, puesto que los seres humanos somos miembros destacados, no sé si para bien o para mal, de la comunidad de seres vivos que constituye la biosfera terrestre, y **todo cuanto hagamos tendrá una repercusión en el éxito o en el fracaso,** en la conservación o en la degradación, en el bien o en el mal, de esa fantástica comunidad de criaturas vivientes, que van desde el más pequeño de los virus al más gigantesco de los mamíferos o al más sofisticado de los hombres, todos ellos profundamente unidos, estrechamente envueltos en la malla de sutiles hilos que constituyen el equilibrio ecológico del planeta.[18]

• • •

La vida somos nosotros mismos. La biología empieza hoy ya en los puros límites de la química y termina en los puros límites del pensamiento.

El biólogo, como nuestro premio Nobel Severo Ochoa, puede estudiar fórmulas químicas aplicadas al desarrollo de la vida o, quién sabe, a la curación del cáncer y a la genética. Pero el biólogo puede estudiar también, como Lorenz, el puro pensamiento, la pura mística del hombre.

Hoy, todas las ciencias, de una manera o de otra, están dentro de los límites de la biología. **Se han establecido fronteras artificiales, falsas, entre los humanismos, las biologías, las físicas, las químicas, las matemáticas y las letras.** Pero todo es biología, incluso el arte.

El arte es biología, pues el hombre hace arte con sus neuronas y las neuronas son elementos vivos, células de nuestro cerebro.[19]

• • •

No se nos oculta que la vida, incluso en sus más mínimos y modestos procesos, es una auténtica aventura. **La vida es un enfrentamiento entre lo sensible, lo palpitante, lo vivo, valga la redundancia, y lo inerte.**[20]

• • •

Imaginemos que, de pronto, unos mamíferos, como si hubieran querido ganarse una medalla al mérito, a la audacia, al valor y a la temeridad, deciden volver a reconquistar, nuevamente, el mar. **La historia parece descabellada.** ¿Se dan ustedes cuenta de la cantidad de transformaciones que precisaron los peces más evolucionados, como tener unas extremidades que les permitieran apoyarse en el fango de los fondos para, a través de aquellos torpes anfibios y luego los reptiles, dar lugar al poderoso, al matizado mamífero, para que luego ese mamífero decidiera hacer el camino a la inversa y volver al mar?[21]

• • •

No sé si saben ustedes que al menos la tercera parte del oxígeno que se produce en nuestro planeta tiene su origen en la selva que cubre la gran cuenca amazónica del Orinoco. El día que esta selva desaparezca, nuestra atmósfera, deficitaria ya de fuentes de oxígeno, perderá el aporte de la tercera parte del oxígeno que necesita. **El oxígeno no es un don interminable, no es algo que esté en la atmósfera de por sí,** fue creado y sigue siendo creado por las plantas verdes, y el día que el consumo de oxígeno de nuestra industria pesada, de nuestros vehículos, de nuestras calefacciones, de nuestro mundo devorador de oxígeno, llegue a ser superior al oxígeno fabricado por las plantas verdes, habrá empezado el principio del fin, porque todos los seres vivos que poblamos nuestro planeta vivimos del oxígeno.[22]

• • •

En nuestro planeta, las estirpes vivientes no son permanentes, no son eternas; incluso los grupos zoológicos que han tenido la ventura o la desventura, nunca podremos saberlo, de permanecer más tiempo en este planeta nuestro perecedero terminarán tarde o temprano **dando paso a otros inventos de la vida.**[23]

• • •

Se calcula, mis queridos amigos, que hacia el año 1600, cuando los primeros exploradores se asomaron a la pradera americana, había unos 75 millones de bisontes viviendo en aquel inmenso pastizal que bajaba desde el sur de Canadá hasta el norte de México. Eran animales colosales —los machos podían pesar 1300 kg— que, como un río viviente, iban de un sitio a otro moldeando con su andadura cauces, caminos, que después en gran parte fueron aprovechados por los ferrocarriles y por las carreteras norteamericanas.

Solo había, eso sí, bisontes y berrendos, pero se contaban por millones. La pradera, en la que las exigencias climáticas y geológicas habían determinado una escasez de diferentes formas de vida, había resultado en cambio el biotopo más adecuado para producir una biomasa aplastante, increíble, infinita, capaz de alimentar a 75 millones de enormes criaturas.

Sería fácil suponer que rebaños de decenas de miles de animales más grandes que nuestros más grandes bueyes, toros o vacas podían acabar con el pasto, pero nada de esto ocurría.

Los rebaños de bisontes, como si fueran conducidos por los más perfectos de los sabios en dinámica de las poblaciones animales, o por los más expertos pastores en la técnica de la rotación de los pastos, se iban trasladando de unas zonas a otras de la pradera, con objeto inconsciente de no degradar la hierba que les nutría. **Rumiando, tendidos tranquilamente las horas cálidas del mediodía como monumentos pétreos, negros destacando sobre el verde, los bisontes parecían meditar en su eternidad.** Eran tantos y tan fuertes que prácticamente nunca se podían acabar. Habían aceptado los preceptos de la conservación del pasto que les permitía vivir.

La interdependencia entre el pasto y los animales que se alimentaban de él era tan perfecta que el pasto precisaba y precisa el peso de las pezuñas, el morder de los dientes, el arrancar con esa pinza que en los rumiantes está constituida por los incisivos y el labio superior, para, mediante este estímulo, de la misma manera que nuestras praderas domésticas o los campos de golf necesitan ser segados para que la hierba esté apretada, poder crecer con más fuerza e intensidad.

Por otra parte, amigos míos, los bisontes regalaban al pasto la proteína que sus aparatos digestivos y sus colosales organismos fabricaban y que era expulsada en las deyecciones y en la orina. El pasto de la pradera no solo era estimulado con el peso y con el paso de la pezuña, con el mordisco, con el pellizco del diente y del labio, sino que además recibía del bisonte el inapreciable regalo del abono natural. El nitrógeno que precisa la hierba para crecer era devuelto a la pradera con creces por el bisonte que se la comía.

El gran pacto entre la pradera y el bisonte parecía eterno. Pero un día llegó el hombre, aunque no se sabe si pasó antes, después o al mismo tiempo que los bisontes por el istmo de Bering; todos los hombres de América llegaron de fuera, no hay ningún autóctono americano, ni los que llegamos muy tarde en las carabelas de Colón, ni los conquistadores, ni los que llegaron antes a través del istmo de Bering.

Quizá hace tan solo 50 000 años, América entera era un continente solo para los animales. La sombra de la muerte programada aún no había puesto su adusto ceño sobre ella. **Era un paraíso donde plantas y animales crecían respetando la vieja alianza de «yo para ti y tú para mí».** Pero los hombres, vestidos ya con pieles, porque si no, no habrían podido pasar por el istmo helado, portando seguramente el fuego, que hacían arder en lámparas de piedra en las que colocaban la grasa y el aceite de origen animal, portando seguramente hachas de piedra, arpones, duros maderos de punta afilada por el fuego, astiles implacables con sílex tallados en la punta, penetraron también en el gran paraíso.

Si nosotros pudiéramos ver ahora todo lo que significó la cultura del bisonte para los indios de la pradera, seguramente nos quedaríamos atónitos. Hablamos de aquellos hombres poderosos, que seguramente adquirieron una talla media de 1,75 m y tenían algunas tribus de la pradera, aquellos hombres tan valientes que pusieron en jaque a la caballería ligera más entrenada del mundo, que en aquella época era la de los actuales EE UU, y que seguramente no habrían sido reducidos sin los elementos introducidos por sus enemigos, como el aguardiente, la viruela y la matanza de los bisontes; pues bien, esos hombres debían seguramente sus cualidades anímicas, su fortaleza, su valor, y también su estrategia, al hecho de que durante decenas de miles de años habían tenido que matar bisontes para vivir.[24]

• • •

Amigo mío, ¿por qué hay grandes divergencias? ¿Por qué los felinos, los gatos, eligen el camino del desarrollo óptico mientras que los perros eligen el camino del desarrollo del olfato? La biología es compleja y hermosa, sobre todo cuando se refiere a la depredación, a la estrategia de los depredadores.

Los felinos son depredadores que, de alguna manera, evolutivamente, se especializaron en la caza al acecho. Ello implica estar escondido, quieto, esperando que la presa se ponga a tiro. Si quieren, incluso, el acercarse paulatinamente, de manera encubierta y subrepticia, a la presa, y cuando se está a la distancia crítica, a unos pocos metros, realizar un esprint fulminante, un salto y capturar a la presa. Para cazar al acecho es preciso tener una vista perfecta y, sobre todo, una vista frontalizada que permita calcular perfectamente las distancias para que no falle la acometida. Además, el cazador de acecho necesita unas armas poderosas, que en los felinos son las uñas retráctiles y falciformes, que permitan sujetar a la presa, cogerla con la misma facilidad con

que un jugador de baloncesto, con sus largos dedos, atrapa una pelota. Pero esta masa muscular, estas uñas delicadísimas que lleva en el interior de unas fundas, no permiten al felino correr durante un largo trecho; lo obligan a permanecer *in situ* y a aprovechar todo el torrente de sus fuerzas en una décima de segundo. Y si la vista no es lo bastante perfecta como para informar al atacante velocísimo de la distancia a la que se encuentra la presa, el atacante falla. Y repetidas faltas de éxito en la caza lo pueden llevar a la muerte por inanición.

¿Cuál es el caso de los cánidos, que no precisan esta acuidad óptica? Funcionan de una manera muy distinta, pues pueden seguir por el olfato el rastro de la presa durante la noche o durante el día, aunque no la vean, como saben muy bien todos los amantes de los perros. Los cánidos actúan siempre en grupo y no precisan uñas retráctiles para sujetar el cuerpo de un enemigo puesto que, a mordiscos, la larga pinza del hocico que conservaron para mantener la extensión de la mucosa pituitaria, les permite agarrar e incluso despedazar una pieza del tamaño de un ave. Aquí la línea divisoria es perfecta: un buen olfato para animales capaces de correr durante largo trecho, porque no precisan corazas musculares poderosas que muevan armas tremendas como las uñas de los felinos; y poco olfato y vista desarrollada para cazadores de armas poderosas para el ataque y la sujeción. Así, uno de los motivos que determinan el hecho de que las quijadas de los felinos se acorten, que la cara se achate, es que no necesitan sitio para la membrana pituitaria que determina el olfato; y con la misma masa muscular mordiente, con unas mandíbulas cortas como las de un leopardo, tienen mucha más potencia y presión para triturar la columna cervical de una gacela que las largas quijadas de un lobo. Ustedes saben que cuando el hombre ha tratado de seleccionar artificialmente razas de perros mordedores, de perros de presa, automáticamente ha surgido el perro chato, de mandíbulas cortas. Por esta razón los félidos son chatos, porque tienen que matar en décimas de segundo, porque no pueden fallar, porque su poderosa masa muscular no les permite perseguir mucho tiempo a su presa y, por consiguiente, sus armas deben ser infalibles.[25]

La biosfera **se ha perpetuado durante millones de años** porque tiene la capacidad, primero, de inutilizar todos aquellos elementos de orden tóxico que se generan como consecuencia del propio proceso vital de esa biosfera y después, lo que es más extraordinario, de descomponerlos, reciclarlos y volver a emplearlos nuevamente como material nutricio.[26]

• • •

Estas cosas le dan a uno que pensar. Si la vida inventó lo del amor y lo de que tuviéramos que ser dos, macho y hembra, para fabricar criaturas semejantes a nosotros, ¿qué ventaja, qué capricho pudo tener la propia vida para inventar esta peculiaridad que nos trae a todos de cabeza, que nos hace perder la vida, que nos ocasiona hecatombes, por los placeres que dimanan del amor, tanto en el orden espiritual como en el orden material? Pues bien, **la vida ha seguido siempre una estrategia tremendamente sabia.**

Desde que comenzó hace 3500 millones de años, más o menos, en el mar primigenio, la vida ha tratado de hacer dos cosas fundamentales: **diversificarse**, es decir, a partir de una célula madre, única, primaria, fabricar muchas, muchísimas entidades llamadas especies, y **perfeccionarse.**

Y la única manera que la vida tiene de diversificarse y de perfeccionarse es a través de unas alteraciones que incidan sobre el código genético, sobre los ácidos nucleicos que transmiten al descendiente las peculiaridades del cuerpo y de la conducta. Los caracteres del macho y de la hembra mezclados de una manera fortuita, según las leyes de aquel clérigo llamado Mendel, no solo se multiplicarán por dos, en función de que ya son dos los *partenaires* transmisores de las mutaciones, sino que, gracias a la enorme gama de posibilidades de armonización, de posibilidades de unión y de influencia mutua entre unos y otros genes, enriquecerán enormemente la panoplia de mejora y diversificación de la vida.

Gracias al amor, a que seamos machos y hembras, la vida en este planeta se ha diversificado y ha dado criaturas tan hermosas como Marilyn Monroe o algunos de nuestros copiosos cerebros parlamentarios que en estos momentos están en plena hemorragia de ideas. Bendito sea el amor. Seguramente sin la presencia de dos *partenaires* para fabricar pequeños, después de un océano de caricias, no creo que hubiéramos pasado de algo que estuviera muy por encima de las estrellas de mar.[27]

La vida es la más espléndida, la más bella y la más incomprendida, aún, de las aventuras.[28]

• • •

El proceso de la evolución es un prodigioso mecanismo de la vida que ha permitido que, a partir de los seres más primitivos, simples, sencillos e indiferenciados, **estemos ahora aquí los seres más complejos y diferenciados.** Podríamos decir —y creo que en esto no puede haber ningún atisbo de antropocentrismo— más perfectos; hemos ido de lo imperfecto a lo perfecto, de lo desordenado a lo ordenado, de lo simple a lo complejo, a través de un proceso evolutivo.[29]

• • •

Tal vez el fin de la evolución de la vida es la aparición de la conciencia, del espíritu, de la reflexión; hemos evolucionado desde el puro y limpio átomo, que no tiene más prodigio que el de su pura esencia, hasta un espíritu que puede juzgar, criticar, comprobar y desvelar la existencia y los misterios de ese propio átomo. Hemos ido de la falta de sensibilidad a la aparición de la sensibilidad, de la falta de conciencia a la aparición de conciencia, y de la falta de reflexividad, de capacidad para el raciocinio, a la aparición de esta capacidad para el raciocinio.[30]

• • •

La vida, que tiene la capacidad de contemplarse a sí misma, constituye un gigantesco esfuerzo de la evolución para que, finalmente, esta misma evolución pueda conocer sus propios entresijos; y la misión de nuestro espíritu es convertirse en una especie de cuña que se va a interiorizar en la propia esencia material y zoológica de la vida para conocer todos los secretos de la evolución y de la propia vida.[31]

07

Destructores de la vida

Si hay algo que dejaba absolutamente perplejo a Félix era la paradoja de que la criatura más compleja y evolucionada de la vida fuera la responsable de su inexorable y programada destrucción. Contrariamente a lo que algunos pudieron pensar del que fue conocido como «el amigo de los animales», Félix era, sobre todo, un rendido admirador de nuestra especie. Dentro del pretérito e intrincado teatro de la Vida, el fenómeno de la conciencia reflexiva, capaz de verse a sí misma, lo embargaba profundamente. Su mensaje, en última instancia, estaba orientado a hacernos apreciar, admirar y asombrarnos ante lo insólito de la existencia, de nuestra existencia milagrosa, fruto de infinitos azares en un tiempo y espacio insondables. Su reverencia hacia el fenómeno vital estaba truncada por un penetrante desasosiego que lo llevó a dedicarse, con absoluta y sincera entrega, a tratar de comprender y desenmarañar este trascendental drama.

La admiración, el amor y la esperanza no invalidan la crítica, crudeza y consternación con que Félix trataba los temas relativos a la destrucción del medio. Su mensaje estaba orientado a formar personas adultas y maduras que tuvieran la fortaleza de enfrentarse a su realidad y de asumir plenamente su responsabilidad. Sus críticas, aun ciñéndose en ocasiones a sectores determinados y a características del sistema, no se ejercían desde el pedestal de quien está eximido de toda culpa. Él era un desestabilizador interno que luchó por despertar a una sociedad dormida, de forma colectiva. Sus críticas eran autocríticas, que siempre ofrecían soluciones y esperanza. Creía en el ser humano, en su capacidad de enmienda y en su auténtica naturaleza sabia y profunda.

Todos estamos embarcados en esta aventura y todos sucumbiremos o saldremos adelante como especie. Esta percepción es la que subyacía y la que le hacía comprender que, por la vía de la imposición, el enfrentamiento o el enjuiciamiento descarnado no lograríamos avanzar. Su reto era contraponer el conocimiento, la perspectiva, el asombro, la generosidad, la libertad, la belleza, el orden y la complejidad de lo vivo frente a la inconciencia, la injusticia, el cortoplacismo, la muerte, la banalidad, la esclavitud y el despilfarro de un sistema materialista basado en la explotación insostenible del medio. Empoderarnos y ayudarnos a tomar las riendas de nuestro destino con plena conciencia de nuestras decisiones. Y lo cierto es que sus mensajes introdujeron elementos que se están mostrando más decisivos, a largo plazo, que ciertas posturas radicales a corto.

En este capítulo podemos palpar el desgarrador dolor y preocupación que Félix sentía ante el brazo ejecutor de la sociedad civilizada. Teniendo en cuenta que el eco de sus mensajes se originó en las décadas de 1950 a 1970, es sorprendente que ya entonces nos hablara de la basura, los tóxicos, la destrucción de los bosques, la contaminación y sobrepesca en los océanos, la contaminación de los ríos, la agricultura intensiva, la extinción de especies, la destrucción de hábitats y la pérdida de humedales. Es aún más extraordinario que las soluciones que esgrimía pasaran por la biomímesis (imitar a la naturaleza), el reciclaje, la agricultura ecológica, el turismo sostenible como fuente de ingresos vinculada a la conservación y la aplicación de la técnica y el desarrollo para minorar nuestro impacto sobre la naturaleza.

Mi padre criticó con dureza el sistema consumista que anteponía un crecimiento económico ilimitado a expensas de la naturaleza. No solo por la falta de perspectiva del daño irreparable que esto provocaba en el medio, sino, fundamentalmente, por las consecuencias que tenía para la propia especie humana. Estaba en juego su propia supervivencia a largo plazo, pero también su realización física, emocional y espiritual. El hombre escindido de su propia naturaleza no podía ser plenamente humano y, perdido, solo acrecentaba su insaciable voracidad de placeres efímeros que nunca podrían colmar su vacío.

Ya nos advirtió de que lo que entonces le tocó vivir sería solamente «un leve prólogo» de lo que se aproximaba. Y así ha sido. En pocas décadas, la capacidad destructora de la humanidad ha sobrepasado lo que incluso él habría imaginado.

El último informe IPBES (Plataforma Intergubernamental Científico-Normativa sobre Diversidad Biológica y Servicios de los Ecosistemas), basado en 15 000 estudios científicos de referencia, muestra lo devastador del impacto de los seres humanos sobre la Tierra. En esta etapa, bautizada como el Antropoceno por las cicatrices que estamos dejando sobre el planeta, asistimos a la sexta gran extinción masiva de especies. Solo se conservan el 13% de los humedales del mundo, el 75% del entorno terrestre está gravemente alterado por la actividad humana, mientras que el 66% del marino también se ve seriamente afectado. Una de cada cuatro especies está en riesgo de extinción y cada año descargamos entre 300 y 400 millones de toneladas de metales pesados, solventes, lodos tóxicos, plásticos y otros desechos a las aguas del mundo.

La lista del deterioro es mucho más larga y las cifras, estremecedoras, pero más graves son aún la urgencia y las consecuencias del cambio climático. La primera reunión internacional que comenzó a tratar el tema, en 1979, la vivió Félix de refilón, pero no ha sido hasta décadas más tarde cuando este inimaginable reto está cobrando su plena dimensión en la opinión pública. Según el IPCC (Panel Intergubernamental contra el Cambio Climático), avalado por el trabajo de miles de científicos a nivel planetario, el cambio climático provocado por la actividad del ser humano solo frenará su deriva letal si reducimos el uso de combustibles fósiles a la mitad para el año 2030 y lo eliminamos casi por completo para el 2050. Objetivos independientes de una urgente transformación profunda y paradigmática del sistema socioeconómico actual.

Recientemente los científicos del mundo volvieron a emitir un comunicado que advertía de la emergencia climática en la que nos encontramos. Algo más de 11 000 —y el número va al alza en cada comunicado— firmaron un nuevo informe en el que avisan sobre un «sufrimiento humano sin igual» si no se actúa con cambios radicales para reducir las emisiones de dióxido de carbono y otros factores nocivos de forma inmediata y prioritaria.

Aun así, la ciencia y la ecología, en las que mi padre depositó tantas esperanzas, siguen siendo asombrosamente desoídas e incluso sometidas a debate. Seguimos inmersos en una ilusión colectiva que nos lleva a considerarnos una especie ajena al sistema vivo que nos alberga y soporta, y nos empuja a una dominancia y explotación sin límites.

ORF

El punto que está más elevado en la evolución es la capacidad de lenguaje, la capacidad de pensamiento, la capacidad de cultura y, en otras palabras, la aparición del espíritu en el mundo en el que vivimos, un **espíritu que, para bien o para mal, domina a la materia.** Para bien, la música, la poesía, la literatura, el amor, la cooperación, la filantropía, la protección de la naturaleza; para mal, la matanza de animales, la contaminación de los mares, de las tierras, la degradación del medio ambiente, la guerra, la revolución, las crisis sociales. El espíritu despegado de la materia, actuando libremente.[1]

• • •

La presión humana lo está invadiendo todo y nuestra tasa de crecimiento parece indicar que el actual panorama no es más que **un leve prólogo** de lo que llegará a ser el astro humano dentro de un par de siglos.[2]

• • •

La vida sobre nuestro planeta, la vida que alegra los campos y los mares, la única vida que realmente conocemos en todo el cosmos, está actualmente cercada, acechada, **implacablemente acosada por la muerte.**[3]

• • •

Todos somos conscientes y estamos viendo cada día que la especie humana, no sabemos por qué razón, está haciendo todo lo posible para destruir la vida en el planeta en que vivimos. Estamos envenenando la atmósfera que respiramos, polucionando las aguas que bebemos, destruyendo la vegetación, deteriorando el suelo; estamos haciendo todo lo que podrían haber hecho, de una manera programada, terrible, los invasores de otro planeta que hubieran pensado en destruir la Tierra, de un modo **absolutamente irracional y suicida.** Hay y ha habido un montón de reuniones y de congresos internacionales, en los cuales la humanidad, a través de sus órganos de representación, que son los gobiernos, trata de poner algún freno a esta terrible y desenfrenada carrera de destrucción que se está llevando a cabo. Y lo único que hemos podido observar, los que de alguna manera hemos seguido esas reuniones, es que han demostrado simplemente que no se ha hecho nada.[4]

Pero, quizá, lo más terrible para el propio hombre, agente básicamente responsable de la gran masacre, no sea la desaparición de bellísimas y complejas formas de vida, de especies enteras que precisaron millones de años de evolución para llegar a la perfecta adaptación, a sus distintos medios, hasta que fueron sorprendidas por la irrupción humana; lo más dramático para el hombre, impulsado por su terrible carrera de predador, al margen de los controles de la propia naturaleza o de los tabúes de los cazadores primitivos, es que, al destruir a los seres vivos, al depauperar los hábitats, al emponzoñar las aguas y al envenenar la atmósfera, **se está cerrando el camino de su propia supervivencia.** Porque somos criaturas hechas con ladrillos surgidos de la misma materia cósmica con que están fabricados los animales que exterminamos. El montaje y la estructura del edificio de nuestra propia especie son idénticos a los de las especies que aniquilamos. Necesitamos aire puro, agua sin contaminar, vegetales que fabriquen oxígeno y energía asimilable. No somos ovnis que podamos alimentarnos de átomos o vigorizar nuestro organismo con energía nuclear. Como los herbívoros, dependemos de las plantas que transforman la materia inorgánica en vida; como los carnívoros, capturamos, ingerimos y asimilamos la carne de las presas que, directa o indirectamente, llegan a nuestras fauces. De seguir esta terrible trayectoria, transformaremos la mayor parte de nuestro planeta en un estercolero inhabitable donde no podrán prosperar el hombre ni las especies animales.[5]

• • •

No deja de resultar irónico el hecho de que la más gloriosa criatura que puebla nuestro mundo, la que atesora en sus circunvoluciones cerebrales la más poderosa y exitosa máquina que ha producido la evolución, sea precisamente la causante de la amenaza, del acoso, de la persecución implacable de la vida, aunque tal persecución implique su propia muerte.[6]

• • •

¡Qué vieja, qué terrible es nuestra historia como destructores de la Vida! ¿No seremos realmente un cáncer? ¿No seremos un tumor maligno que va matando a su propia madre? Estamos envenenando las aguas, intoxicando la atmósfera, talando los últimos bosques, acabando con las especies animales, nos estamos matando a nosotros mismos con los productos químicos, con los que queremos matar las plagas que ponen en peligro nuestras cosechas... ¿No seremos realmente el cáncer de la Tierra?[7]

«Después de mí, el diluvio, el diluvio ecológico», deben de pensar algunos señoritos en sus despachos. **¡Ay del diluvio que nos va a pillar a todos!** Si no a nosotros, sí a nuestros nietos.

Vivan los regadíos, los grandes proyectos y las desecaciones. Vivan las transformaciones rápidas, inmediatas, para tener mañana pan y pasado mañana hambre.

Porque estoy convencido de que **la Administración debe y puede velar por la conservación de un tesoro que no es nuestro ni suyo, que es de las generaciones venideras.**[8]

Cabeza de Águila Imperial

• • •

La última de las águilas imperiales no le dirá al hombre adiós, sino **hasta pronto.**[9]

• • •

Busquemos soluciones para paliar los innegables daños ocasionados por los lobos, tratemos de controlar su expansión, pero **no condenemos a muerte a un vertebrado superior**, cuya conducta asombra a los etólogos, cuya organización social es más justa y equilibrada, sin duda alguna, que la humana, cuya historia está unida a la del hombre desde el Cuaternario, cuando ambas especies constituíamos las únicas hordas de cazadores sociales que osaban arrancar a las heladas tundras la carne de los renos, los caballos salvajes y los bisontes.[10]

• • •

Esta epopeya se repetía, sin fin, en las llanuras de Asia y de África desde el principio de los tiempos. Las gacelas vencieron a todos sus enemigos en el desafío increíble de la supervivencia. Pero un día **llegó el hombre a lomos de trepidantes caballos de acero** que no se fatigaban. Llegó el hombre con el rifle tronador al brazo. Llegó el hombre, que no deja de matar, a diferencia del león, el guepardo, el leopardo o el licaón, ni cuando ya está saciado. Llegó el hombre que mata por placer, por deporte, por el simple y espantoso gusto de derramar sangre.[11]

Las migraciones, estas hazañas de las aves viajeras que despiertan admiración en cuantos las conocen, no están libres a lo largo de los países que atraviesan de las asechanzas de los cazadores. Contrariamente, las escopetas, las trampas, los cepos, están siempre prestos **para hacer más difícil la ya increíble aventura de los migradores.** Pero hemos de reconocer que las bajas causadas por los cazadores son despreciables comparadas con las catástrofes ocasionadas por los faros marinos y terrestres, las altas torres de televisión, las pantallas de radar, los huracanes y borrascas. Miles y miles de criaturas ignoradas se estrellan contra el hierro de las máquinas humanas, contra las olas y los cantiles. Hace solo unos meses, el petróleo escapado del vientre del *Torre Canyon* terminó con colonias enteras que desde hace siglos anidaban en las costas de Inglaterra y de Francia. **El pulso de la Tierra, el flujo y el reflujo de las arterias de nuestro planeta no debe cesar.** Porque cuando las alas de los pájaros no adornen en otoño y en primavera el cielo de nuestras ciudades y nuestros campos, la vida habrá perdido quizá su más genuina y bella manifestación.[12]

• • •

Uno ya va para maduro y es difícil que esas fuerzas, que siempre existen, le paren a uno los pies, alegando inexperiencia. Le pueden parar los pies alegando, quizá, exceso de pasión en el tratamiento de los temas. Alegando desprecio profundo hacia ciertos matices del llamado desarrollo o hacia ciertos placeres humanos, pero no por falta de datos que, durante años, han sido cocidos y recocidos en esta olla que todos llevamos sobre los hombros.

Les digo esto porque hace 15 o 20 años yo estaba rompiendo lanzas ferozmente. Entonces aún no me había asomado a un micrófono de radio. No obstante, en los periódicos, cuando podía, ponía verdes a los señores que se dedicaban de manera implacable y generalizada a matar y, además, a dar premios por mostrar los restos de las aves de presa. Se había puesto de moda en este país la matanza programada de águilas, aguiluchos, halcones, azores, gavilanes, búhos, lechuzas y muchas otras aves.

No sé por qué razón, desde el ciudadano medio hasta los organismos de la Administración, todo el mundo estaba obsesionado con la matanza de aves de presa. **Clamábamos cuatro locos, según decían, a los que además se nos colgaba el sambenito de incompetentes, para que se dejaran de matar aves de presa.**

Pero ¿por qué se van a dejar de matar aves de presa? Los autores de estas masacres se fotografiaban flamantemente en los periódicos, salían en los primeros años de la televisión y se hacían entrevistas de radio a los más famosos alimañeros, que contabilizaban decenas, cientos de grandes rapaces, de medianas rapaces y de pequeñas rapaces entre sus trofeos, pues la incompetencia era tan notable, no por parte de los defensores de las rapaces, sino por parte de los ejecutores, que, para no tomarse la molestia de identificar la especie, se las dividía por tamaños en grandes, medianas y pequeñas.

Se hicieron listas incluso oficiales que ponen la carne de gallina. Cientos de águilas, entre ellas las reales y las imperiales. Miles de medianas rapaces, entre ellas azores, halcones peregrinos y ratoneros, todos ellos animales utilísimos. Conseguimos, después de 10 o 12 años de lucha, los locos, los incompetentes, los románticos, convencer a la Administración española, al mismo tiempo, más o menos, que se convenció a las administraciones de Francia, Italia, los Países Bajos e incluso Alemania, porque en toda Europa se sabía que las aves de presa eran beneficiosas, que había que dejar de matarlas.

Se dictaron leyes que todos conocen. Hoy no se puede disparar en ninguna época del año y en ninguna parte del territorio nacional a un ave de presa diurna o nocturna. Es posible, amigos, que las poblaciones se repongan, aunque **demasiado tarde.** ¿Por qué? Porque las aves de presa, que eran abundantísimas en España, esas aves que se cobraban como trofeos en ese absurdo deporte de la matanza de rapaces, atrayéndolas con un búho disecado, eran los controladores de las urracas, de las cornejas, de los cuervos, de esas criaturas que ahora exigen la utilización de cebos envenenados.

Fue la misma pasión destructora que ahora estimula el sembrar los campos de huevos envenenados la que arruinó la población de rapaces de la península Ibérica, y la que ocasionó, por consiguiente, la explosión de la población de córvidos. Creo que merece una explicación un poco más detenida el tema de la explosión de la población de córvidos o de cualquier otra especie.

El equilibrio de la naturaleza es sumamente complejo y delicado. Unos animales se alimentan de vegetales, de plantas; son los llamados consumidores primarios. Otros animales se alimentan con el cuerpo de esos consumidores de vegetales; son los llamados depredadores o consumidores secundarios. Y finalmente, están los animales que actúan en el último eslabón de la cadena y se pueden comer a los vegetarianos y a los carnívoros, a los depredadores; por lo general, lo que no se comen realmente, si no son omnívoros, es a los vegetales.

Pues bien, aquellas especies animales que han tenido que soportar a lo largo de su adaptación reproductora, evolutiva, la presión de numerosos depredadores son especies prolíficas. Tienen varias puestas o varias camadas al año y muestran una maravillosa capacidad para evitar que los depredadores destruyan su progenie, su estirpe. Este es el caso de algunos córvidos, concretamente las grajillas, las urracas, los arrendajos y las cornejas. ¿Cuáles eran los depredadores que mantenían el estatus poblacional de estas criaturas? Fundamentalmente, durante el día, las aves de presa: halcones peregrinos, azores, gavilanes, águilas perdiceras, águilas reales. Durante la noche, los medianos y pequeños carnívoros: linces, gatos monteses, garduñas, martas y, sobre todo, jinetas.

Como la furia destructora no solo abarcaba a las aves de presa sino también a las llamadas alimañas, de pronto, a lo largo de un par de décadas de matanzas programadas, el hombre liberó a los córvidos de esos tremendos controladores que eran sus enemigos naturales. En la época en que los córvidos se reproducían, sufrían los efectos de estos tremendos controladores que son los azores y los gavilanes, que actúan sobre los arrendajos.

¿Qué ventaja tenía la acción de este selector natural sobre la acción de un selector humano, que puede también robar las puestas, por ejemplo, de las urracas? Una muy sencilla: **generalmente no acaban con todos los pollos de los nidos.** Al quitarles el 70 o el 80% de los polluelos de cada nido, los azores bloquean el estatus reproductor de los córvidos, **porque si se les quitan todos, hacen una puesta de sustitución,** en especial al principio de temporada. Si se les quitan los huevos, ocurre lo mismo. Pero si se les roban cuatro, cinco o seis pollos pequeños, ese año ya no se reproducirán más. Esto, aplicado a la acción conjunta de todos los selectores de córvidos, provocaban un hecho que todo el mundo conoce. En tal o cual pueblo no había urracas, o había muy pocas, y en los cotos no se conocían esas bandas invasoras de grajillas o de cornejas.

El hombre 'entendido' acabó con el único control auténtico que tenían y que tienen hoy los córvidos y otros carnívoros en la península Ibérica. Exterminó todo un ejército de depredadores controladores que evitaban que for-

maran plagas. Además, hoy en día, estas plagas han obligado al uso de los famosos venenos sobre los cuales, muy a pesar nuestro, continuamos charlando en esta tertulia.[13]

• • •

Es tremendo el uso del veneno. Ha afectado a tantas aves, tantos mamíferos, tantas criaturas que se habían adornado con sus mejores galas y que habían soportado el filtro del largo invierno en distintas latitudes. A tantas criaturas que, después de haber superado la dura prueba, se disponían a dejar un recuerdo sobre la faz de la Tierra de su existencia en forma de legado genético. Sus pequeños van a morir en secreta tortura a la vera de los nidos que habían construido para procrear, en lo profundo de las terreras que habían cavado para amarse, en tantos lugares a donde el hombre, sutilmente, quizá inconscientemente, ha llevado la más atroz de las muertes. Porque se da la tremenda circunstancia de que, al menos en España, los días de primavera, los días de vida, son precisamente los días de muerte. **Se eligen con premeditación, con programada actuación, para verter centenares, miles, decenas de miles de elementos transmisores de veneno**, a lo largo y ancho de nuestra geografía.[14]

• • •

N**os duele la desaparición de especies**, pero ha llegado el momento en que resulta mucho más grave y penosa la alteración del entorno humano, porque no solo ocasiona la desaparición de los animales, sino que pone en peligro la propia supervivencia del hombre.[15]

• • •

El hombre, con su desarrollo, ha robado superficie a la vida, ha roto los canales de la vida. **Imagínense ustedes la catástrofe que debió de constituir para los gansos campestres y para las grullas la desaparición de la laguna de La Nava.** En ella hacían etapa o invernaban algunas decenas de miles de estas formidables aves; venían haciéndolo así, seguramente, desde hacía millones de años. Estaba grabada en sus genes la ubicación castellana de la laguna de La Nava, donde el clima seco y soleado del invierno, donde la abundancia de comida, permitía a estos animales establecerse y pasar el invierno.

Qué hecatombe, qué incertidumbre, qué catástrofe, el día que las primeras bandadas de gansos campestres llegaron a la laguna de La Nava y se encontraron con que, donde había estado el espejo cristalino de las aguas que podían ver en la noche, desde muchos cientos de metros de altura, como si fuera un faro de salvación, no había más que un parco cultivo de cebada —que, dicho sea de paso, en nada había cambiado la situación económica de la región—. Qué sorpresa y qué catástrofe, no solo para los gansos, sino para algunos naturalistas que ya por aquel entonces se llevaban las manos a la cabeza.

Bueno será que empecemos por no desecar una zona húmeda más, por incluir todos nuestros lagos y lagunas de importancia ecológica y ornitológica dentro de un catálogo que no permita de ninguna manera su desecación. Que tengan el carácter de santuarios o de parques nacionales. Que los conservemos para el puro estudio y la contemplación de los amantes de la naturaleza, y en algunos casos, por qué no, para el ejercicio legal de la caza y, también, cómo no, para el asentamiento de futuras colonias turísticas de la naturaleza que podrán encontrar en la península Ibérica ecosistemas que ya no se encuentren en muchas naciones de Europa.

De esta manera, los visitantes de nuestras últimas zonas húmedas, si no en la llorada laguna de La Nava, sí, por ejemplo, en nuestras Tablas de Daimiel, podrán asistir al milagro de la vida. Una buena mañana del mes de octubre, de noviembre, llegan las grandes bandadas de los ánsares y los ánades reales. Vienen por las secretas y rectilíneas rutas del cielo. Se han dejado, evidentemente, muchos muertos en el camino, pero llegan nutridos, prósperos, turgentes. Algunos todavía llevan en los buches animalillos y hierbas que se han comido al borde mismo de la tundra europea o de la tundra asiática. Vienen también los patos buceadores, los porrones, rechonchos, vivaces con ojos de oro. Vienen, o han venido previamente, las cercetas, los patos colorados. Se van distribuyendo en el tablazo de una manera perfectamente ordenada. Los patos de superficie, aquellos que para comer se limitan a levantar graciosamente la popa para introducir el pico entre el cieno, se quedan en la zona de más escasa profundidad ribereña. Los buceadores, que alcanzan medias profundidades, como los patos colorados, forman una franja de auténtica explosión colorista en el interior de las zonas colonizadas por los patos de superficie, cercetas, rabilargos y azulones. Y, más adentro que los colorados, los patos buceadores, los porrones, son capaces de penetrar hasta 8 o 10 m de profundidad para comerse las algas del fondo con los animalillos que en ellas se adhieren. Y allá lejos, dominando sobre todos ellos, el aguilucho lagunero que infatigablemente planea sobre el tablazo, y las garzas que pescan las carpas, y las anguilas que se mueven entre el fondo del carrizo y la masiega, y los cientos de miles de cangrejos... Y la vida, la vida bajo el espejo de cristal de las aguas, **y los hombres que sepan palpar las vibraciones de la vida, que sepan percutir, que sepan auscultar los latidos del corazón del área palustre.**

El área palustre es como una gran madre que en primavera y en verano se viste para que en ella aniden las especies africanas, que en un viaje de sur a norte nos visitan para sacar adelante a sus polladas. Las esbeltas cigüeñuelas, las pagazas, especies distintas de chorlitos y limícolas... Y cuando llega el otoño, se marchan hacia el sur, acompañando a las cigüeñas, para dejar el sitio a las especies invernantes, a los gansos, a los patos, a distintas razas de limícolas.

Qué importante misión la de nuestras últimas áreas palustres, nuestras últimas lagunas superficiales. Son el receptáculo de la vida que viene del norte, desde las remotas regiones del Asia, donde vive y donde pesca el oso blanco. Son como reductos turísticos de la vida, pero de un turismo que no degrada, que no mancha, que no desaloja costumbres, ni bienes. De un turismo vivo, que no es más que riqueza. Riqueza en cuanto a la hermosura que proporciona al amante de la naturaleza. Riqueza en cuanto a las posibilidades de ejercicios cinegéticos que proporciona al cazador. Riqueza, también, en cuanto a la proteína criada y nutrida allá lejos, en el norte, que se va a quedar en los estómagos de los que consumen las deliciosas piezas de la caza palustre.[16]

• • •

Parece como si la civilización actual no quisiera ver nada en la Tierra que fuera equilibrado, que fuera libre, que no dependiera por entero de ella.[17]

• • •

El Coto de Doñana es una parcela de la geografía española, una parcela de la geografía europea, **que debe tener características absolutamente sagradas;** no se puede hacer nada que constituya un atentado contra su integridad ecológica.[18]

Cuántas barbaridades, cuántas desecaciones, cuántas transformaciones, cuántas degradaciones de medios impares ecológicamente se han cometido, se cometen y se van a cometer pese a que, para el pueblo, para el país, ello representa una auténtica catástrofe. Existe siempre el promotor, existe siempre el especulador, existe siempre el grupo que quiere hacer la obra más importante, al menos en Europa Occidental, aunque se lleve por delante el crucero de la catedral de Burgos.[19]

• • •

Qué crimen las talas a mata rasa de bosques caducifolios para sustituirlos por repoblaciones, por plantaciones de coníferas muchas veces exóticas a la región y sobre todo de eucaliptos, auténticos monográficos horrorosos, fríos invasores procedentes de la lejana Australia que están sustituyendo a los árboles autóctonos, porque crecen más deprisa, empobreciendo, matando naturalmente al suelo para siempre, para hacer pasta de papel. Hectáreas y hectáreas de hermosos hayedos y de robledales han sido sustituidas por plantaciones monográficas, monocromáticas, abióticas, frías, de eucaliptos. Cuántas laderas en la provincia de Santander, que amo y visito con frecuencia, se han transformado ya en una especie de fábrica de celulosa, cuando hasta hace poco estaban cubiertas por los más bellos hayedos y robledales de la península Ibérica. Cuántos animales se han visto desalojados de su hábitat ancestral porque el roble, el haya, han sido sustituidos impensada y despiadadamente por el pino o por el eucalipto.[20]

• • •

Teníamos pocos bosques caducifolios; nos quedan ya menos.[21]

• • •

Recuerdo un bonito hayedo, allá en los montes Obarenes, cerca del desfiladero de Pancorbo, un hayedo próximo a un eremitorio, a un monasterio, en ruinas ya, seguramente desde hacía decenios y decenios. El hayedo pujante ocupaba una extensión quizá de 2000 o 3000 hectáreas; estaba sombreado por una altiva roca en la que anidaba una pareja de águilas reales. Fue la primera pareja de águilas reales que vi en mi vida, en los años de mi grado de bachiller, cuando estudiaba con los frailes, los buenos frailes de Vitoria y de Burgos. El premio de mis vacaciones por haber trabajado consistía en irme a vivir en una sucinta tienda de campaña al hayedo de los Obarenes, al pie de la altiva roca donde anidaba el águila.

Qué días tan maravillosos, qué amaneceres al despertar solo, en mi pequeña tienda de campaña de lonas reviejas por el sol y por el agua, escuchando la llamada de las águilas reales. Llamada poderosa que bajaba desde la roca umbría, llamada que penetraba no solo en el corazón del pequeño naturalista, sino en el corazón de la peña, porque era alma y esencia de la propia peña. El nido del águila real, en el que la pareja criaba cada año dos bellos aguiluchos que por los días de mayo y de junio estaban aún cubiertos de blanco plumón, estaba siempre almohadillado por una cubierta de frescas hojas de haya.

Posiblemente era un mecanismo del águila para mimetizar sobre el fondo verde del bosque la cubierta del nido. Posiblemente era un mecanismo de esta águila, como de todas las águilas reales, para aportar frescura a los polluelos de los ardores del sol, aunque el nido estuviera en una umbría.[22]

Años más tarde, cuando había terminado ya la carrera de Medicina, volví una mañana a mi hayedo. Esperaba encontrarlo como siempre, vivirlo con todos los sentidos despiertos y a flor de piel. El olor del bosque caducifolio, olor a esas setas que los vascos llaman perros chicos y que son tan deliciosas, olor a hojarasca húmeda, a misterio, a literatura medieval, a monasterio de frailes de cantos gregorianos. Cuando me asomé por el portillo que da acceso al escondido bosque, amigos míos, no había nada del bosque. **Había sido talado, como se dice en términos forestales, a mata rasa.** No quedaba una sola de las hayas. Se estaba haciendo una repoblación. Habían metido unos tiestecitos, con algunos extraños invasores, que iban a transformar un ecosistema seguramente con 50 000 o 60 000 años de antigüedad.

No sé si de asco, pero las águilas también se marcharon, ya no estaban. No sé si de pena, pero tampoco pude encontrar ya las huellas del corzo ni del lobo.

Todo un rincón privilegiado, como tantos rincones únicos de la península Ibérica, a fuer de que aquella madera quizá no era tan válida y aprovechable, porque las hayas eran viejas —¡qué hermosura que fueran viejas, con huecos en los troncos donde dormía el búho real y donde criaba el autillo!—, habían sido taladas, asesinadas, derribadas y sustituidas por un bosquecillo que no sé si alguna vez llegará a ser un bosque auténtico.

Me gustaría, desde esta tribuna de la radio, desde estos recuerdos de mi infancia, desde este amor apasionado a la naturaleza, hacer un llamamiento a los hombres de los despachos confortables que deciden, a los nuevos y a los viejos: ojo con el bosque caducifolio. **Tomemos las medidas que estén en nuestras manos para salvar nuestros hayedos, nuestros últimos robledales, nuestros últimos árboles de hoja caduca.**

Dejen ustedes, amigos importantes de la Administración, algún rincón para los poetas, para los enamorados. Algún rincón para el sumo hacedor que hizo los árboles de hoja caediza y que, seguramente, disfruta también con el oro, con el ocre y con la sangre de la muerte de sus hojas. No metan ahí sus eucaliptos, ni sus pinos, que son árboles de mucha menor alcurnia, árboles de más rápido crecimiento para abastecer las insaciables fauces de las plantas de celulosa. **Piensen ustedes que no todo es materia, que no todo es algo que se pueda medir con ese fácil baremo de la renta per cápita.**

Existe también otro baremo, el de la belleza, el de la fidelidad a la tradición, aunque la tradición sea ecológica. El baremo de la opinión de los botánicos, de los auténticos botánicos, de los sabios que claman al cielo cada vez que desaparece uno de nuestros pocos árboles caducifolios, árboles que están hechos para morir temporalmente durante las más frías semanas del invierno, pero no para morir definitivamente bajo los dientes de las sierras mecánicas y ser sustituidos por vegetaciones exóticas.[23]

• • •

Y **lo que ahora está en crisis, amigos míos, es la vida misma.** Estamos, de manera racional o irracional, alterando básica y drásticamente los canales por los que ha discurrido la vida desde hace 4000 millones de años en nuestro planeta. Sería tremendo que después de una aventura tan larga, la vida estuviera entrando en un *impasse* irreversible.[24]

• • •

Brasil ha decidido penetrar en la selva. Les aseguro que la gran carretera transamazónica, en pocos años, va a degradar profundamente toda la masa selvática. Y, mientras tanto, Venezuela se prepara también para explotar el pedazo que le corresponde de este paraíso verde.

Creo que estos países, ciertamente, no tienen por qué pagar los platos rotos de los demás. Creo que no tienen por qué seguir conservando millones y millones de hectáreas de árboles gigantescos, cuyo oxígeno conseguimos y consumimos todos. Creo que lo justo, como se ha propuesto y esbozado en tantas reuniones internacionales, sería que aquellas naciones sudamericanas, africanas o asiáticas que todavía conservan bosques infinitos, generadores de oxígeno, recibieran una indemnización, un incentivo; que tuvieran un salvoconducto aduanero; que fueran, en definitiva, **ayudadas por las restantes naciones para que no tuvieran que destruir ni degradar sus selvas,** con el objeto de que pudiéramos seguir contando con las fuentes de oxígeno y todos los beneficios que aportan sus espacios selváticos.[25]

• • •

No tenemos apenas bosques. No hay más que volar sobre la península Ibérica. Basta con venir en un viaje en avión, por ejemplo, desde Finlandia, y aterrizar en Madrid. Si el tiempo es bueno, si el avión no vuela tan alto como para impedir ver lo que tenemos debajo, iremos contemplando como en los países escandinavos, en los países bálticos, casi todo lo que hay debajo de nosotros es verde. Grandes bosques, infinitas taigas de coníferas y abetos. Más al sur, en Francia y Ale-

mania, alternan los bosques o los bosquecillos con las tierras de labor, también verdes. Incluso podemos ver este color en los Pirineos y en la región cantábrica. **Pero cuando sobrevolamos la Meseta, en el corazón de España, todo se vuelve ocre.** Es como un anuncio de lo que va a pasar cuando atravesemos el estrecho de Gibraltar. Es un predesierto, con muy pocas masas forestales.

Si el verde fuera el color de la vida, si fuera el color del ecosistema terrestre, de la biosfera, si fuera el color de la esperanza en una continuación de la vida sobre la Tierra, aquí tendríamos ya muy pocos retazos en los que refugiarnos.[26]

• • •

Pero lo triste del caso es que, a una deforestación histórica, en la que indudablemente influyó primero la mano del hombre, una deforestación que podríamos llamar antropógena, se han sumado ahora unas características geográficas, biogeográficas y climáticas. Todo el mundo supone que en la época de la colonización romana España era un bosque inmenso con ríos navegables, un bosque en el que prácticamente los calveros, las sabanas y las estepas ocupaban superficies mínimas en la península Ibérica. Aquí debía de llover mucho más y la economía de la vida debía de haber funcionado de otra manera. Pero pasaron tantas cosas, se llevó tantas cosas la gente con sus talas y sus guerras, que el paisaje cambió hasta hacerse irreconocible.

Ese odio del hombre procedente del desierto a los espacios forestados, aquel talar árboles del jinete árabe para no ser sorprendido por el guerrero cristiano, aquel deforestar implacable, como pensando que el bosque no se iba a acabar nunca, fue dejando España, poco a poco, desnuda, sin árboles.

Los incendios, que como se ha podido demostrar, muy rara vez podrían recibir el título de espontáneos, es decir, ocasionados por la incidencia de un rayo de luz sobre un cristal o de un rayo en una tormenta en la noche, normalmente son antropógenos, es decir, ocasionados por el hombre. Los incendios se deben a esa cerilla, a esa colilla, a los restos de ese fuego que ha servido para hacer unas chuletas o para hacer una paella y que absurdamente han sido abandonados sin apagar en el campo.

Qué esfuerzo tan tremendo se está haciendo todos los veranos para evitar los incendios forestales. Y a pesar de ello, qué cantidad de hectáreas tan enorme la que se nos va de las manos, todos los años, hectáreas de tierra que se nos queman, que van dejando a España cada día más desnuda. **¿Cómo se podría concienciar al español de que cuidar un árbol en las condiciones en que nos en-**

contramos es una verdadera obligación? Cortar un árbol o quemar un bosque en las condiciones en que nos encontramos es un auténtico crimen, un auténtico pecado contra natura, literalmente, contra la naturaleza, esa naturaleza que nos aporta tanto y que nos da vida.

¿Qué pasa si no hay bosques?, me preguntará ese hombre profano que quiere llevárselo todo por delante y que piensa que después de él, el diluvio. Amigo mío, todo el oxígeno que hay en la atmósfera ha sido producido por las plantas. El día hipotético en que dejáramos nuestro planeta sin plantas, sin bosques, usted y yo pereceríamos, porque todos los seres vivos necesitamos el oxígeno para sobrevivir. Es más, el régimen de lluvias, esas lluvias que tanto escasean sobre ciertas partes de nuestro planeta, en especial en los países mediterráneos y la península Ibérica, están menguando porque hemos acabado con las masas forestales, reguladoras de las lluvias. Todo el mundo sabe que donde hay grandes bosques llueve más. Los bosques crecen merced a la lluvia y los bosques regulan y engendran lluvias. Pero si esto no fuera suficiente, si no nos bastara con saber que los bosques producen el oxígeno del que nos nutrimos y regulan y determinan las lluvias, debemos añadir que, además, las raíces de los árboles que forman el bosque sujetan la tierra.

Cuánto ocre, cuántas cicatrices sangrantes en la piel de España. Viajen ustedes por carretera ahora que todo el mundo tiene automóvil, abran los ojos y miren a su alrededor. Todo son laderas con una vegetación raquítica y profundas cicatrices formadas por las vaguadas, esos riachuelos tallados por las lluvias escasas pero torrenciales **que van llevándose la tierra vegetal de España al mar.** Estamos perdiendo patria, pero patria cultivable, esa que puede dar el hidrato de carbono o la proteína que necesita el hombre para vivir. Los bosques, nuestros bosques, no solo producen el oxígeno imprescindible para la vida, no solo regulan el régimen de lluvias, también sujetan la tierra, nuestra tierra, la tierra vegetal, la que permite que crezcan la hierba y las flores o que germinen las plantas usadas en la agricultura. El bosque lo es casi todo para un país. Sin plantas, la vida en la Tierra no habría podido existir, y me refiero naturalmente a la vida de los seres heterótrofos, de los que dependemos para todo, de esas criaturas que se llaman los vegetales.[27]

• • •

Hoy no tenemos más remedio que movernos en un mundo donde las estepas son más numerosas que los bosques, y lo más triste es que el gran esfuerzo llevado a cabo por la Administración para sustituir los bosques autóctonos, los bosques de encinas, de quejigos o de alcornoques, por pinares, se ven casi siempre truncados por la abundancia de incendios forestales.

Los bosques nuevos, monográficos, los bosques de pinos idénticos los unos a los otros, que sustituyen al variado bosque español, autóctono, tienen muchos defectos. El primero de ellos es que, al ser monográficos, monoespecíficos, son extraordinariamente débiles ante las plagas. Pocas plagas, o ninguna, podía haber que atentaran contra el bosque climático, contra el bosque natural antiguo español. En cambio, muchas plagas destruyen los pinares. Hay que gastar dinero para evitar que esos pinos pequeños, que se plantaron con afán y con nobles objetivos, sean devorados por la procesionaria o por otros enemigos naturales. Pero lo peor es que cuando los pinillos crecen y van poniendo ese bosquete entre estepa y estepa, cuando ya son mozos, se queman. Mueren víctimas de incendios, muchas veces provocados, y la estepa avanza, crece como una marea de piedra y de hostilidad, penetrando en los lugares donde antes el árbol daba su sombra.[28]

• • •

Lo fueron destruyendo poco a poco los fenicios, los romanos, los árabes y los castellanos de la Reconquista. Pero todo lo que ellos destruyeron es muy poco, comparado con lo que estamos destruyendo nosotros. Lo que podía quemar un pastor fenicio, lo que podía talar una descubierta castellana en la vega de Granada, es irrisorio comparado con los cientos y miles de encinas que se llevan las mandíbulas férreas de un buldócer, hoy, ayer y mañana, en los bosques de Extremadura. Los últimos retazos del paraíso se están perdiendo. Lo sabe toda la gente que se ocupa de estas cosas. Se sustituyen los últimos montes extremeños por eucaliptos, que pueden ser más rentables pero que destruyen la tierra y expulsan a la fauna, o se sustituyen por regadíos, cuya vida nunca puede ser larga porque las tierras fabricadas por la encina no admiten un trabajo secular como tierras de agricultura.[29]

• • •

El animal, la vida, no ama tanto al pino, y no digamos al eucalipto, como al roble, al haya o al castaño. Hay grandes regiones de nuestra patria que hace 25 años fueron formidables manchas caducifolias, manchas donde corría el corzo y donde cantaba el urogallo y hoy son bosquecillos simétricos y cuadriculados de eucalipto. Como ustedes saben, el eucalipto es un árbol importado de Australia que tiene la virtud de crecer muy deprisa y el defecto de destrozar el suelo y la vida que se encuentra a su alrededor; es como un cáncer de los árboles, es una masa vegetal que absorbe todo lo que la tierra le pueda dar y en muy poco tiempo crece enormemente y, desde luego, crea en su mediocre mancha de verdor, la mancha de lo que se llama una comunidad abiótica, un lugar que odia la vida, que no es apto más que para la supervivencia de ciertos animales como el koala y algunos australianos que no viven, desde luego, en nuestra latitud.[30]

Piña de abeto trabajada por pícido

• • •

Para mí, el gran problema de la humanidad y el hecho de que nos encontremos de pronto con que los ríos se están contaminando, la atmósfera se está envenenando, los mares se están muriendo, los bosques se están acabando y las especies se están terminando, tiene fundamentalmente una base filosófica. Nos han venido diciendo, sobre todo en la cultura occidental, que somos el ombligo del mundo, que no dependemos de nada ni de nadie, que somos los reyes de la creación, que podemos hacer lo que queremos. Y nos encontramos con que esto es una especie de cuento de niños, que en realidad dependemos de las plantas, del oxígeno, del agua pura y de una serie de elementos **sin los cuales no podríamos vivir.**[31]

• • •

Se nos ha dicho desde siempre que el mar es la despensa de la humanidad. Como un engaño más, se ha manejado, sobre todo en generaciones pasadas, **el mito de que el mar es prácticamente inagotable.** Cuando los famosos postulados científicos de Malthus se anticiparon a lo que hoy constituye una auténtica preocupación popular, **los sabios domesticados** arguyeron que el mar resolvería por sí solo todos los problemas derivados de ese fantasma del hambre que, apocalípticamente, atribuía Malthus al crecimiento desmesurado de la humanidad y al más retardado aumento de los recursos alimentarios.

Hoy sabemos que el mar es mucho más frágil, como ecosistema, que la propia tierra firme, que su productividad es inferior en biomasa a la de una sabana o una estepa y que la incidencia de la depredación humana sobre las especies marinas está ocasionando un descenso vertiginoso de aquella proclamada riqueza de la despensa inagotable. Nunca podré olvidar, y creo que mucho menos lo olvidarán los pescadores del Cantábrico, las grandes campañas de la anchoa. En las aguas relucientes de la alta primavera y el verano, retornaban los polícromos pesqueros con las entrañas repletas de los menudos y sabrosos peces. Tantos, tal número de cientos de toneladas, que se derrumbaba el mercado. Incluso se arrojaban cargamentos enteros al mar con objeto de mantener unos precios razonables. El hombre, depredador del mar, estuvo entrando a saco en aquella parcela de la despensa durante algunos decenios. Hoy prácticamente no quedan anchoas. Y esto ha pasado y está pasando en la mayor parte de los caladeros más famosos. No tenemos más remedio que plantearnos la cuestión: el mar tampoco es inagotable.[32]

• • •

Pero, además de envenenar el aire que respiramos, no solo al nivel del consumo de oxígeno sino al del puro y escueto envenenamiento, es decir, la liberación de gases tóxicos en tal diversidad y profusión que transforma las más populosas urbes en encrucijadas de atmósfera irrespirable, contaminamos las aguas marinas, fluviales y lacustres con todo género de residuos. Ríos y lagos que hace apenas una década atesoraban una inmensa riqueza animal son hoy pestilentes vertederos donde las sustancias químicas de los desechos fabriles no permiten la existencia ni siquiera de seres unicelulares. El mar, que parecía inagotable, la gran masa de agua que caracteriza el planeta que habitamos y que permitió la formación de la biosfera, está también cada día más sucio y depauperado. Los institutos oceanográficos tratan de explicarse las causas de la **disminución masiva de peces** que en otros tiempos formaban bancos de densidad incalculable. Su desaparición no solo puede achacarse a la pesca abusiva e incontrolada. El mar también se está envenenando. Por las bocas de los ríos llegan los desechos de la industria humana. En plena cuenca marítima los petroleros vierten reiteradamente hidrocarburos que causan la ruina entre los habitantes de las aguas.[33]

• • •

Si el mar germinal, el cuenco profundo y raramente profanado de los océanos, está sufriendo ya las consecuencias de la intervención humana, la supervivencia de nuestro planeta, **como soporte de la vida que es,** atraviesa un trance dramático.[34]

El único sitio donde los humanos no aprendimos a domesticar ni a cultivar fue en el mar. En el mar, el hombre sigue siendo un depredador, un terrible depredador, el más espantoso de los depredadores. Entra a saco, mata, **obtiene proteína marina sin preocuparse** y deja al mar que se las arregle como pueda para reponer las bajas que el propio hombre le causa.[35]

• • •

Las felices ballenas van nadando por los mares hasta que, de pronto, enloquecidas, sienten con su oído especializado el motor inconfundible de un barco lejano, un barco factoría, un barco que implacablemente se va acercando hacia ellas. Previamente habían sido localizadas por radar o mediante un helicóptero. Toda la familia de ballenas emprende entonces una huida frenética: los más poderosos organismos, las más grandes masas musculares, los más duros tendones, los más masivos esqueletos, se ponen en movimiento para impulsar a esos mamíferos en forma de peces a lo lejos, hacia el horizonte, adonde no llegue el enemigo. **Pero el enemigo es de hierro.** Sus músculos son hélices, su potencia son caballos de vapor, la energía la obtiene del petróleo. El barco se va acercando implacablemente y de pronto las crías, las ballenas más pequeñas, cansadas, quedan atrás y las grandes ballenas ralentizan la marcha. No quieren abandonar a sus pequeños cansados. Y, de pronto, aparece la proa del barco, los ojillos lateralizados y miopes de la ballena azul ven cerca el barco de la muerte. Suena el primer cañonazo y el cuerpo de una ballena, un cuerpo de plata con una piel perfecta para deslizarse en el mar, es atravesado por un arpón, que tan pronto como entra en el cuerpo del gigante revienta formando una caverna que se llena de sangre y de vísceras destrozadas. Y la ballena que estaba perfectamente adaptada para vivir en el mar, que tenía el más complejo, el más perfecto y el más grande de los organismos, revienta despedazada por la pólvora contenida en la cabeza de ese arpón explosivo.

Y así muere la vieja abuela que había conducido al grupo durante 20 años desde la Antártida hasta los mares del norte, que conocía las noches centelleantes de los mares tropicales. Y así mueren la madre y una tía y un cachorro. Y los hombres que están metidos en el barco no ven más que barriles, barriles de aceite. Es un trabajo, hay que llevar aceite a Japón, a Rusia, a Norteamérica; hay que sacar el aceite de las ballenas. Las últimas ballenas se llaman, emiten sus gritos entrecortados, piden auxilio al Creador y le dicen que también tienen derecho a ocupar un puesto bajo el sol. **Pero el hombre no les deja.**[36]

Señores, la pesca artesanal, la pesca de bajura, la pesca de *El viejo y el mar* de Hemingway, ya no representa casi nada. Hay flotas poderosas. Hombres de todos los países se lanzan al mar, sin duda en ejercicio de un legítimo derecho para arrancarle al mar sus tesoros, para arrancarle al mar sus proteínas vivientes. **Pero estos hombres que se lanzan en poderosas flotas a las aguas de nadie, a las aguas internacionales, que corren singladuras fantásticas para llegar antes que los competidores a los bancos, ¿pescan según unas normas de conservación?** Eso es lo que realmente nos gustaría saber. Pero antes vamos a ver cómo pescan los grandes barcos, con sus gigantescos aparejos, que se van al mar para robarle, en cientos de miles de toneladas, la vida que el propio mar guarda en sus aguas.[37]

• • •

El mar Mediterráneo puede cambiar su sobrenombre de Mare Nostrum, «mar nuestro», por el de «Gran Mar Muerto» en un futuro, quizá, no muy lejano.[38]

El agua creará grandes problemas por su polución, su intoxicación y su envenenamiento. Constante y permanentemente estamos vertiendo, en esa gran cloaca que es el mar, los detritus de todos los continentes; más o menos depuradas, nuestras heces fecales, los residuos industriales y los residuos urbanos van a parar a las cuencas de los ríos, y estos recogen también los tóxicos organoclorados de los insecticidas, los metales pesados de la industria, **productos enormemente tóxicos que esta humanidad actual, industrializada, tecnológica y cada día más numerosa, vierte** al no encontrar más alcantarillado ni más camino que el de las redes fluviales que terminan siempre en el mar.[39]

• • •

Todo el mundo es consciente de que el problema más grave que afecta al futuro de la humanidad es la degradación del ecosistema terrestre. Al hablar de degradación no solo me refiero a la contaminación de la atmósfera, la polución de las aguas y el deterioro del paisaje, sino a los ruidos, las basuras, el hacinamiento y todas las presiones antropógenas que **están transformando la naturaleza en un medio que no proporciona salud, descanso ni felicidad al hombre.**[40]

• • •

De seguir a este ritmo, nuestro planeta será pronto un auténtico hormiguero humano en el que habrán aumentado en la misma proporción los plásticos, los detergentes, los humos, los restos de petróleo, los insecticidas y los productos químicos de toda suerte que, lentamente, **van matando a la Madre Tierra.**[41]

• • •

Hay una sola cosa que puede oscurecer algunas veces la ilusión, y es que, ante la Administración, los zoólogos y los naturalistas no son los que se responsabilizan del estudio y del control de los seres vivientes. Son otros, que tienen menos conocimientos, pero están mejor estructurados administrativamente, con unas profesiones totalmente marginales a la ecología, a la zoología y a la pura ciencia natural, los que de hecho se ocupan de ello. **Esto es triste para muchos naturalistas que no encuentran salida a su profesión,** porque sus puestos han sido usurpados por este tipo de personas.[42]

En el año 2000, si no cambian las cosas, la ecología, el ecosistema terrestre, en definitiva, la biosfera, estará tremendamente degradada por las acciones que el hombre está llevando a cabo en contra de este ecosistema que lo soporta, en contra de este planeta en el que vivimos.[43]

• • •

Si no nos hemos puesto de acuerdo para defender algo como una ballena, un animal grande como una montaña, que es fabuloso, que tiene una conducta tan o más rica que la de un delfín, cuya conservación implicaría apenas esfuerzo alguno ya que la economía de ningún país depende enteramente de su captura, ¿cómo nos vamos a poner de acuerdo en **problemas tan complejos** como el de la energía o el de la contaminación, con los tubos de escape de los automóviles, los humos de las fábricas y un largo etcétera?[44]

• • •

Cualquier intervención humana que altere el equilibrio establecido, actuando indiscriminadamente sobre un grupo de animales, será catastrófica, a la larga, para el resto de los que constituyen la comunidad zoológica de esa región.[45]

• • •

Es preciso respetar nuestro entorno **a nivel individual,** necesitamos cuidar la Tierra porque se nos está muriendo.[46]

• • •

Para el naturalista, para el simple aficionado al sano deporte de pasear por el campo, para el cazador, para el pescador e, incluso, para el hombre de la calle, la gloriosa época del progreso humano, la era del átomo, del avión y del automóvil, presenta una dramática característica que se observa con implacable nitidez en las llanuras, en las montañas, en los bosques, en los mares o en los desiertos: el ocaso de la vida, la desaparición inexorable de especies enteras de criaturas vivientes, **el brusco cierre de capítulos enteros de la evolución** que el hombre moderno ha provocado con una falta de previsión cuyo origen solo puede buscarse en el desconocimiento de las complejas y vitales leyes que rigen nuestro universo.[47]

No cabe la menor duda de que la nuestra es una cultura de consumo, una civilización en la que la importancia y el índice de desarrollo de los pueblos, de las familias o de los individuos se mide por su capacidad adquisitiva o sus ingresos anuales per cápita. **A determinados niveles, este imperativo económico de nuestro siglo ha resultado catastrófico para la naturaleza.** Se han talado indiscriminadamente bosques maravillosos que jamás volverán a su primigenia armonía y se han exterminado especies animales buscando únicamente el lucro inmediato. En estos momentos asistimos, impotentes, a la desaparición del rorcual azul, la mayor criatura viviente que jamás haya existido, víctima de la rapacidad de las compañías balleneras. Los intereses económicos de los grandes *trusts* de los insecticidas y el petróleo están envenenando la tierra y contaminando los mares. Un turismo barato y precipitado ha transformado en horrendos suburbios lo que fueron costas de singular belleza. Industrias y manufacturas que menosprecian las disposiciones legales, referentes a la depuración de las aguas o los humos residuales, emponzoñan cada día más el entorno humano. El plástico, los detergentes y los residuos urbanos de toda índole se amontonan en los alrededores de las ciudades e invaden campiñas hace unos años todavía incólumes.

Ante tal estado de cosas se podría pensar que el desarrollo humano, la técnica, el confort y el turismo se contraponen básicamente a la conservación de la naturaleza. Pero, si se estudia el problema más profundamente, **se podrá comprobar que tal apariencia es solo fruto de la precipitación y la falta de madurez** de una poderosa sociedad, que aún no ha comenzado a reglamentar su impacto sobre la naturaleza.[48]

• • •

La ecología es una ciencia joven pero extraordinariamente divulgada. Hoy hablan de ecología todos los políticos, sean estos conservadores o contestatarios. Se decretan disposiciones ecológicas, se organizan huelgas ecológicas, se componen poemas ecológicos y hay canciones protesta con la ecología como tema. **La ecología está de moda**, pero sus mandamientos no se respetan en absoluto.[49]

• • •

Pero ¿saben ecología los que proyectan amplias sustituciones de un bosque natural por una formación artificial? Y si no la saben, ¿se toman la molestia, que es su obligación, de hacerse asesorar por un auténtico ecólogo? Creo que no. Y la experiencia me está enseñando cada día de manera más clara que no. Deciden con rapidez, no sé si con una irresponsable audacia, que hay que transformar la más bella laguna en una hipotética explotación agrícola, o el más complejo y climático bosque mediterráneo en un futuro regadío. **Estas cosas son serias, muy serias**, porque las futuras generaciones podrían perdonarnos desafueros filosóficos, políticos, culturales o técnicos, pero los desafueros ecológicos, cuando ellos tengan que pagar los platos rotos por nosotros, cuando tengan que pasearse por una España que no conserve ya ni un relicto forestal de lo que fue el país más hermoso de Europa, no se lo van a perdonar al remoto hombre del hacha quizá neolítica y mucho menos al hombre del despacho con aire acondicionado.[50]

• • •

No cabe duda de que las cosas no se hacen alegremente, de que cuando se pretende transformar un medio, hay imperativos que aconsejan tal transformación, aunque a veces la historia y la realidad han demostrado que habría sido mejor dejar las cosas como estaban. Pero si cuando se hicieron las cosas hubiera habido premisas suficientes, **perspectiva suficiente**, informaciones científicas suficientes, es posible que los malos pasos no se hubieran dado.[51]

• • •

Se considera y se consideró que, si bien la caza reglamentada no implica un peligro insalvable para una especie ornitológica, **sí que puede implicarlo la transformación y la degradación de distintos ecosistemas.**[52]

• • •

El mundo de la naturaleza es tan maravilloso, tan rico y complejo, que uno **se asombra de que haya tanta gente que viva de espaldas a la naturaleza**, de que haya tanto orgullo antropocéntrico cuando el hombre no es más que una criatura más de la naturaleza, cuyo pasado no es más viejo que el de la mayor parte de las criaturas de la naturaleza y cuyo futuro, seguramente, no será tan largo como el de la mayor parte de estas mismas criaturas.[53]

Dese usted un paseo por el campo, amigo mío, o por la playa, vuelva al riachuelo de su valle, de su pueblo natal, aquel riachuelo cantarín, cristalino, que tenía truchas y cangrejos, y quizá hasta salmones. Échese un trago de agua como en su infancia. «Usted me quiere mal, doctor», me dirá con razón, «voy a beber yo agua de este río, con la fábrica de plásticos que han puesto más arriba, con los curtidos de aquella curva, con ese pueblo que se ha llenado de chalés de veraneo y que vierten al río sus excretas sin depurar. **No quiera usted envenenarme, doctor, el río era bonito en mi infancia, pero ahora no es más que una cloaca.**»

Y tú, mozalbete, que triscas por los campos, escucha a tu abuelo lo de aquella fuente que curaba las verrugas; ya no se puede beber, han hecho una fumigación con pesticidas y han puesto un letrerito que dice: «no potable». Y tú, joven atlético, enamorado de los deportes, vamos tú y yo a navegar por un gran río español en una piragua; coge los remos, deja palpitar el poder de tus músculos debajo de tu piel. Pero no mires al agua, mira al cielo si quieres, en busca de otros planetas donde el agua siga siendo pura. Hoy los envases y grandes cantidades de líquidos mancillan, tiñen y envenenan el agua del río. Y si nos fuéramos a la costa, ay de nosotros, ¡si no puedo andar descalzo por la playa porque se me llenan las plantas de los pies de los restos del petróleo que vierten los petroleros impunemente en las aguas de nadie!

En definitiva, estamos hablando de la muerte del agua. Me gustaría saber qué porcentaje de aguas puras quedan en países y regiones no excesivamente contaminados, como la península Ibérica; cuántos ríos y cuántas fuentes han muerto, cuáles son los que se libran y cuánto tiempo les queda de vida. «Pero, doctor, ¿cómo vamos a evitarlo? Es que no hay manera; acabo de ir allí donde el año pasado estuve pescando cangrejos y me encuentro con un gran proyecto de urbanización, o de una nueva fábrica. Es necesario luchar, seguir adelante y competir, pero habrá alguna manera de hacerlo, alguna manera científica que nos asegure que, para crecer, para ser más ricos, **no matemos a la gallina de los huevos de oro, que según acaba usted de demostrarnos, no es la tierra, sino el agua.**»

Evidentemente, debemos salvar todo lo que está relacionado con el agua, empezando por ti, niño, que eres agua pensante, como yo. Para que puedas bañarte en un río y beber en una fuente. Y también por usted, que, al ser mayor, al tener menos vida, tiene menos agua en los tejidos.

A nuestro planeta podríamos llamarlo Planeta Agua. Todo, absolutamente todo, está relacionado con el agua, desde esos alcornoques que quieren arrancar de raíz en una dehesa de Extremadura para hacer un hipotético regadío, hasta esa pobre laguna que quieren desecar para hacer una plantación que seguramen-

te nunca tendrá éxito económico. Como se llevaron por delante tantos y tantos emporios de las aguas superficiales, lagunas hermosas que hoy no son más que tierras tristes y salobres.[54]

• • •

Los frutos de las encinas, las hojas de las encinas y las raíces de las encinas fueron fabricando durante millones y millones de años el suelo vegetal de la península Ibérica.

Y las tierras arrancadas al bosque, las tierras que durante miles de años habían vivido a la sombra del laurel, del ciprés, del cedro o de la palmera, con el regadío, fueron muriendo poco a poco, en gran parte debido a las sales que arrastran las aguas de todos los ríos del mundo.[55]

• • •

El regadío implica siempre una muerte de la tierra a más corto o largo plazo. Las aguas que se extraen de los ríos no tienen las mismas capacidades que aquellas otras que, alambicadas, purificadas, libradas de toda sal, bajan desde las nubes. Quizá por esta razón, los primitivos hombres agricultores invocaban a las diosas de la fecundidad, ofreciéndoles formas ubérrimas, feminoides, como las nubes que traían la lluvia desde el mar. Pero las nubes no siempre venían y había que irrigar e irrigar. Y las tierras muertas, las tierras deforestadas, los arenales que hoy han sustituido a los huertos infinitos, a los cultivos ubérrimos, a las campiñas donde nacieron la escritura, el arte, la gramática y la religión monoteísta, han sido cubiertas y sustituidas por eriales en los que el hombre nunca más podrá cultivar ni la sencilla avena, ni siquiera el rudo centeno. Son dominio del desierto.

Que una agricultura repetida, evasiva, exhaustiva, sea de secano o de regadío, puede ir transformando un vergel en un desierto es algo que no solo pasó en el antiguamente fértil Oriente Medio. Hoy existen amplísimas terrazas ocupadas por desiertos y subdesiertos junto a muchos grandes ríos donde se establecieron las civilizaciones hace más de 5000 años; uno no tiene más que viajar a Egipto para darse cuenta de que en las antiguas fértiles tierras que rodeaban al Nilo, donde los egipcios cultivaban las toneladas y toneladas de grano que no solo daban de comer a sus hombres y a sus ejércitos, sino que les permitían dominar prácticamente toda la Europa oriental y parte de Asia, hoy solo hay desierto. **Sí, el hombre es un fabricante de estepas, es un fabricante de desiertos.**[56]

• • •

Existe una belleza misteriosa y profunda, en cierto modo hostil, en la estepa batida por el cierzo. **Realmente nuestra estepa es imponente, nuestros páramos, aunque monótonos, tienen reciedumbre y fuerza.** Nuestra Mancha ha sido sobradamente glorificada por las singladuras del Quijote, nuestros páramos burgaleses, a modo de atalayas de halcones, fueron amados por el Cid Campeador y Fernán González, y las alcarrias del centro de España fueron ensalzadas por Almanzor y Abderramán. Pero ya tenemos bastantes estepas. ¿Cómo se puede permitir que en 1975, en pleno siglo XX, estemos fabricando nuevas estepas? Terminamos con el bosque porque el bosque ya no produce. Fabricamos estepas que a lo sumo durarán decenios, jamás siglos, porque las sales de las aguas de los regadíos terminarán desertizándolas, porque la escorrentía de las lluvias llevará su tierra vegetal al mar, ya que habían nacido para bosques y no para eriales. La estepa es hermosa en su altivez, en el páramo canta la alondra, el páramo fue nido de alcotanes de la conquista y la reconquista, pero, amigos de las tierras ibéricas, **ya tenemos suficientes estepas.**[57]

Parece asombroso; lo lógico, en una teoría ecológica ortodoxa, sería que una especie, la humana, tratara de evitar que otras especies destruyeran la naturaleza y, sin embargo, la única especie que pone en peligro, que ha destruido y que, parece ser, pretende seguir destruyendo la naturaleza, es el *Homo sapiens.*[58]

• • •

Este fantástico milagro que se llama biosfera, formado por la comunidad de seres vivos que poblamos este planeta y que llevamos millones y millones de años habitando en él, hay que cuidarlo, pues **dependemos por entero de esos 30 o 40 cm de suelo biótico,** de suelo de humus, de suelo productivo para los vegetales que la Tierra ha tardado miles de millones de años en crear. Es dramático que lo que el planeta ha tardado, por unas reglas complejísimas e inmutables, miles de millones de años en producir, en crear para que aquí pueda haber vegetales y sobre los vegetales pueda haber animales, **el hombre lo esté destruyendo en grandes extensiones del planeta en pocos años.**

Hasta las aguas profundas, que eran como una especie de arcano del equilibrio, al menos mineral, de los elementos básicos para la supervivencia, también están contaminándose.[59]

• • •

No ha habido una previa ordenación del territorio. No ha habido un catálogo, como existe por ejemplo en arquitectura, que impide, por ejemplo, que se pueda instalar una cafetería dentro de la catedral de Burgos, aunque fuera muy rentable puesto que vendería muchas botellas de colas a los turistas que van a ver la catedral. Estamos sensibilizados ante el arte, ante la cultura, pero no lo estamos, por desgracia, ante algo mucho más básico, porque el arte es importante para la humanidad en cuanto que es, y perdónenme la expresión, un superfluo placer, pero la naturaleza es imprescindible para nuestra supervivencia.

Luego **el problema de la ordenación del territorio,** al igual que saber si se puede o no poner una cafetería en el interior de la catedral de Burgos o en el Delta del Ebro, es una cuestión dramática.

Una ordenación científica del país sería realmente buena. He aquí un ejemplo: si se parcela un erial y se le lleva agua, pasados 25 años en ese erial habrá un bosque, ciertamente un bosque antropógeno, quizá un bosque que sea un dislate botánicamente porque esté poblado de sauces llorones, de abetos, de pinos o de chopos y álamos, pero será un bosque generador de oxígeno, equilibrador del medio ambiente; en cambio, si se hace una urbanización en un encinar, se secarán las encinas, incapaces de soportar el riego de los jardines y de los campos de golf, y lo que era un bosque se transformará en un erial. Volvemos por consiguiente a esta dramática situación de que, sin una ordenación ecológica del territorio, no vamos a poder tener un futuro optimista en cuanto a la conservación del medio.[60]

• • •

Hablemos ahora de la basura. Si entendemos por basura todos aquellos elementos inútiles, inservibles, a veces inocuos, a veces venenosos, que los hombres de nuestra época estamos vertiendo sobre la Tierra, no hay más remedio que aceptar un postulado de un famoso naturalista francés que decía en una conferencia en Estrasburgo, en la sede del Consejo de Europa, que si a las distintas épocas de la historia humana se las conoce y se las ha titulado por aquellos elementos que se encuentran con más facilidad durante su transcurso histórico, es decir, la edad o época de la piedra, la edad o época del hierro, o la del bronce, a nosotros, si dejamos a alguien que nos suceda y sea capaz de juzgarnos bajo un título determinado, **se nos conocerá como a los hombres de la Edad de la Basura.**

Nos imaginamos que, poco a poco, la humanidad se irá dotando de sistemas para el tratamiento de las basuras, pero estas basuras, estos elementos degradadores, contaminadores, que vertemos en la naturaleza, son de tal esencia y tales características que no solo deterioran estéticamente, no solo contaminan de una manera burda, sino que a veces son elementos tóxicos que pueden matar, son elementos radiactivos que pueden dar lugar a auténticos monstruos genéticos.

Esta es una basura temible que se va acumulando. Es una basura que no se ve, pero que la naturaleza no sabe destruir. Hay un hecho verdaderamente elocuente: hasta hace muy poco tiempo, prácticamente hasta la llegada de la cultura tecnológica, el hombre producía un tipo de detritus tan naturales, valga la redundancia, que la naturaleza conocía perfectamente los mecanismos que debía poner en juego para destruirlos; por ejemplo, el gran problema de los prehistoriadores es que en las cavernas encuentran muy pocas cosas, porque todo lo que no fuera piedra o todo lo que no se haya fosilizado por un cúmulo de elementos minerales la naturaleza lo ha digerido, lo ha asimilado, lo ha transformado otra vez en vida.

Pero, amigos míos, a partir de la llegada de esa cultura de la que estamos tan orgullosos, hay una cantidad enorme de sustancias que la naturaleza no sabe degradar, que no sabe transformar. Que no solo no puede reutilizar, en ese laboratorio fabuloso que es nuestro planeta, como fuente de vida para otros estratos biológicos, sino que incluso puede conservar su alta toxicidad durante siglos e, incluso, milenios. Es importante conocer el problema de los residuos atómicos provocados por las centrales nucleares, pues no se sabe qué hacer con ellos. Se habla de introducirlos en el interior de unos grandes recipientes, me imagino que de plomo, exteriormente de metales más resistentes a la acción de las aguas marinas e ir enviándolos a las fosas marinas de nuestro planeta, con objeto de que queden allí fuera de la circulación y de que, teóricamente, nunca esas basuras atómicas puedan ponerse en circulación y así destruir o transformar nuestro caudal genético, que ha costado cientos de millones de años en conseguir en el nivel que ahora se encuentra.

Hay también quien ha hablado de enviar esos residuos atómicos al espacio exterior en forma de satélites de muerte, que estarían constantemente, a modo de ataúdes volantes, gravitando en torno a nuestro planeta y conteniendo en su interior la basura, la espantosa basura que la humanidad de hoy no sabe cómo destruir, no sabe qué hacer con ella. Esto, amigos míos, a mí me preocupa enormemente.

Creo que hasta que no se haya llegado a la época del reciclaje total, hasta que no hayamos llegado al momento en que la humanidad disponga de elementos, de dispositivos perfectamente armónicos capaces de degradar las basuras y reincorporarlas al medio terrestre, enriqueciendo con esas basuras, como había pasado siempre, el ecosistema que nos nutre y que nos soporta, **estamos viviendo un auténtico *impasse*,** aunque nos den soluciones como tirar las basuras atómicas a las simas marinas o ponerlas en órbita. Eso no es una solución porque tarde o temprano esas basuras van a ponerse en circulación en el cosmos o en el mar. **Creo que, en muchos aspectos, este aprendiz de brujo que es el hombre actual está jugando con fuego.** Aquel viejo ciclo de la naturaleza que permitía e incluso exigía que la basura —ese estiércol de las ciudades campesinas, de los ganados de labor, aquella basura de la caverna paleolítica o del poblado actual— fecundara la tierra o las aguas de los ríos y se convirtiera en nitrógeno que las plantas agradecían con mejores cosechas, se ha degradado hoy hasta el extremo en que la basura contamina, intoxica y envenena hasta la propia leche de las madres, lo cual debe hacernos meditar.

Debemos pensar y meditar mucho sobre ello; la concienciación, la educación, el contarle al hombre qué es lo que se juega, el que el hombre sepa de una vez por todas que todavía no es un ovni, que no podrá escapar de aquí, que aquí ha nacido y que aquí morirá, en la Tierra, a pesar de todas nuestras apetencias de volar al espacio exterior.[61]

La agricultura que se basa en el cultivo de enormes extensiones de terreno, que se basa en el cultivo especializado, monográfico, con plantas determinadas —todo trigo, todo cebada, todo maíz—, que se basa en el empleo de grandes cantidades de abonos químicos, sintéticos, no de abonos orgánicos, que se basa en el empleo de grandes cantidades de insecticidas y en el uso de semillas híbridas que producen más cosechas, que obtienen más cantidad de energía de la tierra para que pueda comer más gente, tiene muchos peligros. Primer peligro: prácticamente todas las aguas de nuestro planeta están cargadas ya de nitritos que derivan de los nitratos contenidos en los abonos químicos, en los abonos sintéticos. Segundo peligro: se produce una degradación constante y permanente de las tierras al ir perdiendo elementos propios, orgánicos, de los que necesitan y han necesitado siempre las plantas para formar sus propios tejidos. Tercer peligro: los elementos organoclorados de los pesticidas que, afortunadamente, cada día se utilizan menos, no son degradables, se fijan en la cadena de la vida y han ocasionado la extinción o han llevado al borde de la extinción a numerosas especies. Habría que volver a una agricultura biológica, a una agricultura natural, a una agricultura orgánica, moviendo menos profundidad de tierra con las rejas de los gigantescos y poderosos tractores. A una agricultura parecida a aquella agricultura de nuestros padres, de nuestros abuelos.

No sé si ese tipo de agricultura volverá alguna vez, pero de lo que no cabe la menor duda, amigos míos, es que **esa agricultura futurista** basada en producir grandes cantidades de cereales, grandes cantidades de leguminosas, grandes cantidades de fruta, despreciando las leyes ecológicas, **a la larga puede ser tan contaminante y tan degradadora de los ecosistemas naturales como la propia industria.** [62]

• • •

En la naturaleza, desde hace millones de años, el equilibrio entre los depredadores, los herbívoros y la hierba está tan bien instituido que nunca pasa nada si el hombre no interviene. Por eso a uno le sorprende ver a alguien que tiene una finca de caza dedicarse a restaurar nada menos que el equilibrio ecológico de sus tierras envenenando raposos, matando rapaces, capturando lagartos, destruyendo culebras y haciendo un desaguisado ecológico; **es una barbaridad tan impresionante como si soltáramos a un grupo de niños con tinteros, pinceles, botes de pintura y brocha gorda en el Museo del Prado** para que se liaran a dar golpes y a pintar los lienzos de negro, de colorado o de verde. Exactamente igual son las barbaridades que hacen mis queridos alimañeros, guardas y dueños de cotos, cuando exterminan águilas, turones, ginetas, linces o zorros, cuando hacen cosas verdaderamente estrambóticas para proteger a sus queridas perdices. Luego resulta que sus cotos se llenan de urracas, de grajillas y de grajos, que estos son los que se comen los huevos de las perdices, como consecuencia de la destrucción del equilibrio ecológico que han provocado. Luego resulta que hay que poner huevos envenenados para que se mueran los comedores de huevos; pero no son estos los que se mueren, sino los que se comían a los comedores de huevos. Verdaderamente la manada de niños sueltos en el Museo del Prado dando brochazos sobre los cuadros de Velázquez y de Goya les parecerá monstruosa, pero tan monstruoso nos parece a los amantes de la naturaleza y a los ecólogos lo que hacen estos buenos señores en las tierras españolas.[63]

• • •

Seamos sensatos. ¿Cómo vamos a cambiar un tesoro como nuestra fauna alada, nuestros buitres, por mil perdices más? ¿Es posible que por el placer de apretar un gatillo y derribar una pieza vayamos a destruir el patrimonio zoológico que tenemos la obligación de legar a nuestros descendientes? ¿Es posible que nuestra incultura llegue a unos niveles tan grandes que estemos preconizando el empleo de estricnina, un veneno desterrado de todo el mundo civilizado **pero que aquí se emplea prácticamente en todos los cotos, fincas y reservas de caza?** No voy a decir más respecto a este asunto puesto que no me corresponde a mí, sino a otras personas y organismos, el salir al paso de estas cosas.[64]

• • •

Sin querer, sin darnos cuenta, todos vamos contribuyendo poco a poco a contaminar los cuencos, los inmensos cuencos marinos, que no por grandes son infinitos ni resistentes a cualquier clase de ataque por parte del hombre. Por eso, todo lo que sea volver los ojos ante esta tremenda barbaridad ambiental, **todo lo que sea conocer detenidamente lo que podríamos llamar la enfermedad de nuestro tiempo**, la degradación antropógena del medio —es decir, realizada por el hombre—, creo que es de vital importancia para los ciudadanos de todos los países, sobre todo si estos ciudadanos viven en un país marítimo como es España.[65]

Es triste que esté recibiendo todavía denuncias de personas que han parado en restaurantes de carretera donde venden fuentes llenas de pájaros fritos. Ahora, en época de paso, estos pájaros fritos son en su mayoría insectívoros. Pero es posible que haya quien se pueda comer un petirrojo. **Quien se come un petirrojo también engulle su propia ignorancia, su propio retraso evolutivo, su propia penosa situación en el equilibrio de la cultura de los países.** Hagamos todo lo que podamos para que algunos de nuestros compatriotas no se sigan comiendo su propia ignorancia.[66]

• • •

Así como se habla de la cultura de la piedra, de la cultura del bronce o de la cultura del hierro, hay alguien que ha llamado a la nuestra la cultura de la basura, la cultura de los desperdicios. Verdaderamente es muy posible que este poco poético denominador de nuestra era actual haya acertado. Porque hay quien, más optimista, nos llama la época del átomo, la época del automóvil, la época del petróleo; pero, ciertamente, **lo que más nos diferencia de todas las otras épocas, de todas las otras culturas, lo que más preocupa y lo que verdaderamente más puede transformar radicalmente la posición de la humanidad en el presente, es la basura.** No cabe la menor duda de que la nuestra puede muy bien llamarse la civilización de la basura.[67]

• • •

Las avefrías tienen tantas cosas que contar y que sugerir que incluso sugerirán a alguien que las apunte con una escopeta, que apriete un gatillo y que llene su frágil, trémulo cuerpecillo con una andanada de hirvientes perdigones. A mí me gustaría decir desde aquí, si me escucha el presunto cazador de avefrías del próximo domingo, que, antes de apretar el gatillo, piense en todo lo que ha visto en la película. Piense en que ese pájaro, que para él va a constituir un blanco momentáneo, ha tenido que pasar muchas vicisitudes para llegar a ser adulto en su lejana patria de origen. Piense en que en la mente de esa criatura han debido de funcionar los más delicados sistemas para traerla hasta España, leyendo el mensaje de los astros, exactamente igual que se orientan los navegantes. Piense que, desde épocas remotas, la avefría ha estado en la historia y en la cultura del hombre como anunciadora del buen o del mal tiempo según venga hacia el sur o se desplace hacia el norte. Si después le sigue apeteciendo, puede apretar el gatillo. **Pero estoy seguro de que no va a hacerlo.**[68]

• • •

Cuando las aves mueren, no es más que un síntoma de que tarde o temprano moriremos también nosotros.

Cuando las aves se mueren por la degradación de los ecosistemas, cuando nosotros clamamos porque los tratamientos agrícolas, las fábricas, las lejías de las celulosas, están degradando la biosfera terrestre, no solo es por el hecho de que amemos la complejidad y la belleza de la naturaleza y porque sintamos en nuestra propia carne el hecho de que se mueran las espátulas, pongo por caso, sino sobre todo porque estamos profundamente convencidos de que después de las espátulas moriremos nosotros. **En definitiva, los que luchamos por la pureza de la biosfera terrestre, sobre todo, luchamos por el hombre.** Quizá no por nosotros, pero estoy seguro de que por nuestros hijos y nuestros nietos.[69]

• • •

Pretendemos defender a los animales, pretendemos defender a la naturaleza, pero **a la larga a quien defendemos es al hombre**. Está demostrado que por el camino que vamos, en 50 años de polución, de contaminación y de exterminio, la vida del hombre estará seriamente amenazada. Es preciso que la gente se dé cuenta de que está jugando, si no con su vida, sí con la vida de sus hijos y de sus nietos.[70]

08

La nueva conciencia

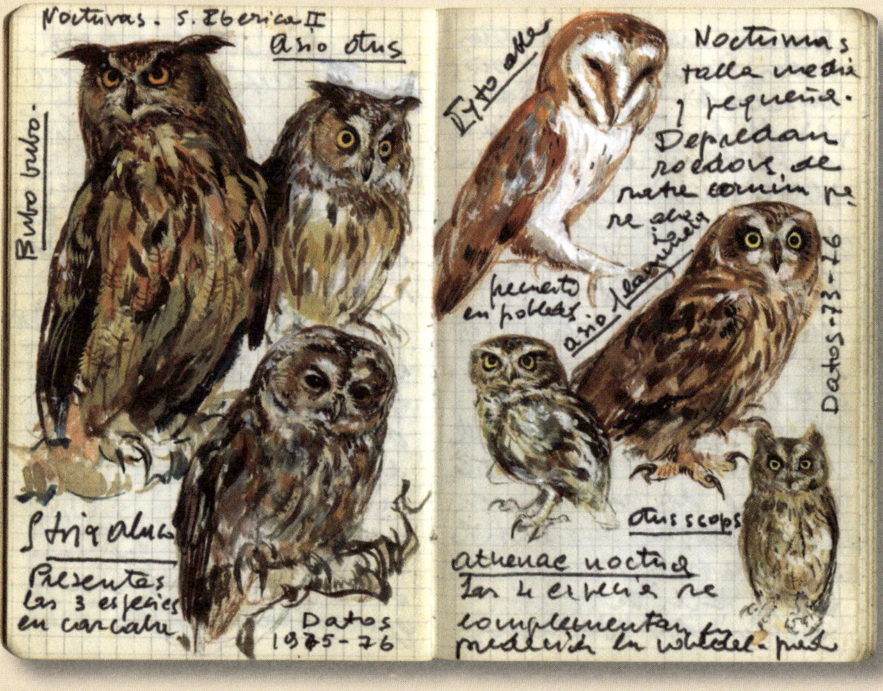

Félix, enfrentado a la opacidad del futuro, acuña un término que repite como un mantra: «la nueva conciencia». Una conciencia nueva pero paradójicamente antigua, que debemos recuperar «buscando en el pasado las claves del futuro».

¿Y cuáles son esas claves? En primer lugar, desenmascarar el progreso y el mítico desarrollo. ¿Adónde va realmente el hombre? ¿Hacia un futuro de cárceles de asfalto, hierro y cristal donde cada vez haya más angustia y presión por producir más y más? ¿Hacia una sociedad agresiva y competitiva, cuya medida del éxito sea la posesión material, reflejada en la renta per cápita de un país? ¿Es realmente la posesión material equivalente a ser más feliz? Somos personas civilizadas, viviendo hacinadas en ciudades cada vez más grandes, «con miradas hoscas y gestos hostiles». Trabajamos afanosamente realizando cometidos que no nos llenan, para poder disfrutar de unos escasos días de ocio. Cada vez con menos tiempo para charlar, relacionarnos, jugar, disfrutar. Lo cierto es que la modernidad carece de una fórmula para que el ser humano se realice completamente. En contraste, los pueblos mal llamados primitivos, que representan nuestro pasado colectivo, son felices. Viven y se relacionan en el mismo marco que modeló a sus antepasados durante millones de años de evolución. Sienten, a diario, la caricia del aire en su piel, los aromas de un entorno vivo y palpitante, los sonidos de un planeta que respira vigoroso y la visión de infinitos colores y formas bañados por la luz del sol, la luna y las estrellas.

Somos, queramos admitirlo o no, seres vivos forjados y cincelados por estímulos naturales a lo largo de millones de años de evolución. Necesitamos estos estímulos para crecer como seres equilibrados y tener la oportunidad de realizarnos y ser felices. Es llamativo cómo la visión de Félix establece la premisa de nuestra realización, bienestar y plenitud como punto ineludible de partida desde el que reencontrarnos con la naturaleza. Es decir, nos habla de una relación donde la naturaleza no es un fenómeno externo y ajeno al que debamos salvar, sino que es la naturaleza la que puede salvar a una humanidad perdida y confundida en tantos sentidos. En ese reencuentro con nosotros mismos, en ese recuperar el auténtico sentido de nuestras vidas como parte indisociable del fenómeno vital, está cifrado el desenlace positivo de una relación bidireccional y constructiva de amor y respeto profundo hacia la Vida, en todas sus manifestaciones, tal y como ella nos acoge y alimenta.

La civilización que crece ilimitadamente sobre la explotación agresiva e insostenible de su entorno, sometida a imperativos económicos y especulativos, con una estrategia cortoplacista de pan para hoy y hambre para mañana, no solo está sistemáticamente eliminando todo lo salvaje, puro y libre, sino que, a cambio, tampoco puede ofrecernos una fórmula para la realización y la felicidad. La conciencia del hombre moderno está cimentada en muchas falsedades, excesivo orgullo y una asombrosa falta de perspectiva. Félix achaca la disposición destructiva de nuestra civilización a una falta de comprensión básica de nuestra verdadera condición: «Nada más insensato, nada más vano y nada más dramático para el porvenir del hombre que creer que no está emparentado ni metido en las raíces y en el corazón de la Tierra».

Ante la deriva de nuestra sociedad, ya entonces advirtió: «Para los políticos de los más importantes países, para los economistas, los sociólogos y los sabios, ha sonado la hora de la recapitulación y de la enmienda. Es preciso cambiar radicalmente la ejecutoria destructora del hombre, hay que crear una nueva conciencia». Solo hay un camino, el de cambiar.

¿Y cuál era esta nueva, antigua, conciencia? La conciencia genuina, auténtica, profunda de la humanidad, de una humanidad que, aun siendo «el eslabón más pulido y glorioso de la Vida, es también su mejor guardián y fiel vigilante». Una humanidad que por fin ha despertado de su letargo y confusión. Que se ha reconciliado con su verdadera esencia y condición. Una humanidad realizada, integrada en la biosfera, en la Tierra, en el cosmos. Madura, capaz de sentir empatía, no solo por sus semejantes sino por todas las otras formas de vida que nos acompañan en esta nave sideral. Una humanidad pacífica, hermanada y globalizada.

Pero Félix también era realista y previó que aún no habíamos tocado fondo y que quizá, al hacerlo, se produciría un despertar colectivo. Como en un movimiento pendular, seremos aún testigos de un empeoramiento de nuestra agresividad entre nosotros y hacia el medio que nos soporta, con resultados catastróficos que provocarán un gran sufrimiento. En el camino, es fundamental formar y sensibilizar a las nuevas generaciones, al representar estas la única oportunidad para reconstruirnos y recuperar nuestro innato vínculo con la naturaleza. «En la sabiduría de los niños se cifra la salvación del mundo y del futuro.» Por ello invirtió su vida en concienciar a sus niños, su única esperanza.

Sin embargo, no por criticar el sistema o advertirnos de la necesidad de vivir más integrados en la naturaleza, Félix reniega del progreso, la tecnología o la economía. No todo lo que ha 'conquistado' nuestra civilización es negativo. Nuestra errada posición ante la vida nos atrapa e impide ver la verdadera dimensión de la realidad, pero las herramientas que hemos adquirido pueden ser utilizadas, precisamente, para arreglar el desbarajuste que hemos ocasionado, cegados por nuestra ignorancia. Sorprende leer lo que ya decía, en la década de 1970, sobre las ciudades del futuro, las energías renovables, el reciclaje, la intuición de internet, la agricultura ecológica o la rentabilidad de invertir en espacios bien conservados. Alude a una etapa más madura donde sepamos conjugar la ciencia, la tecnología y la economía con unos valores y una ética ecológicos —característicos de nuestros antepasados paleolíticos—, para generar sostenibilidad y construir una sociedad más realizada. Donde hayamos aprendido de los errores de una etapa adolescente materialista, para que estas herramientas nos ayuden y estén a nuestro servicio y no al revés. «La vida no es propiedad ni monopolio del hombre.» Las claves para integrarnos mejor en la biosfera están ya en la naturaleza. No tenemos más que observar e imitar lo que cientos de miles de millones de años han puesto a nuestro alcance (biomímesis). Ahí reside la verdadera sabiduría, la de vivir dentro de los parámetros de la Vida. Y aquí entra en juego la ciencia, en la que él tanto confiaba. Esta disciplina bien enfocada, es decir, al servicio de la vida, es sin duda uno de los mejores instrumentos que tenemos para entender y conocer cómo funciona la biosfera, pero debemos exigir que la ciencia forme parte de las decisiones de los políticos y mandatarios.

Félix creía firmemente en el destino y en el futuro de la humanidad: «Tengo una fe absoluta en que la humanidad alberga una profunda conciencia, quizá colectiva, quizá invisible, de lo que es en verdad justo y le conviene». Y en esa etapa de madurez a la que soñaba que llegaríamos, forjada por la nueva conciencia, el hombre confundido y agresivo se encontrará a sí mismo, acompañado y hermanado con el resto de especies con las que compartimos origen y destino.

Mi padre nos pidió, a los niños de entonces, que impulsáramos una nueva y pujante filosofía basada en la ecología y en el amor. Hoy, más que nunca, es importante recordar el eco de sus palabras y recuperar la fuerza y la ilusión con que nos impregnó: «Ahora os necesito, preciso de vuestra ayuda porque todos nosotros tenemos que ir engrosando ese pequeño ejército, que el día de mañana se considerará como un ejército heroico, mucho más que el de los ejércitos que lucharon con las armas en la mano».

ORF

Debemos crear **una nueva conciencia**, debemos inculcar a las nuevas generaciones un respeto profundo hacia la naturaleza, y enseñar a los niños, ya en los colegios, que si atentan contra la integridad del planeta atentan contra su propia vida y contra la de sus descendientes.[1]

• • •

L**a nueva conciencia es antigua, aunque esto parezca una paradoja.** Es la conciencia que, como zoólogo, me atrevería a llamar extraespecífica, es decir, por encima de las fronteras y de los límites de la especie. Es la conciencia de la nueva humanidad, que no solo quiere remediar la pobreza de sus semejantes, del dolor de los seres humanos, sino que también se preocupa del sufrimiento de los animales, la conservación de la fauna, de la flora y, en definitiva, del planeta. Es una conciencia que, como Teilhard de Chardin, me atrevería a llamar cósmica. La conciencia del ser humano que se siente parte integrante del universo.[2]

Pues bien, algunos procuradores de nuestras Cortes, lejos de ver en el proyecto de Ley de Espacios Naturales Protegidos un adecuado mecanismo para proteger nuestra naturaleza, que si de algo pecaba era de quedarse corta, lo consideran «inoportuno, inadecuado y carente de base», invocando, sobre todo, el paupérrimo argumento de que se opone al progreso y a la riqueza de nuestro país.

¿A qué progreso?, me pregunto. ¿Al de transformar el planeta en un suburbio inhabitable donde la calidad de la vida resulte insoportable para el hombre? ¿Al de transformar nuestros más bellos paisajes en plantaciones monográficas de eucaliptos o en baterías de establos de insoportable geometría? **En aras de ese mítico desarrollo**, que en la mayoría de los casos no ha pasado de degradadoras y nefastas transformaciones que han convertido paraísos en eriales, hemos perdido tesoros irreemplazables, como una buena parte de las Tablas de Daimiel, la laguna de Antela, la laguna de La Nava o la Dehesa del Saler; estamos a punto de perder el Delta del Ebro y gravísimos peligros se ciernen sobre el Coto de Doñana.[3]

• • •

El proyecto de Ley de Espacios Naturales Protegidos no solo ponía al alcance de la Administración española mecanismos adecuados para garantizar la belleza y la integridad ecológica, sino que parecía el más recto de los caminos para desarrollar un tipo de turismo que será, sin duda, el turismo del futuro. Tenemos en la península Ibérica inmensas áreas donde la agricultura no resulta demasiado rentable; en ellas el paisaje es espléndido y la fauna, convenientemente controlada, adquiriría matices sin competencia en Europa. Con una ley ágil y actualizada de conservación de la naturaleza, al mismo tiempo que se protegería nuestro patrimonio paisajístico, zoológico y botánico, se habría creado riqueza; habría sido, a mi manera de ver, **la forma más idónea de desarrollo para nuestras regiones despobladas.**[4]

• • •

Estoy profundamente convencido de que, **si las nuevas generaciones no afrontan los ingentes problemas de la conservación del medio ambiente con una nueva, pujante y apasionada filosofía,** nuestro mundo seguirá su irremediable carrera de degradación y de agonía. Solo el amor a la naturaleza, la pasión por la vida y la certeza de que formamos parte de una comunidad total que va desde la más pequeña bacteria hasta el hombre nos darán fuerza para defender el único hogar que tenemos, un pequeño planeta perdido en una remota galaxia al que hemos dado en llamar Tierra.[5]

• • •

Esquemáticamente, la ecología estudia las relaciones entre los seres vivos y el medio que los soporta, así como las propias interacciones de los distintos individuos, especies y comunidades zoológicas entre sí. La ecología es tan importante que **su desconocimiento y falta de acatamiento** podría acarrear la ruina de nuestro planeta. **En la ecología se basarán una filosofía y, posiblemente, una religión del futuro.**[6]

• • •

«De Madrid al cielo», reza el dicho. Traduzco: del infierno del monóxido de carbono, de los ríos fecales sin depurar, del tráfico horrísono y apoplético, **al paraíso de las selvas generadoras de oxígeno**, de los trinos de los pájaros, del murmullo de las aguas purísimas y de la serenidad del indio primitivo.[7]

• • •

E**l concepto «ecología» se basa en la palabra «hogar»** porque describe las relaciones entre los habitantes de un hogar muy grande, la Tierra, el planeta donde vivimos. Y debemos considerar a nuestro viejo, sufrido y eternamente joven planeta como una gran casa, una casa que si no cuidamos se va a deteriorar, y si se deteriora no nos va a hacer la vida agradable ni nuestra existencia feliz.[8]

• • •

El hombre debe **amar y respetar la Tierra** como ama y respeta a su propia madre.[9]

• • •

¿Adónde va el hombre? ¿Qué cree el hombre que es mejor para él, la felicidad o el amasar bienes materiales en una competencia feroz que nos pone a todos feos, de mal humor, que nos hace respirar monóxido de carbono, que no nos permite beber agua pura y que nos hace trabajar 14 horas diarias? ¿Quién está más cerca de la verdad, el guaica, que trabaja dos horas diarias para reír el resto del día, que vive en pequeños poblados como posiblemente el hombre vivía hace 50 000 años, o nosotros, que creemos que tenemos la verdad y el triunfo? Creo sinceramente que si no estamos muy achuchados por diversas circunstancias, por los alrededores del año 2000 **el hombre tendrá que plantearse el problema de su felicidad**, porque la ecología, es decir, el equilibrio de los seres vivos, determina y está relacionado con la felicidad de los individuos.[10]

• • •

La ecología, que aún es una ciencia muy joven, nos ha enseñado algo que nunca nos había enseñado el hombre, y es que **somos un eslabón más en la cadena trófica del ecosistema terrestre.**[11]

• • •

Creo firmemente que habrá un movimiento pendular muy malo. Creo que todos los que estamos aquí veremos momentos mucho peores, atmósferas más cargadas, aguas más contaminadas, más especies extinguidas, más paisajes destruidos. Pero llegará un momento en que no se podrá seguir por ese camino, y cuando no se pueda seguir por ahí, me imagino que se pondrán en marcha unas leyes regulatorias que habrá que aceptar, y además, afortunadamente, se habrá llegado a un grado de concienciación individual tan grande **como el que estoy tratando de inculcar a mis hijas.**[12]

• • •

Entonces todos sabremos que **no hay más que un camino**, y ese camino es el del cambio. Cambio de la conducta de los hombres, que somos el último eslabón de la evolución de los seres vivos en nuestro planeta, es decir, **cambio de la conciencia de los seres humanos.**[13]

• • •

Debemos conseguir una humanidad consciente de que el hombre es síntesis de la tierra en la que vive, consciente de que cuando el hombre destruya el planeta se destruirá a sí mismo, consciente de que cada especie forma parte de una comunidad, en la que nosotros estamos inmersos. **Que una especie viviente, cualquiera, es una parte de nosotros mismos;** que algún día nosotros hemos sido esa especie, o por lo menos los abuelos de esa especie. ¿Y cómo lo vamos a conseguir? Dando cursos de protección de la naturaleza, organizando campamentos de protección de la naturaleza, luchando por esta protección de la naturaleza, inculcando en cada joven un decálogo, un sentimiento, una auténtica disciplina de amor y protección a la naturaleza. Todos los seres humanos tenemos la obligación de hacer algo para defender a esta madre nuestra, que es la única que tenemos, y que se llama Tierra.[14]

• • •

El hombre y la mujer —que cada día cuenta más en nuestra sociedad— deben ser conscientes de que no tienen más que una sola Tierra, y que el porvenir de ellas, de sus hijos y de sus nietos, depende de lo que cada uno de nosotros hagamos por nuestro planeta. **Todos nosotros tenemos que ir engrosando ese pequeño ejército,** un ejército que el día de mañana se considerará heroico, mucho más que los ejércitos que lucharon con las armas en la mano, el ejército de los que un buen día dijeron que había que hacer algo para proteger a una madre que no se queja, que nos ha dado todo lo que tenemos y a la que estamos matando, y que es la Tierra que nos soporta, con su tierra, su agua y su aire.[15]

• • •

Me gustaría que siempre, a lo largo de vuestra vida, **ante una situación que realmente exija vuestra decisión,** penséis que actualmente la más importante, la más básica, la más trascendental de las decisiones del hombre es la conservación de la naturaleza. Se habla mucho de política, se habla mucho de deportes, se habla mucho de tecnología... Lo más acuciante y alarmante es, ni más ni menos, que estamos destruyendo el medio que nos soporta. ¡Que no somos ovnis! Que necesitamos oxígeno para respirar, agua para beber y vegetales verdes para consumirlos directa o indirectamente, y que el día que acabemos con el oxígeno, con el agua y con la cobertura de la tierra, habremos acabado con nosotros mismos.[16]

• • •

Queridos vegetarianos y naturistas, con ustedes siento la profunda satisfacción de encontrarme casi como en casa porque, aunque no merezca el título de «vegetariano», dado que cometo algún que otro pecadillo como carnívoro, admiro profundamente el espíritu de todos ustedes; **admiro su espíritu por encima de lo que puedan suponer las dietas y los regímenes alimentarios, y lo hago porque filosóficamente implica, en esencia, una postura ante la vida.**

No cabe la menor duda de que el hombre, y por ende, la humanidad entera, se encuentra en el momento más crítico y peligroso de su existencia, en el que los arsenales se llenan de bombas atómicas y la agresividad humana aumenta cada vez más. En este momento, el ver la vida como ustedes la ven, al ser tan extraordinariamente pacifistas y tan increíblemente poco agresivos, capaces de limitarse exclusivamente a tomar la vida en su forma más primaria para sobrevivir, es algo que todos cuantos nos enfrentamos con el problema del quehacer humano debemos admirar profundamente, respetar y tratar, a toda costa, de promocionar.[17]

• • •

Y deberíamos alimentar una posición en el mundo que fuera la de la **no agresión,** la de recordar y adherirnos espiritualmente a Abel, a aquel Abel que fue asesinado por Caín.[18]

• • •

Quiero, a toda costa, inculcar en la juventud el respeto a la vida. Quiero que sean conscientes de que esto que vieron los astronautas desde la órbita de la Luna, tan hermoso, tan bonito, ese bello verde esmeralda que despide nuestro planeta, no es más que la vida. Y quiero que se den cuenta de que todos formamos parte de la vida, que **la vida no es un monopolio ni una propiedad del hombre,** que la vida es una comunidad armónica que abarca desde la bacteria más humilde hasta el más orgulloso de nuestros sabios o de nuestros deportistas.[19]

• • •

C**reo firmemente en el destino y en el futuro de la humanidad.** Tengo una fe absoluta en que esta tiene una profunda conciencia, quizá colectiva, quizá invisible, de lo que le es en verdad justo y le conviene. Y creo que la gran revolución actual no es otra que la concienciación de la humanidad de que, si sigue por un camino de agresión y de exaltación de la agresividad, no irá a ninguna parte.[20]

N**osotros formamos parte de un ente viviente y palpitante**, la biosfera terrestre, que tiene los suficientes elementos para que el hombre sea feliz y se encuentre a sí mismo, pese a que muchos hombres, y también, desafortunadamente, muchos jóvenes, quizá por la civilización dramática en la que vivimos, no sepan encontrarse a sí mismos. Pero creo que tenemos recursos suficientes bajo el sol para poder ser felicísimos en la vida, y para que, en todo caso, os pase lo que a mí, que me falta tiempo para pasarlo todo lo bien que me gustaría.[21]

• • •

El hombre no es un ovni venido de una lejana galaxia; **el hombre es un poema tejido con la niebla del amanecer**, con el color de las flores, con el canto de los pájaros, con el aullido del lobo o el rugido del león. El hombre se acabará cuando se acabe el equilibrio vital del planeta que lo soporta.[22]

Petirrojo.

• • •

Desde la plataforma que significa un programa dedicado a la zoología en televisión, uno está en inmejorables condiciones para valorar la reciente inclinación popular hacia todo lo que sea naturaleza. Y esta vuelta del hombre actual hacia el medio ancestral es un fenómeno mundial. Quizá para escapar de la insoportable presión de la civilización tecnológica, el hombre huye, en cuanto puede, de las cárceles de asfalto, hierro y cemento en que se han convertido las grandes urbes, para refugiarse durante sus cortas vacaciones y fines de semana en las playas soleadas, en los bosques y en las montañas. Trabajamos afanosamente durante 11 meses al año para pasar solo uno como lo hacían nuestros antepasados cuaternarios durante toda su vida: recibiendo la caricia del sol o el trallazo del viento en la piel, auscultando los latidos del mar y de la tierra, de cara a la naturaleza.

Y la fórmula parece realmente saludable, ya que todos retornamos reconfortados —más sanos física y espiritualmente— a las fábricas, a los talleres o a las oficinas. Y es lógico que, bajo los estímulos naturales que determinaron el desarrollo de nuestra mente y de nuestro cuerpo a lo largo de millones de años de evolución, hallemos el imprescindible tónico que necesita nuestra ordenada, planificada y programada existencia contemporánea.

En la vuelta al mundo natural, el hombre se interesa por todo lo que tiene relación con la naturaleza: los deportes de campo, la exploración, la zoología, el estudio de los pueblos primitivos actuales y de los hombres prehistóricos. **Intuye la humanidad que, quizá, en el pasado se encuentra el secreto de su futuro.** Y con verdadera voracidad se sumerge en el estudio de todo cuanto pueda arrojar una luz en su mundo originario.[23]

• • •

Es preciso que, a través de los poderosos medios con que cuenta la sociedad contemporánea, como la televisión, las grandes revistas y periódicos, las enciclopedias zoológicas y los libros de ciencia o divulgación, hagamos una **llamada desesperada y permanente.**[24]

• • •

En vuestras conversaciones, en vuestro modo de vivir, he percibido con alegría que **pertenecéis al grupo de los elegidos**, de los hombres cuyos sentidos no se han embotado todavía para recibir el mensaje eterno de la naturaleza, para sumergirse en su poderoso ritmo vital. Quizá en lo profundo de nuestra alma pervive el ansia de comunión cósmica que se grabó en los cazadores paleolíticos, a lo largo de una cultura 30 veces milenaria, estrechamente ligada a la naturaleza. En España tenéis un hermano de tribu. Y gracias, muchas gracias, por vuestra hospitalidad y vuestra deliciosa compañía. Solo espero veros pronto en nuestras llanuras soleadas con un halcón sobre el puño.[25]

• • •

Queridos amigos, durante años os he dedicado lo mejor de mis ilusiones y esperanzas. Desde la pantalla de la televisión, desde las páginas de los libros y revistas, os he hablado de la naturaleza y os he ofrecido mi amistad. **Ahora os necesito;** preciso vuestra ayuda para salvar a los animales salvajes de España. En nombre de las últimas águilas imperiales y quebrantahuesos, en nombre de los últimos linces, de los osos y de los lobos, demando vuestra ayuda para librar del exterminio a todas estas hermosas criaturas injusta y sañudamente perseguidas.

Todos juntos, vosotros y yo, formaremos un verdadero ejército defensor de los animales salvajes. Nos llamaremos «los linces», en honor al más bonito y escaso de nuestros carnívoros. Y, codo a codo, con ilusión y entusiasmo, seremos al mismo tiempo guardas de nuestros campos y naturalistas estudiosos de nuestra fauna.

Siempre estaré a vuestro lado en la ruda batalla que preparamos. Escribidme y os contestaré. Llamadme e iré a veros. Estoy seguro de que no me vais a defraudar porque me consta que amáis la naturaleza, conocéis el mensaje de paz de sus criaturas y estáis dispuestos a salvar la vida de unos animales que os pertenecen.

En nombre de las águilas, en nombre de los lobos, de los osos, de los linces y de todos los animales ibéricos, ¡bienvenidos!

Y en el mío propio, el más sincero agradecimiento y la más inquebrantable amistad.[26]

• • •

Cada planeta, cada animal, cada paisaje, incluso cada complejo minero, **tiene su razón de ser.** No están a nuestro alcance por puro azar o capricho, sino que forman parte de nosotros mismos.[27]

• • •

Cuando, un día remoto, las cigüeñas abandonaron los árboles de las riberas para anidar en los poblados de los hombres, **nos ofrecieron un pacto de amistad** que se respeta en casi todos los países del mundo. Sería maravilloso que todos los animales forzados a vivir en el área de influencia del hombre —que cubre ya la mayor parte del planeta— recibieran el mismo trato y respeto que nuestras queridas y esperadas cigüeñas.[28]

• • •

Para los políticos de los países más importantes, para los economistas, los sociólogos y los sabios, ha sonado la hora de la recapitulación y de

la enmienda. En congresos internacionales, en comunicaciones perentorias, en libros de ciencia o en artículos de divulgación se está poniendo en guardia a toda la población: es preciso cambiar radicalmente la ejecutoria destructora del hombre, **hay que crear una nueva conciencia.** El niño debe salir del colegio o de la escuela sabiendo que forma parte de la vida de nuestro planeta, que desde el principio de la evolución está sujeto a las leyes que marcan la supervivencia de los seres vivos, que si destruye la biosfera se destruirá a sí mismo. Y aquí, como amigo de los animales que soy, me siento plenamente responsable porque puedo comunicar a mis lectores el dolor y la preocupación que me produce la destrucción de la vida sobre la Tierra.[29]

• • •

N**o va a ser fácil convencer al hombre** de que deje de viajar en automóviles que contaminan la atmósfera, de que abandone las ventajas de los grandes reactores que forman nubes indestructibles en la estratosfera, de que deje de emplear plásticos y detergentes que contaminan y degradan las aguas de los ríos y los mares. Todos estos aspectos en principio prácticos se han analizado con la lógica objetividad que caracteriza a los grandes hombres de ciencia. Pero hemos de ser sinceros: al ritmo actual que van las cosas, acelerado por el enorme incremento de la población humana, muy pronto se verá en peligro la existencia de nuestra especie.

Las grandes directrices aconsejadas en reuniones de proteccionistas han sido la educación de las nuevas generaciones y la formación de una ética hacia la naturaleza; debemos conseguir que sea el propio usuario, el individuo humano, quien se niegue a utilizar materiales no biodegradables, a ensuciar, a destruir el ambiente que le soporta y le nutre, agresión muchas veces inconsciente, que ha llegado a adoptar los matices trágicos de la criatura que agrede a su propia madre, del infante que desgarra el vientre materno **para robarle sus fuerzas genésicas.**

No podemos atentar contra el viejo y todavía joven planeta que nos ha dado vida. Debemos contribuir todos a que la Tierra siga siendo, por los siglos de los siglos, un planeta azul. Debemos hacer un esfuerzo diario para que su palpitante biosfera siga albergando a la gigantesca comunidad de seres en la que el hombre no solo debe ser su eslabón más pulido y glorioso, sino también su guardián y fiel vigilante.[30]

• • •

N**os atrevemos a imaginar la Tierra del futuro como un inmenso hormiguero humano, salpicado de islas naturales**, donde el paisaje conservará los matices primigenios. Los parques naturales, repartidos por todo el mundo, permitirán que la programada, planificada y ajetreada existencia del hombre pueda volver a los cauces serenos y tranquilos en los sagrados pedazos de la madre tierra que nadie osará modificar, pues representan un factor de equilibrio y de salud mental para el género humano.[31]

• • •

En las supuestas y terribles batallas que hubieron de librar los paleoantropólogos primitivos para convencer a los hombres de su época de que provenimos de homínidos más primitivos, había una lucha contra el orgullo. **El hombre es una criatura básicamente orgullosa.** Nuestras filosofías y religiones nos pintan como venidos de extrañas galaxias, de tal manera que nunca hayamos tenido nada que ver con las criaturas humildes que poblaban un planeta viejo llamado Tierra. **Nada más insensato, nada más vano y nada más dramático para el porvenir del hombre que creer que no está emparentado ni metido en las raíces y en el corazón de la Tierra.** Somos oxígeno, somos agua, somos materia vegetal que ingerimos para sobrevivir y formamos parte del ecosistema terrestre. Y nuestras raíces están en las raíces de la Tierra y nuestros antepasados vivieron en la Tierra.[32]

• • •

A medida que el hombre va conociendo mejor la naturaleza de la enfermedad que aqueja al planeta en que habita, se va dando cuenta de que, **sin acuerdos internacionales, sería realmente utópica e imposible una protección trascendente y adecuada de las tierras y de los mares.** Piensen ustedes lo que pasaría si cada nación vertiera a su antojo, como se ha hecho y se sigue haciendo en la actualidad, los vertidos industriales o urbanos en los litorales de sus tierras y en el mar. Esos vertidos luego van al cuenco oceánico, que es de todos, y destruyen la vida. Imaginen también qué pasa con los vertidos gaseosos en la atmósfera por parte de las naciones industrializadas, gases que, a la larga o a la corta y en función de sus características físicas, es decir, de la flotabilidad de sus moléculas, irán engrosando esa fantástica, por lo visto, masa molecular que está rodeando ya la atmósfera terrestre. Es difícil pensar que pueda hacerse una protección del medio sin convenios, sin acuerdos y sin estudios previos internacionales.[33]

El mundo nos obliga a vivir en unas circunstancias materiales tremendamente competitivas, y creo que **mientras no se llegue a unos acuerdos, a unas cooperaciones mundiales**, multinacionales, mientras un gobernante no pueda hablar de tú a tú con el vecino de la nación de enfrente, mientras no haya un organismo comparable a la ONU a escala mundial y que pueda tomar decisiones ejecutivas, los petroleros seguirán matando el mar, las industrias seguirán matando los ríos, los plásticos seguirán ensuciando el paisaje y el hombre seguirá respirando un aire cada vez más contaminado.[34]

• • •

El hombre está degradando el planeta en el que vive hasta extremos de que, de seguir así, **dentro de 100 o 150 años, la vida del hombre sobre la Tierra estará gravísima y seriamente comprometida.** ¿Por qué ha ocurrido esto? ¿Cómo es posible que no se hayan tomado medidas antes?

Creo que esto ha ocurrido por una **falta de conocimiento** del mundo en el que vivimos, por una falta de conocimiento elemental, básico y generalizado de lo que es el fenómeno de la vida y de lo que el hombre representa en el propio fenómeno de la vida, de lo que la tierra representa como comunidad de seres vivientes, de algo tan elemental como reconocer la propia casa en la que vivimos, puesto que nosotros somos también ciudadanos de la Tierra.

No teníamos la perspectiva de que somos muy viejos porque estamos hechos con los mismos ladrillos que el planeta que pisamos. No teníamos la perspectiva de que, a pesar de ser muy importantes, de poder viajar en un reactor, seguimos respirando oxígeno exactamente igual que el resto de animales. El 60% de nuestros tejidos es agua, y el día que las plantas se olviden de fabricar materia orgánica, el más rico, el más sabio y el más santo de los hombres desaparecerán de nuestro planeta.[35]

• • •

Si alguna buena inversión se puede hacer hoy en España, es a largo plazo y consiste en conservar nuestras bellezas naturales. Porque en Europa hay hambre de bellezas naturales. No hay hambre de alimentos, pero sí de espacios sin contaminación, de áreas sin ruidos, de belleza estética, de riqueza botánica y faunística.

Y los pocos países que las conservamos somos los otrora subdesarrollados países de la Europa mediterránea occidental y de la Europa mediterránea oriental. Va a haber —de hecho, existe ya— una competencia en la conservación de las áreas equilibradas. Que lo digan si no los cazadores y las agencias de viajes, que están llevando a una gran cantidad de personas a los países del este meridional de Europa para la caza, para el turismo y para la contemplación de áreas naturales sin degradar.

Tenemos que recapacitar y ser capaces de ver que una de las mejores inversiones que se pueden hacer es la de conservar íntegramente nuestros espacios naturales, aquellos que, al menos hasta hoy, no han sido pasto de las urbanizaciones y de las incontroladas promociones turísticas.[36]

• • •

Hay un termómetro, hay una ecuación que resulta absolutamente firme y segura, casi con la precisión de una fórmula de Newton o de cualquier fórmula matemática: **los países que más protegen su fauna, que mejor conservan sus ecosistemas y que tienen medidas legales adecuadas para evitar la desaparición de sus emporios de riqueza, son siempre los países más ricos y más cultos.** Nosotros debemos serlo, lo somos en cierta medida, y vamos por el camino de conquistar las más altas cotas de la tecnología del desarrollo y de la cultura.[37]

• • •

Hoy la gente está muy concienciada porque es permeable al enorme número de programas y de publicaciones que enseñan al hombre que debe cuidar la naturaleza. Pero esto tiene un problema enorme: el hombre solo, si no se mueve a nivel de asociación e incluso a nivel de organismos oficiales, muy poco puede hacer para proteger la naturaleza. **Pienso que, dentro de unos años, cuando en todos los niveles económicos y políticos de los países haya personas verdaderamente concienciadas, esto se podrá resolver de alguna manera.**[38]

• • •

A todos los seguidores de este programa de radio, sobre todo a los jóvenes estudiantes y a los niños que cada día saben y aprenden más, les digo que **en su sabiduría se cifra la salvación del mundo y del futuro.**[39]

En el ciclo de la energía y de la materia se ve perfectamente cómo la planta nutre al herbívoro y este a su vez al carnívoro, a continuación el necrófago se alimenta con los restos del carnívoro, y luego, cuando muere, es descompuesto por una corte infinita de invertebrados y de bacterias hasta volver a la tierra en forma de minerales, que eran, ni más ni menos, lo que constituía su esencia antes de que, a través de esa acción fabulosa de las plantas —laboratorios vivos—, se transformara en materia orgánica y en tejidos vivientes. **La humanidad ha entrado en un proceso verdaderamente dramático, al cual no se ve una solución, mientras no aprenda a hacer lo mismo que hacen el resto de las comunidades vivientes**, es decir, a reciclar, a reutilizar todas esas materias degradadas que constituyen precisamente la fuente de la contaminación de la atmósfera y de la polución de las aguas, así como el amontonamiento de las basuras inútiles en el entorno humano.

La humanidad no tiene que inventar nada nuevo. Lo único que debe hacer es funcionar según los mismos parámetros con que funciona la biosfera, esa gran comunidad de seres vivos en la cual estamos integrados.

Conocemos ya con gran claridad cuáles son los procesos que tienen lugar en los ecosistemas terrestres y sería incluso posible copiar esos procesos para que la propia humanidad los llevara a cabo. Sin embargo, los ecólogos, y en definitiva los sabios, tienen muy poco que hacer aún en el presente y en el futuro próximo de la humanidad. Porque, aunque parezca mentira, cuando la humanidad debe tomar una medida inmediata, drástica y absolutamente trascendente, **cuando se quieren tomar medidas a medio y a largo plazo, quien lo decide es un hombre que generalmente tiene muy poco de científico, pues se trata de un político.** Tal vez tenga unos asesores científicos a los que puede escuchar o no, pero acostumbra a escucharles en función de la incidencia que tenga su asesoramiento para la siguiente campaña electoral o para sus presupuestos de acceso o de permanencia en el poder. **De poco servirán los informes fidedignos, objetivos y básicos, de todos los investigadores y científicos, porque a la larga solo serán empleados en la medida en que convengan políticamente a los dirigentes de los países, sean estos grandes o pequeños.**

La felicidad no tiene nada que ver con la posesión material. No hay manera de convencer a los políticos de que la renta per cápita no se traduce en una renta per cápita 'felicitaria', sino solo material. Los políticos, para permanecer y perpetuarse, precisan elevar constantemente el poder adquisitivo de sus administrados, lo que les obliga a mantener esa tremenda competencia material en la que está sumido, al menos, el mundo occidental. Los informes de los sabios no sirven prácticamente para nada, y la cuestión pone la carne de gallina, porque esos sabios dicen que, si continuamos durante 50 o 100 años sin escuchar sus informes y nos guiamos únicamente por presupuestos de orden administrativo, político o filosófico, es muy posible que no podamos contar a las generaciones venideras, que no vendrán, la catástrofe de una especie que se autotitula *sapiens*.

Tiene que llegar el momento en que los informes de la ciencia sean tenidos en cuenta al pie de la letra, porque en caso contrario nos exponemos a grandes riesgos.[40]

• • •

Yo creo profundamente en el inconsciente colectivo. **Creo que el alma, el espíritu de todos los seres humanos, forma una especie de tejido poderoso que envuelve todo el planeta y que de alguna manera es el que pervive. Y creo que quien aporta más a esa alma colectiva, a ese acervo cultural colectivo, a ese ser vivo palpitante, impalpable, que es el ente de la cultura viviente universal, de alguna manera pervive y obtiene un billete para la eternidad.**

En esta nuestra ajetreada vida de la segunda mitad del siglo XX —alegre por un lado, trepidante por otro, atormentada también para algunos— estamos manejando elementos que otros hombres dejaron en ese acervo cultural, desde hace millones de años, como la cerilla que enciendes, muchacho, para con ella dar fuego a tu cigarrillo, o la voz que te llega a través de tu receptor, o incluso la manera de andar, de vestirse, o la rueda de tu automóvil. Aportes y aportes de la mente humana al alma colectiva, a la cultura. A ver si acertamos en eso de la cultura. Es importante que cada uno de nosotros aportemos nuestro granito de arena.

Lo mejor que un hombre puede hacer, si lo hace con fe, dando todo lo que tiene dentro, es regalar a sus conciudadanos, a los otros hombres, lo que él ha ido atesorando, acrisolando, a lo largo de su vida en su mente, aunque los otros hombres sepan más que él en casi todo.[41]

• • •

El hombre no puede ser estudiado separado del planeta en el que ha vivido durante millones de años. Y el planeta no puede ser comprendido separado de una especie insólita, asombrosa, única, que es la humana y que este viejo y Dios quiera que eternamente joven planeta, no sé si para bien o para mal, ha generado. Nosotros, he dicho siempre y lo enfatizo, no somos ovnis, no nos trajeron aquí desde ninguna galaxia, no nos sacaron de ninguna probeta, no nos fabricaron como se fabrica una jarra para beber cerveza. **Nosotros somos el fruto de muchos millones de años de evolución** y estudiamos todos los temas que atañen al impacto que el hombre puede ocasionar a la naturaleza en función de la evolución del hombre en esa misma naturaleza.

No tenemos otro planeta. Y es hermoso, azul, rutilante y único, como una piedra preciosa engarzada en el vacío, en el negro y silencioso espacio sideral. Y nosotros estamos dentro, en esta única casa que tenemos y que no sabemos cuidar. **Solo tenemos un planeta y no podemos marcharnos de él.** Usted y yo no nos tendremos que marchar, desde luego, pero si las cosas siguen así, desde este estudio de la radio le aseguro que sus tataranietos o los nietos de sus tataranietos se verán obligados a marchar. **A ver si podemos evitarlo ahora, cuando aún no es demasiado tarde.**

Para ello hay que tener en cuenta una cosa muy sencilla: los imperativos, los presupuestos de una ciencia que se llama ecología. De una ciencia que, si se respetan sus parámetros y **no se emplean únicamente con finalidades políticas u oportunistas, puede salvar a la humanidad y mantener el funcionamiento de los ecosistemas de nuestro planeta.**[42]

• • •

Creo que el futuro, no solo, por ejemplo, del Delta del Ebro, sino de casi todos los enclaves que quedan en nuestro planeta con importancia y con entidad ecológica, dependerá precisamente de poder equilibrar dos factores importantísimos, dos factores de supervivencia para la humanidad como son la conservación de los ecosistemas en su mayor grado de pureza y el aprovechamiento de la mayor parte posible de los recursos para producir los elementos alimentarios que una humanidad cada día más numerosa precisa.[43]

Correlimos común con plumaje nupcial ya durante su viaje inmigratorio
Delta del Ebro (Tarragona) Abril 1971

• • •

Durante mucho tiempo se nos ha hecho creer que el desarrollo, el confort, las comodidades, los recursos alimentarios variados y ricos al alcance de la mano, lo suponían todo. Pero numerosos antropólogos y sobre todo etólogos, es decir, estudiosos de la conducta, acaban de decirnos que, si obtener confort, desarrollo y alimentos abundantes representa eliminar los estímulos naturales del planeta, a la corta o a la larga esto conducirá a una desintegración y a un suicidio psíquico de esta asombrosa especie que es la nuestra; la única especie capaz de reflexionar, de pensar y de transformar su propio destino, en función de unas premisas que hoy por hoy únicamente puede proporcionar el serio análisis científico de nuestro futuro.

Un grupo de primatólogos norteamericanos e ingleses hizo una serie de experimentos con chimpancés capturados en selvas donde estas criaturas viven equilibradas y felices. Y les crearon unas circunstancias muy parecidas a las que tiene el hombre en lo que llamamos, la civilización. Desde muy pequeños, sin que tuvieran delante a sus mayores para aprender de ellos e imitarles, los encerraron en grandes y cómodos hábitats donde no había ningún problema alimentario o de confort, donde disfrutaban de la temperatura óptima, donde no tenían ningún enemigo y donde, en definitiva, no se les presentaba ninguna clase de problema.

Lo único que no tenían aquellos pequeños chimpancés, desarraigados de su comunidad e introducidos en una ciudad para chimpancés, eran los estímulos naturales del medio en el que siempre han vivido esos primates.

Les faltaba el susurro de la brisa en las copas de los árboles; les faltaba el miedo que da la silueta del águila en el cielo; el canto del agua en el manantial debajo de la bóveda forestal; el brillo de las flores; el canto de los pájaros. Les faltaba, en definitiva, todo lo que es el marco en el que han vivido los chimpancés durante los 25 millones de años en los que, filogenéticamente, se separaron de animales mucho más indiferenciados. No sé si conocen ustedes el resultado, pero cuando aquellos chimpancés se hicieron primero adolescentes, después subadultos y luego adultos, empezaron a dar unas muestras de conducta dignas de estudio y de observación.

Para empezar, no eran limpios; todo lo contrario, eran muy sucios. Parece como si el estar mugrientos, permítanme la palabra, despeinados, fuera una especie de moda entre aquellos pobres desventurados. Se sentaban en un rincón de la jaula y pasaban horas y horas en asombrosas y tristes cavilaciones, hasta que los cuidadores les llevaban las manzanas y los plátanos. Su aspecto se parecía mucho al de tantos jóvenes que parecen sumidos también en tremendos pensamientos pero que, en el fondo, se aburren miserablemente. Cuando aquellos sucios chimpancés llegaban a la edad de desarrollo sexual, se volvían precoz e intensamente eróticos, pero eran casi incapaces de diferenciar entre los machos y las hembras. Pretendían copular incluso con el cuidador de las jaulas, y algunos de ellos hasta se enamoraron de las escobas, de los cubos de limpieza y de los barrotes de su prisión. El cuadro sexual se parecía mucho al de algunas de nuestras modernas ciudades y, sobre todo, de sus suburbios.

En cuanto a la disciplina, no existía ninguna. No había un solo chimpancé que reconociera a alguien que tuviera más importancia o más experiencia que él, aunque le llevara cuatro años de edad. Se mordían y se agredían constantemente, y gritaban de manera desaforada cuando salían de su quietud melancólica en los rincones de las jaulas. Sucios, hipersexualizados y agresivos, se entregaban de vez en cuando a unas crisis de movimientos estereotipados, agarrados a los barrotes de las jaulas. Aquellos pobres chimpancés, equilibrados, limpios, aseados, morales, éticos y nobles en sus selvas ancestrales, al hacerlos vivir en ciudades artificiales donde no les faltaba de nada, pero sin los estímulos de la naturaleza, se habían transformado en una burda y repelente copia de tantos sectores de la humanidad de nuestros días.

¿Qué viene a decirnos esto, queridos amigos? Básicamente, que no es cierto lo que sobre el hombre dijo no sé qué filósofo: «yo soy yo y mis circunstancias». Sería más acertado decir: **«yo y mi historia evolutiva»**, es decir, yo y lo que ha pasado con mis antepasados desde hace 25 millones de años. Todo el mundo sabe que la mente, tanto la del chimpancé como la del hombre, del lagarto, del perro, del gato, de la serpiente o del pez, ha ido evolucionando a lo largo de millones y millones de años en función de unos estímulos procedentes del entorno, de la naturaleza. Unos estímulos que también para el hombre han sido el aire puro, los horizontes infinitos, el canto de los pájaros, el murmullo de las fuentes y la necesidad de ejercicio y de vencer dificultades. Y eso dio lugar a humanidades equilibradas, más o menos admirables, que no estaban en el borde mismo de la desintegración.

Pero parece que lo que pretende la humanidad **es ir eliminando todos los estímulos naturales que quedan, como si estuviera abocada a un suicidio programado.** En otras palabras, eliminar las últimas bandadas de aves migratorias, que seguramente han elevado hacia el cielo el corazón de tantas generaciones de hombres, secar y transformar los últimos ríos puros donde vivía la fauna natural, convertir las últimas selvas en fábricas de madera, o transformar las últimas marismas, los últimos deltas, en lineales plantaciones de manzanos y perales.

Me atrevo a decir, queridos amigos, a ese nivel genérico en que hablamos los divulgadores y haciendo uso para ello de mi vieja experiencia de médico, de viajero que ha recorrido casi toda la Tierra y que ha visto tantos pueblos primitivos y también tantos antropoides salvajes, que en un huerto lleno de insecticidas, sin pájaros y sin insectos zumbadores —eso sí, cubierto hasta la saciedad de perales y de manzanos, de arrozales, de berzas y de lechugas—, que en un planeta donde todo sea un suburbio —aunque cada ciudadano tenga un coche más grande que el de su vecino, una cámara frigorífica enorme o un edificio climatizado que le permita vivir prácticamente desnudo—, **la humanidad no podrá ser feliz**, pues se encontrará en el mismo caso que aquellos desventurados chimpancés que fueron arrancados de la selva hostil e introducidos en una fácil y confortable ciudad para monos.[44]

• • •

¿Cuál es el medio del hombre entonces? ¿Las selvas primitivas donde viven los chimpancés o un planeta futuro cubierto por entero de hierro, de asfalto, de aluminio y de cristal, de donde hayamos desterrado para siempre el frío y el calor, las enfermedades, el hambre y el esfuerzo físico? ¿Cuál es el medio ideal para la felicidad del hombre?

No lo sé, querido antropólogo cultural, pero le voy a contar una cosa que seguramente le interesará para enriquecer sus experiencias, si usted no ha tenido la fortuna, como yo, de conocer a muchos pueblos primitivos y de trabajar en el seno de comunidades muy diversas.

Hace cuatro años llegamos en helicópteros —un refinado producto de la técnica— a los poblados de los indios yanomamis del Alto Orinoco, cerca de las fuentes del gran río venezolano. Gracias a que nos acompañaba el ilustre Edgardo González, indigenista de Venezuela que de niño había vivido 18 años con los yanomamis, conocía perfectamente su idioma y era aceptado por aquella tribu, pudimos tomar tierra en unos poblados del interior adonde nunca había llegado el hombre blanco.

Permanecimos con los yanomamis, llamados salvajes, durante 15 días. Nuestro campamento estaba muy cerca del poblado, y podíamos escuchar, desde nuestras frágiles tiendas de campaña, durante toda la noche, las canciones solemnes y misteriosas de los chamanes, es decir, de los depositarios de la tradición. **Podíamos oír las risas constantes y permanentes de los niños y de las mujeres cuando se levantaban por la mañana.** Podíamos seguirles al Orinoco, donde tomaban el primer baño del día, antes de que los hombres se fueran de caza y las mujeres se dedicaran a la recolección de frutos naturales y de los incipientes cultivos de bananos y otros productos. A la hora y media o las dos horas de dedicarse a algo que les atraía profundamente y que para ellos era un placer, como la caza y la recolección, volvían al poblado, se tendían en sus hamacas y charlaban alegremente, felices, durante el resto del día. Se miraban profundamente en los ojos. Durante nuestra estancia en el poblado yanomami jamás vimos nada comparable al tedio, al aburrimiento o a la melancolía; es más, **en el idioma de este poblado no existían palabras**

equivalentes a estos conceptos que constituyen el argumento de casi toda la literatura y de casi todo el arte actual de nuestras ciudades.

No he visto nunca momentos tan agradables como el despertar de aquellas tribus cuando los pájaros cantaban y llenaban el gran templo de la selva con sus voces maravillosas. No he visto nada comparable a la alegría de aquellos niños cuando iban a bañarse en las aguas transparentes del Alto Orinoco. No he visto nada comparable a las comidas comunales donde los hombres departían largamente sobre su cultura, esencialmente espiritual. Nos hablaban de aquella estrella, que para ellos no era otra cosa que el corazón de un gran cazador yanomami, que un día fue tan lejos en la persecución de un ciervo en la selva que se transformó en estrella y desde allí, desde lo alto, ve a todos los ciervos del mundo y posee a todos los ciervos del mundo.

Nos contaban también la historia de un poderoso chamán que cuando quería se transformaba en jaguar, vagaba por las selvas y volvía para indicar a los cazadores dónde estaban los tapires, dónde estaban los animales que necesitaban para sobrevivir. Fueron, sin ningún género de dudas, amigos míos, 15 días inolvidables en la selva de los yanomamis. Y yo tuve la sensación de vivir 15 días en el paraíso.

Pero aquellos días en los que no pudimos contemplar más infelicidad que la del puro imperativo físico de un niño enfermo que lloraba en la noche, o del indígena que tenía hambre y venía a comer esquelético pero nunca triste, nunca sumido en esas tremendas meditaciones que han llevado a nuestro mundo 'civilizado' a abusar del alcohol, de las drogas o de los fármacos, lo que más me asombró fue que, para mí, esos días entre los yanomamis habían sido iguales a los días que pasé con los pigmeos, **eternamente alegres, vagabundos rientes**; exactamente iguales a los días que pasé con los bosquimanos del Kalahari, sometidos al más tórrido e inhóspito de los climas, **eternamente comunitarios, hospitalarios, felices y equilibrados**; exactamente iguales a los días que pasé en Groenlandia con los esquimales polares, sometidos a 50 grados bajo cero en invierno, cazando en la noche eterna, pero siempre riéndose, siempre tendiendo la mano al prójimo y desconocedores de esa palabra tremenda que llamamos «guerra».

Al volver de Venezuela, quiso el capricho que mi avión llegara a Madrid a primeras horas de la mañana. Yo traía todavía en mi cabeza, diría que grabado a fuego en mis neuronas, el recuerdo riente de los bellos yanomamis que se levantaban al amanecer. No había ni gordos ni delgados, todos eran eutróficos. La vida en la naturaleza parecía que los hubiera convertido en pequeños dioses de bronce salidos de las manos de Fidias o de Praxíteles. Las indias eran hermosas y rientes, y los niños, incomparablemente felices. Durante nuestras dos semanas de trabajo, no había observado hacia mí ni hacia ningún componente del equipo una sola mirada hostil o desconfiada.

Cuando el avión aterrizó y aparqué mis recuerdos del paraíso terrenal, ya estaba toda esa recua de personas de la gran ciudad recientemente levantadas, sometidas a las prisas, a las presiones de la vida, a las letras que deben pagar cada mes, a los problemas políticos, a los problemas de la comunidad. Todo eran **miradas hoscas y gestos hostiles:** dos conductores discutían agriamente en la autopista de Barajas; un guardia que no estaba de buen humor paraba a un automóvil al que quizá no habría tenido que parar; una señorita que había madrugado demasiado no aceptaba el piropo de un madrugador viajero que iba hacia Barcelona... una comunidad que nada tenía que ver con la equilibrada, feliz y paradisíaca vida del yanomami, del esquimal, del hombre del Kalahari o del de la selva virgen del Congo. Entrar en unas calles llenas de contaminación, respirar una atmósfera en la que parece que se mastica algún veneno, contemplar a los madrugadores que van a sus fábricas, a sus oficinas, a los centros donde se desenvuelven con trasnochada cara de funcionar en su mayoría a contrapelo... Y ahora, amigos míos, me pregunto: **¿en qué se mide el éxito de la humanidad?** ¿En tener cosas, riqueza, comida, confort o en tener equilibrio y felicidad?

¿Quién se ha realizado más como hombre, un indio del Orinoco, aunque no sepa leer ni escribir, aunque no conduzca en toda su vida ni siquiera un utilitario, aunque no beba jamás una bebida refrescada en una cámara frigorífica pero que ríe eternamente, que no conoce porque no existe en su diccionario la palabra melancolía, infelicidad, angustia, que pertenece a un pueblo en el que nadie se ha suicidado jamás, en el que no se consume ni un centímetro cúbico de alcohol; o un miembro de una civilización superdesarrollada, donde la renta per cápita es elevadísima, donde los cuidados médicos llegan a todos los niveles, donde el confort ha llegado a las más altas cotas, pero donde la cifra de suicidios, de perversión, de aburrimiento y de insolidaridad alcanza cotas también asombrosas?

Este sería un tema en el que me gustaría mucho que algún día meditáramos juntos. En todo caso, puedo asegurar que **cada día me acuerdo más y cada día envidio más al noble, libre, lejano e inalcanzable salvaje.**[45]

• • •

En esta vida creo que la diferencia de estatus no depende de lo que se tenga o de lo que se deje de tener, en el sentido material de la palabra, sino que depende de la curiosidad. Creo que, en el estatus humano, **los más curiosos,** siempre y cuando la curiosidad se sacie con aportes culturales, **son los más ricos.** Los menos curiosos, los que permanecen más embrutecidos dentro de lo que ya tienen, sea material o espiritual, son los más pobres.[46]

• • •

Es preciso poner en marcha una conciencia nueva, tenemos que inculcar en el código de conducta de las futuras generaciones el respeto a la vida y el conocimiento profundo de que forman parte de una gran comunidad **extraordinariamente fuerte pero terriblemente vulnerable.** Porque, si no ponemos freno a nuestra carrera de destrucción, llegaremos a una situación irreversible para las plantas, los animales y los propios seres humanos.[47]

• • •

Si todo un país, en sus estructuras políticas y decisorias, estuviera sensibilizado en la protección de la naturaleza, **sería más rico y mucho más feliz.**[48]

• • •

Se me ocurre pensar, e incluso estaría dispuesto a hacer números comparativos, que en un futuro no demasiado remoto, para un país turístico como España, un mar interior, una laguna de La Nava con 50 000 gansos, con algunas decenas de miles de grullas, con algunas decenas de miles de patos, con unos observatorios perfectamente montados, **habría producido mucho más dinero como parque turístico que como zona de cultivos de secano de cebada y de trigo,** pero este es un tema que supera mis modestos conocimientos.[49]

• • •

Todos sabemos que la gran ciudad ocasiona, en primer lugar, problemas de tipo fisiológico, problemas que atañen única y exclusivamente a nuestro sistema respiratorio, a nuestro sistema circulatorio y a nuestro sistema nervioso, no en cuanto a la vida de relación sino en cuanto a la intoxicación que procede del medio ambiente. Y todos sabemos que, por ejemplo, cuando se hace una autopsia a niños de cuatro meses de edad después de una muerte prematura, se puede perfectamente saber si son de Madrid o de un pueblo; el niño de la gran ciudad, a los cuatro meses y en la mesa de autopsias del cirujano, tiene ya los alveolos pulmonares negros; en cambio, el niño de un pueblo los tiene sonrosados, del mismo color que fueron los pulmones de nuestros antepasados durante 12 millones de años.

Por primera vez, los niños de la ciudad tienen los pulmones negros. El hombre de la ciudad, además de este problema que todavía no podemos cualificar, puesto que en 20 años esos pulmones negros pueden dar grandes problemas, es un ser bastante aturdido por las presiones del tráfico, del ruido y de todo lo que incide sobre su fisiología en cuanto a máquina de sobrevivir.

Pero además hay otro problema, el que afecta a la conducta, al comportamiento del hombre de la ciudad. El hombre es un animal social, tiende a vivir en grupos, y se ha demostrado que las grandes agrupaciones resultan positivas para el avance tecnológico e incluso intelectual de la humanidad. En las ciudades se produce más y se piensa más. En las urbes quizá la competencia, que a veces nos tiene al borde de la neurosis, nos obliga a ser más productivos en todos los niveles a los que tenemos que enfrentarnos como seres humanos. Pero las grandes ciudades actuales nos perjudican, tanto física como psíquicamente. Sin embargo, como somos muchos, tenemos que vivir en grandes ciudades. ¿Cuál es la solución?[50]

• • •

Seguramente, los problemas que nos ocasiona la vida en las enormes masas anónimas, apretadas, de las grandes ciudades afectan a nuestras pautas de conducta hereditarias y, en cierto modo, **pueden ser combatidos mediante una educación que nos enseñe a soportar los traumas que puede inferirnos la vida en estas megápolis con grandes masas de gente.**[51]

• • •

¿Cuál sería, por consiguiente, la ciudad del futuro? ¿Ese monstruo temible en el que las nuevas generaciones van a envilecerse y a enloquecer? Esperemos que no. Yo pienso y deseo para el futuro una ciudad de este tipo: bloques, habitáculos humanos esparcidos ampliamente a lo largo y a lo ancho de bosques,

de praderas y de estanques; **ciudades en las que se haya tenido más en cuenta dejar un sitio a la naturaleza que al propio hombre, porque el hombre no puede vivir sin la naturaleza;** ciudades en las que incluso en los techos de los rascacielos, en lugar de únicamente helipuertos, haya también pequeñas montañas y pequeños hábitats artificiales para que puedan anidar los halcones, los cernícalos; que haya estanques donde puedan vivir las aves acuáticas, las garzas; que haya bosques donde se instalen el azor, las palomas y el gavilán; que las aves migratorias puedan anidar perfectamente en el habitáculo humano y que el hombre del futuro, en amplias, en horizontales, en inmensas ciudades extendidas sobre una naturaleza cuidada y controlada, pueda seguir el camino sin duda inmutable de la especie, que únicamente puede transcurrir de una manera equilibrada en el hábitat en el que nuestra especie ha vivido durante dos millones de años, **un hábitat que no podemos permitirnos el lujo de modificar por imperativos económicos y especulativos, en un par de generaciones.** Me atrevo a decir, no solo como naturalista sino también como etólogo, que cuando se modifica drásticamente el hábitat en el que una especie ha evolucionado y ha vivido durante millones de años, esa especie está condenada a graves desequilibrios en todas sus pautas de conducta: reproductora, social y jerárquica; **en las confor-**

tables cárceles de hierro y de cristal, sin naturaleza ni pájaros, solo nos puede esperar el caos.[52]

• • •

Creo firmemente que han de pasar años, quizá siglos, antes de que, como en las fábulas, **los animales y los hombres hablemos el mismo idioma y vivamos en armonía y paz.**[53]

• • •

Hasta en los medios más hostiles, hasta en el terrible desierto del Namib, la vida se aferra desesperadamente para dar lugar a ciertas formas que permiten que ese ente fabuloso que es la propia vida y que da el color azul a nuestro planeta esté también presente en el desierto más inhóspito. He viajado por todos los desiertos de la Tierra. He estado en el desierto Rub al-Jali, en el corazón de Arabia, en el Sáhara, en el Gobi... prácticamente en todos los sitios llamados desiertos en los libros y conocidos como desiertos por los hombres. Y siempre, en todos ellos, he visto vida. Siempre había un insecto, un pájaro, un roedor u otro animal que me recordaba que estaba en un planeta viviente. Un animal que, aunque yo fuera un marciano, me habría permitido identificar aquel arenal con el planeta Tierra y no con un arenal de la Luna. ¿Y saben ustedes que, con toda la fuerza que tiene la vida para adaptarse a los medios más inhóspitos, como pueden ser los arenales de los desiertos o las nieves y los hielos de la Antártida o las altas cotas del Everest, la fuerza más poderosa y degradadora que ha inventado la propia vida es la especie más elaborada y diferenciada, la especie humana?

Si llegamos a adquirir una conciencia de respeto a la vida, de admiración tan profunda —yo, sin ambages, confieso que la siento— como la que podamos sentir ante la obra de arte más importante producida por el hombre, si llegamos a crear una conciencia generalizada en el mundo a este nivel, **se habrán acabado los problemas de la contaminación y aquellos que ponen en peligro la supervivencia de nuestra propia especie.** Si en esas inmensas dunas del desierto, nosotros, a través de las pantallas de la televisión, **pudiéramos poner nada más que un granito de arena para contribuir a crear esa conciencia mundial**, nuestro paso por estas pantallas y nuestra entrada en sus hogares, queridos amigos del programa *Planeta azul,* habría servido para algo.[54]

Pero **¿cuál es el camino para que el hombre reaccione?** Para mí no hay más que uno: que las generaciones sensibilizadas, que viven en su propia epidermis, en su propia médula, el problema de la conservación y que han llegado a esa sensibilización al ver y conocer los distintos ecosistemas de su planeta, puedan tener fuerza y alcancen las riendas de un mundo que, de otra manera, caminará hacia su destrucción. Por eso no nos cansamos ni nos cansaremos nunca, desde la televisión, de enviar nuestro mensaje proteccionista a todos nuestros televidentes.[55]

• • •

Todos los seres que poblamos el planeta formamos parte de una comunidad y los mensajes de esta y de cualquier otra época del año deben ser mensajes comunitarios, del tipo **«amaos los unos a los otros», porque dependéis, lo queráis o no, los unos de los otros.** Porque, si la humilde hierba que pisamos y que maltratamos se olvidara un día de transformar el sol en vida, en materias asimilables, el más encopetado de nuestros sabios y el más displicente de nuestros financieros se moriría de hambre, calculo que en cinco o seis meses, que es lo que tardaríamos los hombres en comernos todos los *stocks* de alimentos que hay acumulados en el planeta.[56]

• • •

La vida es hermosa y nos espera, sobre todo en verano, a cada uno de nosotros al otro lado de la ventana o de la puerta de casa; la vida, que viene del sol, de la rubia, dorada y cálida energía solar, es tan hermosa que **les aconsejo de todo corazón a todos ustedes que no dejen de integrarse a ella.** Integrarse a la vida es admirarla, es amarla; desintegrarse de la vida es destruir. ¿Qué opinarían ustedes de alguien que, por ejemplo, recién llegado a una hermosa playa, a una pequeña y dorada playa recogida entre las rocas calcáreas de una cala, donde no hay más que pájaros blancos y quizá media docena de bañistas, se dedicara locamente a llenarla de basura, a ensuciarla y a estropearla, a romper su armonía? Pensarían que está loco. Pues el cuerpecillo de cualquier animal es infinitamente más complejo y más importante que una playa, y me atrevería a decir que también es extraordinariamente más difícil, para la obra del Creador, que una yerta y mineralizada playa. Cualquier cuerpo en el que late un corazón, cualquier cabeza que alienta un psiquismo, es mucho más importante y más complejo que una playita o, por ejemplo, una obra de arte hecha por el hombre. **No se puede**

atentar contra la vida ni destruirla gratuitamente si uno no quiere irse desarraigando poco a poco de la misma vida. Por eso, y en esto admiro profundamente a la juventud, el vivir hoy y no esperar a vivir a mañana, el amar y no el matar, creo que es el mejor sistema para vivir y encarar el verano.[57]

• • •

El hombre civilizado, o que se llama a sí mismo civilizado, si de algo adolece y carece en la época actual es de una fórmula que le permita vivir sin deteriorar el medio ambiente, que le permita ser feliz y realizarse.[58]

• • •

¡Cuántos dolores, cuántas alegrías hemos vivido en torno al fuego! El alumbramiento, la emancipación, el amor, la muerte... y siempre el fuego ha estado cerca para calentar o para iluminar. Pero esta sociedad prefiere el calor negro, la calefacción central, el quemar petróleo para contaminar la atmósfera y calentarnos con una llama **que calienta el cuerpo pero raramente el alma.**

Cuando puedan, amigos míos, y sobre todo cuando podáis vosotros, jóvenes, haced un fuego en el campo, o en vuestra chimenea si la tenéis. Apagad la luz, sentaos con un amigo cerca del fuego y hablad de lo que os parezca, hasta de brujas; por cierto, hay tantas brujas ahora por ahí, que quizá algún día merezca la pena que hablemos de las brujas del siglo XX.[59]

• • •

Es posible que, por lo que respecta a la socialización, nuestra especie, la especie humana, se encuentre todavía en una fase

bastante primaria. Es posible, como opinan algunos etólogos, algunos estudiosos de la conducta de los seres vivos, que la sociedad ideal para el hombre sea todavía la de una tribu de 50 o 100 individuos o, como máximo, la de aquellas ciudades griegas donde nació toda la filosofía y toda la política, en las que vivían 500, 1000 o 2000 ciudadanos con derechos, que se conocían perfectamente los unos a los otros.

Entonces, ¿dónde están los seres auténticamente sociales? ¿Existe algún ser en nuestro planeta que pueda vivir en el seno de inmensas ciudades pobladas por 30 millones de habitantes y que no tenga ningún problema de conducta, ningún problema de frustración, de choque, de aburrimiento, ningún problema de los que conducen a la droga, al alcoholismo o al suicidio?

Claro que existen. Estos portentosos individuos parece ser que llevan más de 300 millones de años de vida social y han sabido dominar todos los recursos y todas las posibilidades que ofrece la vida comunitaria, estrecha, que implica el vivir el uno para el otro, el no sentir más placer que el que produce la felicidad del vecino, el basar el presente, el pasado y el futuro en vivir en estrecho, en estrechísimo contacto con los propios semejantes, con los conciudadanos, con los habitantes de esa megápolis gigantesca de 30 millones de habitantes. Sí, ya sé que ustedes se están preguntando quiénes son estos individuos. ¿Son quizás extraterrestres porque viven en otro planeta? Eso yo no lo sé; no sé si en otro planeta habrá extraterrestres que puedan tener sociedades tan perfectas, tan equilibradas y tan cerradas como la **sociedad de las termitas.**[60]

• • •

Charlar, este vocablo aparentemente de poca importancia —el que charla, el charlista, la charla—, es extremadamente importante y trascendental. En este momento histórico en el que vivimos, que puede suponer un cambio quizá dramático en la historia de la especie humana, se enumeran muchos elementos que causan la angustia, el aburrimiento y el estrés, y entre ellos hay uno especialmente importante, queridos amigos, y es que no charlamos, no charlamos lo suficiente. **Estamos siempre trabajando, pensando en lo que hemos hecho y en lo que vamos a hacer, estamos siempre tan cansados que no tenemos tiempo para charlar**, vivimos sometidos a un estrés, a un trauma. Llegar a la oficina a la hora, volver a casa luchando contra las presiones del tráfico, luchar contra las presiones de la vida, sin tiempo, sin ese *dolce far niente,* sin ese tiempo para la charla, para **tranquilamente entregarnos al intercambio de ideas.**[61]

El día en que en nuestro planeta no haya grandes diferencias en cuanto a los conocimientos, la cultura y la formación intelectual de todos los seres humanos —más que aquellas impuestas por sus propias limitaciones genéticas hereditarias—, creo que es cuando la humanidad estará cerca de alcanzar ese futuro armonioso y apacible del que ahora parece que nos encontramos tan lejos. Precisamente por esta razón es por lo que he pensado siempre que la divulgación de las ciencias, la divulgación de la cultura, es muy positiva para los ciudadanos, puesto que uno está total y absolutamente convencido de que la única riqueza es la riqueza de la mente. De que el único poder es el que dimana de saber, de conocer cosas, y que el único dominio que el hombre puede ejercer sobre su comportamiento básico, sobre su comportamiento animal, quizá proceda de ese barniz, si queremos llamarlo así, de cultura, de saber y de conocimientos, que el hombre puede ir adquiriendo a lo largo de su vida.[62]

• • •

Tengo la esperanza de que se encuentre una nueva fuente de energía antes de que sea demasiado tarde. Sería un milagro que las fábricas, los vehículos y las pequeñas industrias domésticas pudieran funcionar mediante una energía tan limpia que, sin contaminar el entorno humano, nos diera la fuerza inmensa que necesitamos para mover nuestra monstruosa sociedad.[63]

• • •

Hay que asegurar el acceso, el desarrollo y la promoción de las energías limpias del futuro, es decir, la energía solar, la energía eólica, la energía geotérmica y la energía producida por las mareas. Hay quien sospecha que esas fuentes de energía no se están explotando lo suficientemente. Probablemente se deba a que los concesionarios de las energías convencionales temen ser desbancados por el desarrollo de la energía solar y de las energías naturales. Esto tiene muchos visos de verosimilitud. Pero, si los depositarios de las fuentes de energía convencional del petróleo y de la hulla, los grandes *lobbies* económicos multinacionales, saben que estas fuentes de energía son perecederas, que se van a acabar en 20, 30 o 50 años, no pueden ser tan insensatos ni tan suicidas como para tratar de frenar el desarrollo del automóvil eléctrico o la investigación y las inversiones en fuentes de energía solar o eólica, es decir, aquellas que nos proporciona la naturaleza.

El Sol, decíamos cuando empezamos a hacer la divulgación de la ecología, es la fuente de toda la energía en la Tierra. El solomillo que usted se come está fabricado, en último término, con un sol que, en un momento determinado, fue fijado por las plantas, las cuales, gracias a la energía solar, transformaron el agua, la atmósfera y la tierra en materia comestible y asimilable. Después vinieron la ternera o la vaca o la oveja, que transformaron la hierba en solomillo. Y al final, usted se come el solomillo que, en definitiva, es energía solar transformada.

Qué hermoso sería que la humanidad trabajara más en la investigación de la energía solar, que llegara tan lejos en la utilización de la energía solar que fuera capaz de transformar, por ejemplo, todas las inmensidades desérticas de nuestro planeta, que ocupan un buen tercio de su superficie —el Sáhara, el Gobi, los desiertos de Norteamérica, el gran desierto de Arabia, las zonas subdesérticas de la península Ibérica, de grandes partes del Mediterráneo y de Oriente Medio—, en fábricas de energía solar. Serían inmensos sistemas captadores, fijadores y transformadores de la energía solar, con inmensos sistemas de transporte de esta energía solar a los centros destinatarios. Entonces tendríamos, amigos míos, la energía más barata del mundo. **Una energía regalada por el padre Sol.** Tendríamos una humanidad que se beneficiaría para su calefacción, para su refrigeración, para su transporte y para su iluminación de esa fuente de energía que está ahí y que va a permanecer durante miles de millones de años, de esa fuente de energía de la que se beneficia el gran mundo vegetal para fabricar la vida.

¿Se dan cuenta ustedes, amigos, de lo bella que es esa posibilidad? ¿Se dan cuenta de la antítesis que hay entre un sucio petrolero cargado de veneno que choca con una escollera y que vierte miles de toneladas de ese veneno al mar —toneladas de substancia que, al alterar la tensión superficial de las aguas marinas, van a incidir precisamente sobre el origen mismo de la vida en el mar, que es el plancton, el fitoplancton y el zooplancton—, se dan cuenta del contraste que existe entre esta fuente actual de energía y la energía solar? **Hablamos de una energía limpia, cayendo minuto a minuto, hora a hora, sobre millones de espejos que ocuparán miles de hectáreas en la Tierra del futuro.**

En el tema de la energía estamos con la conciencia inquieta por un lado y un poco optimista por otro. Si conseguimos exigir a nuestros dirigentes que se investigue, se trabaje, se promocione y se invierta en las energías limpias, naturales, aunque sigamos dependiendo algún tiempo —qué duda cabe, para evitar una catástrofe social y económica— de las energías convencionales, habremos dado un gran paso para mejorar la vida en nuestro planeta.[64]

09

El hombre y la tierra

Hay una parte del discurso de Félix en el que se pregunta si acaso no será la humanidad una especie de cáncer para el resto de formas de vida sobre el planeta. Sin embargo, esta duda —que ha caracterizado la postura ecologista más radical— se ve casi totalmente eclipsada por su profunda admiración, esperanza y confianza en nuestra especie. Sentía que el hecho de percibirnos como la mayor amenaza de la vida solo exacerbaba nuestra desconexión de la naturaleza, al alimentar un argumentario que propone erigir muros entre el *Homo sapiens* y su entorno, aunque solo sea para protegerlo de nuestra voracidad. Siempre habló del «hombre y la tierra», del abrazo profundo que existe entre el fenómeno que nos alberga y la mirada autorreflexiva que nosotros constituimos.

En ese abrazo, los animales son compañeros de viaje que propician y facilitan una reconexión. Así, Félix veía y se veía en los ojos de un halcón o la mirada de un lobo. Así se evadía «del pesado deambular de *sapiens* civilizado». Los animales, a través de su sinceridad, de su serenidad, ajenos a planificaciones y proyecciones mentales, lo conectaban con un presente atemporal en el que podía bucear, pulsando la fuerza y el misterio de la vida libre y salvaje. Animales que han sido nuestros compañeros, también, en la singladura de la evolución. El animal salvaje nos forjó, no solo por ser nuestra principal fuente de energía, sino por obligarnos a desarrollar una disciplina y espíritu de colaboración que nos permitieron llegar a estar hoy aquí. El miedo ancestral a ser devorados por depredadores, como tantos de nuestros antecesores, nos cohesionó y estimuló a desarrollar nuestra arma secreta: el cerebro. Recuperar emociones que despiertan cuando uno se interna en la naturaleza, cuando uno pone en juego sus habilidades para la supervivencia, nos hace más humanos, más conectados, y nos permite recuperar nuestra esencia y plenitud.

Desde esta perspectiva casi mística mi padre entendía y ennoblecía cualquier tipo de maridaje entre el hombre y la tierra. La caza o la pesca eran, para él, formas atávicas de relacionarnos, como uno más, en el conjunto armónico y equilibrado de la vida. Pero siempre que fuera en igualdad de condiciones, sujetos a las reglas que han gobernado el ciclo de la vida y la muerte durante millones de años. Una práctica que puede ensalzar las virtudes de un hombre apercibido, paciente y respetuoso, que se interna en la naturaleza, con el corazón abierto, para encontrarse a sí mismo. Por ello, la cetrería significó una «profunda y libre alianza entre el más acabado cazador de la tierra con el más acabado cazador del cielo». Penetrar en el misterioso mundo del lobo, criando varias manadas, le permitió recuperar un vínculo de hermandad y palpar los «misteriosos hilos que unen al hombre y al animal».

Para mi padre, el hombre que aún dialoga con el medio, por más adulterados que estén sus impulsos, no tiene parangón con el que ha sustituido ese vínculo con la naturaleza por una dependencia artificial de lo material. El que se percibe como una criatura mitificada, ajena a los procesos ecológicos del planeta, será el primero en sufrir los efectos enajenantes de la soledad. El hombre, aislado de la vida en toda su trascendencia, fuerza y belleza, se pierde en el laberinto de la mente y las emociones desorientadas. La naturaleza puede rescatarnos de nuestra ensimismada locura; ella y no nosotros debe salvarnos y, con ello, salvarse de nuestras peores tendencias autodestructivas.

Félix siempre defendió lo rural. Los hombres de campo aguerridos y autosuficientes conocen de modo empírico y transgeneracional muchas de las lecciones que ahora está demostrando la ciencia. Ellos fueron, de hecho, sus primeros profesores y aunque también era consciente de sus defectos e impulsos más destructivos, trataba siempre de seducirlos y convencerlos desde la empatía, por sentirse él mismo niño de pueblo, y desde el profundo y sincero respeto que le infundía lo que entraña vivir en y de la naturaleza.

Aboga, por ejemplo, por parques nacionales con un mundo rural vivo, arraigado y depositario de un acervo cultural milenario, e incluso contempla que se pueda practicar una caza y un aprovechamiento maderero y agrícola, siempre y cuando estén regulados y sean sostenibles. Defiende los ecosistemas antropogénicos europeos donde la gestión tradicional del entorno ha llegado incluso a mejorar algunos de los hábitats. Nos alienta a aprender de los errores y mejorar las prácticas que hayan sido beneficiosas para el hombre y la tierra, pero, ante todo, nos alienta a no escindirnos de la naturaleza, a no olvidar prácticas que, como la trashumancia, forman parte de nuestra identidad y son testimonios del ancestral y profundo vínculo con los ciclos naturales y otras especies salvajes.

Para Félix, la ruptura del maridaje y dependencia estrecha de la naturaleza era el mayor riesgo y amenaza que revestían el desarrollo y las ciudades. Su mensaje siempre estuvo alambicado en el binomio del hombre y la tierra, de esa relación compleja, profunda y equilibrada en la que reside nuestra identidad, futuro y pasado. Sin esa relación, el hombre pierde su compás, se hace neurótico, se cree capaz de enmendarle la plana a la propia naturaleza. Tanto por su exceso de celo proteccionista como por su desafección, el hombre desnaturalizado, desequilibrado, cegado por elucubraciones maximalistas, pierde la perspectiva del flujo de la energía, del ciclo de la vida y la muerte. La relación con el entorno es la que vertebra nuestra sabiduría, incluso de formas inaprensibles que aún no hemos llegado a comprender. En nutrir y fomentar esa relación es donde residen las coordenadas del mapa de vuelta a casa.

ORF

Boceto de halcón, obra de Félix, fechado en 1953.

Si, como opinan los más prestigiosos antropólogos, las primeras manifestaciones del arte y de la mentalidad superior del hombre aparecieron en el paleolítico; si la caza de grandes mamíferos —bisontes, mamuts, caballos salvajes—, ininterrumpida durante decenas de miles de años, permitió a nuestros antepasados sobrevivir al terrible período glacial y, por otra parte, les proporcionó la energía, la disciplina y el espíritu de colaboración que hoy están a punto de permitirnos la conquista de los astros, es perfectamente comprensible el amor y el deseo de un más profundo conocimiento, que **nos inspira el animal salvaje.**[1]

• • •

Hay un gran tema: el hombre; el tema del hombre ante el planeta que le nutre, que le soporta, que le da vida y que, seguramente, constituye su propia esencia. **El hombre es síntesis del universo,** del mismo modo que el planeta es síntesis del universo. Entre el hombre y la Tierra existe un abrazo profundo, un cordón umbilical irrompible igual al que pueda haber entre el niño y la madre cuando este permanece en el claustro materno. Si el cordón se rompe, el niño muere y la propia madre está en peligro. Hay una simbiosis profunda: el hombre no podría existir sin el planeta y, a su vez, el hombre puede poner en peligro la existencia del propio planeta.[2]

• • •

Los seres humanos hemos vivido durante muchísimo más tiempo bajo la amenaza real de la fiera que podía devorarnos en nuestras andanzas que en el confort y la seguridad de la cultura tecnológica actual. Durante decenas de miles de años hemos temblado de miedo en las negras noches, cuando el león, en África, o el lobo, en la Europa cuaternaria, rondaban en torno al campamento. Y el miedo es el más perfecto aglutinante social que conocen casi todas las especies de animales gregarios, como la nuestra. Cuando *Simba* ruge en la sabana, o la manada de lobos canta a la luna en la taiga, el niño se aprieta contra el regazo de su madre y esta lo mira con más protección y ternura. Y los hombres de la cabaña, o de la tienda, o de la caverna, se observan también unos a otros con el calor del compañerismo a ultranza que exige la defensa de la comunidad contra el peligro exterior. El miedo en la soledad de la noche, cuando el hombre o el niño están alejados de los suyos, se clava en el alma como un puñal. En la seguridad del clan, junto al calor del hogar, en el lecho inviolable, **el miedo al lobo o al león es el más viejo y poderoso estímulo para la cohesión de los grupos humanos.**[3]

El hombre encuentra en los animales todo lo positivo, todo lo primario, todo lo bueno que hay en la naturaleza.[4]

• • •

El hombre, que es un ser que puede engañar a los demás o a sí mismo y que a menudo no sabe cuándo deja de engañar o de engañarse, encuentra en el animal una virtud fundamental, y es que no puede engañar. **Un animal se muestra siempre como es.** Cuando un perro, un lobo, una nutria o un león mueve la cola, es porque está contento de verdad. Si el hombre pudiera mover la cola, nunca sabríamos si la mueve porque está alegre o porque nos quiere pedir un favor después.[5]

• • •

Observar a los animales en plena naturaleza da a la ciencia un aire muy deportivo y agradable. Pero esta impresión solo es válida para una corta temporada en primavera o verano. Porque la paciencia, la resistencia física, el desprecio de la intemperie y el peligro de que hacen gala los modernos zoopsicólogos exigen de estos hombres unas cualidades poco comunes. El biólogo nato ha de ser necesariamente un enamorado de la naturaleza. El contacto directo con la fauna es para él tan necesario como respirar. Y la sensibilidad, imaginación y cultura de estos investigadores han hecho de algunos de ellos, como el profesor Lorenz, brillantes escritores, charlistas o realizadores cinematográficos.[6]

• • •

Todos cuantos conocimos a *Obongui,* todos cuantos descubrimos su tierno corazón a través de sus ojillos miopes, sabemos que la naturaleza, aunque sea en forma de rinoceronte, necesita al hombre y busca la amistad del hombre. Porque el hombre mismo es síntesis y esencia de la propia naturaleza. ¿Cuándo se enterarán los hombres?[7]

• • •

En definitiva, nuestro deseo, quizá demasiado ambicioso, ha sido el de poner un eslabón más en la larga cadena narrativa que desde Altamira viene acogiendo a la fauna en el **corazón y en la mente del hombre.**[8]

La cetrería no solo es un diferenciado sistema de caza, sino el arte que ha llevado al hombre a la más profunda y **libre alianza con el animal.**[9]

• • •

Por ello, hermano halconero, cuando salgas al amanecer, ave al puño, a la caza de esa pieza que siempre parece la primera y, en verdad, puede ser la última, piensa que en tu emoción **palpitan y perviven** 100 000 años de poderosos cazadores.[10]

• • •

Complace pensar que el arte de cetrería ha sido un **vínculo de hermandad** entre los hombres; que los halcones se han enviado mil veces como símbolos de paz y de amistad.[11]

• • •

Las muchas horas pasadas con un halcón sobre el puño, **mirando en sus ojos profundos y misteriosos,** admirando sus líneas de incomparable armonía y tratando de bucear en su psiquismo para ganar su confianza, me hicieron comprender la grandeza de la Vida y, sobre todo, me permitieron aferrarme a lo que por aquel entonces solo era una sospecha de mi temeraria curiosidad intelectual: el hecho de que, aunque entre los animales y el hombre puede haber una distancia abismal, resulta indudable que existe una similitud profunda.[12]

• • •

Al ganar la amistad de una criatura salvaje que volaba libremente para volver con espontaneidad a mi mano, conquisté también algo mucho más importante: **el respeto a la libertad** de todos los seres vivos y la repugnancia más profunda ante todo lo que signifique dar muerte a un animal mediante los procedimientos ventajosos y poco deportivos que, por desgracia, aún emplean tantos y tantos seres humanos, que están a punto de terminar con especies enteras sobre la faz de nuestro planeta.[13]

• • •

Qué sensibles son los azores al mimo y al regalo. Han pasado muchos siglos, pero el espíritu de los halconeros y el comportamiento de los pájaros **sigue siendo el mismo.** Podemos bucear a través de esta sensitiva compenetración hasta el fondo de las edades, hasta aquel amanecer en que el cazador neolítico trocó la rudeza por el halago, el golpe por la caricia.[14]

• • •

Cuando el hombre de hoy, llevado por su amor a la naturaleza, por su pasión cinegética o por simple curiosidad, decide penetrar en el **mundo fascinante de la cetrería**, encuentra una serie escalonada de sorpresas. En las páginas polvorientas de los viejos tratados hallará la primera: las reglas del arte le asombrarán por su sencillez y sutileza, llenándole de admiración hacia los pacientes e incógnitos cetreros que fueron capaces de arrancar a la naturaleza tan preciosos secretos. El día en que conozca a un auténtico maestro, cuando le vea dominar sus pájaros en vuelo con una simple señal de su mano, cuando sorprenda el amor con que acaricia sus alas y la dulzura que se refleja en los profundos ojos de sus halcones, habrá descubierto algo no menos inesperado: la cetrería, aureolada de exotismo y de misterio para el profano, en esencia no es más que **la libre y volun-**

taria asociación, en mutuo beneficio, de dos cazadores, el más poderoso cazador de la tierra, el hombre, y el más acabado cazador del cielo, el halcón.

La irradiación de la cetrería hacia Oriente, penetrando en China y Japón en los primeros siglos de nuestra era; la expansión hacia el sur, certificada por el bajorrelieve del Khorsabad; su posterior desplazamiento hacia Occidente de la mano de las tribus germánicas... Todo ello circunscribe una región situada al oeste de la cadena montañosa del Altái, entre los ríos Ural e Irtish, y al norte del mar de Aral, donde habitaban unas tribus de pastores nómadas que los griegos introdujeron en la historia con el nombre de escitas. Creen los investigadores que estos hombres pudieron ser los **primeros domadores de caballos**, los inventores del pastoreo trashumante y, también, los primeros halconeros del mundo. El formidable ciclo de la domesticación debió de ponerse en marcha en algún punto de Asia a mediados del Neolítico.

Y aquí se acaba el método del investigador para dar paso a la intuición del halconero. En las inmensas estepas asiáticas recorridas por los nómadas escitas, la caza no debía de ser fácil. Todos los animales de llanura están dotados de una vista penetrante y vigilan incansablemente para descubrir al cazador antes de que les tenga al alcance de sus armas. Entre todos los habitantes de la altiplanicie, quizá el más difícil de sorprender es la avutarda hubara, ave apreciadísima por su carne por los cazadores asiáticos de todos los tiempos.

No es difícil imaginar a las hordas de cazadores escitas tratando de poner a las avutardas a tiro de sus venablos. Pero raramente podrían conseguirlo. Toda la bandada levantaba el vuelo tan pronto como el viejo centinela daba el grito de alarma. Y las alas poderosas burlaban el esfuerzo de los cazadores.

El más terrible enemigo de la avutarda era el halcón sacre, que podía darles alcance en pleno cielo desde cualquier distancia. Contra el sacre, las astutas aves ponían en práctica otra técnica de defensa: tan pronto como lo descubrían en el horizonte, se tendían en tierra e, inmóviles, desaparecían gracias a su prodigioso mimetismo; la rapaz hambrienta podía volar sobre la bandada sin descubrirla.

Pero algunas veces debieron de coincidir en la caza los nómadas y el sacre. El grupo de avutardas aplastado en el pedregal, siguiendo con mirada atónita los círculos que describía en el cielo su enemigo alado, se vio obligado a levantar el vuelo por la súbita aparición de un grupo de jinetes. El halcón **cayó como un rayo**, y una avutarda fue derribada en tierra a corta distancia de los cazadores. Los nómadas no dieron un paso más; habían observado que el sacre saciaba su apetito con una tercera parte de la presa. Si esperaban sin asustarlo, podían recoger 3 o 4 kg de la preciada carne.

Y así se fueron **estrechando los lazos entre los hombres y los halcones.** Los sacres sobrevolarían cada mañana la marcha de los cazadores y de los rebaños, en espera de que estos fueran levantando las aves escondidas entre la hierba. Y los hombres respetarían siempre las reglas del juego: primero, que coma el halcón, así podremos aprovecharnos de sus restos. Un paso más fue la captura de un polluelo de halcón, que se habituó a vivir en las jaimas y aprendió a cazar sobrevolando a los hombres, como sus hermanos salvajes. Con la diferencia de que él no se apartaba de la avutarda derribada.

He cazado avutardas hubaras en Arabia con la misma técnica con que pudieron hacerlo los nómadas escitas. Es más, la sencillez y fijeza de la cetrería árabe me ha llevado a pensar que, a la vez que en Asia Central y, quizá, en otros lugares del mundo, la cetrería nació de una manera espontánea también en los desiertos de Arabia. En algunas regiones de la península Arábiga, los niños beduinos corren bajo los cortados donde anidan los halcones, emitiendo un grito peculiar: «¡Hoo-hoo! ¡Hoo-hoo! ¡Hoo-hoo!». En cuanto los halcones los oyen, planean sobre ellos porque saben que los niños levantarán pájaros fáciles de capturar. Para mí, este juego infantil encierra toda la mecánica del origen de la cetrería, que, como puede observarse, no tiene nada de misterioso. [15]

• • •

Tengo halcones, azores y águilas en cuyos ojos me puedo mirar y en cuyas alas me puedo evadir de este **pesado deambular del mamífero *sapiens* civilizado.**[16]

• • •

Aquello sí que fue para mí descubrir América. Aquello sí que fue para mí descubrir lo que después, ciertamente, cambió toda mi vida. ¿Es posible —pensé con mi imaginación vívida y sin fronteras de la infancia— que el hombre pueda llegar a hacerse amigo del halcón? ¿Es posible que ese rayo de muerte que he visto caer del cielo y fracturar el cuello de un pato, **esa ave vigorosa y**

fuerte, pueda ser mi amigo? ¿Es posible que en alguna época el hombre haya poseído el secreto de domesticar a los halcones para que vivan en su casa, para que descansen en su mano, para que lo acompañen en la caza? Todo me decía que sí, que era posible. Busqué, no ya aquel invierno, no ya al año siguiente, sino durante todos los años del bachillerato y de mi carrera de Medicina, toda clase de libros, de lecturas, de asesoramientos acerca del arte de la cetrería. Descubrí que, efectivamente, la cetrería había sido el deporte favorito de los caballeros feudales. Me enteré de algo tan asombroso como que el condado de Castilla había sido cambiado por un azor de cetrería y por un caballo. Aprendí cosas tan asombrosas como que los reyes medievales, e incluso los monarcas de principios del siglo XVII, no practicaban caza más orgullosa ni más noble que la caza con halcón. Pero también me enteré de algo que me dejó muy triste: en España hacía unos 150 años que no se cazaba con halcón; en nuestro país no había ningún halconero viviente, y si alguien quería resucitar la cetrería, tendría que arrancar sus normas y sus reglas de los empolvados libros escritos en los siglos XIII y XIV por el príncipe don Juan Manuel y el canciller Pedro López de Ayala respectivamente.[17]

• • •

El conde Fernán González obtuvo, según una tradición y una leyenda recogida en las crónicas de Castilla, la independencia de su condado a cambio de un azor y de un caballo. **El azor, para mí, entre las criaturas vivientes, es de una belleza entera.** Esta criatura del bosque, que vive en la espesura, para mí representa lo que cualquier hombre —y, sobre todo, un grande de Castilla, como eran aquellos condes o aquellos monarcas leoneses— podía desear, porque retrata precisamente la belleza del campeón, de la criatura que está en la cúspide de la pirámide ecológica, que para vivir tiene que capturar todos los días a otro ser viviente y, si no es tan fuerte como para capturarlo todos los días, se muere de hambre.

Todas estas cosas que les cuento, abandonándome un poco al recuerdo, abandonándome un mucho a nostalgias, las conocía ya a los 16 años porque entonces era yo un feroz devorador de crónicas y de cronicones de cetrería. Y un día, de una manera casi violenta, de pronto me dije: «Ha llegado el momento; ya he leído los suficientes libros como para saber cómo los condes de Castilla o cómo los persas domesticaban a los halcones y a los azores; ha llegado el momento en que yo busque mi propio azor y trate de domesticarlo». Esto ocurrió cuando había terminado ya mis estudios de Medicina en Valladolid, creo que tenía 23 o 24 años, y le di el disgusto fenomenal, inmenso, a mi pobre padre, el buen notario, al decirle que por el momento no pensaba practicar la carrera, que me iba a dedicar a reinventar el arte de la cetrería. Como pueden ustedes figurarse, esto, para cualquier ciudadano carpetovetónico y, sobre todo, para un serio, eficaz y programado notario rural, era un golpe difícil de digerir. **Pero yo, que siempre he sido fiel a mis intuiciones, que siempre he sido fidelísimo a mis apasionados golpes de corazón, decidí dedicar el tiempo que fuera necesario, antes de coger un fonendoscopio y un termómetro —que, por cierto, nunca he cogido—, a encontrar un azor y unos halcones para domesticarlos.**

Así, me fui adonde se podía encontrar un azor, a la zona más boscosa de la península Ibérica, porque los azores viven en los bosques, en los pinares, en los hayedos, en los lugares farragosos. Cuando me propuse encontrar un azor, no tenía realmente idea de dónde podía haberlos en España, porque es un ave de presa muy característica, hay pocos ejemplares y están en los lugares más salvajes. Entonces recordé que en el monasterio de Santo Domingo de Silos, en la provincia de Burgos, en una visita a la que me habían llevado mis padres siendo un niño, había visto unos azores disecados, y sabía también que había un fraile naturalista en el monasterio llamado padre Saturio.

Recuerdo que una mañana de lluvia, una lluvia abrileña, copiosa, fría, esa que cala hasta los huesos, iba en mi moto recibiendo en la cara y en la cabeza el chaparrón hasta llegar al monasterio. Llamé a las puertas y el hermano portero me debió de ver tan mojado y tan triste que me acogió rápidamente en el seno de aquel cenobio, pensando que era un peregrino que buscaba hospitalidad, y me preguntó: «¿Qué desea usted?», a lo que contesté: «Querría hablar con el padre Saturio para que me diga dónde puedo encontrar un azor».

Estas palabras en la boca de un muchacho de veintitantos años, calado hasta los huesos, que acababa de dejar en la puerta del convento la renqueante moto, en unos tiempos en los que un vehículo así no era frecuente, debieron de sonarle a música celestial a aquel buen fraile: «Pues llega usted en mal momento, porque el padre Saturio está en la cama, enfermo de gravedad».

Quedé turbado, pensando que a lo mejor había venido a interrumpir la agonía de un santo padre con una petición tan profana como que me contara dónde había un azor, pero entonces un joven fraile que apareció por una escalera y al que, seguramente, llamé la atención, no sé si por mi perfil también de ave de presa, **con mis ojos brillantes que nunca se han parado ante ningún tipo de dificultad,** dijo: «Hermano portero, estoy seguro de que el padre

Saturio, que ama tanto a los animales, le va a decir a este joven dónde puede encontrar un azor».

Me quedé sentado en una habitación lacónica y sobriamente amueblada, como todas las de los conventos, esperando durante unos minutos, que se me hicieron siglos, a que bajara aquel risueño fraile para darme la respuesta del padre Saturio en el lecho del dolor que nunca llegó a abandonar.

Bajó el fraile, yo lo miré, mi corazón iba tan deprisa y mi temperatura corporal debía de ser tan alta que echaba vaho como los perros cuando se mojan y echan ese humillo tan característico. Me dijo: «Ya tengo la respuesta». Sus ojos brillaban y me puse de pie de un salto porque al fin sabría dónde podía encontrar el azor, y entonces me dijo candorosamente: «El padre Saturio me ha dicho que los azores se encuentran en los pinares».

Agradeceré siempre al padre Saturio estas palabras tan maravillosas, pero hacía 20 años que ya sabía que los azores se encontraban en los pinares, y lo que esperaba era que me indicara el pino, de entre los millones de pinos que hay en los pinares de Castilla, donde estaban los azores. Así que me pasé un año entero buscando azores en los pinares y no llegué a encontrar ninguno.

¿Cómo encontré a *Tundra*? De una manera que nunca se me olvidará. Hay un hombre —entonces era un muchacho— que vive en un bonito pueblo, también de la provincia de Burgos, tierra de azores y de castillos, que es hijo de un famosísimo cazador de jabalíes, Juan el de Oña, que tenía siempre rehala en su casa y preciosos perros de rastro. Un buen día, este muchacho, sabedor de mi inquietud por el azor, sabedor como todos en la zona de que el famoso hijo del notario no hacía nada porque estaba buscando aves de presa para domesticarlas, me mandó un recado a Briviesca, al pueblo donde yo vivía entonces.

El recado decía: «Ven a verme porque creo que he encontrado al azor». Yo había encargado a todos los monteros de la región que me buscaran un azor. Me fui a Oña y cuando llegué fuimos con el bueno de Carlos, que así se llamaba mi amigo, hacia uno de los lugares más hermosos que quedan en España, un alto hayedo colgado en un valle rocoso que recibe el nombre de Portillo del Lobo, seguramente porque alguien vio un lobo en aquel portillo alguna vez.

Llegamos Carlos y yo fatigados al Portillo del Lobo —hay que subir tres horas por una empinada vereda de los montes Obarenes que enlazan con la cordillera Cantábrica por la mesa de Oña, espina dorsal de la Bureba—, bajo las hayas, después del calor del ascenso, con un frescor casi gélido que nos hacía echar de menos un jersey o una prenda que ponernos en el mes de junio, cuando, de pronto, vimos una corpulenta haya en la que había un gran nido de ramas secas y entonces, lacónicamente, como los buenos monteros de la vieja Castilla, Carlos me dijo: «Ahí lo tienes».

Miré para arriba, me eché los prismáticos a la cara y, de pronto, vi una extraña criatura que me miraba desde una rama. Tenía un heterogéneo vestido en el que se mezclaban las plumas y el plumón, **una mirada de acero, unos ojos con el iris de un gris porcelana, con una negra pupila que se clavaba descaradamente en el mundo.** A través de mis prismáticos, aquella mirada estaba llegando hasta el fondo de mi corazón. Junto a ella había otro azor, y un poco a la derecha, en otra ramita, uno más pequeño. El nido tenía tres polluelos. Enseguida reconocí en las poderosas garras, en el aire agresivo y en la estructura compacta, que había descubierto finalmente al azor. Aquel azor que no pudo mostrarme el pobre padre Saturio, el de la leyenda del conde Fernán González y de la historia de Gengis Kan. Mi azor estaba allí, mirándome desde el haya, vestido turbiamente entre plumas y plumón; le faltarían 20 o 25 días para terminar de cubrirse de hermosa seda y para acabar siendo **el pirata de la espesura.**

Me fui con Carlos feliz, volví a mi casa sabiendo que había que dejar que el azor creciera. Finalmente había encontrado el motivo de mis ilusiones, el motivo que, incluso, me llevó a abandonar perentoriamente mi profesión y a disgustar a mi pobre padre. Dije: «Hay que esperar que el azor se cubra de plumas», tenía que seguir las instrucciones de los libros medievales, pues no se puede coger el azor pollo, dicen los libros, mientras no esté totalmente terminada su crianza.

Volví a los 10 días al Portillo del Lobo y cuando llegué al pie del nido, ¡terror!, allí, bajo el haya, me encontré un montón de plumas de azor, plumas tiernas, en cañón. ¡Adiós! Miré al buen Carlos expresando en mi mirada todos los temores del mundo, pensando que un águila se había comido a mis polluelos, y el propio Carlos afirmó: «Por aquí hay muchas águilas, es posible que la perdicera que cría en aquella risca haya bajado y se haya comido a los azores».

Trepé el haya, volando, con el corazón palpitante, pensando que mi ilusión había muerto y que el milagro no era tal milagro, pero, cuando me asomé trabajosamente sobre el cuenco del nido, encontré dos azores. Me estaban mirando tranquilamente, tanto que ni siquiera se permitieron el lujo de turbar su digestión. Eran dos corpulentas y hermosas hembras. Entre los azores, como saben muy bien los halconeros, las hembras o primas son mucho más grandes que los tor-

zuelos o machos. Se habían comido a su hermano; ya sabía yo que esta es una raza en las que el fratricidio y el canibalismo no es nada infrecuente.

Me volví nuevamente a Briviesca porque los azores no habían llegado aún a su desarrollo total, y, finalmente, retorné a los ocho días para llevarme a mis azores, pero cuál no sería mi sorpresa cuando, al escudriñar el árbol con prismáticos y encontrar el nido vacío, vi en una rama a un pájaro solitario, perfectamente desarrollado ya, precioso, cubierto del más brillante de los plumajes, armado de las más negras y aceradas de las uñas, que nos obligaría aquella mañana a perseguirlo durante cuatro horas. Cuál no sería mi sorpresa cuando, al pie del nido, me encontré más plumas y una de las garras completa de la hermana de *Tundra*, a la que acababa de bautizar. *Tundra* había engordado, como la más libre, independiente y agresiva de las criaturas vivientes, después de haberse comido a sus dos hermanos.

Pensar que uno pueda llegar a hacerse amigo de un ave de presa que no solo tiene que matar todos los días para vivir sino que, además, en un momento de tremenda escasez, en aquellas montañas en las que los azores tienen que bajar a cazar hasta los valles para sobrevivir, tiene que matar y comerse a sus hermanos, es algo verdaderamente insólito, pero estas cosas pasan.

Parece ser que este mecanismo está al servicio de mantener unos controles de población. Parece ser que los azores, a los que prácticamente nadie, salvo el hombre, puede matar, para mantener unos niveles poblacionales, en épocas de hambre practican este tipo tan tremendo, tan drástico, de controles. Lo cierto es que apresé al que había dado el nombre de *Tundra*, quizá porque me parecía sonoro, libre y salvaje, y me lo llevé a mi casa.

Siguiendo las normas de los antiguos halconeros, lo tenía permanentemente sobre mi puño. Aquella criatura verdaderamente turbadora, de aire agresivo, con una historia tan turbia, tan dramática, poco a poco se iba haciendo mi amiga. *Tundra,* que paseaba sobre mi puño por el pueblo de Briviesca, llegó a ser un pájaro muy famoso, aunque a mí nadie me conocía fuera de mi ámbito familiar y rural. Se asombraban mucho aquellos hombres, aquellos campesinos de la comarca de La Bureba, cuando venían a los mercados y a las tiendas, y siempre se encontraban un muchacho con un pájaro de presa sobre el puño, y cuando le preguntaban qué pretendía hacer con aquel pájaro, él contestaba con mucho aplomo que quería domesticarlo, como los caballeros feudales, para que cazara para él.

Una mañana del mes de septiembre me encaminé con mi azor en la mano a una región, a una zona del pueblo llamada la Vega; tenía que darle a elegir entre la libertad y yo, entre la masa forestal y vivir como amigo del hombre, como el azor del conde Fernán González o el azor de Gengis Kan.

No se me olvidará nunca la sensación que experimenté cuando lancé fuertemente a *Tundra*, aquel ser atrabiliario pero extraordinariamente bello, **aquella criatura que llevaba la potencia misma de la vida en su ser**, a la que yo había conocido en su nido, contra los árboles de la Vega.

El azor desapareció en aquella masa verde de vegetación, entre los pinos de las oropéndolas, entre los cantos de los mirlos y de los jilgueros, que se callaron de pronto al ver que el gran enemigo despegaba sus alas. Me eché a correr en la dirección contraria gritando: *«¡Tundra, Tundra!»*.

Iba recordando los presagios de mi padre: «Los príncipes feudales tenían halconeros profesionales que adiestraban a sus pájaros, que pasaban la vida con ellos. ¿Cómo pretendes tú solo resucitar la cetrería?».

Iba pensando en aquello y no me atrevía a volver la cabeza. O mi azor venía conmigo o se quedaba en su naturaleza, con su existencia de depredador, de fratricida. Corría yo, como dicen los libros medievales, con el brazo izquierdo extendido y en él llevaba mi guante de halconero, y en el puño llevaba un pedazo de carne para que el azor viniera. Y de pronto, un ruido de alas recias y de cascabeles me hizo volver la cabeza; de pronto, dos ojos dorados, que se clavaron en mis ojos como dos puñales, me dijeron: «¡Aquí estoy! Entre la naturaleza y tú, te prefiero a ti».

Suavemente mi azor se posó en mi puño, dulcemente tomó la carne, y el fratricida, el que había matado y se había comido a sus hermanos, reclinó dulcemente su cabeza y su pico en mi mejilla y emitiendo una voz aflautada, me dijo, seguramente, en el lenguaje de los azores: **«Tu tenacidad ha vencido a la naturaleza, soy tuyo y voy a cazar para ti».**[18]

• • •

T*undra* era para mí algo más que un pájaro, **era la naturaleza toda**, implicaba el resultado de la lucha entre la mente del *Homo sapiens* y los instintos primarios. A medida que me alejaba de *Tundra,* iba comprendiendo el secreto de mi amor por aquella criatura: representaba la libertad absoluta, la capacidad para sobrevivir en la naturaleza sin la ayuda de nadie, la perfecta adaptación al medio. Algo que el hombre ha deseado siempre y que jamás llegará a poseer.[19]

• • •

En las páginas del *Libro de la caza de las aves,* de Pedro López de Ayala, hay una de las más hermosas definiciones que se pueden hacer sobre un pájaro, sobre el halcón peregrino, que, y recito de memoria, dice: **«Llámanlos peregrinos porque son como los peregrinos o romeros, que, partiendo de la tierra donde nacieron, recorren el mundo en todas las direcciones de la rosa de los vientos».** Después, en un parágrafo del mismo capítulo, hablaba el canciller de los mejores halcones peregrinos, a los que da el nombre de Doncella: «Son estos halcones de los más norteños, los que tienen el plumaje más blanco y más dulce, los que más precian los señores, tanto que, en Francia, porque son regalos de las reinas y de las altas damas, se llaman halcones Doncella».

No solo sabía yo lo que era un halcón peregrino, sino también lo que era un halcón doncella, pero sabía también que los halcones doncella, llamados así en la Edad Media, hoy día se conocen por el nombre científico de *Falco peregrinus calidus,* que casi no existen, viven en las tundras árticas, y migran generalmente sobre Europa Oriental, apenas sobre España, y que invernan en el centro y el este de África. Se alimentan casi exclusivamente de patos y son las aves más rápidas de la creación, pues pueden alcanzar una velocidad de 480 km/h en el vuelo en picado. Pero no podía imaginarme que el cuarto o quinto de mis pájaros iba a ser, precisamente, un halcón doncella.

La cosa ocurrió como voy a relatarles. En el invierno posterior al final de mi carrera, estaba esperando que llegara el mes de marzo para encuadrarme en las filas de la milicia universitaria. Había tenido un halcón muy bonito que murió intoxicado porque comió una de sus presas, una picaza, que posiblemente contenía un veneno. Me quedé desolado, tristísimo, y junto con mi fiel amigo Pascual nos subimos a un tren en la ciudad de Briviesca, donde entonces vivíamos, y fuimos a Valladolid. Llevábamos por todo equipo una gran red con la que pretendíamos capturar un halcón en la vieja torre de un castillo, la del castillo de Fuensaldaña. **Llevábamos para comer una hogaza de pan y un conejo escabechado que había cazado nuestro azor *Tundra*, porque nuestras economías no nos permitían, por aquel entonces, vivir de otra manera.** Pretendíamos dormir en nuestros sacos en lo alto de la vieja torre del castillo el 4 de febrero. Pero aquel invierno fue de los más fríos, en especial en el mes de febrero, que se ha padecido en la península Ibérica.

Recuerdo que cuando nos bajamos del tren en la estación de Valladolid, a primera hora de la tarde, estaba cayendo una tremenda nevada. Mi amigo Pascual y yo, con las mochilas al hombro, con nuestra red de nailon en el interior de la mochila, con las cañas con las que habíamos de colgar la red como si fuéramos dos pescadores de la meseta castellana, de tierra adentro, andando a buen paso, cubrimos en poco más de una hora los 7 km que separan la ciudad de Valladolid de Fuensaldaña. Cuando llegábamos, todo en mi cara eran ojos para mirar la esbelta torre del castillo; sabía que allí dormían los halcones y esperaba que aquella noche un halcón durmiera en el castillo de Fuensaldaña. Estábamos protegiéndonos las espaldas contra el ventarrón en una tapia de adobes frente al castillo, cuando de pronto —¡oh, maravilla!— una silueta magnífica, poderosa, perfilada, salió de aquel juego de nieblas y de nubes en que se transformaba la gran nevada en la torre del castillo. **Era un halcón, pero el halcón más grande y más claro que había visto en toda mi vida.** Dio círculos en torno a la vieja torre, a la vieja atalaya del castillo, pero, para que pudiera capturarlo nuestra red, debía posarse en un punto determinado. Y, ¡oh, bendición!, ¡oh, suerte!, ¡oh, mensaje del cierzo, del viento, del Ártico!, el halcón viajero, el doncella, se fue a posar justamente en la oquedad de la pared adonde podría llegar en la noche la red que, tan cuidadosamente, habíamos tejido y transportado.

Después de que el halcón se posara en la pared, con todos los temores porque estaba ya cayendo la tarde, abrimos la enorme puerta con la llave que nos había entregado el alguacil que velaba por el castillo. Si los goznes hacían ruido, si aquella puerta de defensa metálica crujía, el halcón podía espantarse e irse a dormir al campo, a otra torre o a una simple cortadura fluvial. Temblando de emoción, temblando de miedo, entramos en el castillo y subimos por la escalera de caracol que conduce a lo alto de la torre, de 38 m de altura.

Llegamos, casi ya de noche, a lo alto, a la plataforma que hay sobre la torre que en otro tiempo debió de ser un hermoso y galán tejado, y que entonces no era más que un cúmulo de tejas medio rotas, sobre las que se hacía un ruido espantoso al andar. Nos pusimos Pascual y yo al abrigo de un torreón, esperando que cerrara la negra noche del mes de febrero; el frío era tan intenso que, a pesar de estar dentro de nuestros sacos de dormir y cubiertos con una manta, **nos castañeteaban los dientes de tal manera que tenía miedo de que los oyera el halcón y se espantara.**

Qué horas aquellas sujetándonos la mandíbula, apretando los músculos del cuerpo para generar calor y para que llegara la oscuridad y pudiéramos capturar al halcón. Pero la oscuridad, amigos míos, no llegaba porque aquella era noche de luna llena; nevó durante la tarde y el cierzo se llevó las nubes, y aunque pensábamos que a las ocho de la tarde podríamos echar nuestra red, a esa hora había una luminosa luz de la luna que encendía toda la Tierra de Campos como si estuviera bajo los focos de un estudio de cine o de televisión. Miramos cuidadosamente nuestras tablas lunares, que éramos y somos hombres de campo, y vimos que la luna se ocultaba a las cuatro de la madrugada; **allí estuvimos, bajo la helada, como un solo hombre, mientras el halcón dormía plácidamente**, templando nuestros músculos, para no morir de frío, hasta pasadas las cuatro de la madrugada, hora en que ya no había luna, solo estrellas, estrellas en el cielo castellano, estrellas tan frías que parecían chirriar con esa música que los filósofos griegos afirmaban oír en las esferas celestiales.

Y llegó el momento dramático de salir de los sacos, coger las cañas y empalmar la red. Nos temblaban tanto las manos que tuvimos que hacer mil equilibrios para acercarnos al borde de la torre, al abismo, al edificio en ruinas, y dejar caer lentamente aquellas cañas que pusieron la red invisible delante del gran halcón. Entonces, arrimamos la red a la pared y notamos un fuerte chasqueo en sus mañas, un impacto como el de un balón de fútbol que se hubiera lanzado con gran fuerza. Tiramos para arriba y, recortado en la oscuridad, **vimos el cuerpo del más hermoso, del más increíble de los halcones que he visto en mi vida**, y cuando lo tuve en mis manos, cuando eché rápidamente mis manos sobre la red en que el halcón estaba sujeto, aquella criatura, libre y poderosa, volvió la cabeza y me miró, y yo dije: **«Pascual, es un doncella, un halcón doncella. ¡Hemos cogido al más bello de los halcones del mundo!».**

Minutos después el halcón tenía la caperuza puesta; la caperuza, los cascabeles y las pihuelas, todos los aparejos que unen a esta ave de presa al guante del halconero. Con aquel halcón respetamos y seguimos al pie de la letra las normas escritas en los libros del príncipe don Juan Manuel y del canciller Pedro López de Ayala. Apenas nos dio tiempo, a las cinco de la mañana, de deshacer lo andado, es decir, caminar los 7 km que separan Fuensaldaña de Valladolid. Muertos de frío, pero con el calor en el corazón y el halcón en el puño, llegamos dos horas después a la estación del Norte, tomamos el tren correo y a las 12 del mediodía, orgullosos, estábamos ya en nuestro pueblo con nuestro trofeo.

A los ocho días de tener el halcón, este comía perfectamente ya en el puño y había aprendido a saltar desde el respaldo de una silla hasta el guante en el que le ofrecíamos la carne. Siempre, cuando hacía este vuelecito, emitíamos el mismo sonido; de esta manera, el halcón, mantenido con un cierto apetito y constantemente en contacto con los hombres, a los 10 días volaba ya en el campo hasta el señuelo, es decir, hasta una bolsa de cuero forrada con plumas en la que se ata la comida y que yo le ofrecía dando el silbido o el grito que daba siempre cuando él comía. Poco a poco se fue grabando en la mente del halcón y estableciendo en sus pautas de conducta aquel hecho, el grito que los halconeros llamamos «la grita» y que para el ave significa comida fácil y presencia no peligrosa del hombre: hay que volar al señuelo para comer después. Tras 15 días de trabajo con el halcón, aquel animal nobilísimo, que ya no se asustaba de nadie ni de nada, que parecía felicísimo sobre el puño del hombre, que se dormía tranquilamente en la plaza pública o en una habitación sobre mi mano, que era ya mi amigo, debía pasar la gran prueba, tenía que volar suelto por primera vez. **Teníamos que darle la oportunidad de quedarse con nosotros o de abandonarnos para siempre.**

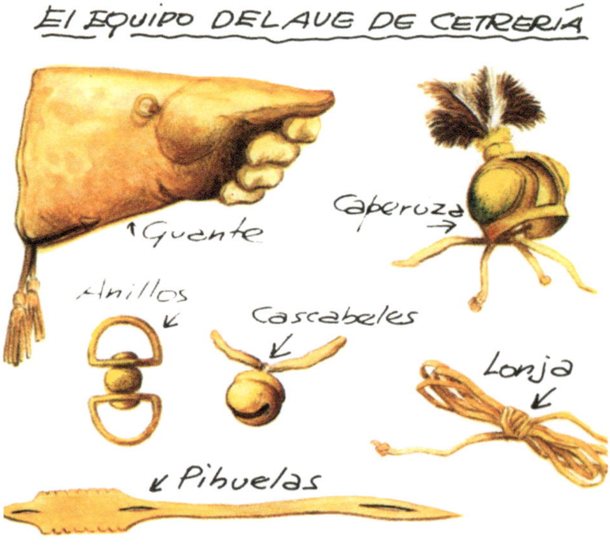

No olvidaré nunca que el padre de mi

buen amigo Pascual, uno de los mejores cazadores del pueblo, cazador de todas las artes y artimañas, llamado *Curilla* de sobrenombre, conocedor de los secretos del campo y de la naturaleza, decía que su hijo estaba loco pero que el hijo del notario, que era yo, lo estaba mucho más, y afirmaba, como dice el refrán: «Un tonto hace ciento si le dan lugar y tiempo, la cabra tira al monte y el día que suelten ese halcón que han cazado, que es un animal salvaje, nunca más va a volver». En estas cosas pensaba yo cuando iba con Pascual camino de la loma, una altiplanicie abierta, para soltar a nuestro halcón.

Como rezaban las normas del libro, me puse frente al cierzo, le quité la lonja, que era la larga correa que unía el halcón a la anilla de mi guante, le quité el doble anillo de plata que unía las pihuelas a la lonja, y cuando le iba a quitar la caperuza, no se me iban de la cabeza aquellas palabras del viejo *Curilla:* «La cabra tira al monte». Si yo soltaba a mi halcón, el halcón de los reyes, el halcón viajero, el que vi en mi infancia matar un pato, el que venía de la tundra ártica y seguramente se iba hasta el África lejana, y no volvía, ¡qué vacío iba a dejar en mi corazón! ¿Qué iba a pasar? Yo había cumplido estrictamente todos los consejos de los libros: había estado con el halcón día y noche, lo había tratado con todo el amor y con todas las reglas del arte de cetrería, había instalado en su mente el reflejo condicionado, prácticamente inevitable, de venir a mí cuando yo lanzaba el señuelo y cuando lo llamaba. Me prometí a mí mismo que iba a dar una oportunidad a *Doncella,* que así llamé al halcón, pero que, **si no volvía, nunca más practicaría el arte de la cetrería**.

Quité lentamente la caperuza de cuero que cubría la cabeza del animal, miré por última vez su perfil aquilino y hermoso, levanté la mano izquierda y la puse contra el cierzo helado que me había regalado el halcón, que lo había traído desde el norte. Frente al cierzo, en la loma, exactamente 15 días después de haber capturado al halcón, empujé levemente la mano y el ave salió con música de alas recias y de cascabeles de plata, para ir describiendo círculos y elevándose en el cielo. A mí se me había secado la lengua, la tenía pegada al paladar y no podía hablar. ¡Cómo subía el halcón! ¡Qué máquina tan perfecta! ¡Qué maravilla! Había tenido otros cuatro pájaros, pero no podían compararse con aquel monstruo de plumas de acero, que trepaba y subía como si lo hiciera por una escalera misteriosa. Y cuando abrí la boca para decir «Pascual, el señuelo», el halcón estaba ya tan alto que apenas se veía del tamaño de una golondrina.

Entonces Pascual me dio el señuelo y yo hice voltear en el aire aquella bolsa forrada de plumas y con la carne atada en sus dos caras, que el halcón conocía tan bien. La lancé a lo alto y, cuando aquel señuelo estaba saliendo de mi mano, la crucecita que había en el cielo del tamaño de una golondrina se transformó nuevamente en un proyectil, cayó produciendo aquel zumbido que yo había escuchado en el páramo en mi infancia, cayó como una bala, y antes de que el señuelo, que había salido de mi mano sin mucha fuerza, llegara al suelo, lo agarró fuertemente en el aire con sus garras y se posó mansamente delante de mí, y mirándome sobre el señuelo, **mirándome sobre los lazos misteriosos que unen el hombre al halcón, el halconero al halcón, el hombre a la fiera, la naturaleza a la civilización, la mente a las fuerzas telúricas, el halcón me dijo con su mirada, con sus ojos oscuros: «Me quedo contigo».**

Y así estuvo, conmigo, durante un año entero. Yo sabía muy bien que a los halcones doncella no se les puede dejar volar durante el mes de febrero, porque es el mes de la migración, el mes en que sienten un poderoso instinto que los lleva hacia el norte, donde crían, donde encuentran su pareja, también procedente de un punto remoto de la Tierra. Lo había leído en todos los libros, en los del príncipe y del canciller, y también en los tratados de especialistas ingleses, que ya tenía por aquel entonces, pero me negué a no dejar volar a *Doncella,* y me dije: «La naturaleza te ha traído y la naturaleza te llevará; el cierzo te ha traído y el viento del sur puede llevarte hacia el norte». Ya el sol había empezado a ser más madrugador y a acostarse más tarde, y empezó a crecer eso que llaman los hombres de ciencia el fotoperíodo, que es el factor desencadenante del instinto migratorio, y un buen día, exactamente el 2 de febrero, solté al halcón en el campo. Subió como siempre, describiendo círculos, para situarse a 500 o 600 m, desde donde caía, como un huracán, sobre las perdices y los patos que levantaban mis perros. Pero, aquel día, el halcón siguió subiendo y subiendo; lancé el señuelo, hice sonar el silbato, le llamé, desesperadamente, *«¡Doncella, Doncella!»,* pero *Doncella* se fue haciendo más pequeña y más pequeña.

En la tierra todo hablaba de una primavera próxima, había un soterrado rebullir de vida y de luz, era la luz de la primavera. Lo último que vi a través de los prismáticos, que tembloroso me llevé a los ojos, olvidados ya el silbato y el señuelo, y enronquecida la voz, fue al halcón doncella que enfilaba, exactamente, hacia el noreste. Volaba hacia la tundra asiática, hacia el lugar donde nacen y han nacido los halcones viajeros. Y de pronto, cuando dos lágrimas estaban rodando por mis mejillas, una sonrisa que quizá nunca llegaron a dibujar los músculos de mi cara, porque fue una sonrisa del alma, fue mi adiós al halcón doncella: **«Has vivido conmigo un año largo, vete a la libertad, porque me has dejado algo que nunca perderé: el amor profundo a la naturaleza y la amistad con el halcón».**

Desde entonces, he tenido siempre halcones, lo dejé todo para vivir en, de, por y para la naturaleza, y seguramente, aunque les parezca a ustedes una fantasía, si yo no hubiera conocido al halcón doncella o si aquel día en la loma el halcón se hubiera escapado, por aquello de que la cabra tira al monte, queridos amigos, yo no tendría la dicha de estar aquí ahora contándoles a ustedes cosas sobre la naturaleza.[20]

• • •

El problema que me inquietaba profundamente, mientras recorría las pistas invadidas por los sisones, era el de habituar a los halcones peregrinos al tráfico del aeropuerto. El proyecto de adiestrar un equipo de aves nobles para que pudieran actuar entre automóviles, aviones en movimiento, torres de control, hangares y todos los elementos que rodean las pistas de una base militar, me parecía descabellado. Pájaros acostumbrados a volar en el silencio y la soledad de las llanuras habrían de soportar la presencia de máquinas que podían llenarles de terror. Además, una vez acostumbrados a ellas, debían acudir a nuestra llamada con la suficiente rapidez como para no servir ellos mismos de proyectiles que chocaran contra los aviones. Para cualquier halconero sensato, la empresa habría resultado inaceptable.

Pero había dos cosas demasiado importantes en juego como para no afrontar la aventura. En primer lugar, mientras hubiera bandadas de sisones en las pistas, la vida de los pilotos estaba en peligro. De hecho, durante los últimos años habían muerto más de 60 personas en el interior de los aviones derribados por los pájaros en todo el mundo. Pero, además, los sisones iban a ser erradicados del aeropuerto por cualquier sistema. Se emplearían explosivos y, si fuera preciso, venenos. Yo sabía que mis halcones matarían muy pocos pájaros, que bastaría su sola presencia lanzándose como bólidos sobre las bandadas de las rápidas avutardas para desencadenar un terror que dejaría libres las pistas en pocas semanas. **El empleo de los halcones peregrinos, con éxito, podría evitar los choques tan temidos y, al mismo tiempo, salvar la vida de miles de sisones** que, al abandonar la base, no tendrían que ser combatidos por otros sistemas más mortíferos. Cuando me despedí del simpático mayor, en la puerta de la Base Militar Conjunta de Torrejón de Ardoz, estaba absolutamente decidido a embarcarme en la aventura.

El 3 de agosto de 1968, *Doña Aldonza, Doña Jimena, Doña Sancha, Doña María la Brava, Doña Blanca* y *La Perla* llegaban sobre una percha portátil a la cabecera de la pista. El aire era diáfano y tranquilo. El sol estaba cerca de la raya del horizonte. Prismáticos al cuello, sonriente y expectante, el general norteamericano de la base esperaba el resultado de los acontecimientos. Cuando tomé a *Doña Aldonza* y le quité la caperuza, cuando sentí sus 800 gramos de peso sobre mi puño, me temblaba la mano como el día que había soltado, 20 años antes, mi primer halcón, que fue también el primer halcón adiestrado por el hombre en la moderna cetrería española. **El noble peregrino recortaba su silueta medieval contra un fondo de hangares y aviones gigantes.** El sargento Collum, nuestro experto colaborador de las Fuerzas Aéreas de EE. UU. durante toda la operación, pidió permiso por radio a la torre de control. Disponíamos de 10 minutos. No había aviones en el horizonte. Con un fuerte impulso, lancé a *Doña Aldonza* hacia el cielo. El halcón escaló briosamente el aire con un latido de alas recias y de cascabeles, y describió unos círculos sobre nuestras cabezas. En unos segundos estaba a 100 m de altura.

Iniciamos entonces la marcha por la pradera paralela a la pista. Nuestros perros levantaron pronto la primera bandada de sisones. Su aparición fue como una señal de muerte para el halcón peregrino. La pequeña cruz que se recortaba en el cielo del atardecer se transformó en un bólido silbante que cayó como una centella en medio de la bandada, chocando violentamente contra uno de los pájaros y arrastrándolo en su caída sobre el agostado pasto. Todo el lance había durado unos segundos; pero era el resultado de tres meses de trabajo ininterrumpido. Emocionada y silenciosamente, nos miramos unos a otros. En el rostro del general en jefe de la base había una sonrisa de admiración y de fe. Entonces, al ponerse el sol, todos sabíamos que la Operación Baharí sería un éxito.

Los halconeros árabes llamaron baharíes a los halcones peregrinos españoles, porque anidaban en los cantiles marítimos —en árabe, *bahara* significa mar—. Los poetas musulmanes cantaron a los baharíes, los condes de Castilla compartieron con ellos sus palacios, los halconeros de todos los tiempos los han apreciado como a las aves de más noble corazón y recias alas que puedan encontrarse en todos los confines mediterráneos. Y los baharíes han vivido un capítulo más en su historia vieja de más de mil años y adornada por las más increíbles proezas. Sobre el guantelete de los infanzones medievales fueron protagonistas de justas y cetrerías caballerescas. Sobre el puño de los halconeros modernos han resuelto un gravísimo problema que afectaba a los aeropuertos, utilizados por los reactores. Su misión parece ahora menos heráldica, más práctica, pero el noble porte de los halcones nos recordará siempre a los cetreros de otros tiempos que inventaron y perfeccionaron las sutiles artes de su captura y de su doma.

A las tres semanas de comenzar la Operación Baharí, la población de sisones en las pistas había descendido de manera radical. Durante el invierno apenas se encontraban algunos ejemplares aislados; en primavera retornaron para nidificar los antiguos propietarios de los territorios de cría, pero los halcones los expulsaron en pocos días; y este otoño son contados los sisones que se posan en las cercanías de las pistas. Desde que los halcones peregrinos comenzaron a actuar en la base de Torrejón, no se ha producido un solo choque. **La Operación Baharí ha sido un éxito en un cien por cien.** Altos jefes norteamericanos y españoles han seguido con todo detenimiento el desarrollo del experimento, y hoy podemos afirmar, con absoluta seguridad, que cualquier aeropuerto peligroso para los aviones por las bandadas de sisones que invaden sus pistas puede quedar completamente vacío en unas pocas semanas si un buen equipo de halcones y de halconeros lleva a cabo la operación de control biológico de las aves peligrosas para las aeronaves.[21]

• • •

Nos encanta recibir el beso de la espuma, del agua salada en nuestra piel. Es algo que está por encima de cualquier raciocinio, por encima de cualquier especulación mental. Hay una fuerza profunda, una pulsión, **una marea instintiva** generalizada que nos lleva al mar, a la playa, a olvidarnos de los viejos y nuevos problemas de tierra adentro.[22]

• • •

Los hombres creemos que somos los inventores de casi todas las cosas. Y luego, cuando nos ponemos a analizar las cosas a la luz de la ciencia, nos enteramos de que seres más modestos que nosotros, al menos en apariencia, como son los animales, en un proceso superior en el que nosotros mismos estamos incluidos, que es la vida, **inventaron casi todas las cosas antes que nosotros.**[23]

Con la llegada del buen tiempo, dense ustedes, amigos míos, un paseo por el campo. Llévense unos buenos prismáticos, una buena dosis de **paciencia**, otra de **humildad** y otra de **curiosidad**, que son **las tres armas del sabio.** Y verán ustedes qué bonito es aprender a hablar con los animales, a interpretar su lenguaje.[24]

• • •

La mujer, que es muy intuitiva y profunda, sabe leer mejor que nadie en los ojos del perro todo lo que este le muestra como mensajero de la naturaleza y de la vida, tal como era antes de que los seres humanos la transformáramos en esta especie de carrera cósmica que nos está llevando a la conquista de la Luna.[25]

• • •

¿Ustedes se calientan al fuego? ¿Tienen todavía la suerte, mis queridos amigos, de ver el fuego por las noches cuando vuelven cansados de su trabajo? Seguramente no. Se calientan con un calor aséptico, como casi todo el mundo, originado mediante la combustión de un producto asqueroso —petróleo o sus derivados— que contamina la Tierra y también, últimamente, el corazón y la mente de los hombres. Hay muy pocos, entre ustedes, que todas las noches puedan ver bailar las llamas en el hogar; hay muy pocos de entre todos los que me escuchan que, algunas tardes, pueden ver hermosear la faz de su amada con la caricia luminosa de las llamas. **Esa es otra de las grandes cosas que ha perdido el hombre moderno.**[26]

• • •

La imaginación, el mito, el dar rienda suelta a ese otro yo que llevamos dentro y que necesita pasar miedo y pasar placer, vivir todas las vivencias del hombre, aunque sea de una manera imaginada, permite que luego el hombre no se transforme en una máquina.[27]

• • •

Solo me resta decir que el estudio de los animales como seres distintos pero no distantes, con sus victorias y con sus derrotas, con sus alegrías y sufrimientos, con sus amores y odios, en su dimensión física y también en su dimensión psíquica —si ambas pudieran separarse—, nos abrirá la puerta hermética de la muralla que separaba, hasta ayer, el mundo de los animales del de los hombres. Porque aquellos lobos misteriosos, salvajes y crueles —al decir de las gentes—, que descubrí, atónito, hace 33 años, son hoy mis mejores amigos. Una manada de cinco soberbios ejemplares adultos me acepta como jefe, me habla en su lenguaje y me hace partícipe de sus ritos. Y el halcón libre que surcaba los cielos, sin más ley que la de sus alas, vuela hoy, **aliado del hombre y de su técnica**, para controlar las aves que causaban accidentes en un aeropuerto.[28]

• • •

El tráfico de la Castellana arrancó de un manotazo mis evocaciones. Pero ya sabía con toda certeza lo que iba a hacer con mis lobeznos. Konrad Lorenz me había entregado la llave que me permitiría **penetrar en el desconocido mundo del lobo.** Si haciéndose madre de un gansito salvaje, el profesor austríaco había conocido el lenguaje y las costumbres de los gansos, yo trataría de sustituir con toda solicitud a la loba perdida por mis cachorros y, si aún estaban a tiempo de sufrir un proceso de impregnación psíquica, me hablarían en su idioma, me harían partícipe de sus ritos, como si yo fuera un miembro de su propia raza.

Por primera vez en mi vida veía la posibilidad de aclarar un misterio que me había venido atormentando desde la infancia: ¿era el lobo un asesino implacable, cruel y vengativo, o un noble y poderoso cazador calumniado y perseguido hasta el exterminio?

En la Estación Zoológica del Servicio Nacional de Pesca Fluvial y Caza todo estaba preparado para recibir a los lobeznos: una amplia cesta con tapa, provista de una buena cama de bálago, dos biberones, un bote de leche en polvo Pelargón, vitaminas, fármacos diversos y una suave esponja para la *toilette*. Micky, mi novia e imprescindible colaboradora, y el fiel Frutos, mi ayudante, se habían encargado de todo.

Cuando abrimos el cajón donde habían viajado los cachorritos, una secreta desilusión se apoderó de todos nosotros: estaban sucios, malolientes, delgados, con los ojillos tristes y velados. Inmediatamente intentamos darles el biberón, pero si los cogíamos en brazos, se debatían y movían las pesadas cabecitas con tal energía que resultaba materialmente imposible meterles la tetina en la boca. Si los dejábamos en la cesta, se refugiaban en un rincón, gimiendo, y hacían caso omiso de aquel frasco donde se encerraba su última oportunidad de vivir.

El instinto de conservación de los lobeznos se aferraba desesperadamente a la vida, pero no conocían más procedimiento que el de llamar incansablemente a la madre, un ser cuyo calor, tacto y olor no hallaban en ninguno de nosotros. Febrilmente pensaba en lo que hace una loba o una sencilla perra con sus cachorrillos: los calienta, los amamanta, los protege... ¡Los lame! Aquí podía estar la clave de nuestro éxito. Pero no se alarmen ustedes; afortunadamente, no tuve que pasar detenidamente mi lengua por el sucio cuerpecillo de los lobeznos. Teníamos una esponja y agua tibia. Y, con toda meticulosidad, Micky fue acariciando con ella la tripita y, sobre todo, los orificios naturales de los cachorritos, como habíamos visto que las perras hacen con sus hijos.

El resultado fue teatral: al contacto de la esponja, húmeda y caliente, *Sibila* y *Remo* se relajaron y, por primera vez, emitieron una vocecita dulce que, como comprobamos más tarde, reflejaba la más profunda satisfacción.

Creímos que había llegado el momento de ofrecerles nuevamente el biberón. Esta vez fue muy fácil metérselo en la boca, pero ninguno de los dos hizo el menor movimiento de succión. Los dejaba tan indiferentes como meterles un trozo de madera. Y si les echábamos el Pelargón en la boca, se atragantaban y tosían aparatosamente.

En nuestros interminables manejos con el biberón, notamos que ya apuntaban en sus encías los dientecillos y se nos ocurrió ofrecerles carne. Al fin y al cabo, eran carnívoros y sus padres comienzan a darles este alimento en cuanto tienen dientes. Frutos salió corriendo a comprar un buen filete magro, mientras mi novia y yo terminábamos la limpieza de nuestros hijos adoptivos.

La carne no los atrajo lo más mínimo. Pese a que estaba perfectamente picada, la retenían en la boquita sin tragarla, para terminar devolviéndola. «¿Cómo traen los lobos la carne a sus hijos?», me preguntó Micky. «En el estómago», le respondí. Cuando llegan al cubil, devuelven la caza que han comido, en grandes trozos; luego, la loba vuelve a masticarlo todo, para triturarlo mejor, y se lo va dando a los cachorros.

Sin decir una palabra más, Micky, ante el asombro de Frutos, comenzó a escupir sobre la carne picada y la mezcló íntegramente con su saliva.

Otro golpe de teatro: los cachorros se la bebieron materialmente; engullían tan deprisa y con tan visible satisfacción, que no nos daban tiempo de colocar

puñados delante de sus hocicos. Frutos salió esta vez volando hacia la carnicería. Se nos había quitado a todos un gran peso de encima.

Solo entonces me di cuenta de que mi papel en la crianza de *Sibila* y *Remo* se había decidido aquella mañana. Los lobeznos ya habían elegido a su madre; hechos dos bolitas, se habían quedado profundamente dormidos sobre el regazo de Micky. Para mi novia, la experiencia resultó fatigosa pero apasionante y, sobre todo, muy instructiva. Hoy es mi mujer y está criando a nuestra primera hija como si no hubiera hecho otra cosa en su vida.

Cada día son más numerosos los amantes de los perros. Rara es la persona que no ha pasado un buen rato contemplando los juegos de dos perritos, porque en todos sus movimientos hay gracia y espontaneidad. Y uno **se despreocupa, se infantiliza,** como si fuera contagiosa la vitalidad y alegría derrochada por los cachorros.[29]

• • •

El domingo también es un día festivo en el calendario de mis lobos. Saben que estoy con ellos toda la tarde. Corremos sin descanso y practicamos muchos juegos, como el de alcanzar un trozo de madera colgado en la rama de un árbol. *Remo,* como siempre, ha batido a todos en la competición; ha cogido muchas veces con sus dientes el taco de madera colocado a más de 2 m de altura.

Al atardecer, duerme bajo la fina lluvia de abril. Abrigado en la losa de la cabaña de piedra, tengo mi mano derecha apoyada en su cuello. Sus músculos se tensan, su respiración se hace entrecortada, de su pecho escapa un ronquido amenazador. *Remo* está soñando.

Hay una paz antigua en el ambiente. Huele a tierra húmeda, a floración. En los ojos ambarinos de los cinco lobos que me rodean, quietos, enroscados en sus hoyos, leo un mensaje de lealtad que viene desde el fondo de las edades. Va cayendo la tarde y, apoyado en la roca de la pequeña caverna, **sueño en el sueño de mi lobo *Remo:*** la nieve galopa enloquecida por la llanura inmensa, cabalga en el viento ártico y se me clava en los ojos. ¡El bisonte! Salto hacia un lado y el gigante pasa en medio de un torbellino blanco, arrastrando los venablos que le van ro-

bando la vida. Los hombres gritan; se quedan atrás, hundidos en la nieve, cansados: «¡La carne, la carne!». Los lobos cortan el paso a la carne. *Remo* salta más que ninguno; se cuelga de la garganta del coloso. El torbellino gira y les arrastra a todos: *Sibila, Rómulo, Diana*... Un lobo sale por el aire impulsado por el poderoso testuz agonizante. Los venablos silban. Los lobos cantan con sus ladridos agudos. La carne se desploma. Y el viento ártico nos envuelve a todos.

Apoyado en la roca de la pequeña cabaña, me miro en los ojos de mis seis lobos; *Remo* ha despertado ya. Allá abajo ladran mis perros de caza. Quizá han soñado con nosotros. **Porque ellos también estaban allí**, hace 10 000 años, cuando matamos el bisonte.[30]

• • •

Siempre he dicho que los lobos se deben conservar donde no causen daños irreparables y que **se deben eliminar donde causen daños irreparables.** También he dicho siempre que aquellos miembros de la sociedad española que sufran los daños de los lobos, como puedan ser los pastores, deben ser convenientemente indemnizados por un fondo común, es decir, por el Estado.[31]

• • •

¿Por qué aúllan los lobos? En primer lugar, para comunicarse unos con otros. En segundo lugar, para marcar sus territorios. En tercer lugar, quizá, para expresar la profundísima tristeza del corazón de una especie que dominó medio mundo y que está ya al borde de la extinción. Que el lobo viva donde pueda y donde deba vivir. Para que en las noches españolas no dejen de escucharse los hermosos aullidos del lobo.[32]

• • •

Cuando un naturalista que dedica la vida al estudio y protección de la naturaleza toma la pluma para prologar una enciclopedia de caza, necesariamente ha de hacerse una pregunta: ¿Es justo que el zoólogo, el proteccionista, el amigo de los animales, abra las páginas de un libro que, de manera tan rigurosa como atractiva, describe las técnicas de la persecución, el acoso y la muerte de las criaturas salvajes? El naturalista, con toda sinceridad, no tiene más remedio que responderse a sí mismo afirmativamente; puede y debe introducir al lector en las artes venatorias, entre otras cosas porque él mismo llegó a conocer y a querer a los animales siguiendo las venturosas sendas del cazador y, sobre todo, porque la caza, lo que los científicos llaman la predación, ha venido constituyendo el resorte supremo de la vida desde que esta apareció sobre nuestro planeta. Porque el cazador, si mata siguiendo las rígidas e inmutables leyes que ha impuesto la naturaleza a la gran estirpe de los predadores, regula, con su acción, y dirige, al mismo tiempo, el complejísimo concierto de las especies, el equilibrio entre los vivos y los muertos.

Al hombre que escala penosamente una empinada ladera para ganar la mano a las perdices; al que soporta el cierzo, calado hasta los huesos, en una espera a los patos; al que siente en las sienes la música monorrítmica de la sangre cuando un venado galopa hacia su puesto, rompiendo el monte; al hombre que, olvidado de su condición de artesano, de intelectual, de financiero o de político, se sume de pronto en la eterna e inmutable tensión del cazador ante la presa; concretamente, al predador humano, querría exponerle con toda la objetividad, y también con toda la cordialidad, el porqué de su incontenible pasión hacia el arte venatorio. Y querría, también, recordarle las reglas estrictas que, desde el principio de los tiempos, han venido respetando todos los cazadores, desde el tiburón al águila, desde la mantis religiosa al tigre, **reglas cuya transgresión transforma al predador en hediondo necrófago, al noble cazador en despreciable matarife.**

Por ello, compañero cazador que, olvidado de tu condición de artesano, de intelectual, de financiero o de político, te sumerges de pronto en la eterna e inmutable tensión del predador ante la presa, piensa que la naturaleza ha impuesto reglas muy severas a cuantos nos hallamos en la cúpula de la pirámide de la Vida. **No mates, caza.** Porque no es lo mismo matar que cazar. La persecución, el acoso y la muerte de la pieza siempre han exigido del cazador esfuerzo físico y agudeza mental. Y en cuanto el ejercicio de la caza contribuya a desarrollar tus músculos y afinar tus sentidos, será para ti una actividad noble y deportiva, regida por la eterna ética biológica. Una sola pieza que te exija una tarde entera de persecución, una penosa espera desafiando al cierzo o un laborioso cálculo de estrategia cinegética, representará más alta conquista y más provechosa dedicación que un centenar de infelices animales derribados con comodidad y sin fatigas. Porque no es la cantidad de capturas lo que forma y ennoblece al cazador, sino la calidad de estas.

En panorámica quizá demasiado rápida, hemos visto que la especie-presa ha sabido adaptarse a la presión de la especie-predador. Y una de las conquistas más decisivas en esta adaptación ha sido el aumento de su capacidad reproductora. Los conejos, las perdices y los patos salvajes reponen fácilmente las bajas que los cazadores han causado en sus efectivos. Hoy podemos controlar perfectamente las poblaciones de estos animales e incluso las de venados, cabras montesas o jabalíes. Pero hay un buen número de especies ibéricas que, incapaces de soportar la agresión humana, porque nunca han militado entre los cazados, sino entre los cazadores, están al borde mismo del exterminio: son los linces, las grandes rapaces, los osos... En el fondo, estos nobles animales son tus camaradas, los que han venido haciendo, desde el principio de los tiempos, lo mismo que tú haces hoy, escopeta al brazo. Respeta a las criaturas protegidas por la ley, no contribuyas con tus disparos a precipitar la desaparición de una especie entera de la lista de los vivos. Porque todas cuantas criaturas poblamos el planeta hemos salido de las manos del Creador y dependemos de su eterna Providencia. ¿Va a ser precisamente el ***Homo sapiens*, el más favorecido por el Sumo Hacedor, quien se atreva a enmendar la plana de su Obra?**[33]

• • •

Cuando hace unos días tuve el honor de hablar ante las cámaras de Televisión Española en el espacio *Fin de semana* y se me comunicó que podría colaborar periódicamente en dicho programa, no dudé un momento acerca del lema que debía guiar mi colaboración: la defensa de los animales, a ultranza. La defensa de los animales considerados beneficiosos, buenos, porque el hombre puede sacar de ellos provecho material o deportivo. Pero también, sobre todo, porque andan más necesitados de protección. **Me propuse abogar por todos esos seres montaraces, valientes y hermosos a los que, con más o menos justificación, se ha colgado el sambenito de dañinos.** Porque, en definitiva, lo que es preciso salvaguardar a toda costa es la integridad de nuestra fauna, tesoro inapreciable del que, merced a unas afortunadas circunstancias climáticas y geográficas, todavía disfrutamos.

Dentro de este espacio quisiera yo arrogarme el cargo de defensor de estos animales montaraces. **Defensor, amigo y paladín.** Nada más y nada menos que del lince, la nutria, el águila o el halcón, de los más fieros, los más poderosos piratas de la fauna ibérica. Piratas necesarios. Un animal puede pasar de la lista negra a la absoluta protección en el tiempo que se tarda en firmar un decreto. Y sé que todas las rapaces y la mayor parte de los carniceros irán traspasando esta terrible frontera, gracias al esfuerzo de pacientes observadores, enamorados de la naturaleza. Empecemos ya a respetarlos antes de que su caza se prohíba. Adelantémonos a las leyes de protección con la comprensión y el amor.

En términos generales, se ha comprobado que los predadores actúan movidos por unos estímulos muy semejantes: atacan con prioridad a la presa que presenta alguna alteración en su aspecto y comportamiento, sobre todo, si acusa debilidad. Sus víctimas son, particularmente, los individuos enfermos, heridos o peor dotados. Por ello, los predadores son necesarios para la selección de las especies de que se nutren. De nada servirían todas las medidas legales proteccionistas, vano resultaría el convencimiento de los científicos de la necesidad de respetar el equilibrio biológico, si estos conocimientos y disposiciones, convenientemente divulgados, no llegan al ámbito rural. Y no existe tribuna de tan amplio alcance como la televisión para exponer todos estos hechos ya comprobados.

Si cada semana se va presentando un animal salvaje, explicando su misión en el medio ambiente, humanizando sus ansias, sus luchas y sus alegrías, si llegamos a despertar en las nuevas generaciones del campo, pendientes ya de la pantalla de su receptor, una curiosidad hacia la vida salvaje y un auténtico conocimiento que, sin duda, se trocará en respeto, habremos conseguido salvar nuestro tesoro zoológico. No olvidemos que el más profundo amor y compenetración con el animal salvaje experimentado por la humanidad, dio lugar, en el seno de una cultura multimilenaria de cazadores, a esa Capilla Sixtina del arte rupestre que es la cueva de Altamira. El poderoso cazador del Paleolítico pintó con amor, con increíble conocimiento, al animal que constituía su pieza de caza a la vez que su tótem. El verdadero cazador es, ante todo, un amante de la pieza que persigue, aunque tal amor parezca paradójico, y es su más acabado defensor. Pero ¿cuántos verdaderos cazadores quedan inmersos en la suprema armonía de la naturaleza, como aquellos hombres de Altamira?

Creo sinceramente que todo hombre que se echa al campo, arma al brazo, dispuesto a disparar sobre todo lo que se mueve, llegaría a respetar al animal si pudiera conocerlo en su auténtica dimensión biológica. **Todavía estamos a tiempo.**[34]

Sin embargo, no pretendemos que se respete íntegramente a todas las especies carnívoras. En otros tiempos, sus poblaciones estaban perfectamente equilibradas por la competencia con los predadores más poderosos, como los lobos y los linces. Hoy, en ciertos parajes y circunstancias, podrían reproducirse de modo exagerado y realmente peligroso para las especies de caza menor. En un concepto moderno de la fauna, el hombre debe controlar las densidades de los cazadores y de las presas que pueblan un territorio, encomendando esta delicada misión a profesionales de la biología que pueden matizar ciertos detalles de capital importancia que pasarán siempre inadvertidos a los profanos. **Porque puede ser tan grave condenar al exterminio a una especie animal como respetarla a ultranza.**[35]

• • •

Nunca he visto **al ser humano más integrado con la propia naturaleza que personificado en un pescador de caña;** en la paciencia, la secreta pasión y la afición sin límites del pescador, no hacia el pez o hacia el deporte de la pesca sino hacia el río y de alguna manera hacia la naturaleza, veo viva y persistente la pasión del hombre por el medio que lo sustenta.[36]

• • •

Muchas veces, me he atrevido a ver y a interpretar en la línea que va desde la caña hasta la boca del pez un fuerte, eterno e **irrompible cordón umbilical** que une al hombre a su planeta, a su tierra.[37]

• • •

El hombre de la era tecnológica, prisionero en las cárceles de asfalto y cemento de sus ciudades, separado del aire y del sol por la piel metálica de su automóvil, sigue siendo, en el fondo, el más poderoso cazador del planeta, enamorado, con fervor casi mítico, de la pieza que persigue.[38]

• • •

La caza, cuando se ejercita de una manera legal, cuando se atiene a unos esquemas ecológicos, es una actividad humana perfectamente defendible y en ciertos casos un duro y noble deporte. El gran enemigo de una especie no es nunca la escopeta legal sino **el deterioro del ecosistema.**[39]

• • •

Se tiene una falsa idea de la conservación de la naturaleza en los países muy antropogénicos, en especial en los de Europa. Un parque natural en España y en el Pirineo no puede ser tratado como el Parque de Yellowstone, donde el hombre blanco no llegó hasta muy tarde y donde, después de expulsar a los indios autóctonos, se podía mantener una fauna y un equilibrio natural. Según mi criterio, la mejor manera de conservar un área natural es, en primer lugar, dejarla tal cual estaba cuando ha llegado hasta nosotros para luego ir incrementando lentamente su potencialidad ecológica, y para ello es necesario estudiar cuáles eran las circunstancias de la población humana en esa área, durante los últimos siglos, porque la interdependencia entre el hombre y la naturaleza en Europa es milenaria.

Por ejemplo, se puede limitar el tipo de caza o de pesca y **potenciar la ganadería**, porque sabemos muy bien que la erradicación de la ganadería implica una degradación brutal del ecosistema.

Me parece que la idea de que para conservar los parques naturales convendría comenzar por sacar a los pastores y a los madereros, para introducir un hipotético turismo, es totalmente descabellada. Convendría, primero, potenciar y primar a los propietarios de la tierra para que sigan teniendo ganado, para que ese ganado siga influyendo positivamente sobre los pastos y sea el alimento de los buitres, los quebrantahuesos, los osos y, donde los haya, los lobos, y después dar un tratamiento turístico tangencial a estas zonas donde, por otro lado, el hombre de campo, el hombre de montaña, no debe ser desarraigado.

¿Por qué no se ha hecho algo para que en este país los pastores no se hayan marchado a Alemania o hayan emigrado a Madrid a apretar tornillos?

Además, el montañés que se va tiene que desprenderse de sus bienes, unos bienes que, aunque sean antropogénicos, es decir, generados por el hombre, propiedad del hombre, forman parte ya del paisaje de la montaña, el paisaje del campo. Hablamos de esas gallinas triscadoras y gallos cantores de la montaña o del llano, de esos patos, gansos, corderos, ovejas, cabras y, en algunas ocasiones, vacas que viven en las granjas. Cuando el hombre se va, también se va su pequeña fauna, la pequeña fauna antropófila.

El amante de la naturaleza, si es profano, podría pensar: ¡Qué liberación! ¡Qué bien! Se va el hombre que no puede resistir ya la vida en la naturaleza, que no puede resistir ya la vida en los pueblos, con escasos servicios, a veces con médicos y centros de enseñanza lejanos, atraído por la ciudad, por la megápolis, y el campo se va a quedar libre, no va a haber ya animales que se coman el campo.

Y yo, que soy más papista que el Papa, en esto de la defensa de la naturaleza tengo que decir que no, amigos. **Nuestro campo, los campos de toda Europa, todos los medios naturales europeos, son fundamentalmente antropogénicos. El hombre los ha generado y, de alguna manera, en un perfecto maridaje con la naturaleza, ha incluso mejorado, en determinados aspectos, a la propia naturaleza.**

Cuando se van las ovejas, cuando se van los hombres, empieza a cambiar totalmente el aspecto de los campos. La hierba se ha mantenido en unas condiciones de pradería, formando claros en la montaña, porque ha sido pastada durante siglos por las ovejas, porque ha sido mantenida por el excremento de las ovejas, y las semillas, que precisan de la presión de la pata y del diente de la oveja para mantenerse en óptimas condiciones, han sido llevadas lejos por las pezuñas y el pelo de esas ovejas. Cuando se va el ganado, cuando se van los herbívoros, los pastos se degradan, desaparecen, y son sustituidos por una vegetación de tipo arbustivo que, en muchos aspectos, resulta nociva, no solo para el hombre, sino también para la propia naturaleza.

Ahora descubrimos que nuestros parques naturales, nuestras áreas integrales de la naturaleza, deben incluir para su mantenimiento al hombre, **pero no al hombre de circunstancias tecnológicas, contaminadoras y degradadoras, ni tampoco medievales**, sino al hombre con raíces en el campo, amante de su cultura y tradiciones, sobre todo al hombre montañés. Hay que conseguir que estas gentes no se marchen de la montaña y del campo, porque, si lo hacen, su huida no solo representará una auténtica catástrofe para la tradición, la historia y la cultura rural, sino también para la ecología. Si el hombre se va y se lleva a sus ovejas, sus cabras, sus vacas, su ganado de labor, muchos de los animales salvajes no tendrán qué comer, y muchas de las plantas salvajes, sin el estímulo de los animales domésticos que, durante siglos, han sustituido a los animales salvajes, se degradarán.

Los valles de Roncal y de Belagua deben ser para sus gentes. Ellos, con su ganadería, sus explotaciones forestales reglamentadas, su impronta humana, sus tradiciones y su presencia, serán los elementos primordiales, no solo a nivel cultural y artístico, más o menos perecedero, sino también a nivel ecológico. El día en que las autoridades navarras se decidan a crear su gran parque natural, su gran parque navarro, un parque que sintetice no solo las bellezas de la naturaleza y las entidades ecológicas, sino también las entidades históricas, tradicionales, humanas, se dará un gran paso para preservación del Pirineo.[40]

• • •

En el Pirineo español se podrían hacer los más bellos parques naturales de Europa; en él **podrían volver a vivir los bisontes que vivieron aquí y que pintó el hombre de Altamira hace 15 000 años.** También podrían reintroducirse caballos de montaña que dan exactamente los parámetros de los caballos salvajes que pintó también el hombre del Magdaleniense; podrían vivir los osos que aún habitan la zona, pero en mayor número y menos temerosos del hombre; podrían vivir los ciervos, los corzos, infinitas criaturas, además de la perdiz nival, del urogallo, del quebrantahuesos, de las águilas, de los buitres, de las cabras montesas y de los rebecos, que componen la población de una de nuestras últimas islas montañosas.[41]

• • •

Conocí Doñana por primera hace unos 20 años. No había ningún tipo de problema en aquellas tierras vírgenes. Me informé someramente de la historia de Doñana, y lo primero que me llamó la atención y despertó en mí un sentimiento de gratitud fue el esfuerzo de las familias propietarias de aquellas tierras que habían conservado su integridad ecológica. Es cierto que hace 20 años no eran naturalistas, es más, hace 50 o 100 años, cuando aquellas familias fueron conservando sus animales, no se conocía la palabra ecología ni se pensaba en el proteccionismo. Pero estas familias de raigambre eran tremendamente partidarias del deporte de la caza, concretamente de la caza mayor. **Muchas veces, naturalistas y conservacionistas poco informados combaten a sangre y fuego a los cazadores. A mí me gustaría decirles que, si es cierto que la caza abusiva es un gran enemigo de la naturaleza, la caza cualificada ha estado en casi todos los parques naturales del mundo, en la base misma de su historia y de su constitución.** Estas familias propietarias de las distintas fincas, de los distintos cotos que conformaban el actual coto de Doñana, velaron por sus ciervos, por sus gamos, por sus jabalíes, por sus águilas imperiales, por sus linces; en definitiva, por toda la fauna en general. Me consta que, incluso, cuando hubo por parte de la Administración algún intento de transformar algunas regiones de la marisma en inmensos eucaliptales, las familias propietarias se opusieron radicalmente.

Quiero mostrar mi admiración, mi voto de confianza y de gratitud, por esta larga ejecutoria de los antiguos propietarios de las fincas que constituían el coto de Doñana.[42]

• • •

¿Quién no ha oído hablar del ganado trashumante? **En España, en épocas históricas, este tipo de ganado constituyó un capítulo, en orden económico, social, cultural y ecológico, que difícilmente podríamos explicarnos nosotros, los trashumantes de la manada de automóviles.**

Como saben ustedes muy bien, en líneas generales, la trashumancia se basaba en la diferencia climática y ecológica entre distintas regiones de la amplia península Ibérica. Mientras que en primavera y verano, en los puertos de León, de Asturias y sobre todo de Soria, había verdes pastos como consecuencia de la fundición de las nieves, de la humedad que se quedaba agarrada a aquellas altas laderas, a aquellas altas cotas, en otoño e invierno, las zonas que tenían un pasto también apetecible para el ganado eran Extremadura, Andalucía, la mitad sur de Castilla, etc.

Había, por consiguiente, que establecer una trashumancia del ganado. El ganado lanar, aquellos famosos merinos, que fueron origen de una gran industria española en la época de nuestro Siglo de Oro —no solo del Siglo de Oro literario, sino del más importante Siglo de Oro histórico de la conquista, de la colonización— y que se contaban por cientos de miles, iban todas las primaveras a través de las cañadas y de los caminos reales a la conquista de los altos pastos de Soria, de León, de las cadenas montañosas. Y con la otoñada, volvían regularmente a sus refugios invernales de Extremadura, Andalucía y el sur de Castilla, las regiones donde pasaban el invierno.

Con ellos iban los pastores, que, desde los mayorales hasta los zagales, constituían una auténtica jerarquía, un ejército perfectamente disciplinado convertido en columna vertebral de los capítulos más importantes de la economía de un país que dominaba el mundo, un país que era el eje de un imperio en el que no se ponía el sol. La proteína de los españoles era el ganado lanar. La vestimenta de los españoles eran las piezas de paño que se obtenían con la buena lana de los merinos, que luego nos copiaron y se llevaron para Inglaterra y después a Australia, nuestros competidores de la época, los británicos. Importante capítulo cultural, e incluso en el mundo del folclore, fue el de la trashumancia.

Las cañadas que todavía quedan constituyen, en este momento, un tema conflictivo para la Administración, pues han sido invadidas de manera ilegal

por muchos constructores que, si se les deja, terminarán urbanizando hasta las plazas de las catedrales góticas. Las cañadas no solo formaban una red uniforme de praderas, en un país depauperado por una agricultura abusiva, sino que en torno suyo había, por ejemplo, colonias de buitres que se alimentaban con los cientos de cadáveres de los animales, que iban viajando temporalmente en esta trashumancia, depositados en las veras, en las cercanías de las cañadas. Las cañadas eran seguidas puntualmente, de manera furtiva en la noche y en los atardeceres, por las familias y manadas de lobos que trashumaban con el ganado. Las cañadas eran acceso y camino para otros animales que las aprovechaban para sus desplazamientos, como los nocturnos zorros y los mismos lobos en las zonas donde los venados y otros animales atravesaban bosques y montes.

La trashumancia en la península Ibérica llegó a cambiar, en cierto modo, toda la ecología del bosque y del matorral mediterráneo. Hoy el ganado ya no trashuma; se traslada generalmente por ferrocarril y cada día es más pequeño. Ciertamente, el número de ovejas y carneros no ha disminuido, pero hoy, en lugar de pastar libremente en la naturaleza, están alimentados con piensos compuestos, fabricados ni más ni menos que con harinas de pescado, de peces obtenidos en la lejana corriente de Humboldt, allá en la costa pacífica del Perú.

Al acabarse el fenómeno de la trashumancia, cambió la condición de los pastores: aquellos seres recios, folclóricos, tradicionales, domadores de mastines y luchadores de lobos, vestidos con aquella chamarra de piel de merino, míticos hombres que olían a tomillo y aventura, se han transformado en obreritos emigrados a Alemania, a los que naturalmente tengo todo el respeto, pero que viajan y se desplazan con el fruto de sus ahorros de vuelta a la península Ibérica por rutas paralelas a las que sus mayores recorrían a pie, conduciendo un automóvil utilitario que se han podido comprar gracias a los frutos de otra trashumancia, la trashumancia de los españoles que se van a trabajar a Europa para volver luego, como volvían los ganados enriquecidos en grasa con los pastos de la montaña, enriquecidos en divisas con los pastos tristes del metal, del petróleo y del trabajo, conseguidas apretando el tornillo de la fabricación en serie de fábricas alemanas, holandesas o francesas.

Hay quien se pregunta cómo estos pastores, que seguramente venían realizando esta práctica desde época neolítica, se las ingeniaron para llevar su ganado de unos sitios a otros. Pues debo decir que fue exactamente al revés: **los hombres aprendieron a trashumar, a ir de unos sitios a otros, siguiendo al ganado.** «Hala, ya está el doctor sacando consecuencias remotas de sus conocimientos biológicos para tratar de demostrarnos que casi todo nos lo han enseñado los animales», dirán algunos. No es verdad, los hombres tenemos una facultad que nos separa abismalmente de todos los animales: **somos capaces de programar, de proyectar, de pensar, de reflexionar; sin embargo, hay cosas que nos han obligado a hacerlas los animales.**[43]

• • •

O sea, que ya migraban, trashumaban, los que podríamos llamar ganados salvajes antes de que el hombre tomara la determinación de llevarse desde Extremadura a los puertos de Soria a las ovejas y a los carneros. Pero, tal vez, el oyente de la radio, iniciado en cuestiones biológicas y metido en esta charla de café —me gusta que así sea el carácter de nuestras transmisiones—, me puede decir que si allá, en África, pasan tales cosas, no sabemos si podemos tomarlas como modelo aquí en la región Holártica.

En el África remota y lejana, donde pueden ocurrir todos los milagros zoológicos, no tiene nada de particular que inmensos rebaños naturales, que el hombre nunca explotó como ganado doméstico, aprendieran de alguna manera a viajar anualmente adonde había pastos ricos y abundantes para poder alimentarse y traer al mundo a sus pequeños. Pero aquí, en la Europa fría, donde es mucho más difícil este tipo de orientaciones, ¿ocurre algo parecido?

¡Cómo no, amigo mío! Para comprobarlo, basta con que nos vayamos al Ártico y nos fijemos en el reno. Un animal del tamaño de un gran ciervo, de 300 kg de peso, con una cuerna ramificada, tanto los machos como las hembras, lleva a cabo anualmente una trashumancia también fabulosa. Y contamos con la fortuna de que todos los renos americanos, que reciben el precioso nombre de caribú, palabra de origen indio, son salvajes, mientras que todos los renos euroasiáticos, que reciben el viejo nombre euroasiático de reno, son domésticos. **En Eurasia no quedan renos salvajes y en Norteamérica no hay renos domésticos;** sin embargo, renos y caribús pertenecen a la misma especie. Pues bien, ¿qué pasa con los caribús en Norteamérica y con los renos en Eurasia?

Los norteamericanos caribús, hermosos, protagonistas de algunas de las películas más bonitas de Walt Disney y de algunas de las novelas más llamativas de Jack London, pasan el invierno en el borde mismo de la taiga. «¿Qué es la taiga, Félix?», me pregunta un niño que escucha todas mis emisiones. La taiga, hijo, es un bosque de coníferas, negro, impresionante, con luz de catedral gótica, un bosque inmenso que ocupa todo el cinturón meridional ártico, tanto en Norteamérica como en Europa. En la taiga norteamericana, en los bosques de coníferas, los caribús invernan, pero no muy adentro, entre 150 y 200 km al borde mismo de la tundra, esa llanura septentrional donde hace tanto frío que la tierra está siempre helada por debajo de los 30 o 50 cm, donde no hay árboles porque sus raíces no pueden meterse en el sustrato telúrico.

Pasan el invierno comiendo los líquenes, las cortezas mismas de los árboles, las escasas hierbas que nacen debajo de esos gigantescos abetos y viviendo, sobre todo, de las reservas que acumularon en su estancia en la tundra. Pero cuando en el norte despierta la primavera, cuando las bandadas de aves viajeras vienen del sur, hacia el mes de abril o mayo, cuando la alta tundra del círculo polar todavía gime dentro del huracán y de los -50°C, de pronto, las hembras de caribú que están ya preñadas, que están ya sintiendo de alguna manera la llamada de la maternidad, abandonan las cómodas y en cierto modo templadas taigas, y se encaminan hacia el norte.

No hay pastor alguno que dé la orden. No hay mayoral que decida por orden del administrador de su señor que ha llegado el día de la trashumancia. **Trashuman siguiendo un mandato interior**, siguiendo un impulso que llevan grabado en sus genes. Puntualmente el gran ejército de caribús se encamina en compactas filas hacia el norte. Con los caribús viajan los lobos, con los lobos viajan los zorros árticos, y los esquimales esperan el paso de las manadas en los puntos donde son más vulnerables, generalmente las travesías de los lagos, para conseguir su carne. Año tras año, seguramente desde principios del Cuaternario, los caribús siguen viajando hacia el norte en primavera y a unos 500 km del punto de partida alcanzan las tundras desnudas; cuando llegan, es el mes de junio. Ahí tiene lugar la paridera, ahí se alimentan de líquenes, de esas apretadas y tupidas plantas que encierran un enorme poder energético. Comen y comen, y allí soportan el verano ártico, donde la noche es apenas una aurora, un suspiro, donde todo el tiempo es día para comer y para vivir alegremente; permanecen allí llenándose de líquenes y engordando hasta finales de julio o mediados de agosto, pues en esas fechas, en el Ártico empieza ya a nevar. Entonces, nuevamente, los caribús vuelven hacia el sur y, siguiendo sus rutas ancestrales, cubren nuevamente los 500 km que les separan de las taigas.

Nadie ha enseñado a los caribús del norte, como tampoco nadie había enseñado a los ñus del trópico, que hay una manera de conquistar los pastos buenos en verano y primavera y de marcharse a los abrigos de la invernada cuando el frío y el hielo van a sacudir el Ártico, de la misma manera que sacuden los altos puertos de Soria o de León. Estamos fascinados. Antílopes de 200 kg trashuman por su propia cuenta en Kenia y Tanzania, en pleno trópico. Cérvidos de 300 kg hacen una trashumancia parecida nada menos que en las regiones árticas y subárticas. Pero ¿qué pasa con los renos de Eurasia, todos ya domésticos? Pues pasa, queridos amigos, que estos renos, conducidos por unos hombres notables que son los lapones, hacen el mismo tipo de trashumancia. Cuando se inicia la primavera, en esos formidables parajes que he tenido la fortuna de contemplar de Suecia, Noruega, Finlandia y, yéndonos hacia el este, la hasta hace poco tiempo secreta Siberia, todos los lapones y otros pueblos subárticos de Eurasia se ponen en marcha, siguiendo a sus rebaños hacia el norte. Pero no es un mayoral lapón —valga la palabra, que ellos no conocen— quien decide que ha llegado el día de marcharse, sino los propios renos. Porque los renos de los lapones, que son los caribús euroasiáticos, deciden por su cuenta, exactamente igual que sus primos salvajes, cuando ha llegado el momento de iniciar el viaje hacia el norte, y el lapón se limita a seguirlos, se limita a ir matando animales para alimentarse con su carne y su grasa, y ordeñar a las hembras para hacer queso, mantequilla y alimentarse con su leche. El lapón se limita a defender de los lobos a sus manadas, a marcar los recentales cuando nacen en la tundra, y a volver después, cuando una vieja hembra, que posee mayor sabiduría que el más sofisticado centro meteorológico, decide que ha llegado la hora y el día de emprender el viaje hacia el sur.

El hombre, queridos amigos, se hizo trashumante siguiendo al ganado. El lapón empezó a viajar, se piensa que hace unos 10 000 años, cuando de cazador de caribús como el esquimal se transformó en pastor de renos como actualmente es. Y esa trashumancia seguramente tiene una importancia trascendental: esto que hacen los lapones de ir detrás de sus renos semisalvajes, de alguna manera controlados, marcados, conducidos por los cazadores, esto que hacen o que hacían hace apenas 15 años los esquimales de ir detrás de los caribús salvajes para irlos matando a lo largo de sus rutas, parece ser que 50 000 años atrás ya lo hacía el hombre también siguiendo a los renos; ¿y saben ustedes adónde llevaron los renos al hombre? A América. Los científicos explican que hasta hace unos 50 000 años toda América era un paraíso porque allí no había llegado el hombre, era un continente insular, en el sentido ecológico de la palabra, porque estaba separado de Eurasia por el estrecho de Bering, un estrecho tormentoso, de olas arboladas, por las que un primitivo navegante nunca habría osado pasar. Pero hace aproximadamente 50 000 años, como les digo, durante una de las más grandes glaciaciones de nuestro planeta, bajó el nivel de los mares en toda la Tierra y el estrecho de Bering se transformó en un puente pétreo. **Y por aquel puente los renos salvajes eurasiáticos, siguiendo su instinto migratorio, ampliando unas áreas nuevas de apacentamiento, pasaron desde Siberia a Alaska, y detrás de los renos pasaron los hombres, y aquellos hombres son los antecesores de todos los amerindios, es decir, de todos los indios americanos que después conquistamos y colonizamos los europeos.**

Creo que, en el fondo, todos los seres vivos llevamos grabados en nuestros genes unos imperativos que nos conducen a trashumar. Y fíjense bien: si han seguido la historia de los merinos de Extremadura y de los renos o los caribús del Ártico, habrán observado que la trashumancia viene determinada porque algo que nos alimenta se agota y entonces tenemos que buscar tierras nuevas para seguir encontrando un nuevo y renovado alimento. Si los merinos se quedaran en Extremadura en verano, se morirían de hambre porque la sequía es atroz, y si se quedaran en los puertos, pasado el mes de septiembre tendrían que comer piedras porque allí cae medio metro de nieve y no hay ni una brizna de hierba. Otro tanto les ocurre a los ñus del Serengueti: lo que es un vergel cubierto de pastos apretados, cuando viene la sequía, se transforma en un desierto polvoriento.

¿De qué huimos nosotros en nuestra trashumancia? Seguramente de falta de sol, de falta de aire libre, de falta de alimento psíquico, de falta de espacio para vivir y para respirar. Lo malo será el día en que en los puertos no haya hierba, cuando falte también en Extremadura o cuando en el Ártico empiece a nevar y también en la taiga esté nevando. Entonces nos quedará la venturosa solución de volver a descubrir América, la de aquellos renos que, sin darse cuenta, buscando líquenes siempre al norte, atravesaron el puente pétreo de Bering, que después se volvió a hundir, y se convirtieron en los padres de todos los caribús americanos, y los cazadores que les siguieron se convirtieron en los padres de todos los autóctonos de aquel continente.

¿Y qué istmo será el que nosotros podremos pasar?, me preguntará mi contertulio. Pues ya lo sabe usted; uno que, como no ocurra otro milagro como el del Pleistoceno, como el de las glaciaciones, no creo que podamos traspasar nunca: el del espacio, el de otra galaxia, el de un planeta nuevo, virginal, vacío y lleno de pastos abundantes como los puertos de Soria en el mes de mayo, donde podamos de alguna manera evacuar el superávit de un corral en el que casi no cabemos los merinos humanos. **Piensen, amigos míos, en esta trashumancia y vayan haciendo algunas meditaciones sobre el tema.**[44]

Cuántas historias se pueden aprender en esas empíricas experiencias de los hombres del campo. Cuántos matices que después he releído y más tarde he podido comprobar que son, si no exactos, al menos verosímiles, los había aprendido ya con las palabras y con las conversaciones de pastores, de cazadores, de toda aquella gente de mis páramos y de mis tierras. De alguna manera, me gustaría que en lo alto de ese páramo inaccesible al que solo llegan los enamorados de la naturaleza, de ese páramo en el que suenan y resuenan las voces de todos los pájaros habidos y por haber, mi viejo profesor de ornitología, el maestro zapatero que dedicaba mucha más atención y más arte a sus pájaros que a sus zapatos, que estaba locamente enamorado de su banderillero, que era el orgullo de su vida y lo mejor que había logrado en este complejo mundo de la etología —disciplina por la que ahora han dado un premio Nobel al famoso Konrad Laurenz—, pudiera escuchar esta sencilla charla, porque es un homenaje a sus conocimientos y, sobre todo, **es un testimonio de gratitud por el amor con que aconsejó a aquel niño agreste que se agarrara al rabo de la burra, no fuera a tropezar y a equivocarse de camino.**[45]

• • •

La agricultura biológica es algo que la humanidad ha practicado durante decenios, incluso milenios.

Parece ser que el hombre de mi pueblo, que se iba a trabajar cantando y que volvía cantando, que bebía el *txakoli* producido en sus propias viñas, que se comía el pan producido en sus tierras abonadas con el estiércol de sus ganados y con el suyo propio, era un hombre feliz. Cantaba mucho, reía mucho, tenía un aspecto físico muy robusto y vivía unas tradiciones de riquísimas dimensiones, muy variadas, que constituían todo un mosaico de lo que se puede llamar una patria o un país, cosa que de alguna manera parece que ahora también se está dilapidando.[46]

• • •

Cualquier estudiante de primero de bachillerato sabe que las vacas forman parte del biotopo del pastizal de montaña, si se las cría, por ejemplo, en las laderas del sistema Cantábrico, o del estepario, si viven en algunas dehesas de Extremadura. También se dijo que los espacios naturales protegidos limitarían el desarrollo de la ganadería extensiva. Resulta evidente al más mediano ecólogo que la oveja forma parte de los distintos ecosistemas en gran parte de la península

Ibérica. Expondré un caso concreto: en los altos páramos que se encuentran en el límite entre la provincia de Burgos y la de Segovia, en la zona del río Riaza, pastaban hace solo 25 años unas 5000 ovejas. Como consecuencia de la emigración de la mano de obra campesina y del incremento de los jornales, los antiguos rebaños fueron mermando, hasta el punto de que, en el año 1974, no contaban más de 500 cabezas de ganado. Las consecuencias han sido muy claras: los pastos se deterioran, los insectos coprófagos desaparecen, las aves y pequeños mamíferos que encuentran gran parte de sus nutrimentos en estos insectos se extinguen, y los buitres que vivían de los cadáveres del ganado lanar abandonados en el campo disminuyen en gran número. En pocas palabras, el ecosistema se desequilibra.

Para dar la razón a quienes critican el proyecto de ley con argumentos ganaderos, me atrevería a decirles que en los nuevos parques naturales en los que la ganadería haya desaparecido —como consecuencia, no de la conservación, sino de la emigración—, **habría que introducir nuevamente ganado, para así evitar la degradación de los biotopos.** Si, en contra de la opinión de científicos tan destacados como los catedráticos de Ecología Margalef y González Bernáldez, la nueva Ley de Espacios Naturales protegidos ha de salir a la calle sustancialmente modificada, si sus enmiendas se basan en argumentos tan burdos y profanos como los que hablan de biotopos y de vacas, si su nuevo articulado resulta anticuado, ineficaz e incoherente, desde estas páginas la recibo con vergüenza y con pena. Porque haremos el ridículo ante el mundo, en plena época de proteccionismo, con una ley arcaica, que no se maneja ya ni en los países más subdesarrollados del África ecuatorial; porque no nos lo perdonarán las generaciones venideras, que son quienes van a pagar los platos rotos de la degradación del medio; porque vamos a hipotecar, con fáciles argumentos ganaderos y agrícolas, la fabulosa fuente de ingresos que se derivan hoy en el mundo entero de los parques naturales, con fines turísticos, de los que España podría ser pionera en Europa.

Esperemos del buen criterio y sentido de responsabilidad de nuestros legisladores que no cierren las puertas a la conservación, la cultura y el desarrollo.[47]

• • •

Todo el que ha participado en un safari sabe que, tan pronto como se abate un animal en África, aparece un buitre y, a continuación, un centenar de ellos. Eso es exactamente lo que nuestros buitres leonados hicieron durante muchos siglos: seguir desde el aire el movimiento de las hordas de cazadores prehistóricos. Cuando el hombre se hizo pastor y agricultor, los buitres cambiaron también

de vida: en lugar de seguir a los cazadores, vigilaron a los rebaños para alimentarse con las reses muertas y sobrevolaron las aldeas para limpiarlas de restos de animales de labor.

Hoy el hombre ha sustituido mulos y bueyes por tractores. Los cadáveres del ganado lanar se entierran; los vacunos se aprovechan al máximo. Las escuadras de buitres sobrevuelan en vano las antiguas hueseras, donde hasta los resecos costillares y fémures se han recogido cuidadosamente para fabricar colas y abonos. **Ya no hay comida para los buitres.** Poco a poco, las colonias irán perdiendo sus efectivos. No sé si muertos por inanición o replegados hacia África, donde les espera una dura lucha con competidores mejor adaptados.[48]

• • •

Es muy importante, queridos amigos, que nosotros desde aquí y los divulgadores zoológicos desde todos los campos, demos a conocer al hombre los animales, porque cuando el hombre conoce de verdad a los animales, no les hace daño, se hace tan amigo de ellos como se ha hecho amigo de las cigüeñas. Y lo único que le pido al Sumo Hacedor es que el día de mañana, cuando todos seamos más cultos, más bondadosos y menos agresivos, todos los animales que pueblan nuestro planeta tengan tan buena prensa como nuestra hermana la cigüeña.[49]

• • •

El hombre se ha automitificado demasiado. El hombre cree que, porque puede viajar en un avión o puede escapar del campo gravitatorio de la Tierra temporalmente en una cápsula, tiene ya muy poco que ver con el flujo y el reflujo de esa circulación sanguínea fantástica del planeta que son las leyes ecológicas, determinantes en la evolución de las especies.[50]

10

Yo soy...

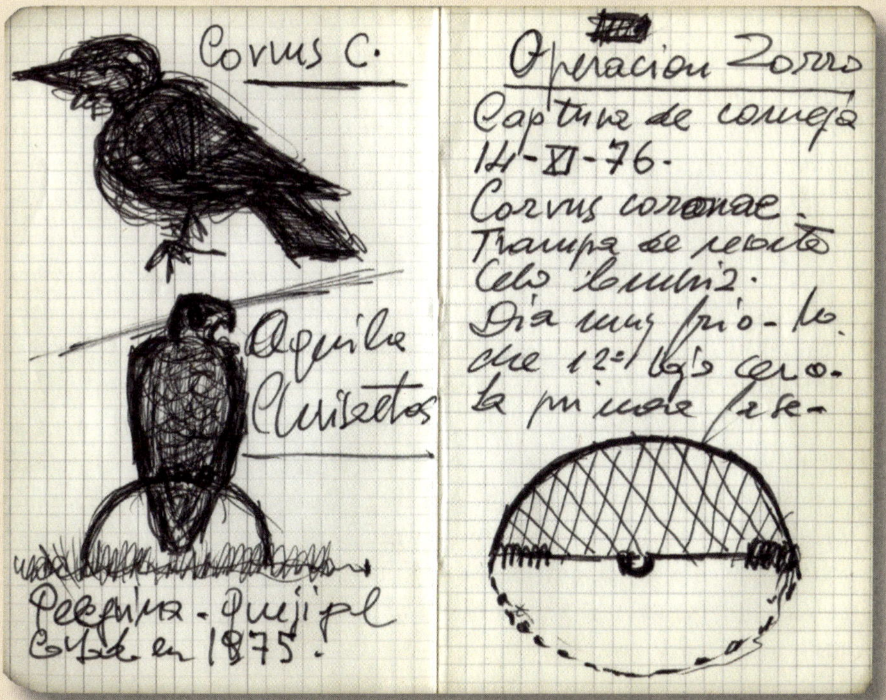
Corvus C.
Operación Zorro
Captura de corneja
14-XI-76.
Corvus corone.
Trampa de resorte
1875!

Yarak es un término arcaico, posiblemente persa, que se utiliza en cetrería para calificar el estado físico y anímico óptimo de un ave de presa para emprender la caza. Es un estado virtuoso de equilibrio, de tensión justa, como la que precisa una cuerda de violín para producir el sonido óptimo. Félix fue un hombre que emprendió el vuelo de su vida en *yarak*. Desplegaba rasgos espontáneamente contradictorios, que se equilibraban, dotándole de una personalidad potente y difícil de abarcar. Era disciplinado y flexible, racional y apasionado, humilde y vehemente, conservador y transgresor, pacífico y violento, audaz y precavido. Pero sobre todo fue una persona entregada, sincera y totalmente vocacional.

Aunque pueda parecer raro, es extremadamente anormal encontrar personas que hayan aprovechado su vida para realizarse por completo. Implica autoconocimiento para reconocer una vocación, pero también estar dotado de un don que la vehicule; implica audacia y confianza para entregarse a ella, e inquebrantable determinación para mantenerse fiel a uno mismo, sorteando los obstáculos que puedan aparecer. Cuando uno tiene la suerte de conjugar estos factores, su vida adquiere una fuerza y trascendencia contagiosas. Félix también fue un ejemplo en este sentido. Supo ver lo positivo en todo, extraer las lecciones y oportunidades que cada piedra en su camino le aportaban. Aprender y evolucionar sin aferrarse a nada que no fuera sentirse vivo y libre.

Félix reconocía amarse tanto como quería a la Tierra y a los animales. Pero no de forma concreta, sino entendiendo su vida como un vehículo, del que era capaz incluso de disociarse hablándose en tercera persona. Rendía culto a su cuerpo y a su mente, ejercitándolos por igual para sacarles el máximo partido. Se sentía seguro de sí mismo y, aun así, admitía: «no estoy seguro de casi nada y prefiero ser un espectador de casi todo». Y lo cierto es que nunca se identificó en exceso con su personaje, lo que le permitió seguir tratando con autenticidad a la gente, independientemente de quienes fueran. Tenía la humildad de reconocerse heredero de gran parte de su bagaje, de respetar tradiciones y valores conservadores, pero también la audacia de quien busca la verdad a toda costa.

Su espíritu libre y curiosidad intelectual le impulsaban a ir más allá de lo establecido, a innovar, a cuestionarse todo, empezando por «los que dicen que se encuentran en posesión de la verdad».

Conectado consigo mismo y disfrutando al máximo de su singladura vital, nos enseñó también que lo más importante de la vida es vivir con plenitud y ser uno mismo. Que toda aportación al acervo cultural, al despertar de la conciencia colectiva, debe partir de la experiencia propia, sincera y auténtica. Nos estimuló a romper amarras con el miedo y a adentrarnos en la vida con el corazón y el alma abiertos, a sentirnos parte de algo mucho mayor y poderoso que nos alberga y espera con infinita generosidad.

ORF

Me atrevería a explicarme las causas profundas de mis campañas proteccionistas en una mezcla de admiración hacia las criaturas libres y salvajes, de espíritu crítico ante cualquier punto de vista de la sociedad en que me ha tocado vivir y de una auténtica necesidad vital de entregar mi esfuerzo, sin restricciones, a cualquier acción que, pareciéndome justa, me exija un **enfrentamiento contra lo que considero fruto de la rutina, la falta de información cultural y la actitud arcaica.**[1]

• • •

En los últimos años, he recorrido una buena parte del mundo para realizar películas encaminadas a despertar una actitud conservacionista en el llamado hombre de la calle. He pasado, también, muchas horas en nuestros bosques y estepas, en nuestras serranías, lagunas y marismas. Muchas veces, la vigorosa silueta de una rapaz, recortada en el cielo, me ha hecho levantar la vista con admiración y, en alguna ocasión, he tenido la ventura de escuchar el aullido del lobo en la noche gélida; en ambos casos me ha invadido un profundo sentimiento de ternura, de amor a la Madre Tierra, de hermandad con sus criaturas. Mirando la silueta de un águila o escuchando el aullido de un lobo, he vuelto a prometerme a mí mismo que no descansaré mientras haya una especie que proteger. **Entre tanto, sigo tratando de explicarme las razones profundas, diría que filosóficas, de mi lucha tenaz.**[2]

• • •

Me dedico al estudio de los animales y de la naturaleza; es un caso de profunda y verdadera vocación. Las dificultades que he encontrado han constituido una autentica epopeya y, si no llego a ser tan amante de los obstáculos, creo que habría sucumbido. En primer lugar, me encontré con la oposición social. Mi padre era notario; varios miembros de mi familia, profesionales universitarios. Y de pronto aparezco yo con mi idea, después de haber dedicado tantos años de mi vida al estudio de la medicina y a especializarme en estomatología. **Lo pude vencer con una enorme confianza en mí mismo** y sabiendo que iba a lograr un fin concreto.

Por otra parte, tengo capacidad para encerrarme en mis propios problemas y vivir al margen de presiones familiares y sociales, que tratan siempre de conducir al hombre por caminos fáciles y comunes.[3]

Yo creo que tengo la profesión más agradable del mundo. Se estudia lo que es más lejano y más profundo con un objetivo: la Vida. Se estudia un animal, una bacteria o un árbol —en fin, el cosmos— con las leyes que determinan el hecho tan trascendente y fundamental de nuestra propia existencia, **tanto los resortes profundos de la vida como las manifestaciones más superficiales.**[4]

• • •

Hay un ejército sin fronteras, al que pertenecen algunos de los llamados exploradores y aventureros, un ejército que solo precisa tres cualidades: el cuerpo templado por muchos años de deporte y vida al aire libre, el espíritu abierto a la infinita y llana curiosidad que otorgan largos y continuados viajes por todo el mundo, y **el corazón tan alegre y optimista** ante la puesta en marcha de una nueva aventura que, en lugar de a la búsqueda de los feroces indios guaica, cualquiera habría pensado que nos dirigíamos a una romería asturiana.[5]

• • •

He pasado gran parte de mi vida, al menos los años en que la vida de un ser humano puede dar un rendimiento, en países exóticos, en expediciones complicadas, o detrás de las cámaras, captando la vida de los animales, o en mi estudio escribiendo sobre problemas de zoología o de ecología. Pero todo ello a nivel de un puro diletante, como podía haber hecho cualquiera de ustedes, por amateurismo. Yo soy médico y hace muchos años decidí cambiar el termómetro y el magnetoscopio por la cámara de cine, los prismáticos y el bolígrafo. Decidí, de alguna manera, vivir de la única manera que sé hacerlo, que es cerca de la naturaleza, como dije una vez, **«sentado en el regazo del viento».**[6]

• • •

Para tener éxito en la televisión, según mi criterio, lo primero es ser uno mismo, ser sincero.[7]

• • •

Quiero mucho a la Tierra, quiero mucho a los animales y quiero mucho al hombre; por consiguiente, me quiero mucho a mí mismo.[8]

Pero ¿puedo yo aceptar tan honorable, tan importante y romántica misión? ¿Seré capaz de defender a los seres más perseguidos y calumniados de nuestra fauna? ¿Podré convencer a los telespectadores de que debemos prescindir de la innoble palabra «alimaña»; de que en la naturaleza no hay buenos y malos, sino criaturas, salidas todas de las manos del Creador, que conviven en un perfecto y complejísimo equilibrio?

Mi amor a los animales me da la necesaria audacia; 25 años de entrega a su estudio y observación en el campo me hacen entrever el camino del éxito. Porque, si acierto a presentar a nuestros hermanos irracionales tal como son, si puedo hablar de su lucha, a menudo dramática, por el sustento, de sus paradas amorosas, de su instinto maternal y tribal, si llego a introducir en el hogar español, a través de la pequeña pantalla, la imagen viva y verdadera de esos seres, que han compartido nuestra tierra y nuestro cielo a través de milenios, aprenderemos a respetar y amar el mundo animal. Con ello se beneficiará nuestro espíritu y también nuestra economía.[9]

• • •

He participado, de todo corazón, en esta magna empresa universal. He dedicado años de mi vida al estudio de determinadas especies ibéricas para contribuir al esclarecimiento de ciertos matices ecológicos, que podían impulsar a los legisladores a decretar su protección, como ha ocurrido con las aves de presa. Pero estoy seguro de que, con esta obra, contribuiremos de un modo mucho más eficaz a la salvaguarda de nuestro patrimonio zoológico. **Del conocimiento nace el amor** y, en la medida de nuestras fuerzas, trataremos de llevar al ánimo del lector el más profundo y cordial conocimiento del animal salvaje.[10]

• • •

Son muchas las razones que me obligan a considerar *El arte de cetrería* como mi obra más querida. La primera estriba en la naturaleza misma de los halcones, aves hermosas y nobles que, indudablemente, cambiaron el panorama de mi vida. Porque cada día estoy más convencido de que fueron las aves de presa quienes me hicieron abandonar cualquier otra preocupación para dedicarme por entero al estudio de los seres vivos. Y no podía haber criaturas más perfectas para actuar de embajadoras del gran mundo zoológico en el modesto pero **siempre sensible y curioso universo del autor** de estas líneas.[11]

Los halcones me trajeron el amor al estudio de la conducta animal, de las complejas interacciones ecológicas que determinan el equilibrio natural y en las que resultan verdadero fulcro los animales predadores y, finalmente, **el más profundo espíritu proteccionista** hacia todas las criaturas que comparten con nosotros esta nave sideral de roca y agua que llamamos la Tierra.[12]

• • •

La práctica ininterrumpida de la caza con aves nobles, la lectura de casi todos los libros antiguos o modernos que se han escrito en el mundo, los viajes hasta los países donde la cetrería se practica con más pureza, y, sobre todo, mi gran amor a las aves de presa, me confieren **la necesaria audacia** para tocar un tema de tan vieja raigambre y alcurnia literaria.[13]

Halcón peregrino.

• • •

En mi narración pretendo librarme, lo más posible, del frío estilo del libro de ciencia. Prefiero **humanizar al pájaro que deshumanizar al lector**. Sin embargo, he de describir los detalles morfológicos a la manera clásica. Soy el primero en lamentarlo.[14]

• • •

A uno le inunda **un sano optimismo y una infinita confianza** en la vida al comprobar que proyectos irrealizables a los ojos de las personas sensatas, sueños que llenaron la cabeza de jóvenes «que debieran pensar en otras cosas más serias», se transforman en espléndidas realizaciones que pueden llegar a ser orgullo de la nación.[15]

• • •

Para el naturalista de campo, con estas líneas, termina la primera etapa del viaje por la fauna ibérica. Etapa esta de despacho, de recopilación de datos, de archivo fotográfico, de redacción. Pero el descanso será corto, porque en cualquier amanecida, los ojos y los oídos bien abiertos, las cámaras de sus colaboradores a punto y el corazón henchido de gozo, el amante de la naturaleza estará otra vez en el regazo del viento, para invitar al lector a seguirle en quién sabe **qué nuevas singladuras zoológicas.**[16]

• • •

Si de algo se puede preciar el hombre es de enseñar. Hay que enseñar con humildad, empezando por pensar que **el primero que aprende** algo es el que enseña.[17]

• • •

El que me conoce bien, y creo que ya me van conociendo quienes siguen mis programas de Radio Nacional, sabe que soy amante de todo lo que suponga curiosidad, investigación y culto a la verdad, que soy desvelador implacable, frío e iconoclasta de todo lo que presuponga mito, engaño, cortina de humo. En todos los países y en todos los sitios voy dramáticamente a **la búsqueda de la verdad.**[18]

• • •

Yo, que estoy enamorado del mundo, **del estudio de la vida** y, sobre todo, de la revelación de los misterios que todavía guarda y encierra el estudio de la vida; yo, que quiero poner al descubierto estos secretos de la conducta de los animales, estaba frente a frente con una criatura perteneciente a otra especie que indudablemente se quería comunicar conmigo.[19]

• • •

Y ahora una noticia que estoy seguro os llenará de alegría: según el Boletín Oficial del Estado del 23 de julio de 1966, **quedan protegidas en España todas, absolutamente todas, las rapaces nocturnas y diurnas.** La lucha ha sido larga y tenaz, pero ha tenido su merecido triunfo. Legalmente estamos a la cabeza del mundo en lo que se refiere a la protección de rapaces. Ahora ya me encargaré yo de que la protección pase del papel a la calle.[20]

• • •

A veces la aventura de la vida me permite especular, imaginar, hacer hipótesis, decir cosas que tampoco tienen porqué ser definitivas, porque aquí nunca se habla ex cátedra, pero se abren grandes interrogantes. Y estoy seguro de que **el hombre que no se pregunta nada a sí mismo, de alguna manera, está empezando a dejar de ser hombre.**[21]

• • •

Siempre soy partidario de que no se crea nada a pies juntillas, y puedo decirles que yo, **a pies juntillas, no me he creído absolutamente nada en mi vida.** Posiblemente por eso soy un hombre que no puede encajar en la política, porque mi liberalismo me lleva tan lejos que **no estoy seguro realmente de casi nada y prefiero ser un espectador de casi todo.**[22]

• • •

Y cuando **uno es perro viejo** en esto de los desarrollos de la naturaleza, cuando uno sabe lo que implican los desarrollos, esta palabra le pone la carne de gallina.[23]

• • •

Hablo de nuestra naturaleza, de nuestra tierra, e incluso de las tierras lejanas si las hay, con la misma pasión y seguramente con la misma imperfección con que el hombre de la carretera hablaría de sus hijos en las largas noches de volante, luces y faros.[24]

• • •

Nunca he creído que la ecología pueda constituirse por sí sola y por sí misma en una doctrina política. La existencia de un partido ecológico me parece algo tan desnaturalizado como la existencia de un partido zoológico, de un partido matemático, de un partido antropológico o de un partido de la guitarra. La ecología es una ciencia, la guitarra es un arte y la política es algo muy diferente. Es la postura del hombre ante los estímulos sociales de la época en que vive y que quiere resolver según unas u otras filosofías. Aunque la ecología puede formar parte, evidentemente, de los programas de los diferentes partidos políticos.

Insisto, las ciencias, las artes, las técnicas o las actividades del hombre difícilmente pueden constituir doctrinas políticas.[25]

• • •

Siempre he tenido una predisposición muy marcada para ilusionarme ingenuamente ante los hombres primitivos. Siempre he tenido una predisposición casi pueril que, quizá, es la que me ha llevado a vivir como vivo, a asombrarme con los ojos muy abiertos ante la naturaleza libre y salvaje. Siempre he profesado una admiración sin límites por Stanley, por Livingstone, por los colonizadores españoles, por todos estos seres que se iban a climas lejanos, a tierras remotas, y que luego podían contar a sus semejantes sus viajes y lo que en ellos habían visto.[26]

• • •

«Doctor, ¿a usted en que época le habría gustado más vivir? ¿En la Edad Media de hombres cubiertos de hierro que se enfrentaban en las cruzadas contra la morisma o, acaso, en el Renacimiento, con su poesía y su arte, o quizá en la poderosa Roma, o acaso anteayer, en la época refinada de los siglos XVII y XVIII?» Ante esta pregunta, yo siempre digo que a mí me habría gustado vivir en el Paleolítico, **en el seno de una tribu de poderosos cazadores cuaternarios.**[27]

• • •

En el fondo, siempre he sido un soñador, un utópico; si no, estaría sacando muelas a mis pacientes en una clínica de cualquier calle de Madrid en lugar de estar haciendo las cosas que hago. Pero como soy un soñador, cuando ya había acabado mi carrera de Medicina y mi especialidad de estomatología, y mi familia se las prometía muy felices pensando que iban a tener un hijo con bata blanca y con un cartel de dentista en una calle de Madrid, de pronto me dije que me iba a dedicar a las cosas de la naturaleza. Sí, siempre he sido un soñador.

Además de soñador, soy audaz. La fortuna ayuda a los audaces.[28]

Yo adoro a los niños. Una vez contaba en un reportaje de prensa, ante el asombro de la señorita que me entrevistaba, que huelo a mis niñas. Olerles la piel, integrarme con ellas físicamente hasta niveles zoológicos, es de las pocas cosas que me apartan de las preocupaciones de cada día. **Soy muy animal en ese aspecto** y, por eso, cuando defiendo la animalidad del hombre, a veces me exalto un poco, porque las otras facetas del hombre tienen muchos especialistas profesionales para defenderlas. Soy el defensor de la animalidad.[29]

• • •

Contar historias, cuentos, leyendas basadas en hechos reales, ha sido algo que siempre me ha apasionado.[30]

• • •

Qué duda cabe de que la vida de todos los seres humanos tiene mucho de político. Ustedes saben que hay un partido ecologista español —ha estado aquí su exponente, su representante—, también saben que hay asociaciones neutrales que pueden tener opciones políticas aunque no las dicen. Pero ustedes saben igualmente que hay ciudadanos que, sin hacer profesión, sin hacer vocación filosófica, sin agruparse específicamente para la protección de la naturaleza, ejercen como auténticos proteccionistas de la naturaleza; **entre estos últimos pretendo estar.**[31]

• • •

Adoro al elefante. Tengo la casa llena de elefantes. Elefantes, evidentemente, representados en los más diversos materiales: elefantes de madera, tallados por la mano primitiva y vigorosa del aborigen de África central o África oriental; elefantes metálicos; elefantes en bronce maravillosamente modelados por escultores animalistas ingleses; elefantes hasta de plástico, aunque deteste el plástico. Me gusta mucho el elefante, quiero al elefante. Pero no me limito a querer al elefante y a haber llenado mi casa de elefantes y a llevar en mi puño, en mi muñeca, la famosa pulsera de elefante que me ha acompañado durante los últimos diez o doce años de mi vida. He pasado muchas, muchas horas contemplando a los elefantes. He hecho muchos, muchísimos miles de kilómetros siguiendo y buscando a las manadas de elefantes. Hasta que inicié mis viajes y expediciones a esa incomparable Sudamérica, pasé ocho años durante los cuales permanecía entre dos y tres meses en África oriental, sobre todo, y también en África central, en Kenia, en Uganda, en Tanzania, y en el antiguo Congo. Casi el 80% de mi tiempo de permanencia en estas asombrosas naciones, lo dedicaba a estudiar, a fotografiar y, simplemente, a deleitarme en la contemplación de dos animales a los que adoro: el león y el elefante.[32]

• • •

En el amplio sentido de la palabra, **liberal es una manera de ser**, y a mí me gustaría mucho poder serlo, pues implica una enorme curiosidad por todo, una infinita apertura hacia cualquier tipo de planteamiento humano, una duda sistemática acerca de los que dicen que se encuentran en la posesión de la verdad, y una cierta elegancia que a uno le lleva a tolerar los imperativos de la vida y los imperativos de esto que llamamos *Homo sapiens.*[33]

• • •

¿Oleré igual que hace tres años y medio? Los muchos cambios que imprime la vida en la mente del hombre, como los éxitos, los fracasos, las alegrías, los disgustos, los amores y los desamores, ¿no cambiarán también el olor humano?[34]

• • •

El hombre es viejo cuando pierde la curiosidad, la mujer es anciana cuando pierde la curiosidad. Hay muchos hombres y mujeres que nacen viejos y hay otros que a los 90 años, como Chaplin, Picasso y otros tantos, mueren jóvenes como una gota de rocío recién depositada sobre el pétalo de una rosa.[35]

• • •

Siempre he sido un poco escéptico en lo que se refiere a aceptar como hechos consumados y demostrados lo que me contaban personas que parecían saberlo todo o incluso lo que leía en ciertos libros.[36]

Estoy seguro de que **el hombre que no se pregunta nada a sí mismo de alguna manera está empezando a dejar de ser hombre.**[37]

Creo que la actitud de humildad es imprescindible para cualquier tipo de comunicación entre los seres humanos.[38]

• • •

A mi modo de ver, la persona que se dedique a las ciencias naturales necesita tener una insaciable curiosidad. Hay muchas que no lo son, y esto explica la prosperidad de cosas tan increíbles como los espectáculos de masas, el fútbol, los toros o jugar a las cartas. Esas personas carecen del más importante incentivo de nuestra especie. En cambio, cuando se tiene curiosidad, se aprovecha cualquier momento para bucear en problemas en los que esa inmersión conduzca a conquistas verdaderamente científicas e intelectuales. Todos los biólogos y naturalistas que conozco se caracterizan por no ser hombres comunes. El naturalista es un hombre al que generalmente se le ve como 'raro', porque lo encuentran en su casa leyendo un libro sobre cosas tan dispares como la cultura de la isla de Pascua o los cefalópodos marinos.[39]

• • •

Es muy bonito ser autodidacta. Yo lo voy a poner en mis tarjetas de visita a partir de ahora: *Félix Rodríguez de la Fuente, autodidacta.* Ahora que todos nos buscamos apellidos ideológicos, ya tienen el mío: autodidacta.

Autodidacta quiere decir: aprende como puedas, que tus estructuras mentales no se basen en poder exhibir un diploma de la Universidad Autónoma de Madrid o de la Universidad de Harvard o en pertenecer al grupo de pensadores de «ultra no sé qué». Uno aprende donde puede, uno es Juan Palomo, que yo me lo guiso y yo me lo como, intelectualmente, y uno monta unas estructuras intelectuales que le permiten, por ejemplo, hacer películas geográficas o hablar en Radio Nacional de España siendo médico y dentista. Eso es lo que pienso que, de una manera muy liberal, es ser autodidacta.[40]

Tengo dos guijarros en mi casa. Ha sido este uno de los escasos 'robos' que he cometido en mi vida. No me arrepiento de ello. No les voy a contar ahora de dónde los cogí, pero mis dos guijarros, tallados por el hombre hace dos millones de años, están en una estantería en mi despacho. En ocasiones, cuando me asaltan las típicas tentaciones hacia el orgullo, hacia la sobrevaloración, hacia el creer que somos más bien ovnis procedentes de otra galaxia, miro con todo detenimiento los guijarros tallados por el hombre hace dos millones de años. Los tomo en mis manos, los sopeso, los acaricio con los pulpejos de los dedos, los lanzo al aire como si fueran una pelota de tenis y observo, con verdadero asombro, que se adaptan perfectamente a mi mano. Cierro los ojos y trato de pensar que voy a emplear uno de esos guijarros para defenderme del ataque de una fiera o para abatir a un animal distante o simplemente para hacer buena puntería en un blanco situado entre 15 y 20 metros.[41]

• • •

A veces pienso que mi meta última no es otra que la Filosofía con mayúsculas.[42]

11

Palabras para Félix

Félix junto a Miguel Delibes y Miguel Delibes de Castro, en una foto dedicada a este.

«Félix era un gran comunicador que dignificó la televisión. Convertía en único a cada animal, como si fuera lo más importante del mundo en aquel momento.»

Andreu Buenafuente, presentador y productor

• • •

«Tenía fe en lo que hacía y un gran tesón. Era un hombre culto. Era apasionado, tenía un temperamento que vibraba permanentemente: yo lo vi llorar cuando se proyectó por primera vez en el estudio la famosa escena de *El hombre y la tierra* en que un águila real despeña a una cabra montesa. Y era un hombre generoso; todo lo daba por el bien de la idea que él quería difundir: el amor a la naturaleza en todas sus manifestaciones.»

Antón García Abril, músico,
compositor de la sintonía de *El hombre y la tierra*

• • •

«Félix Rodríguez de la Fuente tenía una gran mente y un gran corazón. Buscaba con afán y con verdadero amor comprender la naturaleza que nos rodea y nuestro planeta, y comunicarlo al mayor número posible de humanos, contemporáneos y futuros.»

Emiliano Aguirre, paleontólogo y padre del Proyecto Atapuerca

• • •

«Sabía que la ballena azul no era una lámina. La ballena azul, todo animal, con sus ojos inteligentes, acecha la tontería humana. Entre ellos y nosotros hay ya un eslabón de amistad perdido: Félix Rodríguez de la Fuente.»

Francisco Umbral, escritor

• • •

«Él era un Big Bang en expansión. Cuando se dirigía a nosotros con emoción, entre emisor y receptor acontecía algo inexplicable, algo en lo que yo creo, algo que no es medible ni científico: magia. Él, chamán paleolítico reencarnado para hacernos llegar las historias del mundo a través de su mirada. Nosotros, los niños de la cueva umbría y profunda, fascinados imaginando universos. Él, buhonero del infinito, siempre portando una carga de ilusiones, de sueños, de anhelos. Nosotros, niños de toda España, que esperábamos la cita semanal como antaño nuestros antepasados esperaban en las aldeas castellanas la llegada del hombre que con canto hipnótico nos contaba cómo era la realidad en reinos lejanos que nunca íbamos a pisar. Y la realidad, a través de su voz, era mejor y más bella. En eso consistía su magia. La magia de un lenguaje que transformaba neuronas y genes.»

Iker Jiménez, periodista

• • •

«Su labor no solo cambió la mentalidad de los españoles, sino que se plasmó en realidades: en especies protegidas, en legislación... Además, hay algo que apenas se le reconoce: su contribución a dignificar la profesión del biólogo de campo. El gran homenaje a Rodríguez de la Fuente debería ser académico.»

Javier Castroviejo, director de la Estación Biológica de Doñana (1975-1988)

• • •

«*El hombre y la tierra* fue mi guía, mi enciclopedia, y Félix Rodríguez de la Fuente mi maestro, como un segundo padre que me guio y me enseñó cómo salir a la naturaleza y cómo comprender a los animales y el entorno que me rodeaba. La principal huella que me dejó Félix fue inspirarme para encontrar un proyecto por el que pelear; a mí, que no me gustaba la ciudad, me enseñó que se puede vivir de la naturaleza, que puedes comprenderla y ayudar a los demás a comprenderla.»

Jesús Calleja, aventurero y presentador

• • •

«Félix era partidario de la palabra pronunciada, por lo que sus textos eran dictados. Se ponía a caminar de un lado a otro de su despacho, a veces con un cierto nerviosismo, y lanzaba un borbotón de palabras que su secretaria atrapaba con dificultad. Al final, aparecía un montón de folios encima de su mesa y él tenía que leerlos, pero solo para cambiar una coma aquí y allá, una palabra o si acaso un simple adjetivo. Hacía sus textos como los más clásicos de los clásicos griegos o latinos. Pero, al mismo tiempo, como su palabra era viva, como estaba transportada en el aire, sus textos, cuando los leías, tenían un ritmo, una sonoridad, una cadencia, propias de la poesía. También destacaban sus textos porque, como buen castellano, nacido precisamente en la cuna del idioma, utilizaba palabras antiguas, caídas hoy en desuso, pero de una gran efectividad para describir un paisaje o una conducta animal. Y esas palabras, bellísimas, las alternaba con una jerga científica, a veces difícil de entender, pero que él consiguió vulgarizar. Por todo ello, Félix se merece un lugar entre los estilistas de la lengua castellana.»

Joaquín Araújo, naturalista y escritor

• • •

«Siempre me he preguntado qué habría pasado en España sin Félix. Seguro que estaríamos muy atrasados en temas de conservación. Fue un gran creador de semillas y de estas semillas han nacido vocaciones muy interesantes para el futuro de la conservación en España.»

Jordi Sargatal, naturalista

• • •

«Desde el momento en que cogimos el primer halcón hasta poco antes de salir él hacia Alaska, en que nos concertamos para hacer una película sobre la evolución humana, Félix y yo echamos bastantes jornadas y muchísimas horas juntos. Le vi transformarse de un estudiante de Medicina nada ortodoxo a un héroe de historias de viñetas infantiles, una especie de híbrido entre Tarzán y san Francisco, coronado por la aureola televisiva de un *superstar*. [...]

Es muy difícil encontrar alguien que comparta un mundo visionario como el que entre ambos, cada uno en su línea, vivíamos. Todo nos parecía posible siempre que lo acometiéramos con decisión, y casi todo lo que se nos ocurría habría parecido a otros absurdo aunque fuera bien normal.»

José Antonio (Tono) Valverde, biólogo y pionero del activismo ambiental

• • •

«Félix fue un hombre impetuoso, con un gran amor propio, que tuvo que luchar contra la incomprensión de su tiempo para dignificar el mundo rural y el mundo animal.»

José Antonio Labordeta, cantautor, escritor y político

«Hace menos de 40 años, casi todos los niños de este país sabíamos perfectamente lo que era un buitre leonado. Es más: sabíamos dónde vivía, cómo vivía y que estaba seriamente amenazado. Lo sabíamos porque hace 40 años la naturaleza, los animales, eran los grandes protagonistas de la televisión y el principal tema de atracción para nosotros. Gracias a la enorme labor divulgativa que llevó a cabo el naturalista Félix Rodríguez de la Fuente con sus programas de tele y de radio, sus libros, sus enciclopedias, sus cromos y hasta sus tebeos, toda una generación de chavales crecimos en el conocimiento, el respeto y el amor a la naturaleza. [...]

Es necesario volver a enseñar a los chavales a amar la naturaleza. Debemos recuperar el espíritu de aquel naturalista burgalés que, como un bondadoso flautista de Hamelín, nos llevó a miles de niños tras él para mostrarnos los tesoros de la naturaleza, caer en su hechizo y convertirnos en sus defensores.»

José Luis Gallego,
divulgador ambiental y escritor

• • •

«Félix Rodríguez de la Fuente fue un activista incansable que utilizó todos los medios a su alcance para defender la naturaleza que amaba. Su pasión y enorme carisma personal le permitieron convertirse en un maestro de la comunicación audiovisual, en un imán para los más jóvenes y en un excelente relaciones públicas, capaz de convencer al Gobierno de la época para aprobar las primeras leyes en defensa de la naturaleza. Félix fue además un visionario que anticipó, como pocos, problemas como la contaminación a escala global o la extinción masiva de especies.»

Juan Carlos del Olmo, secretario general de WWF

• • •

«Ahora, cuando el mundo cambia tan deprisa, hay más necesidad que nunca de Félix, de documentar todo lo que no existirá dentro de poco tiempo, comenzando por nuestra España rural. Félix se propuso algo que sus contemporáneos no comprendieron: devolver la dignidad, el prestigio y en muchos casos hasta la admiración a la gente del campo.»

Juan Luis Arsuaga, paleoantropólogo

«Ahora que existen unas cuantas cadenas de televisión dedicadas 24 horas al día a documentales de naturaleza, justo es volver a recordar a uno de sus grandes pioneros, gente capaz de superar con su pasión todos los inconvenientes que tenían para realizar su trabajo. En una época donde la concienciación ecológica dejaba mucho que desear, Félix Rodríguez de la Fuente comenzó a enseñarnos nuestra fauna y de paso alertarnos de los peligros que corría. Se lo agradeceremos siempre.»

Juanma López Iturriaga, ex jugador de baloncesto y presentador de televisión

• • •

«Félix Rodríguez de la Fuente fue importantísimo para la nueva conciencia que se generó en una sociedad española que aún temía a la naturaleza. Los españoles pasaron de temer al lobo, al oso pardo, al río, a la nevada, etc., a llorar cuando una loba tenía que cambiar a sus lobeznos de cubil porque el hombre venía a matarla. Félix quería a los pastores, incorporaba siempre el elemento humano, pero sabía que el animal, la naturaleza en general, tendrían la batalla perdida si alguien no se ponía de su parte.»

Luis Miguel Domínguez, naturalista

• • •

«Félix era un cuentacuentos, un seductor. A mí me hipnotizaba, me introducía conceptos muy alejados de los libros de naturaleza que usábamos en el cole. Félix era para mí un cuaderno de campo. Entró en mi vida como el maestro de la naturaleza. Lo que él decía iba a misa: si Félix iba siempre con prismáticos, yo debía llevar prismáticos. Y aún los llevo cada vez que salgo al campo. A Félix le debemos mucho en la creación de una conciencia social hacia la protección de ciertas especies. Con los años hemos podido ver la magnitud de su legado: su mensaje es hoy más importante que nunca.»

María Escario, periodista

• • •

«Félix cambió a la sociedad española para hacerla más culta, más parecida a las sociedades europeas en su relación con la naturaleza.»

Miguel Delibes de Castro, biólogo

«Félix fue un artista porque no solo nos dio el conocimiento; eso podemos encontrarlo hoy en cualquier enciclopedia, comprobar de forma fría cuánto mide un animal. Nos trasladó mucho más: lo que él sentía, la emoción humana, de forma escrita, por radio o en televisión. Eso es arte puro; igual que los pintores que pintan la naturaleza al natural, él definió palabras y términos que solo pueden hacerlo perfectamente personas que han trabajado en el campo. Marcó a nivel mundial a toda una generación por su capacidad de comunicación, por la pasión que ponía a sus mensajes. Su legado no va a acabar nunca.»

Mónica Fernández-Aceytuno,
bióloga y escritora

• • •

«Félix dignificó el amor por la naturaleza y popularizó su defensa, abriendo los ojos a la opinión pública sobre la riqueza y maravillas de la península Ibérica.»

Ricardo Aguilar, director del Centro de Estudios
Medioambientales de la FUHEM

• • •

«Contribuyó más que nadie a humanizar un poco este brutal país en el respeto a los animales y la Naturaleza. Todos estamos en deuda con él.»

Rosa Montero, escritora

• • •

«Félix marca el estilo de los programas documentales. Para nosotros, para la gente de *Al filo de lo imposible* y para mí, particularmente, es un modelo a seguir.»

Sebastián Álvaro, aventurero y escritor

• • •

«Su gran poder de observación estaba enfocado a la humanidad, a crear un mundo mejor basado en la naturaleza.»

Valentín Fuster, cardiólogo

MIGUEL DELIBES
El magnetismo de Félix Rodríguez de la Fuente[1] (1983)

De Félix Rodríguez de la Fuente solían decir sus detractores que los documentales carecían de credibilidad porque operaba con animales domesticados. Y se quedaban tan frescos, como si el hecho de domesticar a una manada de lobos o a un águila imperial fuera una tarea sencilla, al alcance de cualquiera. Por otra parte, yo, que pasé junto a él unos días en su cuartel de Pelegrina, en la provincia de Guadalajara, puedo dar fe de la gratuidad de dichas afirmaciones. Félix había montado allí, al aire libre, en una garganta umbría, sobre cuyos riscos volaban los buitres, un zoo en miniatura: lobos, águilas, búhos, grajas, halcones, picazas; pero estos animales, lejos de estar amaestrados, mostraban su esquivez en cuanto alguien se aproximaba a ellos. Quiero decir que los animales del doctor conservaban su vena selvática, lo único que ocurría es que Félix tenía sobre ellos una ascendencia, se les imponía. Esta autoridad, que con cierta frivolidad se atribuye genéricamente al hombre en el seno de la creación, era un hecho en él: Rodríguez de la Fuente era el mamífero dominante en aquel pequeño mundo; era su rey.

Con ocasión de su muerte, escribí sobre su difícil, por no decir imposible, sustitución, y el tiempo ha venido a darme la razón. Pero al decir esto yo no me refería tanto a sus conocimientos de la fauna como a su manera de exponer los temas, a esa suerte de magnetismo que emanaba de su persona. Félix tenía fe en su palabra, pero además sabía comunicarla y es indudable que nadie convence tanto a un auditorio como aquel que se cree lo que está diciendo. Y el doctor se creía cuanto decía, incluso cuando afirmaba que el lobo no era un animal sanguinario. Luego, su voz apasionada, notoriamente enfática, nos envolvía, predisponiéndonos a aceptar desde las inflexiones iniciales la totalidad de su discurso.

Esta fuerza atractiva de Félix se evidenciaba también en el campamento al que más arriba he aludido. Y no es que el doctor hubiera desbravado uno a uno a aquellos animales, de por sí indóciles y muchos de ellos agresivos, sino que en su presencia ellos se empequeñecían, aceptaban su autoridad, capitulaban. De esto a afirmar que podía hacer con ellos lo que le diera la gana media un abismo.

Sobre este particular guardo dos sabrosas anécdotas de aquella visita que revelan la influencia de Félix sobre sus irracionales colaboradores. La primera de ellas se refiere precisamente al lobo, a la camada de cuatro lobos que le trajo mi hijo Miguel de la Cabrera (León) y que vivía en holgada cautividad, tras una alambrada, en el fondo del campamento. En su afán de mostrarme todo, de que apreciara la fuerza, la gracia natural de aquel su pequeño mundo, Félix me preguntó si me apetecería ver correr a los lobos en libertad. Aunque con cierto recelo, le respondí que sí y, mientras mi hijo, él y yo nos escalonábamos en la ladera de abajo arriba, su camino habitual, un ayudante les dio suelta en tanto otro, desde la línea más alta del cordal, les anunciaba con un cuerno de caza la hora del almuerzo. Los bichos salieron desalados, en fila india, hacia la pequeña silueta que se dibujaba a contraluz en lo alto de la colina, alocados, ajenos al entorno, sin reparar en nuestra presencia. Pero súbitamente el último, quizá menos hambriento o debido tal vez a que es cierto ese dicho de que el miedo del hombre atrae a los animales, se detuvo, miró a un lado y a otro, y desdeñando el sonido del cuerno, se vino directamente hacia mí. No es necesario decir que aquella mirada amarilla, relampagueante, que se cruzó con la mía, no me apaciguó en absoluto. Y, a medida que el animal se aproximaba, mi alarma iba creciendo, hasta el extremo de que, como esos niños asustados que en la alta noche recurren a su madre para ahuyentar a los fantasmas, yo apelé al doctor y sin mover un músculo de la cara, sin abrir apenas los labios, le silabeé:

—Félix, ¿qué hago?

—¡Quieto! —ordenó él, contundente.

Y allí me quedé, tieso como una estatua, inmóvil, hasta que el lobo, con las orejas erguidas, empezó a olisquearme los tobillos, luego las corvas, las rodillas, acompañando su quehacer de unos resoplidos inquietantes. Su exploración era tan concienzuda, tan obstinada, que nuevamente recurrí al doctor, pero sugiriéndole la posibilidad de tomar la iniciativa:

—Félix, ¿le pego una patada?

—¡Quieto! —ordenó perentoriamente el doctor, pero, como quiera que el lobo retornaba a husmear mis tobillos con el evidente propósito de resolver de una vez por todas si yo era o no comestible, inquirí con un punto de zozobra en mi voz apenas modulada:

—Pero quieto ¿hasta cuándo?

Justo en ese momento volvió a sonar el cuerno, el animal levantó la cabeza, miró un instante a Félix, volvió grupas y se lanzó ladera arriba desdeñando el bocado de mi canilla, como si yo nunca hubiese existido.

La tarde de ese mismo día, Félix nos llevó a ver volar el águila imperial a unos kilómetros del campamento, allí donde la angostura del desfiladero se trocaba en un valle apacible. El doctor se apeó del todoterreno con el hermoso pájaro en el antebrazo, como los viejos cetreros, y allí, entre las carrascas, lo liberó del capirote. El bicho oteó en derredor calmosamente, todavía deslumbrado y, al cabo, se lanzó al espacio, alejándose de nosotros con solemne aleteo. Todos contemplábamos fascinados su vuelo fácil, eficaz, la armoniosa espiral que iba describiendo sobre nuestras cabezas. Sus movimientos eran raudos, majestuosos, y en contados minutos se remontó tanto que, en contraste con el azul del cielo, el enorme pájaro no hacía más bulto que un gorrión. Así permaneció largo rato girando, describiendo grandes círculos, sin que nada lo alterase, hasta que, de pronto, sin motivo aparente —¿alguna presa invisible desde abajo?— se fue desplazando hacia el cordal, rebasó la cima y desapareció de nuestra vista. No quise mostrar abiertamente mi inquietud, por lo que le dije en tono de broma:

—Me temo que te vas a quedar sin águila imperial como yo me quedé sin abuela.

Él se reía confiado:

—Volverá, no te preocupes. Igual que se ha ido, volverá.

Mas el tiempo pasaba y el águila no reaparecía. Todos clavábamos los ojos en las cumbres del cordal hasta que el sol se puso y el color del cielo fue pasando del azul al rojo hiriente para entonarse, al fin, tenuemente en un rosa amarillento. Amagaba el lubricán. Hacía hora y media de la deserción del pájaro y el doctor no disimulaba ya su nerviosismo:

—No lo comprendo. Nunca me pasó una cosa así.

—¿Y no se puede hacer nada?

—Nada. Esperar.

Minutos más tarde, contra el suave resplandor del crepúsculo, sobre las crestas negras de la cordillera, surgió un punto oscuro que fue desplazándose pausadamente en círculos, buscando poco a poco la vertical sobre el grupo.

—Ahí está —voceó Félix con entusiasmo, mientras uno de sus ayudantes lanzaba reiteradamente al aire un señuelo de cuero y madera.

El pájaro sobrevolaba el valle con un aleteo imperceptible, como si fuese la brisa quien lo arrastrara. Y, súbitamente, picó, entró en barrena. Adelantó la cabeza, estiró el cuello, frunció las alas hacia atrás y descendió en vertical a una velocidad vertiginosa. La entrada en picado del águila, su frenazo de última hora y la subsiguiente toma de tierra, constituyó un espectáculo. En medio de un gran silencio, entre dos luces, el doctor se dirigió hacia ella hablándole en un lenguaje melifluo e ininteligible, tratando de dominar con la palabra su desconfiada selvatiquez, hasta que, finalmente, la rapaz, apaciguada, admitió la cuculla en su soberbia cabeza.

En estos días en que se cumplen años de la muerte del gran divulgador he recordado a menudo los pormenores de aquella visita y he concluido que el secreto del éxito de Rodríguez de la Fuente no radicaba tanto en sus conocimientos y su oratoria, tan persuasiva, como en una suerte de magnetismo que irradiaba de su persona y que afectaba lo mismo a los animales de su pequeño zoo de Pelegrina que a los millares de admiradores que seguían semanalmente sus programas a través de la pantalla del televisor.

NOTAS

Prólogo

1 FLÓREZ JIMÉNEZ, Neus. Estudios antropológicos sobre el Chamán: «Schaman, el hombre del conocimiento», 2010, Escuela de Diseño ESDI.

2 CAVALLÉ, Mónica. *La sabiduría recobrada*, 2011, Editorial Kairós.

3 VENTO. *Chamanismo: volviendo a nuestras raíces*, 2005.

4 PIQUERO, Guillermo. *Mitología salvaje*, 2017, Cauac.

5 ARIAS RAMOS, Sergio. Tesis de grado en Periodismo: «La construcción mediática del ecologismo en España», 2017, Universidad Miguel Hernández de Elche.

6 RODRÍGUEZ DE LA FUENTE, Odile. *La huella de Félix*, 2010, Grijalbo.

01. Sobre la piel de la Tierra

1 CAVALLÉ, Mónica. *La sabiduría recobrada*, 2011, Editorial Kairós.

2 FRF. *Los animales en su medio ambiente*, 1976, Jaimes Libros.

3 FRF. *Cuadernos de campo* 47: «Pájaros de la montaña», 1978, Editorial Marín.

4 FRF. *Mis amigos los animales*, 1971, Salvat.

5 FRF. *Cuadernos de campo* 33: «Palomas y tórtolas», 1978, Editorial Marín.

6 FRF. *Mis amigos los animales*, 1971, Salvat.

7 FRF. *Fauna ibérica. Los animales cazadores*, 1970, Editorial Prensa Española.

8 FRF. *Mis amigos los animales*, 1971, Salvat.

9 FRF. *El hermano lobo*. La aventura de la vida, 1974, RNE.

10 FRF. *El arte de cetrería*, 1970, Ediciones Nauta.

11 FRF. *Fauna ibérica. Los animales cazadores*, 1970, Editorial Prensa Española.

12 Ídem, ib.

13 Ídem, ib.

14 FRF. *El águila más bella del mundo*. La aventura de la vida, 1974, RNE.

15 FRF. *Las benefactoras nieves II*. La aventura de la vida, 1975, RNE.

16 FRF. *El buitre sabio II*. La aventura de la vida, 1975, RNE.

17 FRF. *La conquista de la tierra firme II*. La aventura de la vida, 1975, RNE.

18 FRF. *El viejo pueblo de los buitres*. La aventura de la vida, 1974, RNE.

19 FRF. *La conquista del fuego I*. La aventura de la vida, 1975, RNE.

20 FRF. *Las alas de la noche I*. La aventura de la vida, 1975, RNE.

21 FRF. *Doncella, el halcón viajero I*. La aventura de la vida, 1974, RNE.

22 FRF. *El hermano lobo*. La aventura de la vida, 1974, RNE.

23 FRF. *Las jinetas I*. La aventura de la vida, 1975, RNE.

24 El emir Abdalá bin Abdulaziz acabaría siendo rey de Arabia Saudí entre el 2005 y el 2015, año de su fallecimiento.

25 FRF. *Mi regalo de Reyes*. La aventura de la vida, 1974, RNE.

26 FRF. *Los despojos del paraíso*. La aventura de la vida, 1975, RNE.

27 FRF. *Los vencejos I*. La aventura de la vida, 1975, RNE.

28 FRF. *Los vencejos II*. La aventura de la vida, 1975, RNE.

29 FRF. *Las raíces de la violencia*. La aventura de la vida, 1975, RNE.

30 FRF. *Tití, mi primer amigo*. La aventura de la vida, 1974, RNE.

31 FRF. *Los animales contrarreloj*. Fauna, 1969, RTVE.

32 FRF. *Aventura en Canadá XVIII*. La aventura de la vida, 1980, RNE.

33 FRF. *Relatos africanos XV*. La aventura de la vida, 1979, RNE.

34 FRF. *El cárabo I*. La aventura de la vida, 1976, RNE.

35 FRF. *Las aves guaneras*. La aventura de la vida, 1975, RNE.

36 Ídem, ib.

37 EGUÍBAR GALARZA, Mercedes y CARREÑO GOMARIZ, Pablo A. «Un divulgador nato. Félix Rodríguez de la Fuente», *Qué voy a ser*, 1973, Ediciones Rialp.

38 FRF. *Animales salvajes de África oriental*, 1989, Everest.

39 Ídem, ib.

40 FRF. *Aventura en Canadá*. Intro. La aventura de la vida, 1979, RNE.

41 FRF. *Cuento de elefantes*. Intro. La aventura de la vida, 1976, RNE.

02. La palabra

1 PONSATÍ-MURLÀ, Oriol. «Aristóteles», *Comprender la filosofía*, 2019, RBA.

2 ARIAS RAMOS, Sergio. Tesis de grado en Periodismo: «La construcción mediática del ecologismo en España», 2017, Universidad Miguel Hernández de Elche.

3 ARAÚJO, Joaquín. «Félix Rodríguez de la Fuente», *La voz de la naturaleza*, 1990, Salvat.

4 FRF. *Aventura en Canadá VIII*. La aventura de la vida, 1979, RNE.

5 FRF. *Cuento de elefantes*. Intro. La aventura de la vida, 1976, RNE.

6 Ídem, ib.

7 FRF. Conferencia «Ecología en el año 2000», grabada y transcrita por Alfonso Arisó Esteve, que tenía entonces 16 años de edad, 1975, Barcelona.

8 FRF. Entrevista al Dr. Félix Rodríguez de la Fuente por el crítico de *El Noticiero Universal* Salvador Pascual ante los alumnos del colegio San Ignacio de los Jesuitas de Sarriá, grabada y transcrita por Alfonso Arisó Esteve, alumno del colegio que tenía entonces 15 años de edad, 1974, Barcelona.

9 FRF. *Relatos africanos I*. La aventura de la vida, 1978, RNE.

10 FRF. Entrevista al Dr. Félix Rodríguez de la Fuente por el crítico de *El Noticiero Universal* Salvador Pascual, ante los alumnos del colegio San Ignacio de los Jesuitas de Sarriá, grabada y transcrita por Alfonso Arisó Esteve, alumno del colegio que tenía entonces 15 años de edad, 1974, Barcelona.

11 Ídem, ib.

12 FRF. *Los hombres del hielo*. La aventura de la vida, 1974, RNE.

13 FRF. *El poderoso cazador cuaternario*. La aventura de la vida, 1974, RNE.

14 FRF. *El matador manchado*. La aventura de la vida, 1974, RNE.

15 FRF. *El bosque mediterráneo español I*. Planeta agua, 1975, RNE.

16 FRF. *Insectos*. La aventura de la vida, 1979, *RNE*.

17 FRF. *Las benefactoras nieves I*. La aventura de la vida, 1975, RNE.

18 FRF. *Comer y no ser comido I*. La aventura de la vida, 1975, RNE.

19 FRF. *La conquista de la tierra firme I*. La aventura de la vida, 1975, RNE.

20 FRF. *La epopeya de los elefantes I*. La aventura de la vida, 1975, RNE.

21 FRF. *La conquista del fuego I*. La aventura de la vida, 1975, RNE.

22 FRF. *Diferencias entre machos y hembras*. La aventura de la vida, 1979, RNE.

23 FRF. *Cuenca del Tajo IV* (A). Planeta agua, 1975, RNE.

24 FRF. *Doncella, el halcón viajero I*. La aventura de la vida, 1974, RNE.

25 FRF. *Ganado trashumante I*. La aventura de la vida, 1975, RNE.

26 FRF. *Relatos africanos XVI*. La aventura de la vida, 1979, RNE.

27 FRF. *La montaña sagrada*. La aventura de la vida, 1973, RNE.

28 FRF. *El poderoso cazador cuaternario*. La aventura de la vida, 1974, RNE.

29 FRF. *Salvar la naturaleza XVII*. Objetivo: salvar la naturaleza, 1978, RNE.

30 FRF. *El buitre negro I*. La aventura de la vida, 1975, RNE.

31 FRF. *Mundo infantil*. El planeta azul, 1973, RTVE.

32 FRF. *Las focas*. Fauna, 1968, RTVE.

33 FRF. *El rostro de la muerte*. La aventura de la vida, 1974, RNE.

34 FRF. Entrevista al Dr. Félix Rodríguez de la Fuente por el crítico de *El Noticiero Universal* Salvador Pascual ante los alumnos del colegio San Ignacio de los Jesuitas de Sarriá, grabada y transcrita por Alfonso Arisó Esteve, alumno del colegio que tenía entonces 15 años de edad, 1974, Barcelona.

35 FRF. *Los córvidos I*. La aventura de la vida, 1975, RNE.

36 FRF. Entrevista al Dr. Félix Rodríguez de la Fuente por el crítico de *El Noticiero Universal* Salvador Pascual ante los alumnos del colegio San Ignacio de los Jesuitas de Sarriá, grabada y transcrita por Alfonso Arisó Esteve, alumno del colegio que tenía entonces 15 años de edad, 1974, Barcelona.

37 FRF. *Cuento de lobos IV. La muerte de El Cano*. La aventura de la vida, 1976, RNE.

38 FRF. *Termitas II*. La aventura de la vida, 1979, RNE.

39 FRF. *Relatos africanos I*. La aventura de la vida, 1978, RNE.

40 FRF. *Insectos*. La aventura de la vida, 1979, RNE.

41 Ídem, ib.

42 FRF. Entrega de Premios Nacionales de Radio Televisión Española, octubre 1974.

43 FRF. *El bosque extremeño VI*. La aventura de la vida, 1977, RNE.

44 Ídem, ib.

03. Anotaciones de un biófilo

1 FRF. *Cuadernos de campo* 60: «Árboles y arbustos», 1978, Editorial Marín.

2 FRF. *Enciclopedia fauna*. Fascículo homenaje, 1981, Salvat.

3 FRF. *Cuadernos de campo* 29: «Pájaros de río», 1978, Editorial Marín.

4 FRF. *Cuadernos de campo* 39: «Jineta y meloncillo», 1978, Editorial Marín.

5 FRF. *Mis amigos los animales*, 1971, Salvat.

6 PÉREZ Y PÉREZ, Félix. *Bases biológicas y de aplicación práctica de la canicultura*. Prólogo de FRF, 1972, Editorial Reus.

7 FRF. *Cuadernos de campo* 38: «Pájaros de campo abierto», 1978, Editorial Marín.

8 FRF. *El arte de cetrería*, 1970, Ediciones Nauta.

9 FRF. *Cuadernos de campo* 35: «Abubilla, carraca y abejaruco», 1978, Editorial Marín.

10 PÉREZ Y PÉREZ, Félix. *Bases biológicas y de aplicación práctica de la canicultura*. Prólogo de FRF, 1972, Editorial Reus.

11 FRF. *Cuadernos de campo* 34: «Aves marinas», 1978, Editorial Marín.

12 FRF. Pregón de inauguración del II Festival del Salmón, 05/06/1969, Asturias.

13 FRF. *Cuadernos de campo* 28: «Aves viajeras», 1978, Editorial Marín.

14 FRF. *Cuadernos de campo* 27: «Pájaros de la marisma», 1978, Editorial Marín.

15 FRF. *Cuadernos de campo* 26: «Pájaros del bosque II», 1978, Editorial Marín.

16 FRF. *Cuadernos de campo* 23: «Las grullas», 1978, Editorial Marín.

17 FRF. *Los ojos del leopardo*. La aventura de la vida, 1974, RNE.

18 FRF. *Cuadernos de campo* 42: «Anfibios», 1978, Editorial Marín.

19 FRF. *Cuadernos de campo* 44: «Pájaros cantores», 1978, Editorial Marín.

20 FRF. *Cuadernos de campo* 48: «Cisnes y gansos», 1978, Editorial Marín.

21 FRF. *Los medios húmedos I*. La aventura de la vida, 1975, RNE.

22 FRF. *Cuadernos de campo* 54: «Gallos de monte», 1978, Editorial Marín.

23 FRF. *Cuadernos de campo* 56: «Tortugas y galápagos», 1978, Editorial Marín.

24 FRF. *Cuadernos de campo* 58: «Mamíferos insectívoros», 1978, Editorial Marín.

25 FRF. *Cuadernos de campo* 59: «Roedores II», 1978, Editorial Marín.

26 FRF. *Mis amigos los animales*, 1971, Salvat.

27 Ídem, ib.

28 Ídem, ib.

29 Ídem, ib.

30 FRF. *Fauna ibérica. Los animales cazadores*, 1970, Editorial Prensa Española.

31 FRF. *Los animales en su medio ambiente*, 1976, Jaimes Libros.

32 FRF. *Enciclopedia fauna*, 1970, Salvat.

33 Ídem, ib.

34 Ídem, ib.

35 FRF. *Fauna ibérica. Los animales cazadores*, 1970, Editorial Prensa Española.

36 Ídem, ib.

37 Ídem, ib.

38 Ídem, ib.

39 Ídem, ib.

40 Ídem, ib.

41 FRF. *El lince, la última fiera de Europa*. La aventura de la vida, 1974, RNE.

42 FRF. *Fauna ibérica. Los animales cazadores*, 1970, Editorial Prensa Española.

43 FRF. *Tití, mi primer amigo*. La aventura de la vida, 1974, RNE.

44 FRF. *Fauna ibérica. Los animales cazadores*, 1970, Editorial Prensa Española.

45 Ídem, ib.
46 FRF. *La vida insularizada I.* La aventura de la vida, 1975, RNE.
47 FRF. *La vida insularizada II.* La aventura de la vida, 1975, RNE.
48 FRF. *El cárabo I.* La aventura de la vida, 1976, RNE.
49 FRF. *Coto de Doñana.* Planeta agua, 1975, RNE.
50 FRF. *Fabricante de estepas II.* La aventura de la vida, 1975, RNE.
51 FRF. *El hermano lobo.* La aventura de la vida, 1974, RNE.
52 FRF. *La noche del león.* La aventura de la vida, 1974, RNE.
53 FRF. *Los nómadas del Serengueti I.* La aventura de la vida, 1975, RNE.
54 FRF. *Operación tigre.* La aventura de la vida, 1974, RNE.
55 FRF. *Los vencejos I.* La aventura de la vida, 1975, RNE.
56 FRF. *El cárabo II.* La aventura de la vida, 1976, RNE.
57 FRF. *El oso asturiano.* La aventura de la vida, 1974, RNE.
58 FRF. *Embajadoras entre continentes.* La aventura de la vida, 1974, RNE.
59 FRF. *Mis amigos los animales,* 1971, Salvat.
60 FRF. *El bosque.* El planeta azul, 1971, RTVE.
61 FRF. *Las hojas muertas I.* La aventura de la vida, 1975, RNE.

04. El anillo del rey Salomón

1 FRF. *El arte de cetrería,* 1970, Ediciones Nauta.
2 FRF. *Salvar la naturaleza XVII.* Objetivo: salvar la naturaleza, 1978, RNE.
3 THEWS, Klaus. *Etología.* Prólogo de FRF, 1976, Círculo de Lectores.
4 FRF. *Las raíces de la violencia I.* La aventura de la vida, 1975, RNE.
5 FRF. *Las raíces de la violencia II.* La aventura de la vida, 1975, RNE.
6 FRF. *La depredación II.* La aventura de la vida, 1975, RNE.
7 FRF. *Cuadernos de campo* 49: «Pequeños carnívoros II», 1978, Editorial Marín.
8 FRF. «Aventura 70: La aventura de los lobos», 01/01/1970, *La Actualidad Española.*
9 FRF. «Aventura 70: La aventura de los lobos», 15/01/1970, *La Actualidad Española.*
10 FRF. Conferencia en la Asociación Vegetariana de Barcelona, 18/10/1969, Barcelona.
11 Ídem, ib.
12 PÉREZ Y PÉREZ, Félix. *Bases biológicas y de aplicación práctica de la canicultura.* Prólogo de FRF, 1972, Editorial Reus.
13 FRF. *Mis amigos los animales,* 1971, Salvat.
14 Ídem, ib.
15 Ídem, ib.
16 FRF. *Los animales en su medio ambiente,* 1976, Jaimes Libros.
17 Ídem, ib.
18 FRF. *La agresividad II.* La aventura de la vida, 1975, RNE.
19 FRF. *La jerarquía II.* La aventura de la vida, 1975, RNE.
20 FRF. *La agresividad II.* La aventura de la vida, 1975, RNE.
21 FRF. *La agresividad I.* La aventura de la vida, 1975, RNE.
22 FRF. *Macho y hembra II.* La aventura de la vida, 1979, RNE.
23 FRF. *Enciclopedia fauna,* 1970, Salvat.
24 Ídem, ib.
25 Ídem, ib.
26 FRF. «Aventura 70: La aventura de los lobos», 15/01/1970, *La Actualidad Española.*
27 FRF. *Fauna ibérica. Los animales cazadores,* 1970, Editorial Prensa Española.
28 FRF. *Cuento de lobos II. La soledad del páramo.* La aventura de la vida, 1976, RNE.
29 FRF. *Gorilas y chimpancés.* La aventura de la vida, 1974, RNE.
30 FRF. *El pueblo bravo.* La aventura de la vida, 1974, RNE.
31 FRF. *La rabia selvática III.* La aventura de la vida, 1977, RNE.
32 FRF. *Relatos africanos XXVI.* La aventura de la vida, 1979, RNE.
33 FRF. Conferencia en la Asociación Vegetariana de Barcelona, 18/10/1969, Barcelona.
34 FRF. *El leopardo.* La aventura de la vida, 1976, RNE.
35 FRF. *Relatos africanos XX.* La aventura de la vida, 1979, RNE.

05. La soledad del hombre

1 FRF. *Relatos africanos XXV.* La aventura de la vida, 1979, RNE.
2 FRF. *Relatos africanos XXVI.* La aventura de la vida, 1979, RNE.
3 FRF. *Comer y no ser comido I.* La aventura de la vida, 1975, RNE.
4 Ídem, ib.
5 FRF. *¿Qué pasaría si faltara alguna de las especies?* La aventura de la vida, 1979, RNE.
6 FRF. Correspondencia con J. F. Terrasse, 1966, París.
7 HUERTA Y RAMÍREZ, Fernando y PALAUS, Xavier. *Enciclopedia de la caza I.* Prólogo de FRF, 1967, Editorial Vergara.
8 FRF. *Relatos africanos XV.* La aventura de la vida, 1979, RNE.
9 FRF. Conferencia en la Asociación Vegetariana de Barcelona, 18/10/1969, Barcelona.
10 FRF. *La degradación actual II.* La aventura de la vida, 1975, RNE.
11 FRF. Conferencia «Ecología en el año 2000», grabada y transcrita por Alfonso Arisó Esteve, que tenía entonces 16 años de edad, octubre 1975, Barcelona.
12 FRF. *Mis amigos los animales,* 1971, Salvat.
13 FRF. *Enciclopedia fauna,* 1970, Salvat.
14 MADARIAGA DE LA CAMPA, Benito. *Las pinturas rupestres de animales en la región franco-cantábrica.* Prólogo de FRF, 1969. Artes Gráficas Resma.
15 FRF. *Fauna ibérica. Los animales cazadores,* 1970, Editorial Prensa Española.
16 FRF. *Aventura en Canadá XXI.* La aventura de la vida, 1980, RNE.
17 FRF. *El fin de una estirpe II.* La aventura de la vida, 1976, RNE.
18 FRF. *El matador manchado.* La aventura de la vida, 1974, RNE.
19 FRF. *Los bosquimanos.* La aventura de la vida, 1974, RNE.
20 Ídem, ib.
21 FRF. *Cuento de lobos VII. El regreso de El Cano.* La aventura de la vida, 1976, RNE.

22 FRF. *Las benefactoras nieves II.* La aventura de la vida, 1975, RNE.
23 FRF. *El poderoso cazador cuaternario.* La aventura de la vida, 1974, RNE.
24 FRF. *Los animales en su medio ambiente,* 1976, Jaimes Libros.
25 Ídem, ib.
26 FRF. *La conquista del fuego I.* La aventura de la vida, 1975, RNE.
27 FRF. *La conquista del fuego II.* La aventura de la vida, 1975, RNE.
28 FRF. *Los bosquimanos.* La aventura de la vida, 1974, RNE.
29 FRF. *La gran cuenca del Amazonas II.* La aventura de la vida, 1975, RNE.
30 FRF. *La gran tragedia: los bisontes II.* La aventura de la vida, 1975, RNE.
31 FRF. «La gran aventura de América: En la selva virgen del Orinoco», 30/11/1972, *La Actualidad Española.*
32 FRF. *Mi amigo el pigmeo.* La aventura de la vida, 1974, RNE.
33 FRF. *Los hombres del arco.* El planeta azul, 1971, RTVE.
34 FRF. *Aventura en Canadá XXIV.* La aventura de la vida, 1980, RNE.
35 FRF. *Salvar la naturaleza I.* Objetivo: salvar la naturaleza, 1978, RNE.
36 FRF. *Salvar la naturaleza II.* Objetivo: salvar la naturaleza, 1978, RNE.
37 FRF. *Salvar la naturaleza III.* Objetivo: salvar la naturaleza, 1978, RNE.
38 FRF. *Salvar la naturaleza IV.* Objetivo: salvar la naturaleza, 1978, RNE.
39 FRF. *El pueblo bravo.* La aventura de la vida, 1974, RNE.
40 *FRF.* Mesa redonda *Problemas grandes ciudades,* Audios de la BBDD de la Fundación Félix Rodríguez de la Fuente, década de 1970.
41 FRF. *Fabricante de estepas II.* La aventura de la vida, 1975, RNE.
42 FRF. *Las grullas.* La aventura de la vida, 1974, RNE.
43 FRF. *Insectos sabios.* La aventura de la vida, 1979, RNE.

06. La aventura de la vida

1 FRF. *Termitas II.* La aventura de la vida, 1979, RNE.
2 FRF. *La montaña sagrada.* La aventura de la vida, 1973, RNE.
3 FRF. *Fauna ibérica. Los animales cazadores,* 1970, Editorial Prensa Española.
4 FRF. *Coto de Doñana.* Planeta agua, 1975, RNE.
5 FRF. Conferencia «Ecología en el año 2000», grabada y transcrita por Alfonso Arisó Esteve, que tenía entonces 16 años de edad, octubre 1975, Barcelona.
6 FRF. Conferencia en la Asociación Vegetariana de Barcelona, 18/10/1969, Barcelona.
7 Ídem, ib.
8 FRF. Pregón de inauguración del II Festival del Salmón, 05/06/1969, Asturias.
9 HUERTA Y RAMÍREZ, Fernando y PALAUS, Xavier. *Enciclopedia de la caza I.* Prólogo de FRF, 1967, Editorial Vergara.
10 FRF. *Enciclopedia fauna,* 1970, Salvat.
11 Ídem, ib.
12 FRF. *Fauna ibérica. Los animales cazadores,* 1970, Editorial Prensa Española.
13 Ídem, ib.
14 FRF. El *matador manchado.* La aventura de la vida, 1974, RNE.
15 FRF. *El bosque mediterráneo español I.* Planeta agua, 1975, RNE.
16 FRF. Entradilla. Planeta agua, 1975, RNE.
17 FRF. *Zonas húmedas III.* La aventura de la vida, 1977, RNE.
18 FRF. *La Navidad I.* La aventura de la vida, 1977, RNE.
19 FRF. *Comer y no ser comido I.* La aventura de la vida, 1975, RNE.
20 FRF. *El gran buzo I.* La aventura de la vida, 1975, RNE.
21 Ídem, ib.
22 FRF. *La gran cuenca del amazonas II.* La aventura de la vida, 1975, RNE.
23 FRF. *La gran tragedia: los bisontes I.* La aventura de la vida, 1975, RNE.
24 Ídem, ib.
25 FRF. *Las jinetas II.* La aventura de la vida, 1975, RNE.
26 FRF. *Salvar la naturaleza III.* Objetivo: salvar la naturaleza, 1978, RNE.
27 FRF. *Relatos africanos XXVI.* La aventura de la vida, 1979, RNE.
28 FRF. *El pequeño matador sudafricano.* La aventura de la vida, 1974, RNE.
29 FRF. *Termitas II.* La aventura de la vida, 1979, RNE.
30 FRF. *Insectos.* La aventura de la vida, 1979, RNE.
31 Ídem, ib.

07. Destructores de la vida

1 FRF. *Insectos.* La aventura de la vida, 1979, RNE.
2 FRF. *Mis amigos los animales,* 1971, Salvat.
3 Ídem, ib.
4 FRF. Charla de inauguración del campamento, 1975, Montejo de la Vega.
5 FRF. *Mis amigos los animales,* 1971, Salvat.
6 Ídem, ib.
7 FRF. *Un águila imperial.* La aventura de la vida, 1974, RNE.
8 FRF. *Albufera de Alcudia II.* Planeta agua, 1975, RNE.
9 FRF. *Un águila imperial.* La aventura de la vida, 1974, RNE.
10 FRF. «Mi lucha por el lobo», enero-febrero 1974, Revista *Montes.*
11 FRF. *Los animales en su medio ambiente,* 1976, Jaimes Libros.
12 FRF. *Fauna ibérica. Los animales cazadores,* 1970, Editorial Prensa Española.
13 FRF. *Venenos III.* La aventura de la vida, 1977, RNE.
14 FRF. *Venenos I.* La aventura de la vida, 1977, RNE.
15 FRF. *Mis amigos los animales,* 1971, Salvat.
16 FRF. *Los medios húmedos II.* La aventura de la vida, 1975, RNE.
17 FRF. *La gran tragedia: los bisontes II.* La aventura de la vida, 1975, RNE.
18 FRF. *El coto de Doñana II.* La aventura de la vida, 1977, RNE.
19 FRF. *El coto de Doñana III.* La aventura de la vida, 1977, RNE.
20 FRF. *Las hojas muertas I.* La aventura de la vida, 1975, RNE.
21 Ídem, ib.
22 Ídem, ib.
23 FRF. *Las hojas muertas II.* La aventura de la vida, 1975, RNE.
24 FRF. *Comer y no ser comido I.* La aventura de la vida, 1975, RNE.

25 FRF. *La gran cuenca del Amazonas II*. La aventura de la vida, 1975, RNE.
26 FRF. *La llegada de la primavera I*. La aventura de la vida, 1975, RNE.
27 Ídem, ib.
28 FRF. *Fabricante de estepas II*. La aventura de la vida, 1975, RNE.
29 FRF. *Los despojos del paraíso II*. La aventura de la vida, 1975, RNE.
30 FRF. *Incendio en el bosque*. Fauna, 1969, RTVE.
31 FRF. Conferencia «Ecología en el año 2000», grabada y transcrita por Alfonso Arisó Esteve, que tenía entonces 16 años de edad, octubre 1975, Barcelona.
32 FRF. *Cuadernos de campo* 32: «Peces de mar», 1978, Editorial Marín.
33 FRF. *Mis amigos los animales*, 1971, Salvat.
34 Ídem, ib.
35 FRF. *La tragedia de los cetáceos*. La aventura de la vida, 1974, RNE.
36 Ídem, ib.
37 FRF. *La agonía del mar VIII*. El planeta azul, 1971, RTVE.
38 FRF. *La isla de Cabrera I*. La aventura de la vida, 1976, RNE.
39 FRF. *Agua potable I*. Planeta agua, 1975, RNE.
40 FRF. «Las próximas generaciones no nos lo perdonarán», mayo 1975, Revista *Trofeo* nº 60.
41 FRF. *Mis amigos los animales*, 1971, Salvat.
42 EGUÍBAR GALARZA, Mercedes y CARREÑO GOMARIZ, Pablo A. «Un divulgador nato. Félix Rodríguez de la Fuente», *Qué voy a ser*, junio 1973, Ediciones Rialp.
43 FRF. Conferencia «Ecología en el año 2000», grabada y transcrita por Alfonso Arisó Esteve, que tenía entonces 16 años de edad, octubre 1975, Barcelona.
44 FRF. Charla de inauguración del campamento, 1975, Montejo de la Vega.
45 FRF. *Enciclopedia fauna*, 1970, Salvat.
46 FRF. *Mis amigos los animales*, 1971, Salvat.
47 Ídem, ib.
48 Ídem, ib.
49 FRF. *Los animales en su medio ambiente*, 1976, Jaimes Libros.
50 FRF. *El bosque mediterráneo español I*. Planeta agua, 1975, RNE.
51 FRF. *El bosque extremeño I*. La aventura de la vida, 1977, RNE.
52 FRF. *Zonas húmedas III*. La aventura de la vida, 1977, RNE.
53 FRF. *Las alas de la noche II*. La aventura de la vida, 1975, RNE.
54 FRF. *Coto de Doñana*. Planeta agua, 1975, RNE.
55 FRF. *Fabricante de estepas I*. La aventura de la vida, 1975, RNE.
56 Ídem, ib.
57 FRF. *Fabricante de estepas II*. La aventura de la vida, 1975, RNE.
58 FRF. *Salvar la naturaleza I*. Objetivo: salvar la naturaleza, 1978, RNE.
59 FRF. *Salvar la naturaleza V*. Objetivo: salvar la naturaleza, 1978, RNE.
60 FRF. *El delta del Ebro IV*. La aventura de la vida, 1977, RNE.
61 FRF. *La montaña y sus problemas ecológicos I*. Planeta agua, 1975, RNE.
62 FRF. *Peligros ecológicos XV*. Objetivo: salvar la naturaleza, 1978, RNE.
63 FRF. *Simba*. El planeta azul, 1973, RTVE.
64 FRF. *Los carroñeros*. El planeta azul, 1973, RTVE.
65 FRF. *La agonía del mar IV*. El planeta azul, 1971, RTVE.
66 FRF. *El petirrojo, pájaro territorial*. El planeta azul, 1972, RTVE.
67 FRF. *El Okavango*. El planeta azul, 1972, RTVE.
68 FRF. *Llegan las avefrías*. El planeta azul, 1974, RTVE.
69 FRF. Rueda de prensa ADENA I, 27/09/1973.
70 FRF. «Doñana, reserva de Europa». Rueda de prensa, 21/06/1972.

08. La nueva conciencia

1 FRF. *Mis amigos los animales*, 1971, Salvat.
2 FRF. Charla Instituto Municipal de Educación, Audios de la BBDD de la Fundación Félix Rodríguez de la Fuente, década de 1970.
3 FRF. «Las próximas generaciones no nos lo perdonarán», mayo 1975, Revista *Trofeo* nº 60.
4 Ídem, ib.
5 FRF. *Los animales en su medio ambiente*, 1976, Jaimes Libros.
6 FRF. Ídem, ib.
7 FRF. «La gran aventura de América: En la selva virgen del Orinoco», 30/11/1972, *La Actualidad Española*.
8 FRF. Conferencia «Ecología en el año 2000», grabada y transcrita por Alfonso Arisó Esteve, que tenía entonces 16 años de edad, octubre 1975, Barcelona.
9 FRF. *Mis amigos los animales*, 1971, Salvat.
10 FRF. Conferencia «Ecología en el año 2000», grabada y transcrita por Alfonso Arisó Esteve, que tenía entonces 16 años de edad, octubre 1975, Barcelona.
11 Ídem, ib.
12 Ídem, ib.
13 FRF. Charla de inauguración del campamento, 1975, Montejo de la Vega.
14 Ídem, ib.
15 Ídem, ib.
16 FRF. Ídem, ib.
17 FRF. Conferencia en la Asociación Vegetariana de Barcelona, 18/10/1969, Barcelona.
18 Ídem, ib.
19 Ídem, ib.
20 Ídem, ib.
21 FRF. Entrevista al Dr. Félix Rodríguez de la Fuente por el crítico de *El Noticiero Universal* Salvador Pascual ante los alumnos del colegio San Ignacio de los Jesuitas de Sarriá, grabada y transcrita por Alfonso Arisó Esteve, alumno del colegio que tenía entonces 15 años de edad, 1974, Barcelona.
22 FRF. *Mis amigos los animales*, 1971, Salvat.
23 MADARIAGA DE LA CAMPA, Benito. *Las pinturas rupestres de animales en la región franco-cantábrica*. Prólogo de FRF, 1969, Artes Gráficas Resma.
24 FRF. *Mis amigos los animales*, 1971, Salvat.
25 FRF. Correspondencia con Jean F. Terrasse, 1964, París, Francia.
26 FRF. Boletín de ADENA-WWF, 1970, Madrid.
27 FRF. *Mis amigos los animales*, 1971, Salvat.
28 Ídem, ib.
29 Ídem, ib.
30 Ídem, ib.
31 Ídem, ib.
32 FRF. *Los hombres del hielo*. La aventura de la vida, 1974, RNE.
33 FRF. *Zonas húmedas I*. La aventura de la vida, 1977, RNE.

34 FRF. Conferencia «Ecología en el año 2000», grabada y transcrita por Alfonso Arisó Esteve, que tenía entonces 16 años de edad, octubre 1975, Barcelona.
35 FRF. Conferencia en Tavernes (Valencia), Audios de la BBDD de la Fundación Félix Rodríguez de la Fuente, década de 1970.
36 FRF. *El Pirineo como problema ecológico nacional*. Planeta agua, 1976, RNE.
37 FRF. *Los medios húmedos II*. La aventura de la vida, 1975, RNE.
38 FRF. «Operación limpieza», entrevista a FRF en el Día Forestal Mundial, 1974.
39 FRF. *El poderoso cazador cuaternario*. La aventura de la vida, 1974, RNE.
40 FRF. *Salvar la naturaleza III*. Objetivo: salvar la naturaleza, 1978, RNE.
41 FRF. *Salvar la naturaleza XVI*. Objetivo: salvar la naturaleza, 1978, RNE.
42 Ídem, ib.
43 FRF. *El delta del Ebro I*. La aventura de la vida, 1977, RNE.
44 Ídem, ib.
45 FRF. *El delta del Ebro III*. La aventura de la vida, 1977, RNE.
46 FRF. *Relatos africanos XVII*. La aventura de la vida, 1979, RNE.
47 FRF. *Mis amigos los animales*, 1971, Salvat.
48 FRF. *Noticia ecológica I* parte B. La aventura de la vida, 1977, RNE.
49 FRF. *Zonas húmedas II*. La aventura de la vida, 1977, RNE.
50 FRF. Mesa redonda *Problemas grandes ciudades*, Audios de la BBDD de la Fundación Félix Rodríguez de la Fuente, década de 1970.
51 Ídem, ib.
52 FRF. *Pájaros en la ciudad*. El planeta azul, 1974, RTVE.
53 FRF. *Obongui, un rinoceronte blanco*. La aventura de la vida, 1974, RNE.
54 FRF. *La costa de los esqueletos*. El planeta azul, 1972, RTVE.
55 FRF. *El saguaro II*. El planeta azul, 1972, RTVE.
56 FRF. *Rompecabezas zoológico*. Fauna, 1970, RTVE.
57 FRF. *Miscelánea zoológica*. Fauna, 1969, RTVE.
58 FRF. *Aventura en Canadá XXIV*. La aventura de la vida, 1980, RNE.
59 FRF. *La conquista del fuego II*. La aventura de la vida, 1975, RNE.
60 FRF. *Imperio de las tinieblas*. La aventura de la vida, 1974, RNE.
61 FRF. *Ganado trashumante I*. La aventura de la vida, 1975, RNE.
62 FRF. *Aventura en Canadá XXI*. La aventura de la vida, 1980, RNE.
63 FRF. *Mis amigos los animales*, 1971, Salvat.
64 FRF. *Peligros ecológicos*. Objetivo: salvar la naturaleza, 1978, RNE.

09. El hombre y la tierra

1 FRF. *El arte de cetrería*, 1970, Ediciones Nauta.
2 FRF. *La conquista de la tierra firme I*. La aventura de la vida, 1975, RNE.
3 FRF. «Aventura 70: La aventura de los lobos», 15/01/1970, *La Actualidad Española*.
4 FRF. Entrevista al Dr. Félix Rodríguez de la Fuente por el crítico de *El Noticiero Universal* Salvador Pascual ante los alumnos del colegio San Ignacio de los Jesuitas de Sarriá, grabada y transcrita por Alfonso Arisó Esteve, alumno del colegio que tenía entonces 15 años de edad, 1974, Barcelona.
5 Ídem, ib.
6 FRF. *Fauna ibérica. Los animales cazadores*, 1970, Editorial Prensa Española.
7 FRF. «Aventura 70: La tragedia de los rinocerontes», 11/12/1969, *La Actualidad Española*.
8 FRF. *El arte de cetrería*, 1970, Ediciones Nauta.
9 Ídem, ib.
10 FRF. *El arte de cetrería*, 1970, Ediciones Nauta.
11 Ídem, ib.
12 Ídem, ib.
13 Ídem, ib.
14 Ídem, ib.
15 FRF. *Fauna ibérica. Los animales cazadores*, 1970, Editorial Prensa Española.
16 FRF. *El águila más bella del mundo*. La aventura de la vida, 1974, RNE.
17 FRF. *Doncella, el halcón viajero I*. La aventura de la vida, 1974, RNE.
18 FRF. *Tundra, el azor*. La aventura de la vida, 1974, RNE.
19 FRF. *Fauna ibérica. Los animales cazadores*, 1970, Editorial Prensa Española.
20 FRF. *Doncella, el halcón viajero II*. La aventura de la vida, 1974, RNE.
21 FRF. «Aventura 70: Los halcones de Torrejón», 13/11/1968, *La Actualidad Española*.
22 FRF. *Las dunas de Liencres I*. La aventura de la vida, 1977, RNE.
23 FRF. *Heliógrafos vivos I*. La aventura de la vida, 1976, RNE.
24 FRF. *Heliógrafos vivos II*. La aventura de la vida, 1976, RNE.
25 FRF. *Mujer en la actualidad*, Audios de la BBDD de la Fundación Félix Rodríguez de la Fuente, octubre 1974.
26 FRF. *La conquista del fuego I*. La aventura de la vida, 1975, RNE.
27 FRF. *La conquista del fuego II*. La aventura de la vida, 1975, RNE.
28 FRF. *Mis amigos los animales*, 1971, Salvat.
29 FRF. *Fauna ibérica. Los animales cazadores*, 1970, Editorial Prensa Española.
30 Ídem, ib.
31 FRF. *La agresividad II*. La aventura de la vida, 1975, RNE.
32 FRF. *El cazador social*. El hombre y la Tierra, 1978, TVE.
33 Huerta y Ramírez, Fernando y Palaus, Xavier. *Enciclopedia de la caza I*. Prólogo de FRF, 1967, Editorial Vergara.
34 FRF. Teleradio, 1965.
35 FRF. *Fauna ibérica. Los animales cazadores*, 1970, Editorial Prensa Española.
36 FRF. *El río viviente*. La aventura de la vida, 1974, RNE.
37 Ídem, ib.
38 FRF. *El arte de cetrería*, 1970, Ediciones Nauta.
39 FRF. *Zonas húmedas IV*. La aventura de la vida, 1977, RNE.
40 FRF. *El valle de Belagua*. Planeta agua, 1975, RNE.
41 FRF. *La vida insularizada II*. La aventura de la vida, 1975, RNE.
42 FRF. *El coto de Doñana II*. La aventura de la vida, 1977, RNE.
43 FRF. *Ganado trashumante I*. La aventura de la vida, 1975, RNE.

[44] FRF. *Ganado trashumante II*. La aventura de la vida, 1975, RNE.
[45] FRF. *Mi profesor de ornitología*. La aventura de la vida, 1974, RNE.
[46] FRF. *Salvar la naturaleza VI*. Objetivo: salvar la naturaleza, 1978, RNE.
[47] FRF. «Las próximas generaciones no nos lo perdonarán», mayo 1975, Revista *Trofeo* nº 60.
[48] FRF. *Fauna ibérica. Los animales cazadores,* 1970, Editorial Prensa Española.
[49] FRF. *Las cigüeñas*. Fauna, 1975, RTVE.
[50] FRF. *Relatos africanos XII*. La aventura de la vida, 1979, RNE.

10. Yo soy...

[1] FRF. «Mi lucha por el lobo», enero-febrero 1974, Revista *Montes*.
[2] Ídem, ib.
[3] EGUÍBAR GALARZA, Mercedes y CARREÑO GOMARIZ, Pablo A. «Un divulgador nato. Félix Rodríguez de la Fuente». *Qué voy a ser,* 1973, Ediciones Rialp.
[4] Ídem, ib.
[5] FRF. «La gran aventura de América: En la selva virgen del Orinoco», 30/11/1972, *La Actualidad Española*.
[6] FRF. Conferencia «Ecología en el año 2000», grabada y transcrita por Alfonso Arisó Esteve, que tenía entonces 16 años de edad, octubre 1975, Barcelona.
[7] FRF. Entrevista al Dr. Félix Rodríguez de la Fuente por el crítico de *El Noticiero Universal* Salvador Pascual ante los alumnos del colegio San Ignacio de los Jesuitas de Sarriá, grabada y transcrita por Alfonso Arisó Esteve, alumno del colegio que tenía entonces 15 años de edad, 1974, Barcelona.
[8] Ídem, ib.
[9] FRF. Teleradio, 1965.
[10] FRF. *Mis amigos los animales,* 1971, Salvat.
[11] FRF. *El arte de cetrería,* 1970, Ediciones Nauta.
[12] Ídem, ib.
[13] Ídem, ib.
[14] Ídem, ib.
[15] FRF. *Fauna ibérica. Los animales cazadores,* 1970, Editorial Prensa Española.
[16] Ídem, ib.
[17] FRF. *Los hombres del hielo*. La aventura de la vida, 1974, RNE.
[18] FRF. *El matador manchado*. La aventura de la vida, 1974, RNE.
[19] FRF. *Las benefactoras nieves I*. La aventura de la vida, 1975, RNE.
[20] FRF. Correspondencia con Jean Françoise Terrasse, 1966, París, Francia.
[21] FRF. *Los que se comen a sus muertos*. La aventura de la vida, 1974, RNE.
[22] FRF. *Diferencias entre machos y hembras*. La aventura de la vida, 1979, RNE.
[23] FRF. *La vida insularizada II*. La aventura de la vida, 1975, RNE.
[24] FRF. *Mi profesor de ornitología*. La aventura de la vida, 1974, RNE.
[25] FRF. *La noticia ecológica: la ecología política I*. La aventura de la vida, 1977, RNE.
[26] FRF. *Los orgullosos masáis I*. La aventura de la vida, 1974, RNE.
[27] FRF. *El poderoso cazador cuaternario*. La aventura de la vida, 1974, RNE.
[28] FRF. *Salvar la naturaleza XVII*. Objetivo: salvar la naturaleza, 1978, RNE.
[29] FRF. *Relatos africanos XXI*. La aventura de la vida, 1979, RNE.
[30] FRF. *Cuento de lobos I*. La aventura de la vida, 1976, RNE
[31] FRF. *Ecología política IV*. La aventura de la vida, 1977, RNE.
[32] FRF. *Cuento de elefantes*. Intro. La aventura de la vida, 1976, RNE
[33] FRF. *Aventura en Canadá X*. La aventura de la vida, 1979, RNE.
[34] FRF. *Rufus, un rinoceronte negro*. La aventura de la vida, 1974, RNE.
[35] FRF. *Relatos africanos XXV*. La aventura de la vida, 1979, RNE.
[36] FRF. *La conducta de los animales*. La aventura de la vida, 1973, RNE.
[37] FRF. *Los que se comen a sus muertos*. La aventura de la vida, 1974, RNE.
[38] FRF. *El instinto territorial*. La aventura de la vida, 1975, RNE.
[39] EGUÍBAR GALARZA, Mercedes y CARREÑO GOMARIZ, Pablo A. «Un divulgador nato. Félix Rodríguez de la Fuente». *Qué voy a ser,* 1973, Ediciones Rialp.
[40] ARAÚJO, Joaquín. 1990, Salvat Editores. «Félix Rodríguez de la Fuente. La voz de la naturaleza».
[41] FRF. *Cuento de elefantes VII*. La aventura de la vida, 1976, RNE.
[42] FRF. Entrevista para la Revista *Pronto*, audios de la BBDD de la Fundación Félix Rodríguez de la Fuente, años 1970.

11. Palabras para Félix

[1] DELIBES, Miguel. *He dicho*, 2008, Editorial Destino.

Relación de ilustraciones

Ilustraciones de Christa Soriano: pp. 22, 25, 39, 42, 46, 77, 98, 102, 125, 134, 142, 148, 154-155, 169, 187, 190, 202, 226, 251, 258, 264, 277, 285, 300, 313, 321, 331, 355.

Ilustradores de los extractos de *Cuadernos de campo:* **Ernesto Cerra:** p. 247 (vol. 18 pp. 2-3); **Isidro Monés:** p. 338 (vol. 55 p. 1); **Iván Fernández de la Viña:** pp. 63 (vol. 11 p. 4), 112 (vol. 59 p. 5), 119 (vol. 5 p. 28), 145 (vol. 51 p. 37), 255 (vol. 6 p. 22), 298 (vol. 49 guarda), 346 (vol. 51 pp. 50-51); **Jan Semmel:** pp. 95 (vol. 54 guarda), 121 (vol. 36 p. 1), 243 (vol. 16 guarda), 271 (vol. 28 p. 27), 292 (vol. 50 p. 1), 303 (vol. 58 pp. 46-47), 316 (vol. 19 p. 3), 319 (vol. 19 p. 3), 326 (vol. 36 p. 25), 352 (vol. 10 p. 1), 359 (vol. 19 p. 26); **Joaquín Vehí:** pp. 196 (vol. 29 p. 3), 215 (vol. 23 p. 5); **Neslé Soulé:** pp. 59 (vol. 15 p. 29), 89 (vol. 26 guarda), 103 (vol. 27 p. 12), 283 (vol. 41 p. 6), 364 (vol. 8 guarda); **ilustrador desconocido:** pp. 69 (vol. 4 guarda), 162 (vol. 3 pp. 10-11), 178 (vol. 3 p. 21), 179 (vol. 3 p. 21), 223 (vol. 4 p. 15), 232 (vol. 1 p. 25), 241 (vol. 2 p. 3), 334 (vol. 3 p. 42), 335 (vol. 3 p. 42), 360 (vol. 4 p. 9).

Odile Rodríguez de la Fuente se licenció en Biológicas y Producción de Cine en la USC, Los Ángeles. Su vocación por divulgar la naturaleza nació en su infancia, influida sin duda por el poder inspirador de su padre. Pasó varios años en Washington D. C., trabajando en la sede de National Geographic. En el 2004 creó la Fundación Félix Rodríguez de la Fuente, de la que fue directora durante más de 15 años. Ha capitaneado proyectos de divulgación científica y ambiental en soportes tan diversos como aplicaciones, exhibiciones, revistas, plataformas en línea, documentales, libros y marcas de garantía para productos de consumo. Escribe asiduamente artículos para la prensa escrita, es conferenciante y colabora con diversos medios de comunicación. Actualmente Odile ha centrado sus esfuerzos divulgativos en el reto que el cambio climático supone para la humanidad. Sigue vinculada activamente a la conservación a través de su participación en diversos comités asesores y grupos de trabajo y forma parte del patronato de Rewilding Europe.

Nocturnas. S. Iberica II
Bubo bubo
Strix aluco
Presentes las 3 especies en cercanía
Dato 1975-7
Corte en tierra
Cristal
16 cms
Perfil Convexo
27 cms
44 cms.
Tono. Carbonero
Pelaje: Normal
33 cms
13 cms
35 cms